普通高等教育"十三五"规划教材

测量平差

辅导及详解

泥立丽　王　永　田桂娟　等编著

化学工业出版社

·北京·

内容简介

本书共分十章，每章包括知识点、经典例题、习题和解析答案四部分，涉及误差分类、精度指标、协方差传播律及权、五种平差方法（条件平差、附有参数的条件平差、间接平差、附有限制条件的间接平差、概括平差）和误差椭圆等。本书利用 Excel 等计算工具进行了题目的计算和推导，并给出了利用 Excel 绘制误差椭圆的方法；利用 AutoCAD 进行了图形的绘制，尤其是误差椭圆和误差曲线的绘制，并给出了在任何纸质材料上确定误差椭圆和误差曲线比例尺的方法等。题型多样，难易结合，使读者可以从各角度理解和掌握测量平差和误差理论的原理。

本书是测绘工程、地理信息系统、摄影测量与遥感等专业本科生、专科生学习测量平差基础课的专业辅导参考书，也可作为广大自学者和考研者的参考书。

图书在版编目（CIP）数据

测量平差辅导及详解/泥立丽等编著. —北京：化学
工业出版社，2018.3（2022.1 重印）
普通高等教育"十三五"规划教材
ISBN 978-7-122-31301-0

Ⅰ.①测… Ⅱ.①泥… Ⅲ.①测量平差-高等学校-
教材 Ⅳ.①P207

中国版本图书馆 CIP 数据核字（2017）第 330513 号

责任编辑：刘丽菲　　　　　　　　　装帧设计：关　飞
责任校对：王素芹

出版发行：化学工业出版社（北京市东城区青年湖南街 13 号　邮政编码 100011）
印　　装：北京虎彩文化传播有限公司
787mm×1092mm　1/16　印张 18　字数 464 千字　　2022 年 1 月北京第 1 版第 4 次印刷

购书咨询：010-64518888　　　　　　售后服务：010-64518899
网　　址：http://www.cip.com.cn
凡购买本书，如有缺损质量问题，本社销售中心负责调换。

定　　价：58.00 元

前言

　　"测量平差"，也叫测绘数学，是测绘工程、地理信息系统、摄影测量与遥感等专业的一门重要的专业基础课程之一，它涉及高等数学、概率论与数理统计、线性代数及矩阵论等知识，同时又是后续其他专业课程的基础，因此具有非常重要的地位。作者根据十多年的教学与实践经验编写了本书，除了一些经典的理论和方法之外，也引入了一些实际案例，该书中既有作者对众多知识的分析归纳，也有对一些问题的独到分析。

　　教学十几年来，每年都有很多同学反映该课程比较难学，而且学习了课程知识后，不知道如何做题。作者就是本着为同学们解决问题的这种想法，整理了该辅导书。该书所展现的例题中，从分析开始，到具体计算，都有详细的过程。目的就是使初学误差理论与测量平差基础的读者，真正的会利用其中的原理解决实际问题。

　　本书大量使用了 Excel 电子表格，进行了法方程系数组成以及解算等的相关计算。大部分习题为作者亲自计算，书中符号的意义严格与全国本专科测绘教材保持一致，与很多版本的测量平差基础教材一致。同时，由于习题是由 Excel 计算所得，因此保留了解算的过程和结果，主要表现为数据的小数位较多。同时，该书保留了大量的关于测角网、测边网、边角网等传统三角网的有关题目，虽然这些题目总体偏陈旧，但的确是非常经典的内容，对于读者掌握平差的原理有很大的帮助。

　　全书共分 10 章，由泰山学院泥立丽、山东科技大学王永、山东交通职业学院（泰山校区）田桂娟、淮海工学院宁伟、北京工业职业技术学院桂维振、山东农业大学杜琳、山东科技大学陶秋香、山东建筑大学赵同龙、山东东山王楼煤矿有限公司刘鹏共同编著。其中，桂维振、刘鹏编写了第 1 章；杜琳编写了第 2 章；泥立丽编写了第 3 章～第 5 章；王永编写了第 6 章、第 7 章；宁伟编写了第 8 章；田桂娟编写了第 9 章；陶秋香、赵同龙编写了第 10 章。此外，山东水利职业学院丁建全老师，山东东山王楼煤矿有限公司刘艳，山东省地质矿产勘查开发局第五地质大队的苗元欣、李军亮、王振、赵梦、魏荣宝，招金矿业股份有限公司刘洪晓、赵俊光，中铁二十三局集团第一工程有限公司的桑志伟等提供了部分素材，并编写了部分内容。全书由王永统一修改定稿，泥立丽、田桂娟审核。

　　本书得到了很多前辈的帮助，特别是山东科技大学博士生导师独知行教授给予了很大帮助。

　　本书得到了泰山学院人才基金项目（编号：Y-01-2017001）、泰山学院青年教师科研基金项目（编号：QN-01-201306）资助。

　　本辅导书有大量计算题，由于时间仓促，疏漏在所难免，恳请使用本书的教师和广大读者批评指正，提出宝贵意见。

编者

2017.11

目录

第1章　绪论 / 1

知识点 1

经典例题 4

习题 5

解析答案 6

第2章　测量误差及精度指标 / 7

知识点 7

经典例题 12

习题 14

解析答案 15

第3章　协方差传播律及权 / 16

知识点 16

经典例题 25

习题 36

解析答案 41

**第4章　平差数学模型与最小二乘
　　　　原理 / 50**

知识点 50

经典例题 55

习题 58

解析答案 61

第5章　条件平差 / 63

知识点 63

经典例题 71

习题 94

解析答案 103

第6章　附有参数的条件平差 / 120

知识点 120

经典例题 122

习题 132

解析答案 136

第7章　间接平差 / 145

知识点 145

经典例题 150

习题 169

解析答案 178

第8章　附有限制条件的间接平差 / 204

知识点 204

经典例题 206

习题 214

解析答案 217

第9章　概括平差函数模型 / 225

知识点 225

经典例题 229

习题 235

解析答案 237

第10章　误差椭圆 / 243

知识点 243

经典例题 250

习题 261

解析答案 264

附录1　必要观测数 t 的确定方法 / 269

**附录2　测量平差中关于起算数据确定的
　　　　一些见解 / 278**

参考文献 / 283

第1章
绪 论

知 识 点

一、定义

测量数据 也称为观测数据，是指用一定的仪器、工具、传感器或其他手段获取的反映地球与其他实体的空间分布有关信息的数据。

测量数据可以是直接测量的结果，也可以是经过某种变换后的结果。

任何测量数据总是包含信息和干扰两部分，其中干扰称为误差，是除了信息以外的部分。因此，测量数据总是不可避免地带有误差。

二、观测误差

在教材《数字地形测量学》中，主要学习了观测，通过观测就可以得到观测值。由于观测时总是处于一定的环境之中，所以观测值总是带有误差，而且这种误差是不可避免的。例如，在现实生活中，某人在量取身高时，往往得到的数值是 1.8m 左右，若精确到 mm，量取多次时的结果往往还不一样，因此出现偏差（误差）。除了量取身高这个例子，在量取体重、房间长度等时这种情况也会出现，而且很多人都有这样的经历，从而说明这种偏差是一种客观存在。既然客观存在，那就是不可避免，因此必须要面对，必须要处理，处理的方法就是平差。

(1) 误差的表现形式 包括两种：①同一个量的多个观测值之间不相等；②观测值与其理论值之间不相等。

(2) 误差来源 无论什么样的测量（常规测量、摄影测量、遥感还是 GNSS 测量等），都会产生误差，引起误差的原因多种多样，但概括起来有以下三个方面：测量仪器、观测者、外界环境。

这三方面是引起误差的主要来源，常把它们综合起来称为观测条件。所以通常说，观测成果的质量高低客观地反映了观测条件的优劣。观测条件的好坏与观测成果的质量有着密切的联系：①当观测条件好一些时，观测成果的质量就会高一些；②当观测条件差一些时，观测成果的质量就会低一些；③如果观测条件相同，观测成果的质量就可以说是相同的。

（3）误差分类　根据误差对测量结果的影响性质，可分为三类：偶然误差、系统误差和粗差。

① 偶然误差：在相同的观测条件下作一系列观测，如果误差在**大小和符号**上都表现出偶然性，即从单个误差看，该列误差的大小和符号没有规律性，但就大量误差的总体而言，具有一定的统计规律。

☆ **注意**　是"大小和符号"，表明两者都。

例如，用经纬仪或全站仪测角时，照准误差、读数误差、外界条件变化所引起的误差、仪器本身不完善而引起的误差等都是偶然误差；而其中每一项误差又是由许多偶然因素所引起的小误差的代数和，例如照准误差可能是由于脚架或觇标的晃动或扭转、风力或风向的变化、目标的背影、大气折光和大气透明度等偶然因素影响而产生的小误差的代数和；此外，GNSS测量中的多路径效应、摄影测量中的像点量测误差、观测人员的自身健康状况、情绪高低等均为偶然误差。

② 系统误差：在相同的观测条件下作一系列的观测，如果误差在**大小、符号**上表现出系统性，或者在观测过程中按一定的规律变化，或者为某一常数，那么这种带有系统性和方向性的误差就称为系统误差。系统误差具有累积性。

☆ **注意**　是"大小、符号"，表明两者有其一或二，就说明该误差是系统误差。

另外，系统误差又可分为以下3种。

常系统误差——假设使用没有调整好零位的仪器进行重复观测，其结果总是略高或略低于真值，这种误差称为零位误差，是系统误差的一种。常系统误差常常表现出固定性，即符号、数值保持不变。

可变系统误差——这种系统误差是按一定规律变化的，表现出累积性：在测量过程中不断增加或者减小；还表现出周期性：数值和符号有规律地变化。

单向误差——这种误差的大小变化不定，但符号总是相同的。

例如，用具有某一尺长误差的钢尺量距时所引起的距离误差；经纬仪因校正或安置的不完善而使所测角度产生误差；全站仪的棱镜常数的设置不正确、棱镜对中杆的倾斜；GNSS测量中的卫星星历误差、卫星钟差、接收机钟差以及大气折射的误差；摄影测量与遥感中的影像几何畸变、底片变形、大气折光、地球曲率等都属于系统误差。又如，用钢尺量距时的温度与鉴定尺子时的温度不一致而产生的误差；测角时因大气折光的影响而产生的误差等。此外，如某些观测者在照准目标时，总是习惯于把望远镜十字丝对准目标中央的某一侧，也会使观测结果带有系统误差。

系统误差与偶然误差都是不可避免的，是一种客观存在。它们在观测过程中是同时发生的，当观测值中系统误差显著偶然误差次要时，观测数据呈现系统性；反之，则呈现出偶然性。

③ 粗差：即粗大误差，是指比在正常观测条件下所可能出现的最大误差还要大的误差，通俗地说，粗差要比偶然误差大上好几倍。例如，观测时大数读错，计算机输入数据错误，控制网起始数据错误等。

☆ **注意**　在理论上，粗差可以避免；但是在实际工作中，由于这样那样的一些原因，粗差通常会存在。粗差对观测结果的影响是非常大的，因此必须去除。

（4）发现、消除误差的方法　通过进行多次重复观测，即多余观测，可以发现误差。消除误差的方法就是进行测量平差。

（5）测量平差　即是测量数据调整的意思。其基本定义是，依据某种最优化准则，由一系列带有观测误差的测量数据，求定未知量的最佳估值及精度的理论和方法。"平差"可以理解成将误差"平掉、抹掉"的意思。

三、测量平差的简史和发展

1794 年，高斯首先提出最小二乘法；1806 年，A•M•Legendre 从代数观点也独立提出了最小二乘法；自 20 世纪 50—60 年代开始，测量平差得到了很大发展，主要表现在以下几个方面。

（1） 从单纯研究观测的偶然误差理论扩展到包含系统误差和粗差，在偶然误差理论的基础上，对误差理论及其相应的测量平差理论和方法进行全方位研究，大大地扩充了测量平差学科的研究领域和范围。

（2） 1947 年，T•M•Tienstra 提出了相关观测值的平差理论。相关平差的出现，使观测值的概念广义化了，将经典的最小二乘平差法推向更广泛的应用领域。

（3） 经典的最小二乘法平差，所选平差参数（未知量）假设是非随机变量。20 世纪 60 年代末提出并经 20 世纪 70 年代的发展，产生了顾及随机参数的最小二乘平差方法。

（4） 经典的最小二乘平差法是一种满秩平差问题，即平差时的法方程组是满秩的，方程组有唯一解。经 20 世纪 60—80 年代的研究，形成了一整套秩亏自由网平差的理论体系和多种解法。

（5） 经典平差的定权理论和方法也有革新。许多学者致力于将经典的先验定权方法改进为后验定权方法的研究。

（6） 观测中既然包含系统误差，那么系统误差特性、传播、检验、分析的理论研究自然展开，相应的平差方法也产生，如附有系统参数的平差法等。

（7） 观测中有可能包含粗差，相应的误差理论也得到发展。到目前为止，已经形成了粗差定位、估计和假设检验等理论体系。

四、几个认识误区

（1） 既然通过平差可以消除观测值中存在的误差，是不是在外业观测时可以随意观测呢？

答：平差是可以消除误差，但是，所处理的观测数据是严格按照测量规范的要求得到的结果。如果外业观测中不按照规范要求进行，则所得到的观测数据就是低精度的，甚至含有粗差，虽然可以进行平差，但是所得到的平差值有可能是错误的或者是不满足精度要求的。

（2） 平差值一定是最好的吗？一定会满足精度的要求吗？

答：平差值是在某一观测条件下，将带有误差的观测值经过平差后所得到的最好的结果，但是这个结果最终是否满足精度的要求，还要通过进行精度评定之后来判断。所以，平差值未必会满足精度的要求。

（3） 是不是仔细、认真地进行观测，所得到的观测值就不会有误差？

答：无论观测中如何仔细，如何认真，所得的观测值总会含有误差，这一点是毋庸置疑的，只是观测的误差有大小之别而已。但是，尽管误差不可避免，但是我们在观测中还是要严格按照规范的要求进行观测。

经典例题

例 1-1 为什么说观测值总是含有误差，而且观测误差是不可避免的？

【分析】由于仪器、环境等因素的限制，测量不可能无限精确，物理量的测量值与客观存在的真实值之间总会存在着一定的差异，这种差异就是测量误差。例如两个同学都用正确的测量方法，认真、仔细地测量同一支铅笔的长度，其结果也可能不完全相同。但是，一个物体的真实长度总是一定的，我们把物体的真实长度叫作真实值；测量所得的值是物体长度的近似值，叫作测量值；测量值与真实值的差就是测量误差。一般情况下，我们不能知道真实值到底是多少，所以就无法说出测量误差的准确值，只能说出测量误差的范围。当刻度尺的长度大于被测物体的长度时，测量可以一次完成，如用厘米刻度尺一次测量一个小桌子的长，则测量误差的范围不会大于+0.5cm；用毫米刻度尺一次测量一支铅笔的长，则测量误差的范围为+0.5mm。当刻度尺的长度小于物体的长度时，需要不断移动刻度尺才能完成测量，则测量误差也将增大。从观测的原理、观测所用的仪器及仪器的调整，到对物理量的每次测量，都不可避免地存在误差，并贯穿于整个测量的始终。

例 1-2 试判断下列情况下误差的性质和符号：
(1) 水准测量中视准轴与水准轴不平行；
(2) 水准测量中仪器下沉；
(3) 水准仪读数不准确；
(4) 水准尺下沉；
(5) 水准尺竖立不垂直；
(6) GNSS 测量中电离层或对流层的折射；
(7) GNSS 测量中信号的多路径效应。

【分析】首先要知道，该题中，误差的公式为：误差＝理论值－观测值；其次，要明白各小题中测量问题的原理。

针对 (1)，"视准轴与水准轴不平行"，从而产生了 i 角，则水准尺读数与实际数值有误差；而且在短时间内，可认为 i 角是不变的，故这种误差为系统误差。在《数字地形测量学》中学习过，当 $i>0$ 时，水准尺读数（即观测值）偏大，可得（系统）误差<0，即符号为"－"；当 $i<0$ 时，观测值偏小，可得（系统）误差>0，即符号为"＋"。

针对 (2)，"仪器下沉"，从而视线高度降低，水准尺读数变小，从而产生系统误差，且符号为"＋"。

针对 (3)，"读数不准确"，即有可能读数变大，也有可能变小，且变大或变小只能出现一种情况；从而产生偶然误差，误差符号为"＋"或"－"。

针对 (4)，"水准尺下沉"，由于视线高度不变，水准尺读数变大，从而产生系统误差，且符号为"－"。

针对 (5)，"水准尺竖立不垂直"，有些水准尺没有圆水准器或者即使有时也不严格竖直，这样水准尺读数变大，从而产生系统误差，且符号为"—"。

针对（6），"电离层或对流层的折射"，会使信号传播的时间变长，从而产生系统误差，其符号为"—"。

针对（7），"多路径效应"，会使测量结果变大或变小，且只能出现一种情况，从而产生偶然误差，其符号为"＋"或"—"。

因此，该题解如下。

（1）系统误差，当 i 角为正值时，符号为"—"；当 i 角为负值时，符号为"＋"。

（2）系统误差，符号为"＋"。

（3）偶然误差，符号为"＋"或"—"。

（4）系统误差，符号为"—"。

（5）系统误差，符号为"—"。

（6）系统误差，符号为"—"。

（7）偶然误差，符号为"＋"或"—"。

例 1-3 测量平差的基本任务是什么？

【分析】有一点必须明白：测量平差的任务除了确定平差值之外，必须要对所求得的平差值进行精度评定，因为只有满足精度要求，这个平差值才是满足最终要求的；如果不满足精度要求，即使它是平差值也是不可以的。

因此，测量平差的基本任务包括以下两点：

（1）对一系列带有观测误差的观测值，运用概率统计的方法来消除它们之间的不符值，求出未知量的最可靠值；

（2）评定测量成果的精度。

习　题

1-1　以下几种情况会使结果产生误差，试分别判断误差的性质及符号：（1）钢尺量距时尺长不准确；（2）钢尺量距时尺不水平；（3）经纬仪测角时估读小数不准确；（4）钢尺量距时尺子垂曲或反曲；（5）钢尺量距时尺端偏离直线方向；（6）钢尺的尺长鉴定过程中，尺长与标准尺比较产生的误差；（7）摄影测量中像点的量测误差。

1-2　什么是多余观测？在测量中为什么要进行多余观测？

1-3　高斯于哪一年提出最小二乘法？最小二乘法主要是为了解决什么问题？

解析答案

1-1 【解析】

（1）系统误差，当尺长大于标准尺长时，观测值小，符号为"＋"；当尺长小于标准尺长时，观测值大，符号为"－"。

（2）系统误差，符号为"－"。

（3）偶然误差，符号为"＋"或"－"。

（4）系统误差，符号为"－"。

（5）系统误差，符号为"－"。

（6）偶然误差，符号为"＋"或"－"。

（7）偶然误差，符号为"＋"或"－"。

1-2 【解析】多余观测——指观测值的个数多于确定未知量所必需的个数。

偶然误差产生的原因十分复杂，又找不到完全消除其影响的办法，观测结果中就不可避免存在着偶然误差的影响，因此，在实际测量工作中，为了检核观测值中有无错误，提高成果的质量，必须进行多余观测。

1-3 【解析】1794 年，高斯提出了最小二乘原理，用以解决如何从带有误差的观测值中找出未知量的最佳估值。

第2章
测量误差及精度指标

▌ 知 识 点 ▌

一、误差的定义

把第 i 次观测中发生的偶然误差称为单一误差或个体误差，把它定义为观测值与相应的理论值之差：

$$误差＝理论值－观测值$$

单一误差有两种形式：真误差和改正数。

(1) 真误差

$$\Delta_i = \widetilde{L}_i - L_i \tag{2-1}$$

若以被观测值的数学期望表示该观测值的真值，则 $\Delta = E(L) - L = \widetilde{L} - L$。

(2) 改正数

$$V_i = \hat{L}_i - L_i \tag{2-2}$$

需要说明：①本书所讲内容属于经典平差范畴，因此，所说的误差即指偶然误差。②要想求得真误差，必须要知道真值，但在很多情况下，真值往往未知，因此实用中常以改正数代替真误差。多边形的内角和是真值已知的典型案例。

二、偶然误差的规律性

(1) 有界性　在一定的观测条件下，误差的绝对值有一定的限值，或者说，超出一定限值的误差，其出现的概率为零；

(2) 单峰性　绝对值较小的误差比绝对值较大的误差出现的概率大；

(3) 对称性　绝对值相等的正负误差出现的概率相同；

(4) 抵消性　偶然误差的数学期望 $E(\Delta) = 0$，即偶然误差的理论平均值为零。

三、衡量精度的指标

（1）方差和中误差　当观测次数 n 趋向无穷时，则理论值公式：

$$\sigma^2 = D(\Delta) = \int_{-\infty}^{+\infty} \Delta^2 f(\Delta)\mathrm{d}\Delta \text{ 或 } \sigma^2 = D(\Delta) = \lim_{n \to \infty} \frac{\sum \Delta\Delta}{n} \tag{2-3}$$

$$\sigma = \lim_{n \to \infty} \sqrt{\frac{\sum \Delta\Delta}{n}} \tag{2-4}$$

实用中，观测次数 n 总是有限，则估计值公式：

$$\hat{\sigma}^2 = \frac{\sum \Delta\Delta}{n} \tag{2-5}$$

$$\hat{\sigma} = \sqrt{\frac{\sum \Delta\Delta}{n}} \tag{2-6}$$

☆ **注意**　本文中定义 σ 为非负值。

（2）平均误差
理论公式

$$\theta = E(|\Delta|) = \int_{-\infty}^{+\infty} |\Delta| f(\Delta)\mathrm{d}\Delta \text{ 或 } \theta = \lim_{n \to \infty} \frac{\sum |\Delta|}{n} \tag{2-7}$$

实用公式（估值公式）

$$\hat{\theta} = \frac{\sum |\Delta|}{n} \tag{2-8}$$

☆ **注意**　关系式 $\theta = \sqrt{\frac{2}{\pi}}\sigma \approx 0.7979\sigma$，是平均误差 θ 与中误差 σ 的理论关系式；需要明白，当 n 取有限值时，该关系式有时不满足。

（3）或然误差　误差出现在 $(-\rho, +\rho)$ 之间的概率等于 $1/2$，即

$$\int_{-\rho}^{+\rho} f(\Delta)\mathrm{d}\Delta = \frac{1}{2} \tag{2-9}$$

☆ **注意**　关系式 $\rho \approx 0.6745\sigma$，是或然误差 ρ 与中误差 σ 的理论关系式；需要明白，当 n 取有限值时，该关系式有时不满足。

在实用上，因为观测值个数 n 是有限值，因此也只能得到 ρ 的估值，仍简称为或然误差。

或然误差求解方法：将在相同观测条件下得到的一组误差，按绝对值的大小排列。当 n 为奇数时，取位于中间的一个误差值作为 $\hat{\rho}$；当 n 为偶数时，则取中间两个误差值绝对值的平均值作为 $\hat{\rho}$。

（4）极限误差

$$\Delta_{限} = 3\sigma \tag{2-10}$$

当对观测质量要求高时，可取 $\Delta_{限} = 2\sigma$，但是得说明，如控制测量中、导线测量中等。

在大量同精度观测的一组误差中，误差落在 $(-\sigma, +\sigma)$，$(-2\sigma, +2\sigma)$ 和 $(-3\sigma, +3\sigma)$ 的概率分别为

$$P(-\sigma, +\sigma) = 68.3\%$$
$$P(-2\sigma, +2\sigma) = 95.5\%$$
$$P(-3\sigma, +3\sigma) = 99.7\%$$

(5) 相对误差　对于某些观测结果，有时单靠中误差还不能完全表达观测结果的好坏。例如，分别丈量了 1000m 及 80m 的两段距离，观测值的中误差均为 2cm，虽然两者的中误差相同，但就单位长度而言，两者精度并不相同。显然前者的相对精度比后者要高。此时，通常采用相对中误差，它是中误差与观测值之比。如上述两段距离，前者的相对中误差为 1/50000，后者则为 1/4000。

相对中误差是个无名数，在测量中一般将分子化为 1，即用 1/N 表示。

(6) 关于几个精度指标的说明

综上可以看出，衡量精度的指标包括中误差、平均误差、或然误差、极限误差以及相对误差。由于前三者之间在理论上存在一定的关系，所以可以将它们视为一类。针对它们，现说明以下几点：

我们知道，测量分为三大基本要素，即高差、距离和角度。在比较精度高低时，是针对同一要素之间的，不同的要素之间不能比较精度高低。这时，情况还要再分两种：(a) 对于**同一距离**，不同测量小组进行观测后得到了不同的观测数据；为了比较各组数据的精度高低，此时需要分别求出各组的中误差（或平均误差、或或然误差），从而依据中误差取值的大小来比较它们的精度之高低。(b) 对于**长度不相等的两段距离**，有时候它们的中误差会相等，为了比较它们的精度高低，需要分别求出它们的相对中误差，从而依据相对中误差取值的大小而比较它们的精度之高低。

四、精度、准确度与精确度

(1) 精度　是指误差分布密集或离散的程度，其衡量指标包括很多，常用中误差。

(2) 准确度　又名准度，是指随机变量 X 的真值 $\widetilde{X}$ 与数学期望 $E(X)$ 之差，即

$$\varepsilon = \widetilde{X} - E(X) \tag{2-11}$$

即 $E(X)$ 的真误差，这是存在系统误差的情况。衡量系统误差大小程度的指标是准确度。

(3) 精确度　是精度和准确度的合成，是指观测结果与其真值的接近程度，包括观测结果与其数学期望接近程度和数学期望与其真值的偏差。

因此，精确度反映了偶然误差和系统误差联合影响的大小程度。当不存在系统误差时，精确度就是精度，精确度是一个全面衡量观测质量的指标。

精确度的衡量指标为均方误差，设观测值为 X，均方误差的定义为

$$MSE(X) = E(X - \widetilde{X})^2 \tag{2-12}$$

对于随机向量 X，则均方误差的定义为

$$MSE(X) = E[(X - \widetilde{X})^{\mathrm{T}}(X - \widetilde{X})] \tag{2-13}$$

如图 2-1 所示，为运动赛场进行打靶的图，黑点为子弹落点。

可以看出，图 2-1 中的 (a) 图靶点最密，且靠近靶心；(b)、(c) 两图中靶点相对离散，直接用肉眼看很难比较 (b)、(c) 的效果哪个好哪个差；(d) 图虽然很密，但是所有的

靶点整体离靶心较远。

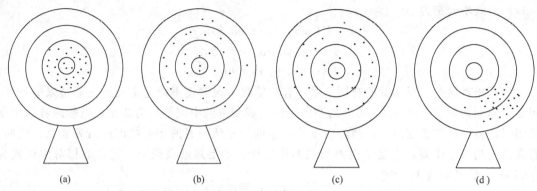

图 2-1　打靶图

结合以上各图的实际情况，各图反映的情况如下：

图 2-1（a）：偶然误差小，系统误差小，精度高，准确度高；可用精度来衡量。

图 2-1（b）、（c）：偶然误差大，无明显系统误差，精度高，准确度低；可以用精度来衡量。

图 2-1（d）：偶然误差小，有明显的系统误差，精度高，准确度低；需要用准确度来衡量。

以上 4 张图都可以用精确度来衡量。

五、Excel 中常用的几个关于矩阵运算的函数

（1）矩阵求逆

"＝MINVERSE（方阵）"：返回逆矩阵。

例如：求方阵 $A = \begin{bmatrix} 1 & 2 & 1 \\ 3 & 1 & 4 \\ 2 & 0 & 5 \end{bmatrix}$ 的逆矩阵。

具体步骤如下：①打开 Excel 软件，在表格中输入方阵 A，如图 2-2 所示，A 的位置为 "A2：C4"；②选中 A 的逆矩阵 A^{-1} 的位置："D2：F4"；③将光标移至编辑栏中，在编辑栏中输入 "＝MINVERSE（A2：C4）"；④按组合键：Ctrl＋Shift＋Enter，然后就计算出了 A^{-1}，即 $A^{-1} = \begin{bmatrix} -5/11 & 10/11 & -7/11 \\ 7/11 & -3/11 & 1/11 \\ 2/11 & -4/11 & 5/11 \end{bmatrix}$。

G12	× ✓ fx	编辑栏				
	A	B	C	D	E	F	G
1	A			A的逆			
2	1	2	1	− 5/11	10/11	− 7/11	编辑栏
3	3	1	4	7/11	− 3/11	1/11	
4	2	0	5	2/11	− 4/11	5/11	
5							

图 2-2　利用 Excel 计算逆矩阵

（2）矩阵相乘

"＝MMULT（矩阵 1，矩阵 2）"：返回矩阵乘积。

例如：矩阵 $A = \begin{bmatrix} 1 & 2 & 1 \\ 3 & 1 & 4 \end{bmatrix}$ 和 $B = \begin{bmatrix} 2 & 3 \\ 1 & 1 \\ 3 & 1 \end{bmatrix}$，求它们的乘积：$A \times B$。

　　具体步骤如下：①打开 Excel 软件，在表格中输入矩阵 A 和 B，如图 2-3 所示，A 的位置为 "A2：C3"，B 的位置为 "E2：F4"；②选中 $A \times B$ 的位置："A7：B8"；③将光标移至编辑栏中，在编辑栏中输入 "＝MMULT（A2：C3，E2：F4）"；④按组合键：Ctrl＋Shift＋Enter，然后就计算出了 $A \times B$，即 $A \times B = \begin{bmatrix} 7 & 6 \\ 19 & 14 \end{bmatrix}$。

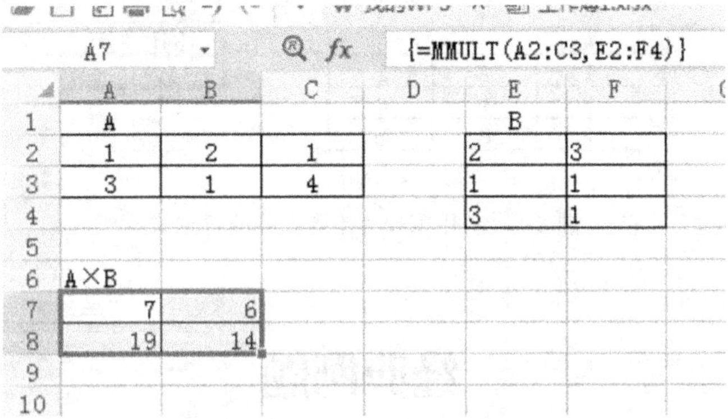

图 2-3　利用 Excel 计算矩阵乘积

（3）矩阵求转置

　　"＝TRANSPOSE（矩阵）"：返回矩阵的转置。

　　例如：求矩阵 $A = \begin{bmatrix} 1 & 2 & 1 \\ 3 & 1 & 4 \end{bmatrix}$ 的转置。

　　具体步骤如下：①打开 Excel 软件，在表格中输入矩阵 A，如图 2-4 所示，A 的位置为 "A2：C3"；②选中 A 的转置的位置："E2：F4"；③将光标移至编辑栏中，在编辑栏中输入 "＝TRANSPOSE（A2：C3）"；④按组合键：Ctrl＋Shift＋Enter，然后就计算出了 $A^{\mathrm{T}} = \begin{bmatrix} 1 & 3 \\ 2 & 1 \\ 1 & 4 \end{bmatrix}$。

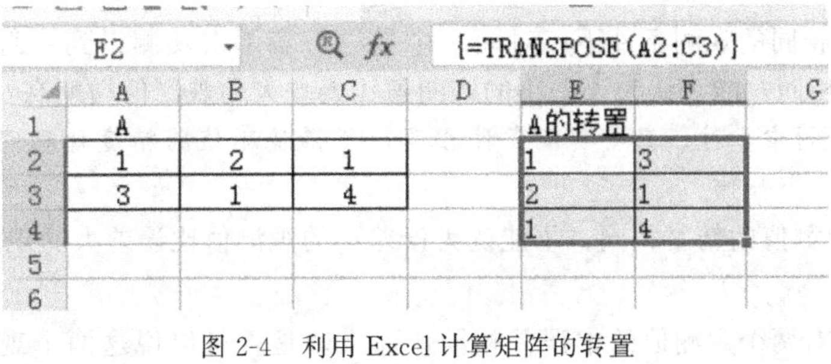

图 2-4　利用 Excel 计算矩阵的转置

（4）矩阵求行列式

　　"＝MDETERM（方阵）"：计算矩阵的行列式。

例如，求方阵 $A = \begin{bmatrix} 1 & 2 & 1 \\ 3 & 1 & 4 \\ 2 & 0 & 5 \end{bmatrix}$ 的行列式。

具体步骤如下：①打开 Excel 软件，在表格中输入方阵 A，如图 2-5 所示，A 的位置为"A2：C4"；②选中 A 的行列式的位置："E2"；③将光标移至编辑栏中，在编辑栏中输入"＝MDETERM（A2：C4）"；④按组合键：Ctrl＋Shift＋Enter，然后就计算出了 $|A| = -11$。

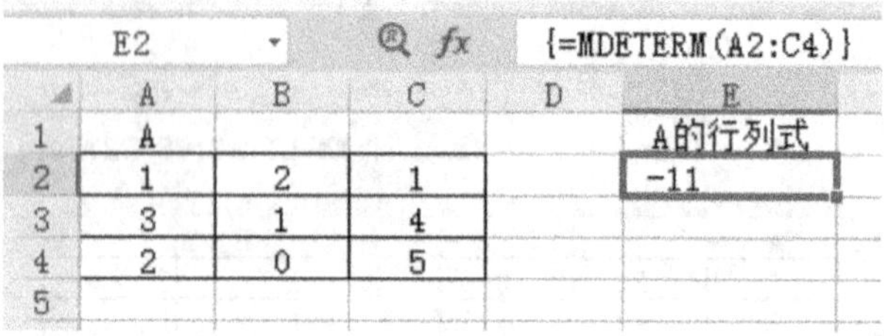

图 2-5　利用 Excel 计算方阵的行列式

经典例题

例 2-1　观测值的真误差是怎样定义的？三角形的闭合差是什么观测值的真误差？

【分析】真误差是真值与观测值之差，真值和观测值一个做被减数，另一个做减数即可。在很多参考书中，有的是观测值做被减数，真值做减数；有的是真值做被减数，观测值做减数。

【解】在该书中，真误差等于真值减去观测值，即真值是被减数，观测值是减数，因此观测值的真误差定义如下：

$$真误差＝真值－观测值$$

三角形的闭合差是其三个内角和的真误差。

【说明】在很多情况下，观测值的真值往往是不知道的，因此它的真误差往往就不能求得。平面 n 边形的内角和 $(n-2) \cdot 180°$，是为数不多的真值已知的情况。

例 2-2　在相同的观测条件下，对同一个量进行若干次观测得到一组观测值，这些观测值的精度是否相同？能否认为误差小的观测值比误差大的观测值精度高？

【分析】在教材中学过，只要观测条件相同，所得观测值的精度就相同，不论这些观测值所对应的误差大小如何。

【解】这些观测值的精度相同；不能认为误差小的观测值比误差大的观测值精度高。

例 2-3　若有两个观测值的中误差相同，那么，是否可以说这两个观测值的真误差一定相同？为什么？

【分析】这个题需要参考中误差公式 $\hat{\sigma} = \sqrt{\dfrac{[\Delta\Delta]}{n}}$，通过 n 取不同数时进行验证。

【解】不可以说这两个观测值的真误差一定相同。

原因：根据中误差公式，当 $n=2$ 时，不妨设两个观测值的中误差分别为 $\hat{\sigma}_1 = \sqrt{\dfrac{\Delta_1'^2 + \Delta_2'^2}{2}}$ 和 $\sigma_2 = \sqrt{\dfrac{\Delta_1''^2 + \Delta_2''^2}{2}}$，则有 $\Delta_1'^2 + \Delta_2'^2 = \Delta_1''^2 + \Delta_2''^2$，例如 $2^2 + 3^2 = (-2)^2 + (-3)^2$ 和 $2^2 + 3^2 = 2^2 + 3^2$，都满足中误差相等，但是其真误差有时相同，有时不同。

例 2-4 有两段距离 S_1 和 S_2，经多次观测求得观测值及中误差分别为 $330.00\mathrm{m} \pm 3\mathrm{cm}$ 和 $630.00\mathrm{m} \pm 3\mathrm{cm}$，试问哪段距离观测精度高？二者各自观测值的真误差是否相同？

【分析】由题意可知，两段距离的中误差相等，但是长度不同，因此依据相对误差定义式可知两者精度不同；同时，再依据例 2-3 中的分析，可知真误差不一定相等。

【解】它们的真误差不一定相等；它们的精度不相等，后者高于前者。

例 2-5 设观测向量 $X = \begin{bmatrix} L_1 & L_2 & L_3 \end{bmatrix}^{\mathrm{T}}$，它的协方差阵为 $D_{XX} = \begin{bmatrix} 4 & -1 & 0 \\ -1 & 2 & 2 \\ 0 & 2 & 5 \end{bmatrix}$，求出观测值 L_1、L_2、L_3 的中误差及其协方差 $\sigma_{L_1 L_2}$、$\sigma_{L_1 L_3}$ 和 $\sigma_{L_2 L_3}$。

【分析】该题是考查对协方差阵定义的理解程度；同时大家还要注意，在测量误差领域中，通常观测向量是以列的形式定义的，即 X 是 3 行 1 列的向量。在协方差阵中，主对角线上的元素为各分量的方差，非主对角线上的元素为分量间的协方差。

【解】根据协方差阵的定义，可得

$$\sigma_{L_1} = 2, \quad \sigma_{L_2} = \sqrt{2}, \quad \sigma_{L_3} = \sqrt{5}, \quad \sigma_{L_1 L_2} = -1, \quad \sigma_{L_1 L_3} = 0, \quad \sigma_{L_2 L_3} = 2$$

例 2-6 设有两组观测值，它们的真误差如下：

第 1 组：$+2$，-3，$+1$，$+2$，-2，-1
第 2 组：$+1$，-1，-5，$+2$，$+1$，-1

试求，（1）它们的平均误差 $\hat{\theta}_1$、$\hat{\theta}_2$；（2）它们的中误差 $\hat{\sigma}_1$、$\hat{\sigma}_2$；（3）它们的或然误差 $\hat{\rho}_1$、$\hat{\rho}_2$；（4）判别它们之间的精度高低。

【解析】每组均为 6 个数据，则列表如下。

第 1 组	+2	-3	+1	+2	-2	-1	
绝对值	2	3	1	2	2	1	$\Sigma = 11$
平方	4	9	1	4	4	1	$\Sigma = 23$
第 2 组	+1	-1	-5	+2	+1	-1	
绝对值	1	1	5	2	1	1	$\Sigma = 11$
平方	1	1	25	4	1	1	$\Sigma = 33$

由平均误差公式 $\hat{\theta} = \dfrac{\Sigma|\Delta|}{n}$，得 $\hat{\theta}_1 = 1.833$，$\hat{\theta}_2 = 1.833$；

由中误差公式 $\hat{\sigma} = \sqrt{\dfrac{\Sigma\Delta^2}{n}}$，得 $\hat{\sigma}_1 = 1.958$，$\hat{\sigma}_2 = 2.345$。

对于或然误差：将两组观测值按绝对值从小到大的顺序排序如下。

第1组	1	1	2	2	2	3
第2组	1	1	1	1	2	5

可见，根据或然误差的求法，取第1组中间两个误差值的平均值，即第1组的或然误差 $\hat{\rho}_1=2$；取第2组中间两个误差值的平均值，即第2组的或然误差 $\hat{\rho}_2=1$。

对于以上结果综合分析可得，有时候，对于两组观测值个数不太多的数据，分别计算平均误差 θ、或然误差 ρ 和中误差 σ 后，得到的结果是不一样的，原因主要是观测值个数太少。在理论上，三者之间的关系是 $\rho\approx0.6745\sigma$、$\theta\approx0.7979\sigma$，可知，相同的观测条件下，三者的数值大小关系为 $\sigma>\theta>\rho$。

那么如何来判别观测值的精度呢？在通常情况下，由于中误差对大的误差反应灵敏，故通常采用中误差作为衡量精度的指标。当观测次数 n 较大时（如 $n>20$），三者均可采用。本题中 $\hat{\sigma}_1<\hat{\sigma}_2$，中误差越小，精度越高，因此，第一组观测值的精度高。

【说明】本题注意不要用错公式。同时，有一点再强调一下：中误差、平均误差、或然误差，这三个指标在理论上衡量观测值的精度时是一致的；但在实用上，由于观测次数总是有限，尤其是观测次数较小时，根据它们所得到的结论往往是不一致的。在通常情况下，常用中误差作为衡量精度的指标。

习　题

2-1　为什么说正态分布是一种重要的分布？

2-2　偶然误差 Δ 服从什么分布？它的数学期望和方差各是什么？

2-3　为了鉴定某经纬仪的测角精度，对某一角度作了12次同精度观测，结果如下：

$$27°00'06''\qquad 26°59'55''\qquad 26°59'58''\qquad 27°00'04''$$
$$27°00'03''\qquad 27°00'04''\qquad 27°00'00''\qquad 26°59'58''$$
$$26°59'59''\qquad 26°59'59''\qquad 27°00'06''\qquad 27°00'03''$$

设该角的精确测定值为 $\alpha=27°00'00''$（α 没有误差），试求观测值的中误差。

2-4　有一段距离，其观测值及其中误差为 325.675m±12mm。试估计这个观测值的真误差的实际可能范围是多少？并求出该观测值的相对中误差。

2-5　两个独立观测值是否可称为不相关观测值？两个相关观测值是否就是不独立观测值呢？

2-6　设经过计算，求得观测向量 $X=\begin{bmatrix} L_1 & L_2 \end{bmatrix}^{\mathrm{T}}$ 的协方差阵为 $D_{XX}=\begin{bmatrix} 2 & 1 \\ 1 & 8 \end{bmatrix}$，试求出观测值 L_1、L_2 的中误差及其协方差 $\sigma_{L_1L_2}$。

解析答案

2-1 【解析】正态分布是许多统计方法的理论基础：如 t 分布、F 分布、χ^2 分布都是在正态分布的基础上推导出来的，u 检验也是以正态分布为基础的。此外，t 分布、二项分布、Poisson 分布的极限为正态分布，在一定条件下，可以按正态分布原理来处理。

2-2 【解析】偶然误差 Δ 服从正态分布；它的数学期望为零，方差为 $E(\Delta^2)$。

2-3 【解析】由题意，各观测值与 α 的误差值 $\Delta = \alpha - \alpha_i$ 列如下表中（单位：$''$）。

-6	$+5$	$+2$	-4
-3	-4	0	$+2$
$+1$	$+1$	-6	-3

则得观测值的中误差估值为

$$\hat{\sigma} = \sqrt{\frac{\sum \Delta\Delta}{n}} = \sqrt{\frac{157}{12}} = 3.617''$$

2-4 【解析】可参考极限误差的定义。

真误差可能出现的范围是 $|\Delta| < 36\text{mm}$，或写为 $-36\text{mm} < \Delta < +36\text{mm}$，相对中误差为 $1/27140$。提示：由公式 $\hat{\sigma} = \sqrt{\dfrac{\sum \Delta\Delta}{n}}$ 可知，当 n 取不同的值时，Δ 可以取相应的数值。

2-5 【解析】是，是。

2-6 【分析】请参考例 2-5。

【解】根据协方差阵的定义，可得

$$\sigma_{L_1} = \sqrt{2}, \ \sigma_{L_2} = 2\sqrt{2}, \ \sigma_{L_1 L_2} = 1。$$

第3章
协方差传播律及权

▌知识点▐

一、引入

我们知道，只要观测就会有误差，误差不可避免。对于观测值，可分为直接观测值和间接观测值，直接观测值可视为利用仪器直接观测得到的，而间接观测值是直接观测值的函数。任何仪器都有一定的精密度，利用仪器直接观测得到的观测值是有一定误差的，因此间接观测值也有一定的误差，它的误差怎么计算呢？有什么规律呢？我们将描述这种关系的规律称为误差传播律。

由于我们常利用协方差来衡量含有误差的观测值的精度，所以误差传播律也叫作协方差传播律。

协方差传播律作用很大，利用它可以求得任何一个观测值的精度，不论这个观测值是直接观测值还是间接观测值，还是任何一个想要求的函数。

二、协方差传播律

（1） 已知观测向量 $\underset{n\times1}{X}=\begin{bmatrix}X_1 & X_2 & \cdots & X_n\end{bmatrix}^{\mathrm{T}}$ 的协方差阵为 $\underset{n\times n}{D_{XX}}$，设线性函数

$$\underset{t\times1}{Z}=\underset{t\times n}{K}\,\underset{n\times1}{X}+\underset{t\times1}{K_0}$$

其中系数矩阵 $\underset{t\times n}{K}$ 为

$$\underset{t\times n}{K}=\begin{bmatrix}k_{11} & k_{12} & \cdots & k_{1n}\\ k_{21} & k_{22} & \cdots & k_{2n}\\ \vdots & \vdots & \ddots & \vdots\\ k_{t1} & k_{t2} & \cdots & k_{tn}\end{bmatrix}$$

则函数 $\underset{t\times1}{Z}$ 的协方差阵为

$$D_{ZZ}=KD_{XX}K^{\mathrm{T}} \tag{3-1a}$$

(2) 已知观测向量 $\underset{n\times 1}{X}$ 的协方差阵为 D_{XX}，则线性函数 $\underset{t\times 1}{Z}=\underset{t\times n}{K}\underset{n\times 1}{X}+\underset{t\times 1}{K_0}$ 与线性函数 $\underset{r\times 1}{Y}=\underset{r\times n}{F}\underset{n\times 1}{X}+\underset{r\times 1}{F_0}$ 之间的互协方差阵为

$$D_{ZY}=KD_{XX}F^{\mathrm{T}} \tag{3-1b}$$

☆ **注意** 在式（3-1b）中，"Z 关于 Y 的互协方差阵"，Z 在前 Y 在后，因此在等号右边，Z 的系数 K 放在前面，Y 的系数 F 放在后面且取转置。

(3) 关于非线性函数协方差传播律的情况说明。对于协方差传播律，是根据线性函数导出的；而对于非线性函数，常常需要将其线性化，转化为线性形式的函数，再利用这个线性函数推导出非线性函数的协方差传播律。下面简单说明

线性函数 $\qquad\qquad Z=KX+K_0 \tag{3-2a}$

协方差 $\qquad\qquad D_{ZZ}=KD_{XX}K^{\mathrm{T}} \tag{3-2b}$

非线性函数 $\qquad Z=f(X)=f(X_1,X_2,\cdots,X_n) \tag{3-2c}$

协方差 $\qquad\qquad D_{ZZ}=（系数）D_{XX}（系数）^{\mathrm{T}} \tag{3-2d}$

在式（3-2a）和（3-2b）中，它们的系数 K 是对应的；而对于式（3-2c），其中没有系数与式（3-2d）中的系数相对应，那么式（3-2c）的系数如何得到呢？解决的方式就是将式（3-2c）进行线性化，得到它的线性形式，即

$$\mathrm{d}Z=\mathrm{d}f(X)=\left(\frac{\partial f}{\partial X_1}\right)_0\mathrm{d}X_1+\left(\frac{\partial f}{\partial X_2}\right)_0\mathrm{d}X_2+\cdots+\left(\frac{\partial f}{\partial X_n}\right)_0\mathrm{d}X_n \tag{3-2e}$$

化为矩阵形式，即为

$$\mathrm{d}Z=\left[\left(\frac{\partial f}{\partial X_1}\right)_0\quad\left(\frac{\partial f}{\partial X_2}\right)_0\quad\cdots\quad\left(\frac{\partial f}{\partial X_n}\right)_0\right]\begin{bmatrix}\mathrm{d}X_1\\\mathrm{d}X_2\\\vdots\\\mathrm{d}X_n\end{bmatrix}=K\mathrm{d}X \tag{3-2f}$$

此时，式（3-2d）中的"系数"与式（3-2f）中的系数 K 相对应，即为函数 f 关于各分量 X_i 的一阶偏导数。

(4) 应用协方差传播律的步骤。①根据测量问题写出函数方程；②判断该方程是否为线性的，如果是线性的，直接利用协方差传播律进行求解；如果是非线性的，先将其线性化，然后再利用协方差传播律进行求解。

三、一些常用函数的一阶导数（表 3-1）

表 3-1　一些常用函数的一阶导数

$x'=1$	$(x^2)'=2x$	$(x^n)'=nx^{n-1}$
$\left(\dfrac{1}{x}\right)'=-\dfrac{1}{x^2}$	$\left(\dfrac{1}{x^2}\right)'=-\dfrac{2}{x^3}$	$\left(\dfrac{u}{v}\right)'=\dfrac{u'v-uv'}{v^2}$
$(\sin x)'=\cos x$	$(\cos x)'=-\sin x$	$(\tan x)'=\sec^2 x$
$(\cot x)'=-\csc^2 x$	$(\sec x)'=\sec x\tan x$	$(\csc x)'=-\csc x\cot x$
$(\arcsin x)'=\dfrac{1}{\sqrt{1-x^2}}$	$(\arccos x)'=-\dfrac{1}{\sqrt{1-x^2}}$	$(\arctan x)'=\dfrac{1}{1+x^2}$

$(\mathrm{arccot}x)' = -\dfrac{1}{1+x^2}$	$(\log_a x)' = \dfrac{1}{x\ln a}$	$(\ln x)' = \dfrac{1}{x}$
$(e^x)' = e^x$	$(2^x)' = 2^x\ln 2$	$(a^x)' = a^x\ln a$

四、点 P 的点位中误差公式

设 P 点坐标为 (x, y)，$A(x_A, y_A)$ 点为已知，AP 间观测边长为 S，A 到 P 的坐标方位角为 α_{AP}，则有

$$x = x_A + S\cos\alpha$$
$$y = y_A + S\sin\alpha \tag{3-3a}$$

全微分，则

$$\mathrm{d}x = \cos\alpha\,\mathrm{d}S - S\sin\alpha\,\frac{\mathrm{d}\alpha}{\rho}$$
$$\mathrm{d}y = \sin\alpha\,\mathrm{d}S + S\cos\alpha\,\frac{\mathrm{d}\alpha}{\rho} \tag{3-3b}$$

矩阵形式

$$\begin{bmatrix} \mathrm{d}x \\ \mathrm{d}y \end{bmatrix} = \begin{bmatrix} \cos\alpha & -\dfrac{S}{\rho}\sin\alpha \\ \sin\alpha & \dfrac{S}{\rho}\cos\alpha \end{bmatrix} \begin{bmatrix} \mathrm{d}S \\ \mathrm{d}\alpha \end{bmatrix} \tag{3-3c}$$

由协方差传播律，得 P 点坐标 (x, y) 的协方差阵为

$$\begin{bmatrix} \sigma_x^2 & \sigma_{xy} \\ \sigma_{yx} & \sigma_y^2 \end{bmatrix} = \begin{bmatrix} \cos\alpha & -\dfrac{S}{\rho}\sin\alpha \\ \sin\alpha & \dfrac{S}{\rho}\cos\alpha \end{bmatrix} \begin{bmatrix} \sigma_S^2 & \sigma_{Sa} \\ \sigma_{aS} & \sigma_a^2 \end{bmatrix} \begin{bmatrix} \cos\alpha & -\dfrac{S}{\rho}\sin\alpha \\ \sin\alpha & \dfrac{S}{\rho}\cos\alpha \end{bmatrix}^{\mathrm{T}} \tag{3-3d}$$

整理后可得

$$\sigma_x^2 = \cos^2\alpha\,\sigma_S^2 + \left(-\frac{S}{\rho}\sin\alpha\cos\alpha\right)\sigma_{aS} + \left(-\frac{S}{\rho}\sin\alpha\cos\alpha\right)\sigma_{Sa} + \left(\frac{S}{\rho}\sin\alpha\right)^2\sigma_a^2 \tag{3-3e}$$

$$\sigma_y^2 = \sin^2\alpha\,\sigma_S^2 + \left(\frac{S}{\rho}\sin\alpha\cos\alpha\right)\sigma_{aS} + \left(\frac{S}{\rho}\sin\alpha\cos\alpha\right)\sigma_{Sa} + \left(\frac{S}{\rho}\cos\alpha\right)^2\sigma_a^2 \tag{3-3f}$$

由于 P 点的点位中误差

$$\sigma_P^2 = \sigma_x^2 + \sigma_y^2 \tag{3-3g}$$

则得

$$\sigma_P = \sqrt{\sigma_S^2 + \sigma_u^2} = \sqrt{\sigma_S^2 + \frac{S^2}{\rho^2}\sigma_a^2} \tag{3-3h}$$

特别地，交会定点的点位方差公式为

$$M_P = \sqrt{m_s^2 + \left(\frac{S}{\rho}m_a\right)^2} \tag{3-3i}$$

其中，横向误差是导线点在长度的垂直方向产生的位移，由测角误差引起的；纵向误差是导线点在长度方向产生的位移，是由边长误差引起的。

五、误差传播定律的应用

(1) 水准测量、三角高程测量的精度

$$\sigma_{h_{AB}} = \sqrt{n}\,\sigma_{站} \tag{3-4}$$

即，当各测站高差的观测精度相同时，水准测量高差的中误差与测站数的平方根成正比。

式(3-4) 使用的前提条件是：地势比较崎岖的山地，并且要求各测站观测高差精度相同。

$$\sigma_{h_{AB}} = \sqrt{S}\,\sigma_{km} \tag{3-5}$$

即，当各测站的距离大致相等时，水准测量高差的中误差与距离的平方根成正比。

式(3-5) 使用的前提条件是：地势平坦的地区，并且要求每公里观测高差精度相同。

(2) 距离丈量的精度 (包括分段丈量、重复丈量两种情况)

① 分段、丈量距离。用长度为 L 的钢尺量距，接连丈量了 n 个尺段，全长 S 为 $S = L_1 + L_2 + \cdots + L_n$，设每个尺段的量测中误差为 σ_0，则得

$$\sigma_S = \sigma_0 \sqrt{S} \tag{3-6a}$$

即距离 S 的丈量中误差，等于单位长度丈量中误差的 $\sqrt{S}$ 倍，或者说距离 S 的中误差与距离 S 的平方根成正比。

② 重复丈量距离。用长度为 L 的钢尺量距，对同一段距离重复丈量了 n 次，设丈量一次的中误差为 σ，则 n 次算术平均值 $\overline{L}$ 的精度为

$$\sigma_{\overline{L}} = \frac{\sigma}{\sqrt{n}} \tag{3-6b}$$

(3) 导线边方位角的精度

由坐标方位角递推公式 $\sigma'_n = \beta_1 + \beta_2 + \cdots + \beta_n + \alpha_0 \pm n \cdot 180°$ 则得

$$\sigma_{\alpha'_n} = \sqrt{n}\,\sigma_\beta \tag{3-7}$$

即，支导线中第 n 条边的坐标方位角中误差，等于各转折角中误差的 $\sqrt{n}$ 倍。如当 $n = 4$ 时，$\sigma_{\alpha_n} = 2\sigma_\beta = \Delta_{限}$，因此常规定支导线的待定点数不超过 3 个。

(4) 同精度观测值的算术平均值的精度

设 σ 为独立同精度观测值 L_i 的中误差，σ_x 为它们的算术平均值的中误差，则

$$\sigma_x = \frac{\sigma}{\sqrt{n}} \tag{3-8a}$$

即，n 个同等精度观测值的算术平均值的中误差，等于各观测值的中误差除以 $\sqrt{n}$。

$$\sigma = \sqrt{n}\,\sigma_x \tag{3-8b}$$

即，同精度观测值 L_i 的中误差，等于 n 个观测值的算术平均值的中误差的 $\sqrt{n}$ 倍。

(5) 若干独立误差的联合影响

测量工作中经常会遇到这种情况：一个观测结果同时受到许多独立误差的联合影响。例如照准误差、读数误差、目标偏心误差和仪器偏心误差对测角的影响。在这种情况下，观测结果的真误差是各个独立误差的代数和，即

$$\Delta_Z = \Delta_1 + \Delta_2 + \cdots + \Delta_n \tag{3-9a}$$

设这些误差都是相互独立的并且都是偶然误差，因而顾及 $\sigma_{ij} = 0 (i \neq j)$，得出它们之间的方差关系为

$$\sigma_Z^2 = \sigma_1^2 + \sigma_2^2 + \cdots + \sigma_n^2 \tag{3-9b}$$

即观测结果的方差，等于各独立误差所对应的方差之和。

(6) 根据实际要求确定观测精度和观测方法

在误差传播定律中，如果知道了观测值的中误差，就可以计算出函数的中误差。但在实际工作中，往往为了使观测值函数能够达到某一预定的精度要求，而需要反求出观测值本身应具有的精度。

例 如果一个三角形观测了两个角 α 和 β，其第三个内角可由 $\gamma = 180° - \alpha - \beta$ 求得，这样 $\sigma_\gamma^2 = \sigma_\alpha^2 + \sigma_\beta^2$。若已知 α 的观测精度为 $\pm 4''$，为了使 γ 角的精度能优于 $\pm 5''$，问 β 角应该以怎样的精度进行观测？

【解】 由中误差关系式可知 $\sigma_\beta^2 \leqslant \sigma_\gamma^2 - \sigma_\alpha^2 = 5^2 - 4^2 = 9$，则 $\sigma_\beta \leqslant \pm 3''$，即 β 应该以 $\pm 3''$ 的精度进行观测。

六、权

(1) 引入

当大家见到"权"这个字时，通常首先想到权力。当讨论权力大小时，如果没有确定范围，讨论多大是没有意义的。

在衡量测量数据的精度时，可以采用前面所学的中误差等指标。但是在计算中误差时，需要知道真误差，而很多情况下真值是不知道的，因此中误差就不能求解，此时就不能衡量测量数据的精度了。然而，精度的相对数值（指权）却可以根据事先给定的条件予以确定，然后根据平差的结果估算出中误差。因此，权在平差计算中起着很重要的作用。

(2) 定义

设有一组不相关的观测值 $L_i (i = 1, 2, \cdots, n)$，它们的方差为 σ_i，任意选定一常数 σ_0，则定义

$$p_i = \frac{\sigma_0^2}{\sigma_i^2} \tag{3-10}$$

称 p_i 为观测值 L_i 的权。

(3) 权的性质

① 选定了一个 σ_0 值，即有一组对应的权。或者说，有一组权，必有一个对应的 σ_0 值。

② 一组观测值的权，其大小是随 σ_0 的不同而异，但不论选用何值，权之间的比例关系始终不变。

③ 为了使权能起到比较精度高低的作用，在同一问题中只能选定一个 σ_0 值，不能同时选用几个不同的 σ_0 值，否则就破坏了权之间的比例关系。

④ 只要事先给定了一定的观测条件，例如，已知每公里观测高差的精度相同和各水准线路的公里数，则不一定要知道每公里观测高差精度的具体数值，就可以确定出权的数值。

七、测量上确定权的常用方法

在平差计算前，衡量精度的绝对数字指标一般是不知道的，往往要根据事先给定的条件，首先确定出各观测值的权，然后通过平差计算，一方面求出各观测值的最或然值，另一方面求出衡量观测值精度的绝对数字指标。因此定权在平差计算中非常重要，下面从权的定义出发，介绍几种常用定权的公式。

(1) 距离丈量的权 设单位长度（例如 1km）的丈量中误差为 σ，则全长为 S km 的丈

量中误差为：

$$\sigma_S = \sigma\sqrt{S} \qquad (3\text{-}11)$$

取长度为 C km 的丈量中误差为单位权中误差，即

$$\sigma_0 = \sigma\sqrt{C} \qquad (3\text{-}12)$$

则距离丈量的权为

$$p_S = \frac{\sigma_0^2}{\sigma_S^2} = \frac{C}{S} \qquad (3\text{-}13)$$

即距离丈量的权与长度成反比。

(2) 水准测量高差的权 设水准测量一个测站观测高差的中误差均为 σ_Z，则由 n 个测站测得的高差 h 的中误差为 $\sigma_h = \sigma_Z\sqrt{n}$，则由权定义式得水准测量高差的权为

$$p_h = \frac{\sigma_0^2}{\sigma_h^2} = \frac{C}{n} \qquad (3\text{-}14)$$

即，水准测量高差的权与测站数成反比。

一般情况下，式(3-14) 的使用前提是：每测站观测高差的精度均相等。

平坦地区水准测量可以用距离作为权，设每千米水准测量路线观测高差的中误差为 σ_L，则 S km 观测高差的中误差为

$$\sigma_S = \sigma_L\sqrt{S} \qquad (3\text{-}15)$$

取 C km 的观测高差中误差为单位权中误差，即

$$\sigma_0 = \sigma_L\sqrt{C}$$

则水准测量高差的权为

$$p_h = \frac{\sigma_0^2}{\sigma_h^2} = \frac{C}{S} \qquad (3\text{-}16)$$

即，水准测量高差的权与长度成反比。

一般情况下，式(3-16) 的使用前提是：每千米观测高差的精度均相等。

(3) 同精度观测值的算术平均值的权 算术平均值的权与观测次数成正比，即

$$p = cn \qquad (3\text{-}17)$$

式中，n 为观测次数；c 为任意常数；表明权与观测次数成反比。

例如，角度（或方向）观测的权是与观测的测回数成正比的。若一测回的权为 1，则 n 个测回中数的权为 n。

(4) 导线测量角度闭合差的权 角度闭合差的一般公式为

$$f_\beta = \alpha_S - \alpha_E + \sum_{i=1}^{n} \beta_i - n \times 180°$$

设一个角的中误差为 σ_β，则角度闭合差的权为

$$p_{f_\beta} = \frac{\sigma_0^2}{\sigma_{f_\beta}^2} = \frac{C}{n} \qquad (3\text{-}18)$$

即角度闭合差的权与转折角的个数成反比。

(5) 三角高程测量高差的权 三角高程计算高差的公式为

$$h = D\tan\alpha + i - v + f$$

根据误差传播律有

$$\sigma_h^2 = \tan^2\alpha \cdot \sigma_D^2 + D^2 \cdot \sec^4\alpha \left(\frac{\sigma_\alpha''}{\rho''}\right)^2 \qquad (3\text{-}19)$$

式中，D 是三角网的边长，i、v、f 分别为仪器高、目标高、球气差改正，它们的误差很小，故可忽略不计；垂直角 α 一般小于 $5°$，因此，$\sec\alpha = 1$；则

$$\sigma_h^2 = D^2 \left(\frac{\sigma_\alpha''}{\rho''}\right)^2 \qquad (3\text{-}20)$$

实际上，三角高程高差往往按往返测计算（即按双向计算），则上式变为

$$\sigma_{h双}^2 = \frac{1}{2} D^2 \left(\frac{\sigma_\alpha''}{\rho''}\right)^2 \qquad (3\text{-}21)$$

取 1km 观测高差中误差为单位权中误差，即

$$\sigma_0 = \frac{1}{\sqrt{2}} D \left(\frac{\sigma_\alpha''}{\rho''}\right) \qquad (3\text{-}22)$$

则可得三角高程观测高差的权为

$$p_h = \frac{\sigma_0^2}{\sigma_{h双}^2} = \frac{1}{D^2} \qquad (3\text{-}23)$$

若取 10km 观测高差中误差为单位权中误差，则

$$p_h = \frac{100}{D^2} \qquad (3\text{-}24)$$

即三角高程观测高差的权与距离的平方成反比。

八、协因数与权逆阵

设有观测值 L_i 和 L_j，它们的方差分别为 σ_i^2 和 σ_j^2，它们之间的协方差为 σ_{ij}，令

$$Q_{ii} = \frac{1}{p_i} = \frac{\sigma_i^2}{\sigma_0^2}, \quad Q_{jj} = \frac{1}{p_j} = \frac{\sigma_j^2}{\sigma_0^2}, \quad Q_{ij} = \frac{\sigma_{ij}}{\sigma_0^2} \qquad (3\text{-}25)$$

或写为

$$\sigma_i^2 = \sigma_0^2 Q_{ii}, \quad \sigma_j^2 = \sigma_0^2 Q_{jj}, \quad \sigma_{ij} = \sigma_0^2 Q_{ij} \qquad (3\text{-}26)$$

式中，Q_{ii} 和 Q_{jj} 分别为 L_i 和 L_j 的协因数或权倒数；Q_{ij} 为 L_i 关于 L_j 的协因数或相关权倒数。

设有观测向量（或者是观测值函数向量）$\underset{n\times n}{X}$ 和 $\underset{r\times r}{Y}$，它们的方差阵分别为 D_{XX} 和 D_{YY}，X 关于 Y 的协方差阵为 $\underset{n\times r}{D_{XY}}$，单位权方差为 σ_0^2。

令

$$\underset{n\times n}{Q_{XX}} = \frac{1}{\sigma_0^2} D_{XX}, \quad \underset{r\times r}{Q_{YY}} = \frac{1}{\sigma_0^2} D_{YY}, \quad \underset{n\times r}{Q_{XY}} = \frac{1}{\sigma_0^2} D_{XY} \qquad (3\text{-}27)$$

或写为

$$D_{XX} = \sigma_0^2 \underset{n\times n}{Q_{XX}}, \quad D_{YY} = \sigma_0^2 \underset{r\times r}{Q_{YY}}, \quad D_{XY} = \sigma_0^2 \underset{n\times r}{Q_{XY}} \qquad (3\text{-}28)$$

称 Q_{XX} 为 X 的协因数阵，Q_{YY} 为 Y 的协因数阵，Q_{XY} 为 X 关于 Y 的互协因数阵。

协因数阵 Q_{XX} 中的主对角线元素就是各个 X_i 的权倒数，它的非主对角线元素是 X_i 关于 X_j（$i \neq j$）的相关权倒数，Q_{XY} 中的元素就是 X_i 关于 Y_j 的相关权倒数。也称 Q_{XX} 为 X 的权逆阵，Q_{YY} 为 Y 的权逆阵，Q_{XY} 为 X 关于 Y 的相关权逆阵。

设有独立观测值 $X_i(i=1,2,\cdots,n)$，其方差为 σ_i^2，权为 p_i，单位权方差为 σ_0^2：

$$X_{n\times 1}=\begin{bmatrix} X_1 \\ X_2 \\ \vdots \\ X_n \end{bmatrix},\ D_{XX}=\begin{bmatrix} \sigma_1^2 & 0 & \cdots & 0 \\ 0 & \sigma_2^2 & \cdots & 0 \\ \vdots & \vdots & \ddots & \vdots \\ 0 & 0 & 0 & \sigma_n^2 \end{bmatrix},\ P_{XX}=\begin{bmatrix} p_1 & 0 & \cdots & 0 \\ 0 & p_2 & \cdots & 0 \\ \vdots & \vdots & \ddots & \vdots \\ 0 & 0 & 0 & p_n \end{bmatrix}$$

X 的协因数阵为

$$Q_{XX}=\frac{1}{\sigma_0^2}D_{XX}=\begin{bmatrix} \dfrac{\sigma_1^2}{\sigma_0^2} & 0 & \cdots & 0 \\ 0 & \dfrac{\sigma_2^2}{\sigma_0^2} & \cdots & 0 \\ \vdots & \vdots & \ddots & \vdots \\ 0 & 0 & 0 & \dfrac{\sigma_n^2}{\sigma_0^2} \end{bmatrix}=\begin{bmatrix} \dfrac{1}{p_1} & 0 & \cdots & 0 \\ 0 & \dfrac{1}{p_2} & \cdots & 0 \\ \vdots & \vdots & \ddots & \vdots \\ 0 & 0 & 0 & \dfrac{1}{p_n} \end{bmatrix} \tag{3-29}$$

则有

$$\left.\begin{array}{l} P_{XX}=Q_{XX}^{-1} \\ P_{XX}Q_{XX}=I \end{array}\right\} \tag{3-30}$$

称 P_{XX} 为 X 的权阵。

　　当 Q_{XX} 是对角阵时，权阵 P_{XX} 的主对角线元素是 X_i 的权；当 Q_{XX} 是非对角阵时，权阵 P_{XX} 的主对角线元素不再是 X_i 的权了，权阵 P_{XX} 的各个元素也不再有权的意义。但是，相关观测值向量的权阵在平差计算中，也能同样起到同独立观测值向量的权阵一样的结果。此时，X_i 的权只能利用 Q_{XX} 的元素求倒数获得，而不能在 P_{XX} 中求取，这一点在实际中容易搞错，要注意。

九、协因数传播律、权逆阵传播律、权倒数传播律

　　协方差传播律用于求出观测值函数的中误差，而权逆阵传播律则可求出观测值函数的权。由于协方差阵等于方差因子与协因数阵的乘积，因此可很方便地由协方差传播律得到权逆阵传播律。

　　设有观测值向量 X 和 Y 的线性函数

$$\left.\begin{array}{l} Z=KX+K_0 \\ W=FY+F_0 \end{array}\right\} \tag{3-31}$$

则依据协方差传播，可以给出

$$\left.\begin{array}{l} Q_{ZZ}=KQ_{XX}K^{\mathrm{T}} \\ Q_{WW}=FQ_{XX}F^{\mathrm{T}} \\ Q_{ZW}=KQ_{XY}F^{\mathrm{T}} \\ Q_{WZ}=FQ_{YX}K^{\mathrm{T}} \end{array}\right\} \tag{3-32}$$

这就是权逆阵传播律或者协因数传播律的计算公式。

　　需要注意：权倒数传播律是描述独立观测值的，它是协因数传播律的一种特殊情况。

十、由不同精度观测值 L_i 的真误差 Δ_i 计算单位权中误差的公式

$$\sigma_0=\sqrt{\dfrac{\displaystyle\sum_{i=1}^{n}p_i\Delta_i^2}{n}}$$

十一、由真误差计算中误差的应用

在一般情况下，观测量的真值（或数学期望）是不知道的。但是，在某些情况下，由若干个观测量（如角度、长度、高差等）所构成的函数，其真值有时是已知的，因而其真误差也是可以求得的。

例如，一个平面三角形三内角之和为 $180°$，由三内角观测值算得的三角形闭合差就是三内角观测值之和的真误差。

1. 由三角形闭合差求测角中误差

设在一个三角网中，以同精度独立观测了各三角形之内角，由各观测角值计算而得的三角形内角和的闭合差分别为 w_1，w_2，$\cdots$，w_n，它们是一组真误差，则三角形闭合差的方差为

$$\sigma_w^2 = \lim_{n \to \infty} \frac{[ww]}{n} \tag{3-33}$$

$$w_i = 180° - (\alpha_i + \beta_i + \gamma_i) \quad (i = 1, 2, \cdots, n) \tag{3-34}$$

当三角形个数 n 为有限的情况下，可求得三角形闭合差的方差 σ_w^2 的估值 $\hat{\sigma}_w^2$

$$\hat{\sigma}_w^2 = \frac{[ww]}{n} \tag{3-35}$$

对式(3-34)运用协方差传播律，并设测角方差均为 $\hat{\sigma}_\beta^2$，得

$$\hat{\sigma}_w^2 = \hat{\sigma}_\alpha^2 + \hat{\sigma}_\beta^2 + \hat{\sigma}_\gamma^2 = 3\hat{\sigma}_\beta^2 \tag{3-36}$$

代入式(3-35)中，得测角方差为

$$\hat{\sigma}_\beta^2 = \frac{[ww]}{3n} \tag{3-37}$$

测角中误差为

$$\hat{\sigma}_\beta = \pm \sqrt{\frac{[ww]}{3n}} \tag{3-38}$$

上式称为菲列罗公式，在传统的三角形测量中经常用它来初步评定测角的精度。

2. 由双观测值之差求中误差

在测量工作中，常常对一系列被观测量分别进行观测。例如，在水准测量中对每段路线进行往返观测，在导线测量中每条边测量两次等，这种成对的观测，称为双观测。

设对量 X_1，X_2，$\cdots$，X_n 分别观测两次，得独立观测值和权分别为

$$L_1', L_2', \cdots, L_n'$$
$$L_1'', L_2'', \cdots, L_n''$$
$$p_1, p_2, \cdots, p_n$$

其中，观测值 L_i' 和 L_i'' 是对同一量 X_i 的两次观测的结果，称为一个观测对。假定不同的观测对的精度不同，而同一观测对的两个观测值的精度相同，即 L_i' 和 L_i'' 的权都为 p_i。

由于观测值带有误差，对同一个量的两个观测值相减一般是不等于零的。设第 i 个观测量的两次观测值的差数为 d_i

$$d_i = L_i' - L_i'' \quad (i = 1, 2, \cdots, n) \tag{3-39}$$

则 d_i 是真误差。

设 X_i 的真值是 $\widetilde{X}_i$

$$\Delta_{d_i} = (\widetilde{X}_i - L_i'') - (\widetilde{X}_i - L_i') = L_i' - L_i'' = d_i \tag{3-40}$$

对式（3-40）运用协因数传播律，可得 d_i 的权

$$\frac{1}{p_{d_i}} = \frac{1}{p_i} + \frac{1}{p_i} = \frac{2}{p_i} \tag{3-41}$$

即

$$p_{d_i} = \frac{p_i}{2} \tag{3-42}$$

这样，就得到了 n 个真误差 Δ_{d_i} 和它们的权 p_{d_i}，得到由双观测值之差求单位权方差的公式，当 n 有限时，则

$$\hat{\sigma}_0^2 = \frac{[pdd]}{2n} \tag{3-43}$$

各观测值 L_i' 和 L_i'' 的方差为

$$\hat{\sigma}_{L_i'}^2 = \hat{\sigma}_{L_i''}^2 = \hat{\sigma}_0^2 \frac{1}{p_i} \tag{3-44}$$

经典例题

例 3-1　已知 L_1、L_2 为独立观测值，它们的中误差为 σ_1 和 σ_2，试求下列函数的中误差：(1) $X = 2L_1 + L_2$；(2) $Y = L_1 L_2 + \frac{2}{3} L_2^2$；(3) $Z = \frac{\sin L_1}{\sin(L_1 + L_2)}$。

【分析】 前两个比较常规，不再阐述。针对(3)，因为自变量与因变量单位不同，所以应该引入 $\rho'' = 206265''$。

【解】 (1) 由题意，依据协方差传播律，得 $\sigma_X^2 = 2^2 \cdot \sigma_1^2 + 1^2 \cdot \sigma_2^2$，整理可得中误差

$$\sigma_X = \sqrt{4\sigma_1^2 + \sigma_2^2}$$

(2) 由题意，$Y = L_1 L_2 + \frac{2}{3} L_2^2$，全微分得

$$dY = L_2 dL_1 + \left(L_1 + \frac{4}{3} L_2\right) dL_2$$

由协方差传播律，得

$$\sigma_Y^2 = (L_2)^2 \sigma_1^2 + \left(L_1 + \frac{4}{3} L_2\right)^2 \sigma_2^2$$

整理可得中误差 $\sigma_Y = \sqrt{(L_2)^2 \sigma_1^2 + \left(L_1 + \frac{4}{3} L_2\right)^2 \sigma_2^2}$。

(3) 由题意 $Z = \frac{\sin L_1}{\sin(L_1 + L_2)}$，全微分得

$$dZ = \left[\frac{\cos L_1 \sin(L_1 + L_2) - \sin L_1 \cos(L_1 + L_2)}{\rho'' \sin^2(L_1 + L_2)}\right] dL_1 + \left[-\frac{\sin L_1 \cos(L_1 + L_2)}{\rho'' \sin^2(L_1 + L_2)}\right] dL_2,$$

则由协方差传播律，整理得中误差（注意参考表 10-1）

$$\sigma_Z = \frac{\sqrt{\sin^2 L_2 \sigma_1^2 + \sin^2 L_1 \cos^2(L_1 + L_2) \sigma_2^2}}{\rho'' \sin^2(L_1 + L_2)}$$

【说明】 需要强调，①在误差理论与测量平差中，如果角度的单位没有提前给出，通常默认为秒；②而在数学中，圆扇形中的弧长 S 等于半径 R 和圆心角 θ 的乘积，即 $S=R\theta$，通常 α 的单位为弧度；③基于以上两点，这就是为什么在单位换算时，需要引入 $\rho''=206265''$；④掌握关于三角函数的运算公式，如上例（3）中，$\cos L_1 \sin(L_1+L_2)-\sin L_1 \cos(L_1+L_2)=\sin(L_1+L_2-L_1)=\sin L_2$。

例 3-2 设观测值向量 $L=\begin{bmatrix} L_1 & L_2 & L_3 \end{bmatrix}^{\mathrm{T}}$ 的协方差阵为

$$D_{LL}=\begin{bmatrix} 1 & 0 & -2 \\ 0 & 4 & 3 \\ -2 & 3 & 2 \end{bmatrix}$$

对于函数 $\varphi_1=L_1 L_3$，$\varphi_2=2L_2-L_3$，试求函数的方差 D_{φ_1}、D_{φ_2} 和互协方差 $D_{\varphi_1\varphi_2}$。

【分析】 该题具有一定的典型性。由题意，观测向量的观测分量为 3 个，即 L_1、L_2、L_3；但题中函数均有两个分量表示，可以认为另一个分量的系数为零，即 $\varphi_1=L_1 L_3+0 \cdot L_2$，$\varphi_2=0 \cdot L_1+2L_2-L_3$；然后就可以依据协方差传播律进行求解。

【解】 对 $\varphi_1=L_1 L_3$，全微分

$$\mathrm{d}\varphi_1=L_3 \mathrm{d}L_1+0 \cdot \mathrm{d}L_2+L_1 \mathrm{d}L_3=\begin{bmatrix} L_3 & 0 & L_1 \end{bmatrix}\begin{bmatrix} \mathrm{d}L_1 \\ \mathrm{d}L_2 \\ \mathrm{d}L_3 \end{bmatrix}$$

由协方差传播律，则

$$D_{\varphi_1}=\begin{bmatrix} L_3 & 0 & L_1 \end{bmatrix}\begin{bmatrix} 1 & 0 & -2 \\ 0 & 4 & 3 \\ -2 & 3 & 2 \end{bmatrix}\begin{bmatrix} L_3 \\ 0 \\ L_1 \end{bmatrix}=2L_1^2+L_3^2-4L_1 L_3$$

对于 $\varphi_2=0 \cdot L_1+2L_2-L_3=\begin{bmatrix} 0 & 2 & -1 \end{bmatrix}\begin{bmatrix} L_1 \\ L_2 \\ L_3 \end{bmatrix}$，由协方差传播律，则 $D_{\varphi_2}=6$。

由题意，得

$$\mathrm{d}\varphi_1=L_3 \mathrm{d}L_1+0 \cdot \mathrm{d}L_2+L_1 \mathrm{d}L_3$$
$$\mathrm{d}\varphi_2=0 \cdot \mathrm{d}L_1+2\mathrm{d}L_2-\mathrm{d}L_3$$

由协方差传播律，则 $D_{\varphi_1\varphi_2}=4L_1+2L_3$。

【说明】 请参考"知识点二"中的式(3-1) 和式(3-2)。

例 3-3 完成以下两题。

（1）设边长 S 和坐标方位角 α 的中误差各为 σ_S 和 σ_α，求坐标增量 $\Delta X=S\cos\alpha$ 和 $\Delta Y=S\sin\alpha$ 的中误差。

（2）设函数 $z=S\sin\alpha$，式中 $S=150.11\mathrm{m}\pm0.05\mathrm{m}$，$\alpha=119°45'00''\pm20.6''$，求 z 的中误差。

【分析】 该题是关于两类观测值的解算，是一个非常重要的典型问题，一定要注意单位的换算。

【解】 （1）由题意，$\Delta X=S\cos\alpha$ 和 $\Delta Y=S\sin\alpha$；全微分，得

$$\mathrm{d}(\Delta X)=(\cos\alpha)\mathrm{d}S+(-S\sin\alpha/\rho'')\mathrm{d}\alpha=(\cos\alpha)\mathrm{d}S+(-\Delta Y/\rho'')\mathrm{d}\alpha$$

和 $$d(\Delta Y)=(\sin\alpha)dS+(S\cos\alpha/\rho'')d\alpha=(\sin\alpha)dS+(\Delta X/\rho'')d\alpha$$
由协方差传播律可得

$$\sigma_X=\sqrt{\sigma_S^2\cos^2\alpha+(\Delta Y)^2\sigma_\alpha^2/\rho''^2}\quad\text{和}\quad\sigma_Y=\sqrt{\sigma_S^2\sin^2\alpha+(\Delta X)^2\sigma_\alpha^2/\rho''^2}$$

（2）因为 $z=S\sin\alpha$ 是 S 和 α 的二元函数，所以

$$\sigma_z^2=\left(\frac{\partial z}{\partial S}\right)^2\sigma_S^2+\left(\frac{\partial z}{\partial\alpha}\right)^2\left(\frac{\sigma_\alpha}{\rho''}\right)^2$$

式中，$\dfrac{\partial z}{\partial S}=\sin\alpha$；$\dfrac{\partial z}{\partial\alpha}=S\cos\alpha$。这里将 σ_α 除以 ρ'' 是因为角度的增量必须以弧度为单位（ρ'' 取 206000″）。将已知数据代入，得

$$
\begin{aligned}
\sigma_z^2&=(\sin\alpha)^2\sigma_S^2+(S\cos\alpha)^2\left(\frac{\sigma_\alpha}{\rho''}\right)^2\\
&=0.868^2\times0.05^2+(150.11\times0.496)^2\times\left(\frac{20.6}{206000}\right)^2\\
&=0.00188+0.00006\\
&=1.94\times10^{-3}
\end{aligned}
$$

所以 $\sigma_z=\sqrt{1.94\times10^{-3}}=0.044\text{m}$。

【说明】①解答本题要注意单位的换算！若所给角度的中误差以度、分或秒为单位，则应将其化为弧度，具体做法是除以一个相应的 ρ 值；度、分、秒化成弧度应分别除以 ρ°、ρ'、ρ''；②对于（1），当题意中未提及角度的单位时，通常默认为秒。

例 3-4 如图 3-1 所示，为了确定测站 O 上 A、B、C 方向间的关系，同精度观测了三个角，其值分别为 $\beta_1=45°02'$，$\beta_2=85°00'$，$\beta_3=40°01'$。设测角中误差 $\sigma=1''$，试求：

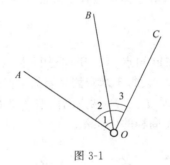

图 3-1

（1）角度平差值的协方差阵；

（2）角度平差值 $\hat{\beta}_1$ 关于 $\hat{\beta}_2$ 的协方差。

【分析】该题标新立异，提供了一种新的思想。本题的关键在于，将闭合差分配后，平差值之间必须满足 $\hat{\beta}_1+\hat{\beta}_3-\hat{\beta}_2=0$；对于 $W=\beta_1+\beta_3-\beta_2$：设 β_1、β_3 为被减数，β_2 为减数；对于被减数，要进行反号分配；即将闭合差 W 反号分配给被减数的观测量，对于减数的观测量，要正号分配，即将闭合差 W 分配给减数的观测量；对于减数，要进行正号分配。以后，只要对于闭合差分配问题，只要确定了谁是被减数，谁是减数，然后按上述方式处理即可。有一点需要注意，只有观测值才可参与分配闭合差，常数不参与。

【解】由题意，可得

$$\hat{\beta}_1 + \hat{\beta}_3 - \hat{\beta}_2 = 0$$

而 $\beta_1 + \beta_3 - \beta_2 \neq 0$，令 $W = \beta_1 + \beta_3 - \beta_2$，即为角度闭合差，将其平均分配到各观测值 $\beta_i (i = 1,2,3)$ 中，如下表示

$$\begin{cases} \hat{\beta}_1 = \beta_1 + \left(-\dfrac{W}{3}\right) = \dfrac{2}{3}\beta_1 + \dfrac{1}{3}\beta_2 - \dfrac{1}{3}\beta_3 \\[2mm] \hat{\beta}_2 = \beta_2 + \left(+\dfrac{W}{3}\right) = \dfrac{1}{3}\beta_1 + \dfrac{2}{3}\beta_2 + \dfrac{1}{3}\beta_3 \\[2mm] \hat{\beta}_3 = \beta_3 + \left(-\dfrac{W}{3}\right) = -\dfrac{1}{3}\beta_1 + \dfrac{1}{3}\beta_2 + \dfrac{2}{3}\beta_3 \end{cases}$$

矩阵形式

$$\begin{bmatrix} \hat{\beta}_1 \\ \hat{\beta}_2 \\ \hat{\beta}_3 \end{bmatrix} = \begin{bmatrix} 2/3 & 1/3 & -1/3 \\ 1/3 & 2/3 & 1/3 \\ -1/3 & 1/3 & 2/3 \end{bmatrix} \begin{bmatrix} \beta_1 \\ \beta_2 \\ \beta_3 \end{bmatrix}$$

又同精度观测，即权阵 $P = \mathrm{diag}(1 \quad 1 \quad 1)$，则依据协方差传播律，可得

$$D_{\hat{\beta}\hat{\beta}} = \begin{bmatrix} 2/3 & 1/3 & -1/3 \\ 1/3 & 2/3 & 1/3 \\ -1/3 & 1/3 & 2/3 \end{bmatrix} \begin{bmatrix} 1 & & \\ & 1 & \\ & & 1 \end{bmatrix} \begin{bmatrix} 2/3 & 1/3 & -1/3 \\ 1/3 & 2/3 & 1/3 \\ -1/3 & 1/3 & 2/3 \end{bmatrix}^T = \begin{bmatrix} 2/3 & 1/3 & -1/3 \\ 1/3 & 2/3 & 1/3 \\ -1/3 & 1/3 & 2/3 \end{bmatrix}$$

从而可得：(1) $D_{\hat{\beta}\hat{\beta}} = \dfrac{1}{3}\begin{bmatrix} 2 & 1 & -1 \\ 1 & 2 & 1 \\ -1 & 1 & 2 \end{bmatrix}$（秒²），(2) $D_{\hat{\beta}_1\hat{\beta}_2} = \dfrac{1}{3}$（秒²）。

【说明】 该题是协方差问题求解的典型题目，请读者多分析总结。同时，$\mathrm{diag}(1 \quad 1 \quad 1)$ 为对角元素为 1 的对角矩阵。

例 3-5 如图 3-2 所示，在已知点 A、B 间进行水准测量，三段路线的长度分别为 $S_1 = 3\mathrm{km}$，$S_2 = 2\mathrm{km}$，$S_3 = 3\mathrm{km}$，设每千米观测高差的中误差 $\sigma = 1.0\mathrm{mm}$，试求：

(1) 将闭合差按距离分配之后 P_1、P_2 两点间高差平差值的中误差；

(2) 分配闭合差后 P_1 点平差高程的中误差。

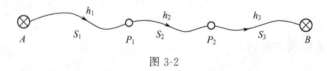

图 3-2

【分析】 做该题时要注意，闭合差是观测值减去真值，还是真值减去观测值。如果是观测值减去真值，闭合差就可进行反号分配；否则，正号分配。

【解】 由题意，设 A、B 两点的高程分别为 H_A、H_B，各段高差分别为 h_1、h_2、h_3，则该水准路线的高差闭合差为

$$W = h_1 + h_2 + h_3 + H_A - H_B$$

又依据公式 $\sigma_i = \sqrt{S_i}\,\sigma_{\mathrm{km}}$，得各路线的观测高差 h_1、h_2、h_3 的中误差分别为

$$\sigma_1 = \sqrt{3}\,\mathrm{mm}, \quad \sigma_2 = \sqrt{2}\,\mathrm{mm}, \quad \sigma_3 = \sqrt{3}\,\mathrm{mm}$$

（1）P_1、P_2两点间高差的平差值

$$\hat{h}_2 = h_2 + \left(-\frac{S_2}{S_1 + S_2 + S_3} W \right) = -\frac{1}{4}h_1 + \frac{3}{4}h_2 - \frac{1}{4}h_3 - \frac{1}{4}(H_A - H_B)$$

则由协方差传播律可得 $\sigma_{\hat{h}_2} = \sqrt{1.5} = 1.225\,\text{mm}$。

（2）分配闭合差后 P_1 点的平差高程为

$$H_{P_1} = H_A + \hat{h}_1 = \frac{5}{8}h_1 - \frac{3}{8}h_2 - \frac{3}{8}h_3 + \frac{5}{8}H_A + \frac{3}{8}H_B$$

则由协方差传播律可得 $\sigma_{H_{P_1}} = \sqrt{1.875} = 1.369\,\text{mm}$。

例 3-6　已知独立观测值 L_i 的权为 $p_i (i=1,2,\cdots,n)$，试求 $x = \dfrac{[pL]}{[p]}$ 的权 p_x。

【分析】通过该题，可加深对权概念的理解。

【解】
$$x = \frac{[pL]}{[p]} = \frac{1}{[p]}(p_1 L_1 + p_2 L_2 + \cdots + p_n L_n)$$

则由权倒数传播律得

$$\frac{1}{p_x} = \frac{1}{[p]^2}\left(p_1^2 \frac{1}{p_1} + p_2^2 \frac{1}{p_2} + \cdots + p_n^2 \frac{1}{p_n} \right) = \frac{1}{[p]}$$

所以
$$p_x = [p]$$

【说明】当各个观测值为单位权观测值，即令 $p=1$ 时，则 $p_x=n$，此时为算术平均值的情况。

例 3-7　设对 $\angle\beta$ 进行 4 次同精度独立观测，一次测角中误差为 $6''$，已知 4 次算术平均值的权为 2，试问：

（1）单位权观测值是什么？

（2）单位权中误差等于多少？

（3）欲使 $\angle\beta$ 的权等于 8，应观测几次？

【分析】该题要运用公式（3-9），由 $\sigma_x = \dfrac{\sigma}{\sqrt{n}}$，依题意，得 4 次算术平均值的中误差为 $\dfrac{6}{\sqrt{n}} = \dfrac{6}{\sqrt{4}} = 3''$；运用公式（3-16），权与观测次数成正比，因此得两次算术平均值的权为 1，即单位权观测值是对 $\angle\beta$ 进行 2 次同精度观测。

【解】（1）单位权观测值是观测 $\angle\beta$ 两次的算术平均值；

（2）当权取 1 时，即对 $\angle\beta$ 进行 2 次观测的算术平均值，由公式 $\sigma_0 = \dfrac{\sigma}{\sqrt{n}}$，可得 $\sigma_0 = 4.242''$；

（3）由于权与观测次数成正比，则可得 $N=16$（次）。

例 3-8　设观测值向量 $\underset{n\times1}{L}$ 的协因数阵为 $\underset{n\times n}{Q_{LL}}$，权阵为 $\underset{n\times n}{P_{LL}}$，试问：

（1）协因数阵的对角元素 Q_{ii} 是观测值 L_i 的权倒数吗？

（2）权阵的对角元素 P_{ii} 是观测值 L_i 的权吗？为什么？

【分析】该题是考查对协因数以及协因数阵概念的理解程度，请参考"知识点八"。

【答】（1）是；（2）不一定，如果权阵是对角矩阵，则对角元素 p_{ii} 是观测值 L_i 的权，否则不是。

例 3-9 完成以下各题，并注意分析比较：

（1）设观测值向量 $\underset{21}{L} = [L_1 \quad L_2]^T$ 的权阵为

$$P_{LL} = \begin{bmatrix} 4 & 1 \\ 1 & 2 \end{bmatrix}$$

单位权方差 $\sigma_0^2 = 7$，试求 σ_1^2、σ_2^2、σ_{12} 以及 P_{L_1}、P_{L_2}。

（2）设观测值向量 $\underset{21}{L}$ 的协方差阵为

$$D_{LL} = \begin{bmatrix} 4 & 1 \\ 1 & 2 \end{bmatrix}$$

且 L_1 的协因数 $Q_{11} = \dfrac{2}{3}$，试求单位权方差 σ_0^2、权阵 P_{LL} 和 P_{L_1}、P_{L_2}。

（3）设观测值向量 $\underset{21}{L}$ 的协因数阵为

$$Q_{LL} = \begin{bmatrix} 4 & 1 \\ 1 & 2 \end{bmatrix}$$

试求观测值的权 P_{L_1} 和 P_{L_2}。

（4）设观测值向量 $\underset{21}{L}$ 的权阵为

$$P_{LL} = \begin{bmatrix} 4 & 0 \\ 0 & 2 \end{bmatrix}$$

试求观测值的权 P_{L_1} 和 P_{L_2}。

（5）设观测值向量 $\underset{31}{Z} = \begin{bmatrix} \underset{21}{X} \\ \underset{11}{Y} \end{bmatrix}$ 的权阵为

$$P_{ZZ} = \begin{bmatrix} 2 & 0 & -1 \\ 0 & 3 & 1 \\ -1 & 1 & 1 \end{bmatrix}$$

试求 P_{XX}、P_{YY} 以及 P_{x_1}、P_{x_2} 和 P_y。

（6）设观测值向量 $\underset{21}{L}$ 的协方差阵为

$$D_{LL} = \begin{bmatrix} 4 & -1 \\ -1 & 2 \end{bmatrix}$$

观测值 L_1 的权 $P_{L_1} = 1$，设函数 $F_1 = L_1 + 3L_2 - 4$，$F_2 = 5L_1 - L_2 + 1$，试求：

① F_1 与 F_2 是否统计相关？

② F_1 与 F_2 的权 P_{F_1} 和 P_{F_2}。

【分析】通过该题，可以很好地熟悉知识点八所阐述的内容。

【解】（1）该题中，先将权阵取逆，可得协因数阵

$$Q_{LL} = P^{-1} = \frac{1}{7} \begin{bmatrix} 2 & -1 \\ -1 & 4 \end{bmatrix}$$

从而 $P_{L_1} = \dfrac{7}{2}$，$P_{L_2} = \dfrac{7}{4}$。

再依据 $D_{LL} = \sigma_0^2 Q_{LL}$，可得协方差阵

$$D_{LL} = \begin{bmatrix} 2 & -1 \\ -1 & 4 \end{bmatrix}$$

从而 $\sigma_1^2 = 2$，$\sigma_2^2 = 4$，$\sigma_{12} = -1$。

最后，得 $\sigma_1^2 = 2$，$\sigma_2^2 = 4$，$\sigma_{12} = -1$；$P_{L_1} = \dfrac{7}{2}$，$P_{L_2} = \dfrac{7}{4}$。

（2）该题中，由公式 $\sigma_0^2 = \sigma_1^2 / Q_{11}$，得单位权方差 $\sigma_0^2 = 6$，可得协因数阵

$$Q_{LL} = D_{LL} / \sigma_0^2 = \frac{1}{6} \begin{bmatrix} 4 & 1 \\ 1 & 2 \end{bmatrix}$$

将协因数阵主对角线上的元素取倒数，从而可得 $P_{L_1} = \dfrac{3}{2}$，$P_{L_2} = 3$。

对协因数阵求逆得权阵为

$$P_{LL} = Q_{LL}^{-1} = \frac{1}{7} \begin{bmatrix} 12 & -6 \\ -6 & 24 \end{bmatrix}$$

最后，得 $\sigma_0^2 = 6$，$P_{LL} = \dfrac{1}{7} \begin{bmatrix} 12 & -6 \\ -6 & 24 \end{bmatrix}$，$P_{L_1} = \dfrac{3}{2}$，$P_{L_2} = 3$。

（3）该题中，直接将协因数阵的主对角线上元素取倒数即可，即

$$P_{L_1} = \frac{1}{4}, \quad P_{L_1} = \frac{1}{2}$$

（4）该题中，由于权阵 P 是对角矩阵，则其主对角线上元素就是各观测分量的权，即

$$P_{L_1} = 4, \quad P_{L_2} = 2$$

（5）先对权阵 P_{ZZ} 求逆，即

$$P_{ZZ}^{-1} = Q_{ZZ} = \begin{bmatrix} 2 & -1 & 3 \\ -1 & 1 & -2 \\ 3 & -2 & 6 \end{bmatrix}$$

取 Q_{ZZ} 的前两行两列得

$$Q_{XX} = \begin{bmatrix} 2 & -1 \\ -1 & 1 \end{bmatrix}$$

所以 $P_{XX} = Q_{XX}^{-1} = \begin{bmatrix} 1 & 1 \\ 1 & 2 \end{bmatrix}$，$P_{YY} = 1/6$，$P_{x_1} = \dfrac{1}{2}$，$P_{x_2} = 1$，$P_y = 1/6$

（6）由题意，知

$$F_1 = L_1 + 3L_2 - 4 = \begin{bmatrix} 1 & 3 \end{bmatrix} \begin{bmatrix} L_1 \\ L_2 \end{bmatrix} - 4$$

$$F_2 = 5L_1 - L_2 + 1 = \begin{bmatrix} 5 & -1 \end{bmatrix} \begin{bmatrix} L_1 \\ L_2 \end{bmatrix} + 1$$

由协方差传播律，则

$$D_{F_1 F_2} = \begin{bmatrix} 1 & 3 \end{bmatrix} \begin{bmatrix} 4 & -1 \\ -1 & 2 \end{bmatrix} \begin{bmatrix} 5 \\ -1 \end{bmatrix} = 0$$

故函数 F_1 与 F_2 不相关。

由公式 $\sigma_0^2 = D_{L_1} P_{L_1}$，代入已知数据，得

$$\sigma_0^2 = 4$$

从而由公式 $P_F = \sigma_0^2 / D_F$，得 $P_{F_1} = \dfrac{1}{4}$，$P_{F_2} = \dfrac{1}{28}$。

【说明】以上几个题请读者们仔细分析，总结并比较它们之间的区别，掌握所阐述的知识点。通过该题，对于有关协因数的相关问题，基本都能理解了。

例 3-10 已知观测值向量 $\underset{21}{L}$ 的协因数阵为

$$Q_{LL} = \begin{bmatrix} 1 & 2 \\ 2 & 1 \end{bmatrix}$$

设有函数

$$Y = \begin{bmatrix} 1 & 1 \\ 2 & 1 \end{bmatrix} L$$

$$Z = \begin{bmatrix} 2 & 1 \\ 1 & 1 \end{bmatrix} L$$

$$W = 2Y + Z$$

试求协因数阵 Q_{YY}、Q_{YZ}、Q_{ZZ}、Q_{YW}、Q_{ZW} 和 Q_{WW}。

【分析】该题直接应用协因数传播律即可。

【解】由题意，依据协因数传播律，则

$$Q_{YY} = \begin{bmatrix} 1 & 1 \\ 2 & 1 \end{bmatrix} \begin{bmatrix} 1 & 2 \\ 2 & 1 \end{bmatrix} \begin{bmatrix} 1 & 1 \\ 2 & 1 \end{bmatrix}^{\mathrm{T}} = \begin{bmatrix} 6 & 9 \\ 9 & 13 \end{bmatrix}$$

$$Q_{YZ} = \begin{bmatrix} 1 & 1 \\ 2 & 1 \end{bmatrix} \begin{bmatrix} 1 & 2 \\ 2 & 1 \end{bmatrix} \begin{bmatrix} 2 & 1 \\ 1 & 1 \end{bmatrix}^{\mathrm{T}} = \begin{bmatrix} 9 & 6 \\ 13 & 9 \end{bmatrix}$$

$$Q_{ZZ} = \begin{bmatrix} 2 & 1 \\ 1 & 1 \end{bmatrix} \begin{bmatrix} 1 & 2 \\ 2 & 1 \end{bmatrix} \begin{bmatrix} 2 & 1 \\ 1 & 1 \end{bmatrix}^{\mathrm{T}} = \begin{bmatrix} 13 & 9 \\ 9 & 6 \end{bmatrix}$$

对于 $W = 2Y + Z$，则有

$$W = 2Y + Z = \begin{bmatrix} 4 & 3 \\ 5 & 3 \end{bmatrix} L$$

由协因数传播律，则

$$Q_{YW} = \begin{bmatrix} 1 & 1 \\ 2 & 1 \end{bmatrix} \begin{bmatrix} 1 & 2 \\ 2 & 1 \end{bmatrix} \begin{bmatrix} 4 & 3 \\ 5 & 3 \end{bmatrix}^{\mathrm{T}} = \begin{bmatrix} 21 & 24 \\ 31 & 35 \end{bmatrix}$$

$$Q_{ZW} = \begin{bmatrix} 2 & 1 \\ 1 & 1 \end{bmatrix} \begin{bmatrix} 1 & 2 \\ 2 & 1 \end{bmatrix} \begin{bmatrix} 4 & 3 \\ 5 & 3 \end{bmatrix}^{\mathrm{T}} = \begin{bmatrix} 31 & 35 \\ 21 & 24 \end{bmatrix}$$

$$Q_{WW} = \begin{bmatrix} 4 & 3 \\ 5 & 3 \end{bmatrix} \begin{bmatrix} 1 & 2 \\ 2 & 1 \end{bmatrix} \begin{bmatrix} 4 & 3 \\ 5 & 3 \end{bmatrix}^{\mathrm{T}} = \begin{bmatrix} 73 & 83 \\ 83 & 94 \end{bmatrix}$$

例 3-11　对于边长 $S_1 = 500m$，丈量 1 次的权为 4，丈量 5 次平均值的中误差为 1cm；对于边长 $S_2 = 2000m$，以同样的精度丈量 20 次，试求 S_1、S_2 丈量结果的相对中误差和权。

【分析】可以参考"知识点六（2），知识点七（3）"。该题比较容易出错，要看清题意，是求"丈量结果"的相对中误差和权，即 S_1 是丈量 5 次的平均值，S_2 是丈量 20 次的平均值；S_2 可以看作是由 4 个 S_1 首尾相连组成。

【解】由题意，设 $N_1 = 5$，依据式（3-9），可得 S_1 丈量 1 次的中误差为

$$\sigma_{S_1}^{(1)} = \sqrt{N_1} \, \sigma_{S_1}^{(4)} = \sqrt{5} \, \text{cm}$$

依据式（3-16），得 S_1 丈量 5 次的权为

$$p_{S_1}^{(5)} = 20$$

又 $S_2 = 500 + 500 + 500 + 500$，即 4 个 S_1 相加；依据误差传播律，可得 S_2 丈量 1 次的中误差为

$$\sigma_{S_2}^{(1)} = \sqrt{4} \, \sigma_{S_1}^{(1)} = 2\sqrt{5} \, \text{cm}$$

所以，还是依据式（3-9），则 S_2 丈量 $N_2 = 20$ 次的中误差为

$$\sigma_{S_2}^{(20)} = \frac{\sigma_{S_2}^{(1)}}{\sqrt{N_2}} = \frac{2\sqrt{5}}{\sqrt{20}} = 1 \, \text{cm}$$

依据权倒数传播律，S_2 丈量 1 次的权为 $p_{S_2}^{(1)} = 1$；依据式（3-16），得 S_2 丈量 20 次的权为

$$p_{S_2}^{(20)} = 20$$

所以 S_1、S_2 丈量结果的相对中误差分别为

$$\frac{\sigma_{S_1}^{(4)}}{S_1} = \frac{0.01}{500} = \frac{1}{50000}, \quad \frac{\sigma_{S_2}^{(20)}}{S_2} = \frac{0.01}{2000} = \frac{1}{200000}$$

最后结果：S_1、S_2 丈量结果的相对中误差分别为 $\frac{1}{50000}$、$\frac{1}{200000}$；权分别为 20、20。

例 3-12　在图 3-3 所示的附合导线中，同精度观测了 4 个角度 β_1、β_2、β_3 和 β_4，测角中误差 $\sigma_\beta = 3''$，观测了 3 个边长 S_1、S_2 和 S_3，测边中误差分别为 $\sigma_{S_1} = 6\text{mm}$，$\sigma_{S_2} = 9\text{mm}$，$\sigma_{S_3} = 12\text{mm}$，试分别以角度观测值和边长观测值为单位权观测值，计算 P_{β_i} 和 P_{S_j}。

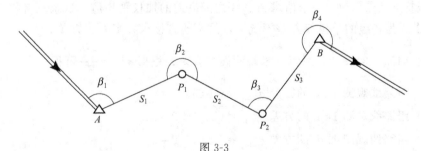

图 3-3

【分析】该题非常具有典型性。包括两种类型观测值，这种情况下，权一般都有单位。该题按照权的定义式来求解即可。同时，要注意验证，不论单位权方差取何值，所求权之间的比值是不变的。

【解】（1）$\sigma_0^2 = \sigma_\beta^2 = 9$（秒^2）

$$P_{\beta_1} = P_{\beta_2} = P_{\beta_3} = P_{\beta_4} = 1$$

$$P_{S_1}=\frac{1}{4}\,(\text{秒}/\text{mm})^2,\ P_{S_2}=\frac{1}{9}\,(\text{秒}/\text{mm})^2,\ P_{S_3}=\frac{1}{16}\,(\text{秒}/\text{mm})^2$$

（2）$\sigma_0^2=\sigma_{S_1}^2=36\,(\text{mm}^2)$

$$P_{\beta_1}=P_{\beta_2}=P_{\beta_3}=P_{\beta_4}=4\,(\text{mm}/\text{秒})^2$$

$$P_{S_1}=1,\ P_{S_2}=\frac{4}{9},\ P_{S_3}=\frac{1}{4}$$

（3）$\sigma_0^2=\sigma_{S_2}^2=81\,(\text{mm}^2)$

$$P_{\beta_1}=P_{\beta_2}=P_{\beta_3}=P_{\beta_4}=9\,(\text{mm}/\text{秒})^2$$

$$P_{S_1}=\frac{9}{4},\ P_{S_2}=1,\ P_{S_3}=\frac{9}{16}$$

（4）$\sigma_0^2=\sigma_{S_3}^2=144\,(\text{mm}^2)$

$$P_{\beta_1}=P_{\beta_2}=P_{\beta_3}=P_{\beta_4}=16\,(\text{mm}/\text{秒})^2$$

$$P_{S_1}=4,\ P_{S_2}=\frac{16}{9},\ P_{S_3}=1$$

例 3-13 有三个小组在 A、B 两水准点间作水准测量（图 3-4）。

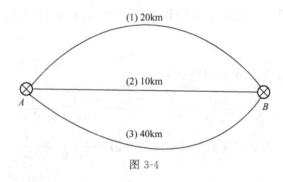

图 3-4

第（1）组路线观测高差为 h_1，单位权中误差为 $\pm6\text{mm}$（以 4km 的权为单位权）；

第（2）组路线观测高差为 h_2，单位权中误差为 $\pm4\text{mm}$（以 2km 的权为单位权）；

第（3）组路线观测高差为 h_3，单位权中误差为 $\pm8\text{mm}$（以 8km 的权为单位权）。

现欲根据 h_1、h_2、h_3 三个值求 A、B 之间高差的加权平均值，试求三者权之比。

【解析】因为各组的单位权方差不统一，故不能直接求各高差的方差。

先求出（1）、（2）、（3）组每千米观测高差方差，根据 $\sigma_{\text{km}}^2=\dfrac{\sigma_{S_i}^2}{S_i}$ 可得：

第（1）组路线观测 1km 的方差 $\sigma_{\text{km}_1}^2=(\pm6)^2/4=9$；

第（2）组路线观测 1km 的方差 $\sigma_{\text{km}_2}^2=(\pm4)^2/2=8$；

第（3）组路线观测 1km 的方差 $\sigma_{\text{km}_3}^2=(\pm8)^2/8=8$。

所以三条路线观测高差方差分别为

$$\sigma_{h_1}^2=S_1\sigma_{\text{km}_1}^2=20\times9=180$$

$$\sigma_{h_2}^2=S_2\sigma_{\text{km}_2}^2=10\times8=80$$

$$\sigma_{h_3}^2=S_3\sigma_{\text{km}_3}^2=40\times8=320$$

按权的定义求各路线高差的权（此时使用统一的单位权方差常数）：

$$p_{h_1} = \frac{C}{\sigma_{h_1}^2}, \quad p_{h_2} = \frac{C}{\sigma_{h_2}^2}, \quad p_{h_3} = \frac{C}{\sigma_{h_3}^2}$$

取 $C = 20$，则

$$p_{h_1} : p_{h_2} : p_{h_3} = \frac{20}{180} : \frac{20}{80} : \frac{20}{320} = \frac{1}{9} : \frac{1}{4} : \frac{1}{16}$$

【说明】弄清楚了此题，会对权的使用融会贯通！该题求各权之比，而由权的定义，权之比为方差倒数之比，所以需求出各段的方差；由定义式 $\sigma^2 = S\sigma_0^2$，此处 S 为各段的长度，σ_0 为共同的单位权中误差。

例 3-14 一个观测对的差数 d 是双观测差的什么误差？为什么？

【解析】真误差。

因为对于任何一个观测量而言，不论其真值的大小如何，L_i' 和 L_i'' 的真值总相同，设为 $\widetilde{X}_i$，则 $\widetilde{X}_i - \widetilde{X}_i = 0$ $(i = 1, 2, \cdots, n)$，即每一个双观测值的真值之差为零。现在对每个量 X_i 进行了两次观测，由于观测值带有误差，因此，每个量的两个观测值的差数一般不等于零，设 $L_i' - L_i'' = d_i (i = 1, 2, \cdots, n)$，式中的 d_i 是第 i 个观测量 X_i 的两次观测值的差数。既然已知各差数的真值应为零，因此，d_i 也就是双观测差的真误差。

【说明】这个题很具有典型性，通过该题，可以加深我们对真误差定义的理解。同时，也为我们进行中误差的解算提供了一种思路。

例 3-15 如图 3-5 有一工程需要采用极坐标法测设 P 点，测设 P 点的精度（点位中误差）要求不大于 5mm。现有一台全站仪，其标称精度为：测角精度为 $2''$，测距精度为 2mm + 2ppm·s，问若角度只测一个测回，P 点到 A 点的距离不能超过多少？若角度测 2 个测回，P 点到 A 点的距离不能超过多少？（A 点与方位角 α 已知）

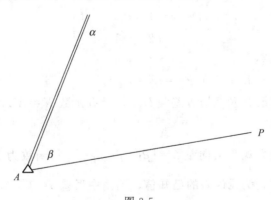

图 3-5

【解析】极坐标法测设 P 点的点位中误差为：

$$m_P = \pm \sqrt{\left(\frac{m_\beta}{\rho''} \cdot s \right)^2 + m_s^2}$$

依题意，

$$m_s^2 = 2^2 + \left(2 \cdot \frac{s}{1000} \right)^2$$

式中，s 为 P 点到 A 点的距离，以 m 为单位；

当角度只测一个测回时

$$m_\beta = \pm 2'', m_P = \pm 5\text{mm}$$

则有

$$5^2 = \left(\frac{2}{206265} \cdot s \cdot 1000\right)^2 + 2^2 + \left(2 \cdot \frac{s}{1000}\right)^2$$

整理，计算可得 $s = 462.881\text{m}$，即当角度只测一个测回时，P 点到 A 点的距离不能超过 462m。

当角度测 2 个测回时

$$m_\beta = \pm \frac{2''}{\sqrt{2}}$$

有

$$5^2 = \left(\frac{2}{\sqrt{2}} \cdot \frac{1}{206265} \cdot s \cdot 1000\right)^2 + 2^2 + \left(2 \cdot \frac{s}{1000}\right)^2$$

整理，计算可得 $s = 641.664\text{m}$，即当角度测 2 个测回时，P 点到 A 点的距离不能超过 641m。

习　题

3-1　已知观测值 L_1、L_2 的中误差 $\sigma_1 = \sigma_2 = \sigma$，协方差 $\sigma_{12} = 0$，试求以下函数的中误差：(1) $X = 2L_1 + 5$；(2) $Y = L_1 - 2L_2 + 1$；(3) $Z = L_1 L_2$；(4) $t = X + Y$。

3-2　设有观测值向量 $L = [L_1 \quad L_2 \quad L_3]^T$，其协方差阵为

$$D_{LL} = \begin{bmatrix} 3 & 1 & 2 \\ 1 & 2 & -1 \\ 2 & -1 & 2 \end{bmatrix}$$

试分别求下列函数的方差：

(1) $F_1 = L_1 + 3L_2 - 2L_3$；(2) $F_2 = L_1^2 + L_3^{1/2}$。

3-3　已知观测值向量 L 及其协方差阵 D_{LL}，设有函数 $X = AL$，$Y = BX$，试求协方差阵 D_{XL}、D_{YL} 和 D_{XY}。

3-4　设有同精度独立观测值向量 $\beta = [\beta_1 \quad \beta_2 \quad \beta_3]^T$ 的函数为 $X_1 = S_{AB} \dfrac{\sin\beta_2}{\sin\beta_3}$、$X_2 = \alpha_{AB} - \beta_1$，式中 α_{AB} 和 S_{AB} 为无误差的已知值，测角中误差 $\sigma = 1''$，试求函数的中误差 σ_{X_1}、σ_{X_2} 及其协方差 $\sigma_{X_1 X_2}$。

3-5　如图 3-6 所示，在已知点 A（无误差）安置仪器，测量点 P 的坐标。α_0 为起始方位角，其中误差为 σ_0，观测了角度 β 和边长 S，它们的中误差分别为 σ_β 和 σ_S，试求 P 点坐标 X、Y 的协方差阵。

3-6　在图 3-7 中，由已知点 A 丈量距离 S 并测量坐标方位角 α，借以计算 P 点的坐标。观测值及其中误差为 $S = 100.00\text{m} \pm 0.01\text{m}$，$\alpha = 30°00' \pm 1.5'$，设 A 点坐标无误差，试求待定点 P 的点位中误差 σ_P。

3-7　在图 3-8 的 $\triangle ABP$ 中，A、B 为已知点，L_1、L_2 和 L_3 为同精度独立观测值，其

中误差 $\sigma = 1''$，试求平差后 P 点坐标 X、Y 的协方差阵。

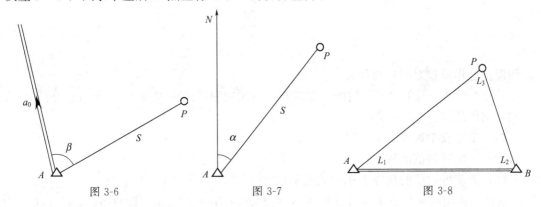

图 3-6   图 3-7   图 3-8

3-8   有一角度，观测 8 个测回的结果的中误差为 $0.90''$，若要求观测结果的中误差为 $0.60''$，试计算再增加多少个测回？

3-9   设水准测量中每站观测高差的中误差均为 0.8cm，现要求从已知点推算待定点的高程中误差不大于 4.8cm，试计算可以设多少站？

3-10   图 3-9 所示的梯形为某单位的宗地范围，测得上底边长 $a = 30.746\text{m} \pm 0.020\text{m}$，下底边长 $b = 66.767\text{m} \pm 0.030\text{m}$，高 $h = 47.420\text{m} \pm 0.024\text{m}$，试求该宗地的面积 S 及其中误差 σ_S。

3-11   在图 3-10 所示的等边三角形中，边长观测值为 $b \pm \sigma_b = 1000\text{m} \pm 0.015\text{m}$，角度观测值为 $\beta_1 = \beta_2 = 60°00'00''$，且它们的测角中误差相等。为使算得的边长 a 具有中误差 $\sigma_a = 0.02\text{m}$，试问角 β_1 和 β_2 的观测精度应为多少？

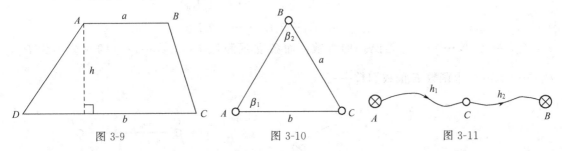

图 3-9   图 3-10   图 3-11

3-12   在相同观测条件下，应用水准测量测定了某三角形的三个点 A、B、C 之间的高差，设三边的长分别为 $S_1 = 10\text{km}$，$S_2 = 8\text{km}$，$S_3 = 5\text{km}$，令 40km 的高差观测值为单位权观测，试求各段观测高差之权及单位权中误差。

3-13   设一长度为 d 的直线之丈量结果的权为 1，求长为 D 的直线之丈量结果的权。

3-14   如图 3-11 所示，设点 A、B 之间的水准路线长为 80km，令每千米观测高差的权等于 1，求平差后线路中点（最弱点）C 点高程的权及该点平差前的权。

3-15   以相同精度观测 $\angle \beta_1$ 和 $\angle \beta_2$，它们的权分别为 $P_{\beta_1} = \dfrac{1}{2}$，$P_{\beta_2} = \dfrac{1}{3}$，已知 $\sigma_{\beta_2} = 5''$，试求单位权中误差 σ_0 和 $\angle \beta_1$ 的中误差 σ_{β_1}。

3-16   设对 $\angle A$ 观测 4 次，取平均得 α 值，每次观测中误差为 $3''$。对 $\angle B$ 观测 9 次，取平均得 β 值，每次观测中误差为 $4''$。试确定 α、β 的权各是多少？

【解】令 $C'=1$，则由定权公式

$$P_i = \frac{N_i}{C'}$$

得

$$P_\alpha = 4, \quad P_\beta = 9$$

试问以上这样定权对吗？为什么？

3-17 对某一长度进行同精度独立观测，一次观测值的中误差为 $\sigma = 2\,\text{mm}$，设 4 次观测值的平均值的权为 3，试求：

(1) 单位权中误差 σ_0；

(2) 一次观测值的权；

(3) 欲使平均值的权等于 6，应观测几次？

3-18 在相同条件下丈量两段距离 $S_1 = 200\,\text{m}$，$S_2 = 1800\,\text{m}$，设对 S_1 丈量 3 次平均值的权为 2，求对 S_2 丈量 5 次平均值的权。

3-19 某工程场地为了施工需要，加密了一个水准点，如图 3-12 所示，从已知点 A、B、C 出发，施测了 4 条水准路线，从而得到加密点 D 的高程；设各水准路线的长度为 $S_1 = 2\,\text{km}$，$S_2 = S_3 = 4\,\text{km}$，$S_4 = 1\,\text{km}$，令 2km 路线观测高差为单位权观测值，其中误差 $\sigma_0 = 2\,\text{mm}$，试求：

(1) D 点高程平差值的中误差 σ_D；

(2) A、D 两点间高差平差值的中误差 σ_{AD}。

3-20 设某三角形的三条边 a、b、c 的权分别为 $P_a = P_b = 1$，$P_c = 2$；其两个内角为 $\beta_1 = 45°$，$\beta_2 = 60°$（无误差），试求函数 $X = a\sin\beta_1 + b^2\cos\beta_2 - 2c\sin\beta_1\cos\beta_2$ 的权 P_X。

3-21 设有函数 $F = f_1 x + f_2 y$，其中

$$x = \alpha_1 L_1 + \alpha_2 L_2 + \cdots + \alpha_n L_n$$
$$y = \beta_1 L_1 + \beta_2 L_2 + \cdots + \beta_n L_n$$

α_i，$\beta_i (i = 1, 2, \cdots, n)$ 为无误差的常数，而独立观测值 $L_1, L_2, \cdots, L_n$ 的权分别为 P_1，$P_2, \cdots, P_n$，试求函数 F 的权倒数 $\dfrac{1}{P_F}$。

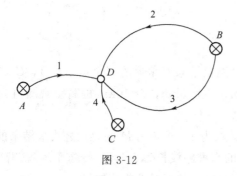

图 3-12

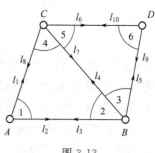

图 3-13

3-22 在图 3-13 中，令方向观测值 $l_i (i = 1, 2, \cdots, 10)$ 的协因数阵 $Q_u = I$，试求角度观测值向量 L 的协因数阵 Q_{LL}。

3-23 某一距离分三段各往返丈量一次，其结果如下表所示。令 1km 量距的权为单位权，试求：(1) 该距离的最或是值 S；(2) 单位权中误差；(3) 全长一次测量中误差；(4) 全长平均值的中误差；(5) 第二段一次测量中误差。

段 号	往测/m	返测/m
1	1000.009	1000.007
2	2000.011	2000.009
3	3000.008	3000.010

3-24 如图 3-14 所示，要在已知点 A、B 间布设一条附合水准路线，设每千米观测中误差等于 5.0mm，欲使平差后路线中点 C 的高程中误差不大于 8.0mm，问该路线长度最多可达几千米？

图 3-14   图 3-15

3-25 有一水准路线如图 3-15 所示。图中 A、B 点为已知点，观测高差 h_1 和 h_2 以求 P 点的高程。设 h_1 和 h_2 的中误差分别为 σ_1 和 σ_2，且已知 $\sigma_1 = 2\sigma_2$，单位权中误差 $\sigma_0 = \sigma_2$。若要求 P 点高程的中误差 $\sigma_P = 2mm$，那么，观测精度 σ_1 和 σ_2 的值各应是多少？

3-26 已知观测值向量 $L = [\,L_1 \quad L_2 \quad L_3\,]^T$ 的协方差阵为 $D_{LL} = \begin{bmatrix} 1 & -2 & 1 \\ -2 & 2 & 0 \\ 1 & 0 & 3 \end{bmatrix}$，设有

观测值函数 $Y_1 = 2L_1 L_3$ 和 $Y_2 = L_1 + L_2$，试求协方差 $\sigma_{Y_1 Y_2}$、$\sigma_{Y_1 L}$ 和 $\sigma_{Y_1 L_2}$。

3-27 已知观测值向量 L 的权阵为

$$P_{LL} = \begin{bmatrix} 2 & 1 \\ 1 & 2 \end{bmatrix}$$

现有函数 $X = L_1 - 2L_2$，$Y = 3L_2$，试求 Q_{XY}、Q_{XL}、Q_{YL} 以及观测值的权 P_{L_1} 和 P_{L_2}。

3-28 设有观测值向量 $L = [\,L_1 \quad L_2 \quad L_3\,]^T$，其权阵为

$$P_{LL} = \frac{1}{5} \begin{bmatrix} -2 & -4 & 1 \\ -4 & -3 & 2 \\ 1 & 2 & 2 \end{bmatrix}$$

试求：(1) L 中各观测值是否相互独立？(2) 设 $L' = [\,L_1 \quad L_2\,]^T$，求 $P_{L'L'}$。

3-29 设某一三角形的三个内角的观测值 L_1、L_2 和 L_3 的协因数阵为 $Q_{LL} = I$，现将三角形闭合差平均分配到各角，得 $\hat{L}_i = L_i - \dfrac{W}{3}$，其中 $W = L_1 + L_2 + L_3 - 180°$，试求：

(1) W、$\hat{L}_1$、$\hat{L}_2$ 和 $\hat{L}_3$ 的权；(2) 证明 W 与 $\hat{L} = [\,\hat{L}_1 \quad \hat{L}_2 \quad \hat{L}_3\,]^T$ 是否相关。

3-30 用钢尺量距，共测量 12 个尺段，设量一尺段的偶然中误差（如照准误差等）为 $\sigma = 0.001m$，钢尺的检定中误差为 $\varepsilon = 0.0002m$，试求全长的综合中误差 $\sigma_全$。

3-31 设有相关观测值 L_{n1} 的两组线性函数

$$\underset{t1}{Z} = \underset{tn}{K} \underset{n1}{L} + \underset{t1}{K_0}$$

$$\underset{s1}{Y} = \underset{sn}{F} \underset{n1}{L} + \underset{s1}{F_0}$$

已知 L 的综合误差为 $\underset{n1}{\Omega} = \underset{n1}{\Delta} + \underset{n1}{\varepsilon}$，式中 $\underset{n1}{\Delta}$ 和 $\underset{n1}{\varepsilon}$ 分别为观测值 L 的偶然误差与系统误差，L 的

协方差阵为

$$D_{LL} = \begin{bmatrix} \sigma_1^2 & \sigma_{12} & \cdots & \sigma_{1n} \\ \sigma_{21} & \sigma_2^2 & \cdots & \sigma_{2n} \\ \vdots & \vdots & \ddots & \vdots \\ \sigma_{n1} & \sigma_{n2} & \cdots & \sigma_n^2 \end{bmatrix}$$

试求 Z 的综合方差阵 $D_{ZZ} = E(\Omega_Z \Omega_Z^T)$ 及 Z 与 Y 的综合协方差阵 $D_{ZY} = E(\Omega_Z \Omega_Y^T)$。

解析答案

3-1 【解析】由题意,以下函数可以表示为

(1) $X = 2L_1 + 5 = 2L_1 + 0 \cdot L_2 + 5$,

(2) $Y = L_1 - 2L_2 + 1$,

(3) $Z = L_1 L_2$,全微分 $\mathrm{d}Z = L_2 \mathrm{d}L_1 + L_1 \mathrm{d}L_2$,

(4) $t = X + Y$。

依据协方差传播律,即可求得中误差分别为

$\sigma_X = 2\sigma$,$\sigma_Y = \sqrt{5}\sigma$,$\sigma_Z = \sqrt{L_1^2 + L_2^2}\sigma$,$\sigma_t = \sqrt{13}\sigma$

【说明】该题注意按照协方差传播律就可以求解。

3-2 【解析】该题求解过程如下:

(1) 由题意,$F_1 = L_1 + 3L_2 - 2L_3 = \begin{bmatrix} 1 & 3 & -2 \end{bmatrix} \begin{bmatrix} L_1 \\ L_2 \\ L_3 \end{bmatrix}$,

由协方差传播律

$$D_{F_1} = \begin{bmatrix} 1 & 3 & -2 \end{bmatrix} \begin{bmatrix} 3 & 1 & 2 \\ 1 & 2 & -1 \\ 2 & -1 & 2 \end{bmatrix} \begin{bmatrix} 1 \\ 3 \\ -2 \end{bmatrix} = 39$$

(2) 由题意,全微分

$$\mathrm{d}F_2 = (2L_1)\mathrm{d}L_1 + 0 \cdot \mathrm{d}L_2 + \left(\frac{1}{2}L^{-\frac{1}{3}}\right)\mathrm{d}L_3 = \begin{bmatrix} 2L_1 & 0 & \frac{1}{2}L^{-\frac{1}{3}} \end{bmatrix} \begin{bmatrix} \mathrm{d}L_1 \\ \mathrm{d}L_2 \\ \mathrm{d}L_3 \end{bmatrix}$$

由协方差传播律

$$D_{F_2} = \begin{bmatrix} 2L_1 & 0 & \frac{1}{2}L^{-\frac{1}{3}} \end{bmatrix} \begin{bmatrix} 3 & 1 & 2 \\ 1 & 2 & -1 \\ 2 & -1 & 2 \end{bmatrix} \begin{bmatrix} 2L_1 \\ 0 \\ \frac{1}{2}L^{-\frac{1}{3}} \end{bmatrix}$$

$$= 12L_1^2 + 4L_1 L^{-\frac{1}{3}} + \frac{1}{2}L^{-\frac{1}{3}}$$

3-3 【解析】由题意,得

$$L = IL(I \text{ 为单位对角矩阵})$$
$$X = AL$$
$$Y = BX = BAL$$

由协方差传播律,得

$$D_{XL} = AD_{LL}I^{\mathrm{T}} = AD_{LL}$$
$$D_{YL} = (BA)D_{LL}I^{\mathrm{T}} = BAD_{LL} \text{ 或 } D_{YL} = BD_{XL}$$
$$D_{XY} = AD_{LL}(BA)^{\mathrm{T}} = AD_{LL}A^{\mathrm{T}}B^{\mathrm{T}} \text{ 或 } D_{XY} = AD_{LX}B^{\mathrm{T}}$$

3-4 【解析】由题意，$X_1 = S_{AB} \dfrac{\sin\beta_2}{\sin\beta_3}$ 和 $X_2 = \alpha_{AB} - \beta_1$，

全微分后可得

$$dX_1 = \left(0 \cdot \frac{1}{\rho''}\right)d\beta_1 + \left(S_{AB}\frac{\cos\beta_2}{\sin\beta_3 \cdot \rho''}\right)d\beta_2 + \left(-S_{AB}\frac{\sin\beta_2\cot\beta_3}{\sin\beta_3 \cdot \rho''}\right)d\beta_3$$

$$dX_2 = -d\beta_1 = (-1) \cdot d\beta_1 + 0 \cdot d\beta_2 + 0 \cdot d\beta_3$$

又 $\sigma = 1''$，则由协方差传播律可得

$$\sigma_{X_1} = \frac{S_{AB}}{\sin\beta_3 \cdot \rho''}\sqrt{\cos^2\beta_2 + \sin^2\beta_2 \cdot \cot^2\beta_3}$$

$$\sigma_{X_2} = 1(秒^2)，\quad \sigma_{X_1 X_2} = 0$$

3-5 【解析】由题意，可得

$$X_P = X_A + S\cos\alpha_{AP} = X_A + S\cos(\alpha_0 + \beta)$$

$$Y_P = Y_A + S\sin\alpha_{AP} = Y_A + S\sin(\alpha_0 + \beta)$$

全微分，可得

$$dX_P = [\cos(\alpha_0 + \beta)]dS + [-S\sin(\alpha_0 + \beta)/\rho'']d\beta + [-S\sin(\alpha_0 + \beta)/\rho'']d\alpha_0$$

$$dY_P = [\sin(\alpha_0 + \beta)]dS + [S\cos(\alpha_0 + \beta)/\rho'']d\beta + [S\cos(\alpha_0 + \beta)/\rho'']d\alpha_0$$

令 P 点坐标 X、Y 的协方差阵为 $\begin{bmatrix} \sigma_X^2 & \sigma_{XY} \\ \sigma_{YX} & \sigma_Y^2 \end{bmatrix}$，由协方差传播律可得结果如下：

$$\sigma_X^2 = [\cos(\alpha_0 + \beta)]^2\sigma_S^2 + [-S\sin(\alpha_0 + \beta)]^2\frac{\sigma_\beta^2}{\rho^2} + [-S\sin(\alpha_0 + \beta)]^2\frac{\sigma_0^2}{\rho^2}$$

$$\sigma_Y^2 = [\sin(\alpha_0 + \beta)]^2\sigma_S^2 + [S\cos(\alpha_0 + \beta)]^2\frac{\sigma_\beta^2}{\rho^2} + [S\cos(\alpha_0 + \beta)]^2\frac{\sigma_0^2}{\rho^2}$$

$$\sigma_{XY} = \left[\frac{1}{2}\sin2(\alpha_0 + \beta)\right]\sigma_S^2 + \left[-\frac{1}{2}S^2\sin2(\alpha_0 + \beta)\right]\frac{\sigma_\beta^2}{\rho^2} + \left[-\frac{1}{2}S^2\sin2(\alpha_0 + \beta)\right]\frac{\sigma_0^2}{\rho^2}$$

$$\sigma_{YX} = \sigma_{XY}$$

【说明】该题与传统的测量点坐标的解算不同之处在于，该题考虑了起算坐标方位角的精度。

3-6 【解析】由题意，依据知识点三，由公式 $\sigma_P^2 = \sigma_S^2 + \left(\dfrac{S}{\rho}\right)^2\sigma_\alpha^2$，代入数据可得 $\sigma_p = 0.045(m)$。

【说明】做该题时，要注意与题 3-5 的区别。

3-7 【解析】令 P 点坐标 X、Y 的协方差阵为

$$\begin{bmatrix} \hat{\sigma}_X^2 & \hat{\sigma}_{XY} \\ \hat{\sigma}_{YX} & \hat{\sigma}_Y^2 \end{bmatrix}$$

P 点坐标的求解公式：

$$\left. \begin{array}{l} \hat{X} = X_A + \hat{S}_{AP}\cos(\alpha_{AB} - \hat{L}_1) \\ \hat{Y} = Y_A + \hat{S}_{AP}\sin(\alpha_{AB} - \hat{L}_1) \end{array} \right\}，其中 \hat{S}_{AP} = S_{AB}\frac{\sin\hat{L}_2}{\sin\hat{L}_3}。$$

全微分

$$d\hat{X} = (\Delta Y_{AP}/\rho'')d\hat{L}_1 + (\Delta X_{AP}\cot L_2/\rho'')d\hat{L}_2 + (-\Delta X_{AP}\cot L_3/\rho'')d\hat{L}_3$$

$$d\hat{Y} = (-\Delta X_{AP}/\rho'')d\hat{L}_1 + (\Delta Y_{AP}\cot L_2/\rho'')d\hat{L}_2 + (-\Delta Y_{AP}\cot L_3/\rho'')d\hat{L}_3$$

本题分两步解算。

第一步：先求角度平差值 $\hat{L}_{31}$ 的协方差阵 $D_{\hat{L}\hat{L}}$，令 $\hat{L}_{31} = [\hat{l}_1 \quad \hat{l}_2 \quad \hat{l}_3]^T$，可求得

$$D_{\hat{L}\hat{L}} = \frac{1}{3}\begin{bmatrix} 2 & -1 & -1 \\ -1 & 2 & -1 \\ -1 & -1 & 2 \end{bmatrix}(\text{秒}^2)$$

第二步：求平差后 P 点坐标 $\hat{X}$、$\hat{Y}$ 的协方差阵，由协方差传播律，得

$$\sigma_{\hat{X}}^2 = \frac{1}{\rho''^2}[\Delta Y_{AP} \quad \Delta X_{AP}\cot L_2 \quad -\Delta X_{AP}\cot L_3]D_{\hat{L}\hat{L}}\begin{bmatrix} \Delta Y_{AP} \\ \Delta X_{AP}\cot L_2 \\ -\Delta X_{AP}\cot L_3 \end{bmatrix}$$

$$\sigma_{\hat{X}\hat{Y}} = \frac{1}{\rho''^2}[\Delta Y_{AP} \quad \Delta X_{AP}\cot L_2 \quad -\Delta X_{AP}\cot L_3]D_{\hat{L}\hat{L}}\begin{bmatrix} -\Delta X_{AP} \\ \Delta Y_{AP}\cot L_2 \\ -\Delta Y_{AP}\cot L_3 \end{bmatrix}$$

$$\sigma_{\hat{Y}}^2 = \frac{1}{\rho''^2}[-\Delta X_{AP} \quad \Delta Y_{AP}\cot L_2 \quad -\Delta Y_{AP}\cot L_3]D_{\hat{L}\hat{L}}\begin{bmatrix} -\Delta X_{AP} \\ \Delta Y_{AP}\cot L_2 \\ -\Delta Y_{AP}\cot L_3 \end{bmatrix}$$

【说明】注意该题与题 3-5 的区别！

3-8 【解析】由题意，依据式(3-9)，代入已知数据，则

$$\begin{cases} 0.90 = \dfrac{\sigma}{\sqrt{8}} \\ 0.60 = \dfrac{\sigma}{\sqrt{n+8}} \end{cases}$$

可得 $n=10$，即再增加 10 个测回。

3-9 【解析】参考式(3-6a) 由公式 $\sigma = \sqrt{N}\sigma_{\text{站}}$ 知，代入数据可得 $N=36$，即最多可设 36 站。

3-10 【解析】由题意，面积公式

$$S = (a+b)h/2 = 2312.03323(\text{m}^2)$$

全微分，并代入已知数据

$$dS = \left(\frac{h}{2}\right)da + \left(\frac{h}{2}\right)db + \left(\frac{a+b}{2}\right)dh = 23.71da + 23.71db + 48.7565dh$$

由协方差传播律，得面积的中误差

$$\sigma_S = 1.4492(\text{m}^2)$$

3-11 【解析】由题意，$a = \dfrac{\sin\beta_1}{\sin\beta_2}b$，全微分

$$da = \left(\frac{\sin\beta_1}{\sin\beta_2}\right)_0 db + \left(\frac{b\cos\beta_1}{\rho''\sin\beta_2}\right)_0 d\beta_1 + \left(\frac{-b\sin\beta_1\cos\beta_2}{\rho''\sin^2\beta_2}\right)_0 d\beta_2$$

代入已知数据，得

$$da = db + \left(\frac{1000}{\sqrt{3}\rho''}\right)d\beta_1 + \left(\frac{-1000}{\sqrt{3}\rho''}\right)d\beta_2$$

已知两者测角中误差相等，设为 σ_β，代入已知数据，并按照协方差传播律，得

$$\sigma_a^2 = \sigma_b^2 + \left(\frac{1000}{\sqrt{3}\rho''}\right)^2\sigma_\beta^2 + \left(-\frac{1000}{\sqrt{3}\rho''}\right)^2\sigma_\beta^2,\ \text{即} 0.02^2 = 0.015^2 + 2\left(\frac{1000}{\sqrt{3}\rho''}\right)^2\sigma_\beta^2,$$

最后可得 β_1 和 β_2 的中误差均为 $\sigma_\beta = 3.34''$。

3-12 【解析】由公式 $p = C/S$，根据题意 $S = 40$ 时 $p = 1$，则 $C = 40$；进而可得

$$p_1 = 4.0,\ p_2 = 5.0,\ p_3 = 8.0$$

又根据 $\sigma_i^2 = S_i\sigma_{km}^2$，可知 $\sigma_0^2 = 40\sigma_{km}^2$，则单位权中误差为 $\sigma_0 = \sqrt{40}\,\sigma_{km}$。

3-13 【解析】由题意，长度为 d 的直线之丈量结果的权 $p_d = 1$，且

$$D = d + d + \cdots + d \quad \left(\text{共有}\frac{D}{d}\text{个} d \text{ 相加}\right)$$

即进行了 $\frac{D}{d}$ 个长度为 d 的分段的丈量，则由权倒数传播律可得

$$\frac{1}{p_D} = \frac{1}{p_d} + \frac{1}{p_d} + \cdots + \frac{1}{p_d} \quad \left(\text{共有}\frac{D}{d}\text{个}\frac{1}{p_d}\text{相加}\right)$$

整理即得 $p_D = \frac{d}{D}$。

3-14 【解析】由于点 C 为中点，所以其平差前的高程可以表示为

$$H_C = H_A + h_1\ \text{或}\ H_C = H_B - h_2$$

又两条水准路线的长度均为 40km，题意中每千米观测高差权为 1，则观测值的权为 1/40，进而由权倒数传播律可得

$$p_C(\text{平差前}) = \frac{1}{40}$$

由加权平均值公式，可得平差后点 C 的高程可以表示为

$$H_C = \frac{1}{2}(h_1 - h_2) + \frac{1}{2}(H_A + H_B)$$

由权倒数传播律，得

$$p_C(\text{平差后}) = \frac{1}{20}$$

3-15 【解析】由题意，根据公式 $p_{\beta_2} = \sigma_0^2/\sigma_{\beta_2}^2$，代入已知数据得 $\sigma_0 = 2.89''$；再根据公式 $p_{\beta_1} = \sigma_0^2/\sigma_{\beta_1}^2$，得 $\sigma_{\beta_1} = 4.08''$。

3-16 【解析】不对。因为 $\angle\alpha$ 和 $\angle\beta$ 每次观测的精度不同，故不能用 $P_i = \frac{N_i}{C'}$ 这一公式定。

3-17 【解析】由题意，权与观测次数成正比，可得，1 次观测值的平均值的权为 3/4，于是由公式 $p = \sigma_0^2/\sigma^2$，得

$$\sigma_0^2 = 3,\ \sigma_0 = 1.73\text{mm}$$

欲使平均值的权等于 6，可得应观测 $6 \div \frac{3}{4} = 8$ 次，最后结果如下：(1) $\sigma_0 = 1.73$mm，(2) $\frac{3}{4}$，(3) 8 次。

3-18 【解析】由题意，由于权与次数成正比，可得对 S_1 丈量 1 次的权为 $p_{S_1}^1 = 2/3$；又 S_2 可看作 9 个 S_1 连续相加，即

$$S_2 = S_1 + S_1 + \cdots + S_1 (\text{共 } 9 \text{ 个 } S_1 \text{ 相加})$$

从而依据权倒数传播律，可得对 S_2 丈量 1 次的权为

$$p_{S_2}^1 = 2/(3 \times 9)$$

因此，对 S_2 丈量 5 次平均值的权

$$p_{S_2}^5 = (2 \times 5)/(3 \times 9) = 10/27$$

3-19 【解析】(1) 由题意，采用加权平均值公式，则 D 点高程最或是值

$$\hat{H}_D = \frac{p_1(H_A + h_1) + p_2(H_B + h_2) + p_3(H_B + h_3) + p_4(H_C + h_4)}{p_1 + p_2 + p_3 + p_4} \tag{3-44}$$

又 2km 线路观测高差为单位权观测，则依据 $p_i = C/S_i = 2/S_i$，得各线路观测高差的权分别为

$$p_1 = 1, \ p_2 = p_3 = 1/2, \ p_4 = 2 \tag{3-45}$$

又中误差 $\sigma_0 = 2$，则依据 $\sigma_i^2 = \sigma_0^2/p_i$，得各线路观测高差的方差分别为

$$\sigma_1^2 = 4, \ \sigma_2^2 = 8, \ \sigma_3^2 = 8, \ \sigma_4^2 = 2 \tag{3-46}$$

将式(3-45)代入式(3-44)，则得

$$\hat{H}_D = \frac{1}{4}h_1 + \frac{1}{8}h_2 + \frac{1}{8}h_3 + \frac{1}{2}h_4 + \frac{1}{4}(H_A + H_B + 2H_C) \tag{3-47}$$

依据协方差传播律，由式(3-46) 和式(3-47)，得

$$\sigma_D^2 = \left(\frac{1}{4}\right)^2 \times 4 + \left(\frac{1}{8}\right)^2 \times 8 + \left(\frac{1}{8}\right)^2 \times 8 + \left(\frac{1}{2}\right)^2 \times 2 = 1$$

从而，可得 D 点高程最或是值的中误差为 $\sigma_D = 1\text{mm}$。

(2) 由题意，A、D 两点间高差最或是值就是 $\hat{h}_1$，即

$$\hat{h}_1 = \hat{H}_D - H_A$$

由协方差传播律，则

$$\sigma_{\hat{h}_1}^2 = \sigma_{\hat{H}_D}^2 = 1$$

进而可得 $\sigma_{AD} = 1\text{mm}$。

3-20 【解析】由题意，有

$$X = a\sin\beta_1 + b^2\cos\beta_2 - 2c\sin\beta_1\cos\beta_2$$

全微分

$$dX = \sin\beta_1 da + 2b\cos\beta_2 db - 2\sin\beta_1\cos\beta_2 dc$$

代入已知数据，则

$$dX = \frac{\sqrt{2}}{2}da + b\,db - \frac{\sqrt{2}}{2}dc$$

由权倒数传播律，并代入已知数据，可得

$$P_X = \frac{4}{4b^2 + 3}$$

3-21 【解析】由题意，则

$$F = f_1 x + f_2 y$$
$$= (f_1\alpha_1 + f_2\beta_1)L_1 + (f_1\alpha_2 + f_2\beta_2)L_2 + \cdots + (f_1\alpha_n + f_2\beta_n)L_n$$

由权倒数传播律，得

$$\frac{1}{P_F} = (f_1\alpha_1 + f_2\beta_1)^2\frac{1}{P_1} + (f_1\alpha_2 + f_2\beta_2)^2\frac{1}{P_2} + \cdots + (f_1\alpha_n + f_2\beta_n)^2\frac{1}{P_n}$$

整理，即得

$$\frac{1}{P_F}=f_1^2\left[\frac{\alpha\alpha}{P}\right]+2f_1f_2\left[\frac{\alpha\beta}{p}\right]+f_2^2\left[\frac{\beta\beta}{p}\right]$$

式中，

$$\left[\frac{\alpha\alpha}{P}\right]=\frac{\alpha_1^2}{P_1}+\frac{\alpha_2^2}{P_2}+\cdots+\frac{\alpha_n^2}{P_n},\left[\frac{\alpha\beta}{p}\right]=\frac{\alpha_1\beta_1}{p_1}+\frac{\alpha_2\beta_2}{p_2}+\cdots+\frac{\alpha_n\beta_n}{p_n},\left[\frac{\beta\beta}{p}\right]=\frac{\beta_1^2}{p_1}+\frac{\beta_2^2}{p_2}+\cdots+\frac{\beta_n^2}{p_n}$$

3-22 【解析】该题中所描述的三角网为测方向三角网，则由题意可得

$$\mathop{L}_{61}=\begin{bmatrix}L_1\\L_2\\L_3\\L_4\\L_5\\L_6\end{bmatrix}=\begin{bmatrix}-l_1+l_2\\-l_3+l_4\\-l_4+l_5\\-l_7+l_8\\-l_6+l_7\\-l_9+l_{10}\end{bmatrix}=\begin{bmatrix}-1&1&0&0&0&0&0&0&0&0\\0&0&-1&1&0&0&0&0&0&0\\0&0&0&0&-1&1&0&0&0&0\\0&0&0&0&0&0&0&-1&1&0\\0&0&0&0&0&0&-1&1&0&0\\0&0&0&0&0&0&0&0&-1&1\end{bmatrix}\begin{bmatrix}l_1\\l_2\\l_3\\l_4\\l_5\\l_6\\l_7\\l_8\\l_9\\l_{10}\end{bmatrix}$$

由协因数传播律，则

$$Q_{LL}=\begin{bmatrix}2&0&0&0&0&0\\0&2&-1&0&0&0\\0&-1&2&0&0&0\\0&0&0&2&-1&0\\0&0&0&-1&2&0\\0&0&0&0&0&2\end{bmatrix}$$

3-23 【解析】(1) $\hat{S}=\hat{S}_1+\hat{S}_2+\hat{S}_3$

$$=\frac{1000.009+1000.007}{2}+\frac{2000.011+2000.009}{2}+\frac{3000.008+3000.010}{2}=6000.027\mathrm{m}$$

(2) 令 1km 量距的权为单位权，则各段的权为 $P_1=1$，$P_2=1/2$，$P_3=1/3$；又各段的

双观测值之差分别为 $d_1=0.002$，$d_2=0.002$，$d_3=-0.002$；利用公式 $\hat{\sigma}_0=\sqrt{\dfrac{\sum\limits_{i=1}^{3}P_id_i^2}{2\times3}}$，

得 $\hat{\sigma}_0=0.001106\mathrm{m}=1.106\mathrm{mm}$。

(3) 不妨设往测一次距离的公式为 $S_{往}=S_1+S_2+S_3$，由协方差传播律得一次测量的

方差 $\sigma_{S_{往}}^2=\sigma_0^2/P_1+\sigma_0^2/P_2+\sigma_0^2/P_3=6.636\mathrm{mm}^2$，中误差 $\sigma_{S_{往}}=2.576043\mathrm{mm}$。

(4) 设全长的平均值的公式为 $S_{全}=(S_{往}+S_{返})/2$，往返测量的精度相同，则由协方差

传播律，得全长平均值的中误差为 $\sigma_{全}=1.821538\mathrm{mm}$。

(5) 第二段一次测量的中误差公式为 $\sigma_2=\sigma_0/\sqrt{P_2}=1.56412\mathrm{mm}$。

3-24 【解析】由题意，设 AC 的长度为 S km，则 C 点高程的最或是值

$$\hat{H}_C = \frac{p_1(H_A + h_1) + p_2(H_B - h_2)}{p_1 + p_2}$$

因为 C 点为中点，$p_1 = p_2$，则上式可以变为

$$\hat{H}_C = \frac{h_1}{2} - \frac{h_2}{2} + \frac{H_A + H_B}{2}$$

又 $\sigma_{h_1} = \sigma_{h_2} = 5\sqrt{S}$，则由协方差传播律可得

$$S \leqslant 5.12\text{km}$$

即该路线长度最多可达 10.24km。

3-25 【解析】由题意，可求得 P 点高程的加权平均值公式为

$$\hat{H}_P = \frac{p_1(H_A + h_1) + p_2(H_B + h_2)}{p_1 + p_2}$$

又权 $p_1 = \frac{\sigma_0^2}{\sigma_1^2} = 0.25$，$p_2 = \frac{\sigma_0^2}{\sigma_2^2} = 1$，进一步整理可得

$$\hat{H}_P = \frac{1}{5}h_1 + \frac{4}{5}h_2 + \frac{H_A + 4H_B}{5}$$

由协方差传播律可得

$$\sigma_P^2 = \left(\frac{1}{5}\right)^2 \sigma_1^2 + \left(\frac{4}{5}\right)^2 \sigma_2^2$$

又 $\sigma_1 = 2\sigma_2$，并代入相关数据，得

$$\sigma_1 = 2\sqrt{5}\,\text{mm}, \quad \sigma_2 = \sqrt{5}\,\text{mm}$$

3-26 【解析】由题意，将两个函数全微分

$$\text{d}Y_1 = (2L_3)\text{d}L_1 + 0 \cdot \text{d}L_2 + (2L_1)\text{d}L_3 = \begin{bmatrix} 2L_3 & 0 & 2L_1 \end{bmatrix} \begin{bmatrix} \text{d}L_1 \\ \text{d}L_2 \\ \text{d}L_3 \end{bmatrix} \tag{3-48}$$

$$\text{d}Y_2 = \text{d}L_1 + \text{d}L_2 + 0 \cdot \text{d}L_3 = \begin{bmatrix} 1 & 1 & 0 \end{bmatrix} \begin{bmatrix} \text{d}L_1 \\ \text{d}L_2 \\ \text{d}L_3 \end{bmatrix} \tag{3-49}$$

由式(3-48)、式(3-49)，依据协方差传播律，得

$$\sigma_{Y_1 Y_2} = \begin{bmatrix} 2L_3 & 0 & 2L_1 \end{bmatrix} \begin{bmatrix} 1 & -2 & 1 \\ -2 & 2 & 0 \\ 1 & 0 & 3 \end{bmatrix} \begin{bmatrix} 1 \\ 1 \\ 0 \end{bmatrix} = 2L_1 - 2L_3$$

又 $L_1 = L_1 + 0 \cdot L_2 + 0 \cdot L_3$，$L_2 = 0 \cdot L_1 + L_2 + 0 \cdot L_3$，$L_3 = 0 \cdot L_1 + 0 \cdot L_2 + L_3$ 全微分

$$\text{d}L_1 = \text{d}L_1 + 0 \cdot \text{d}L_2 + 0 \cdot \text{d}L_3 \tag{3-50}$$

$$\text{d}L_2 = 0 \cdot \text{d}L_1 + \text{d}L_2 + 0 \cdot \text{d}L_3 \tag{3-51}$$

$$\text{d}L_3 = 0 \cdot \text{d}L_1 + 0 \cdot \text{d}L_2 + \text{d}L_3 \tag{3-52}$$

由式(3-48)、式(3-50)、式(3-51)，依据协方差传播律，得

$$\sigma_{Y_1 L} = \begin{bmatrix} 2L_1 + 2L_3 & -4L_3 & 6L_1 + 2L_3 \end{bmatrix}$$

$$\sigma_{Y_1 L_2} = -4L_3$$

3-27 【解析】由题意，得观测值向量 $\underset{21}{L}$ 的协因数阵为 $Q_{LL} = P_{LL}^{-1} = \frac{1}{3}\begin{bmatrix} 2 & -1 \\ -1 & 2 \end{bmatrix}$，又

$$\mathrm{d}X = \mathrm{d}L_1 - 2\mathrm{d}L_2$$
$$\mathrm{d}Y = 0 \cdot \mathrm{d}L_1 + 3\mathrm{d}L_2$$

由协因数传播律得 $\qquad Q_{XY} = -5$

又

$$\mathrm{d}L = \begin{bmatrix} \mathrm{d}L_1 \\ \mathrm{d}L_2 \end{bmatrix} = \begin{bmatrix} 1 & 0 \\ 0 & 1 \end{bmatrix} \begin{bmatrix} \mathrm{d}L_1 \\ \mathrm{d}L_2 \end{bmatrix}$$

得 $Q_{XL} = [Q_{XL_1} \quad Q_{XL_2}] = [4/3 \quad -5/3]$，同理 $Q_{YL} = [Q_{YL_1} \quad Q_{YL_2}] = [-1 \quad 2]$；

由协因数阵直接可得 $P_{L_1} = \dfrac{3}{2}$，$P_{L_2} = \dfrac{3}{2}$。

3-28 【解析】先求出 L 的权逆阵 Q_{LL}，再进行判断！由题意，得

$$Q_{LL} = P_{LL}^{-1} = \begin{bmatrix} 2 & -2 & 1 \\ -2 & 1 & 0 \\ 1 & 0 & 2 \end{bmatrix}$$

由此协因数阵的相关元素可以看出：

(1) L_2 与 L_3 相互独立，其余不独立；

(2) 对 Q_{LL} 矩阵的前两行和前两列的分块矩阵进行求逆，则

$$P_{L'L'} = \begin{bmatrix} -1/2 & -1 \\ -1 & -1 \end{bmatrix}$$

3-29 【解析】该题应用协因数传播律来求解。由题意

$$W = L_1 + L_2 + L_3 - 180°$$

$$\hat{L}_1 = \frac{2}{3}L_1 + \left(-\frac{1}{3}\right)L_2 + \left(-\frac{1}{3}\right)L_3 + 60°$$

$$\hat{L}_2 = \left(-\frac{1}{3}\right)L_1 + \frac{2}{3}L_2 + \left(-\frac{1}{3}\right)L_3 + 60°$$

$$\hat{L}_3 = \left(-\frac{1}{3}\right)L_1 + \left(-\frac{1}{3}\right)L_2 + \frac{2}{3}L_3 + 60°$$

由协因数传播律，则得

$$Q_{WW} = 3, \quad Q_{\hat{L}_1} = Q_{\hat{L}_2} = Q_{\hat{L}_3} = \frac{2}{3},$$

$$Q_{W\hat{L}_1} = Q_{W\hat{L}_2} = Q_{W\hat{L}_3} = 0$$

最后结果：

(1) $P_W = \dfrac{1}{3}$，$P_{\hat{L}_1} = P_{\hat{L}_2} = P_{\hat{L}_3} = \dfrac{3}{2}$；

(2) $Q_{W\hat{L}} = 0$，W 与 $\hat{L}$ 互不相关。

3-30 【解析】由题意，设全长为 S，每一段的长度为 L_i，则

$$S = L_1 + L_2 + \cdots + L_{12}$$

由综合误差的联合传播律 $\sigma_S^2 = 12\sigma^2 + (12\varepsilon)^2$，得

$$\sigma_S^2 = 0.00001776$$

从而 $\sigma_{全}=0.0042\mathrm{m}$。

3-31 【解析】由题意，则

$$Z=KL+K_0$$

由综合误差的联合传播律，得

$$D_{ZZ}=KD_{LL}K^{\mathrm{T}}+K\varepsilon\varepsilon^{\mathrm{T}}K^{\mathrm{T}}$$

又有

$$\begin{bmatrix} Z \\ Y \end{bmatrix}=\begin{bmatrix} K \\ F \end{bmatrix}L+\begin{bmatrix} K_0 \\ F_0 \end{bmatrix}$$

由综合误差的联合传播律，得

$$D_{ZY}=KD_{LL}F^{\mathrm{T}}+K\varepsilon\varepsilon^{\mathrm{T}}F^{\mathrm{T}}$$

第4章

平差数学模型与最小二乘原理

知 识 点

一、平差的大体思路

我们知道，只要进行测量就会产生误差，就是说观测值中肯定含有误差；由于误差起到坏的作用，因此必须将其消除或减弱。如何消除呢？当然是平差，如何平差呢？当然是利用所建立的函数模型；那么函数模型怎么列立呢？根据所观测的几何模型中的几何量之间的几何关系（或物理关系）即可列出。由这些函数模型和随机模型所组成的式子即为平差的数学模型，然后利用最小二乘原理解算这些数学模型，从而可以得到观测值的平差值。

二、几何模型

在测量工作中，为了确定待定点的高程，需要建立水准网，如图4-1；为了确定待定点的平面坐标，需要建立平面控制网（包括测角网、测边网、边角网），如图4-2；常把这些网称为几何模型。图4-3所示的导线网、图4-4所示的测站观测都属于几何模型。

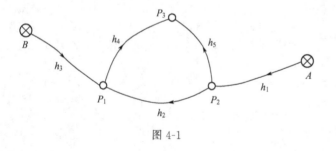

图 4-1

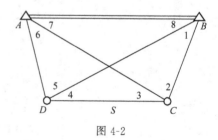

图 4-2

三、几何量

每种几何模型都包含有不同的几何元素，如水准网中包括点的高程、点间的高差，平面网中包含角度、边长、边的坐标方位角以及点的二维或三维坐标等元素，都称为几何量。

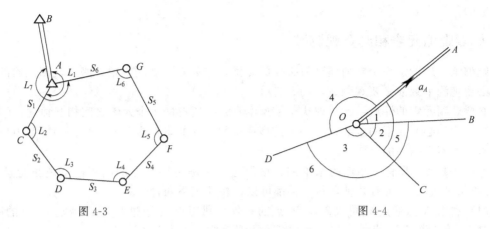

图 4-3   图 4-4

如图 4-1 中的观测高差 h_1、h_2 等均为几何量；如图 4-2 中的观测角为几何量；如图 4-3 中的观测角和观测边长为几何量；如图 4-4 中的观测角为几何量。

四、几何关系

用于描述几何量之间关系的，包括：平行、垂直、相切、正弦定理、余弦定理、多边形内角和、勾股定理、闭合路线、附合路线、边长条件、坐标方位角条件等。

如图 4-1 中，P_1、P_2、P_3 组成一个闭合路线，从而在观测高差的真值之间可以列出一个关系式 $\tilde{h}_2 + \tilde{h}_4 - \tilde{h}_5 = 0$。

如图 4-2 中，$\triangle ADC$ 中各观测值的真值之和等于 $180°$，角 β_3、β_4、β_5、β_6 的真值之间可以列出一个关系式 $\tilde{\beta}_3 + \tilde{\beta}_4 + \tilde{\beta}_5 + \tilde{\beta}_6 = 180°$。

五、函数模型

要确定一个几何模型，并不需要知道其中所有观测数据，只需知道其中的一部分就可以，其他观测数据可以通过它们之间的函数描述而确定出来，这种描述所求量与已知量之间的关系式称为函数模型。函数模型是描述观测值期望的模型，而随机模型是描述观测值精度特性的模型，两者的结合则称为平差的数学模型。

函数模型主要包括以下几种：
① 条件平差的函数模型（将在第 5 章学习）；
② 附有参数的条件平差的函数模型（将在第 6 章学习）；
③ 间接平差的函数模型（将在第 7 章学习）；
④ 附有限制条件的间接平差的函数模型（将在第 8 章学习）；
⑤ 附有限制条件的条件平差的函数模型，也叫概括平差函数模型（将在第 9 章学习）。

六、总观测元素和总观测数

几何模型中所有的观测数据叫作总观测元素或总观测数据；总观测元素的个数叫作总观测数，也叫观测总数、观测值总数，用 n 表示。

如图 4-3 中，一共观测了 7 个角度和 6 个边长，因此观测总数为 $n=13$，总观测元素为 $L_i (i=1,2,3,4,5,6,7)$ 和 β_j $(j=1,2,3,4,5,6)$。

如图 4-4 中，一共观测了 6 个角度，因此观测总数为 $n=6$，总观测元素为 $\beta_i (i=1,2,$

$3,4,5,6)$。

七、必要观测元素和必要观测数

能够唯一地确定一个几何模型所必要的元素，称为必要观测元素。必要观测元素的个数称为必要观测个数或必要观测数，用 t 表示。

必要观测元素的性质：①只取决于模型本身；②所有的 t 个元素之间相互独立；③模型中所有量均为必要元素的函数；④一个模型中函数独立的量最多只有 t 个；⑤模型中作为必要元素的量不是唯一的。

如图 4-1 为一具有已知点的水准网，该网是为了确定待定点的高程，总观测元素是 h_i （$i = 1,2,3,4,5$）。方案有几种，每一种都可以，在此仅举两种。

(1) 利用 A 点通过 h_1 可以确定 P_2 点的高程；利用 B 点通过 h_3 可以确定 P_1 点的高程，再通过 h_4 可以确定 P_3 点的高程，此种情况下必要观测元素为 h_1、h_3、h_4。

(2) 利用 A 点通过 h_1 可以确定 P_2 点的高程，再通过 h_2 可以确定 P_1 点的高程，再通过 h_5 可以确定 P_3 点的高程，此种情况下必要观测元素为 h_1、h_2、h_5。

由图 4-1 的分析过程可见，必要观测元素是不唯一的，但是它们的个数是唯一的，都是 $t = 3$。所以，在解题过程中，所选择的必要观测元素的组合不同，所列的函数模型是不一样的。

八、多余观测元素和多余观测数

从总观测元素中去掉必要观测元素后，剩下的观测元素称为多余观测元素或多余观测数据。多余观测元素的个数，称为多余观测数，用 r 表示，且 $r = n - t$。

如图 4-1 中，从总观测元素中去掉必要观测元素后，剩下的就是多余观测元素，且多余观测元素的个数 $r = 2$；然后就可以利用几何关系列出 r 的函数模型，即为条件平差的函数模型。

多余观测是平差的前提。只要进行观测就会产生误差，仅有必要观测，不能发现误差。只有进行多余观测，才能发现各观测值之间不相等，正因为这种不相等，才证实了误差的存在。

九、关于 u、s、c 的说明

这三个量是平差模型中出现的，u 是平差模型中参数的个数；s 是 u 个参数间的限制条件方程的个数；c 是所列的一般条件方程的个数。

十、闭合差（不符值）

闭合差（不符值）是指某个量的观测结果与其应有值之间的差值，在某几个量构成几何或物理条件方程的情况下，由于这些量的观测值中包含有误差，它们不能满足方程而产生一定的差值，称此差值为条件闭合差（不符值），简称闭合差（不符值）。

如图 4-1 中，存在闭合路线和附合路线，由于闭合差的存在，使得闭合路线中观测高差 h_2、h_4、h_5 之间的关系式 $W = h_2 + h_4 - h_5 \neq 0$。

如图 4-4 中，由于闭合差的存在，使得角 β_1、β_2、β_5 之间的关系式 $W = \beta_1 + \beta_2 - \beta_5 \neq 0$。

十一、如果对某量只做一次观测，该观测值是否不含误差？

答：肯定含有误差。此时误差只是不能被发现，测量员进行观测，总是处于一定的环境

之中，所以误差是肯定存在的。为保证观测结果的正确性，必须对该量进行两次及以上的观测，这样才能使观测值间的差异表现出来，平差的一个主要任务是"消除差异"，求出被观测量的最可靠结果。因此，平差问题存在的前提是多余观测。

十二、最优性质

求观测值的平差值是测量平差的任务之一，除此之外，还要对计算成果进行分析，衡量平差结果的精度。在根据观测值 L 求未知参数 X 的估值 $\hat{X}(L)$ 时，总是希望所得到的估值是最优的。由估计理论可知，最优估计量主要有以下几个性质，即无偏性、一致性、有效性。

(1) 无偏性

若估计量 $\hat{X}$ 的数学期望等于被估计量 X 的数学期望，即

$$E(\hat{X})=E(X) \tag{4-1}$$

若 X 是非随机向量，则式(4-1) 为

$$E(\hat{X})=X \tag{4-2}$$

称 $\hat{X}$ 为无偏估计量。

(2) 一致性

由观测值得到的估值 $\hat{X}(L)$ 通常与其真值是不同的，希望当观测值个数 n 增加时，估计量变得更好些；当 n 无限增大时，估计量被估计的参数趋近的概率等于 1。即对于任意 $\varepsilon > 0$，都有

$$\lim_{n \to \infty} P(X-\varepsilon < \hat{X} < X+\varepsilon)=1 \tag{4-3}$$

则称估计量 $\hat{X}$ 具有一致性；若有

$$\lim_{n \to \infty} P(X-\hat{X})(X-\hat{X})^{\mathrm{T}}=0 \tag{4-4}$$

则称此估计量是均方一致的。估计量的一致性是从它的极限性质来看的。

(3) 有效性

若由观测向量 L 得到无偏估计量 $\hat{X}$ 的误差方差 $E[(X-\hat{X})(X-\hat{X})^{\mathrm{T}}]$ 小于由 L 得到的任何其他无偏估计量 X^* 的误差方差 $E[(X-X^*)(X-X^*)^{\mathrm{T}}]$，即

$$E[(X-\hat{X})(X-\hat{X})^{\mathrm{T}}] < E[(X-X^*)(X-X^*)^{\mathrm{T}}] \tag{4-5}$$

或写为

$$D(\Delta_{\hat{x}}) < D(\Delta_{X^*}) \tag{4-6}$$

则称 $\hat{X}$ 为有效估计量，也称 $\hat{X}$ 具有有效性或方差最小性。

十三、最小二乘法

(1) 发现历史

1801 年，意大利天文学家朱赛普·皮亚齐发现了小行星谷神星。经过 40 余天的跟踪观测后，由于谷神星运行至太阳背后，使得皮亚齐失去了谷神星的位置，但是他得到了描述谷

神星运行轨道的观测数据。随后全世界的科学家利用皮亚齐的观测数据开始寻找谷神星，但是根据大多数人计算的结果来寻找谷神星都没有结果。时年 24 岁的高斯根据自己独创的方法（该方法就是后来所说的最小二乘法）计算了谷神星的轨道，奥地利天文学家海因里希·奥尔伯斯根据高斯计算出来的轨道重新发现了谷神星，这在当时引起了极大轰动；但由于种种原因高斯当时并没有发表此成果，只是与相关的学者进行了书信交流。法国数学家勒让德于 1806 年从代数学的角度独立发明了"最小二乘法"并进行了发表。1809 年，高斯才将该方法发表于他的著作《天体运动理论》中，并说他早在前几年就发现了这个方法，这让勒让德很生气，两人为谁最早创立最小二乘法原理争执了很多年。1829 年，高斯提供了最小二乘法的优化效果强于其他方法的证明，加之之前的一些往来书信提供证据，因此人们认可是高斯首先独创，但勒让德的贡献也是不可磨灭的，因此该方法被称为高斯-勒让德最小二乘法，简称最小二乘法。

（2）最小二乘的核心思想

顾名思义，最小二乘就是最小平方和。那么，是谁的最小平方和呢？当然是误差的平方和。那么，是谁的误差呢？是观测值和拟合值（也就是平差值）之间的偏差。连起来看，就是通过最小化误差的平方和，使得拟合对象无限接近目标对象，这就是最小二乘的核心思想。

（3）分析

在生产实践中，经常会遇到利用一组观测数据来估计某些未知参数的问题。例如，一个做匀速运动的质点在时刻 t 的位置是 $\hat{y}$，可以用如下函数来描述

$$\hat{y}=\hat{\alpha}+t\hat{\beta} \tag{4-7}$$

式中，$\hat{\alpha}$ 为质点在 $t=0$ 时刻的初始位置；$\hat{\beta}$ 是平均速度。

它们是待估计的未知参数，可见，这类问题为线性参数的估计问题。

对于这一问题，如果观测没有误差，则只要在两个不同时刻 t_1 和 t_2 观测出质点的相应位置 y_1 和 y_2，由式(4-7) 分别建立两个方程，就可以解出 $\hat{\alpha}$ 和 $\hat{\beta}$ 的值了。但是，由于观测值总是带有误差，为了消除误差，常需进行多余观测。在这种情况下，为了求得 $\hat{\alpha}$ 和 $\hat{\beta}$，就需要在不同时刻 $t_1,t_2,\cdots,t_n$ 来观测其位置，得出一组同精度观测值 $y_1,y_2,\cdots,y_n$，即有观测数对 (t_i,y_i)，其中 $i=1,2,\cdots,n$；此时由上式可以得到

$$v_i=\hat{\alpha}+t_i\hat{\beta}-y_i \tag{4-8}$$

若令 $y_i'=\hat{\alpha}+t_i\hat{\beta}$，则又有一组观测数对 (t_i,y_i')，此时的 y_i' 是根据拟合函数计算出的。

按照最小二乘原理的要求，认为"最佳"地拟合于各观测点的估计曲线，应使各观测点到该曲线的偏差的平方和为最小，即在式(4-8) 中，要求每个 v_i 的平方和 $\sum v_i^2=\min$，即

$$\sum v_i^2=\sum(\hat{\alpha}+t_i\hat{\beta}-y_i)^2=\min \tag{4-9}$$

所谓最小二乘原理，就是要在满足式(4-9) 的条件下解出参数的估值 $\hat{\alpha}$ 和 $\hat{\beta}$。

一般地，若令

$$Y=\begin{bmatrix} y_1 \\ y_2 \\ \vdots \\ y_n \end{bmatrix}, B=\begin{bmatrix} 1 & t_1 \\ 1 & t_2 \\ \vdots & \vdots \\ 1 & t_n \end{bmatrix}, X=\begin{bmatrix} \hat{\alpha} \\ \hat{\beta} \end{bmatrix}, V=\begin{bmatrix} v_1 \\ v_2 \\ \vdots \\ v_n \end{bmatrix}$$

则式(4-9)可表示为

$$V^{\mathrm{T}}V = \min \tag{4-10}$$

若为不等精度观测,则设各 V 的权阵为 P,从而有

$$V^{\mathrm{T}}PV = \min \tag{4-11}$$

式(4-11)即为最小二乘的核心内容。

十四、关于最小二乘法与各种平差方法之间的说明

答:最小二乘法是各种平差方法(条件平差、附有参数的条件平差、间接平差、附有限制条件的间接平差和概括平差)的平差准则,因此,当对一个问题利用最小二乘法进行求解时,可以直接利用 $V^{\mathrm{T}}PV = \min$ 的原理进行求解,也可以采用以上平差方法中之一进行求解。

还要明白,各平差方法的函数模型中的方程个数与最终所求的观测值的平差值个数不相等,只有利用最小二乘准则才可以求出它们的平差值。

十五、关于有些平差问题平差后闭合差仍然存在的问题说明

在理论上,将含有误差的观测值进行平差后,闭合差肯定会被消除掉。但是,由于所采用的平差模型,有的是用线性函数表示的,有的是用非线性函数表示的。对于线性函数的平差模型,通常会消除掉闭合差;然而对于非线性函数的平差模型,由于非线性函数在采用泰勒级数展开时,忽略掉了二次以上各项,因此利用它进行平差,所得到的结果中仍有小量的闭合差存在。

经典例题

例 4-1 误差发现的必要条件是什么?

【分析】可参考"知识点七"和"知识点八"。

【解】进行多余观测。

例 4-2 试按条件平差法列出图 4-5 所示图形的函数模型。

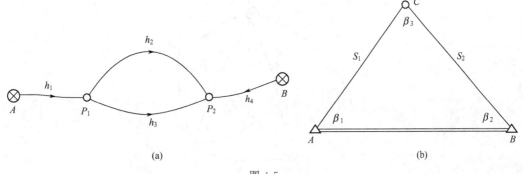

(a)   (b)

图 4-5

【分析】函数模型的列立是依据图中几何量间的几何关系列出的。对于水准网，其几何关系主要包括闭合路线、附合路线两种。对于平面三角网，其几何关系主要包括正弦定理、余弦定理、内角和条件、勾股定理等。

【解】(a) 易知 $n=4$，$t=2$，$r=2$。在这个水准网中，既含有闭合路线（有 1 个），也含有附合路线（有 2 个），这样就有 3 个条件方程可以列（具体情况下，能否列出相应的条件方程，还得看有没有相应的观测值，如果观测值不存在，是不满足几何条件的）。由于 $r=2$，只能 3 选 2，这样就出现条件方程形式不唯一的现象。选择哪两个呢？当然是选择形式最简单的那些。因此，给出以下函数模型，一个是闭合路线，一个是经过 h_2 的附合路线，从而函数模型如下：

$$\tilde{h}_2 - \tilde{h}_3 = 0$$

$$\tilde{h}_1 + \tilde{h}_2 - \tilde{h}_4 + H_A - H_B = 0$$

(b) 易知 $n=5$，$t=2$，$r=3$。在这个三角网（单三角形）中，根据观测值的数量，发现可以列出内角和条件（有 1 个）、正弦定理（有 3 个）、余弦定理（有 3 个）等。但是只能从中选择 3 个独立的，选择哪 3 个呢？当然是选择形式最简单的那些。因此，给出了 1 个内角和条件，2 个正弦定理条件，从而函数模型如下：

$$\tilde{\beta}_1 + \tilde{\beta}_2 + \tilde{\beta}_3 - 180° = 0$$

$$\frac{\tilde{S}_1}{\sin\tilde{\beta}_2} - \frac{S_{AB}}{\sin\tilde{\beta}_3} = 0$$

$$\frac{\tilde{S}_2}{\sin\tilde{\beta}_1} - \frac{S_{AB}}{\sin\tilde{\beta}_3} = 0$$

例 4-3 观测值的真值是不可求的，通常用什么量来估计真值？

【分析】理论上，任何观测量总有一个数表示它的大小，这个数称为真值。但是，由于误差总是存在，所以这个真值是得不到的，所以通常情况下，常用观测值的平差值来估计真值。

【答】用观测值的平差值来估计真值。

例 4-4 如图 4-6 所示的水准网。

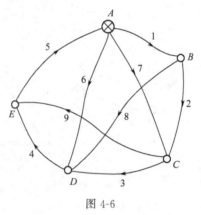

图 4-6

(1) A 为已知点，B、C、D、E 为待定点，观测了 9 条路线的高差 $h_1 \sim h_9$，试问该模型可列出多少个条件方程？

(2) 列出下列四种情况的函数模型，并指出方程的个数：

① 选取 B、C、D 三点的高程平差值为参数；

② 选取 $h_1 \sim h_5$ 的平差值为参数；

③ 选取 $h_5 \sim h_8$ 的平差值为参数；

④ 选取 B、E 两点间的高差为参数。

【分析】该题是关于水准网，可以按照水准网的必要观测数的确定方法进行，可参考"附录"。

【解】(1) 本题中，水准网为只含有一个已知点的情况。可知 $n=9$，$t=4$，$r=5$；从而该模型可列 5 个条件方程。

(2) 本题中，阐述了四种平差模型的情况。通过该题，可以加深对各种平差模型的理解。由题意，$n=9$，$t=4$，$r=5$。

① 所选参数个数 $u=3<t$，且参数间相互独立，因此平差模型为附有参数的条件平差，方程的个数 $c=r+u=8$。

选 B、C、D 三点高程的平差值为参数，记为 $\hat{X}_B$、$\hat{X}_C$、$\hat{X}_D$，则函数模型如下：

$$\hat{h}_1 + \hat{h}_2 - \hat{h}_7 = 0$$

$$\hat{h}_3 - \hat{h}_6 + \hat{h}_7 = 0$$

$$\hat{h}_4 + \hat{h}_5 + \hat{h}_6 = 0$$

$$\hat{h}_2 + \hat{h}_3 - \hat{h}_8 = 0$$

$$\hat{h}_3 + \hat{h}_4 - \hat{h}_9 = 0$$

$$H_A + \hat{h}_1 - \hat{X}_B = 0$$

$$H_A + \hat{h}_7 - \hat{X}_C = 0$$

$$H_A + \hat{h}_6 - \hat{X}_D = 0$$

② 所选参数个数 $u=5>t$，且参数间相关，因此平差模型为附有限制条件的间接平差，$c=r+u=10$。选取 $h_1 \sim h_5$ 的平差值为参数，记为 $\hat{X}_1$、$\hat{X}_2$、$\hat{X}_3$、$\hat{X}_4$、$\hat{X}_5$，函数模型如下：

$$\hat{h}_1 = \hat{X}_1$$

$$\hat{h}_2 = \hat{X}_2$$

$$\hat{h}_3 = \hat{X}_3$$

$$\hat{h}_4 = \hat{X}_4$$

$$\hat{h}_5 = \hat{X}_5$$

$$\hat{h}_6 = -\hat{X}_4 - \hat{X}_5$$

$$\hat{h}_7 = \hat{X}_1 + \hat{X}_2$$

$$\hat{h}_8 = \hat{X}_2 + \hat{X}_3$$

$$\hat{h}_9 = \hat{X}_3 + \hat{X}_4$$

限制条件　　$\hat{X}_1 + \hat{X}_2 + \hat{X}_3 + \hat{X}_4 + \hat{X}_5 = 0$

③ 所选参数个数 $u = 4 = t$，且参数间相互独立，因此平差模型为间接平差，$c = r + u = 9$。选取 $h_5 \sim h_8$ 的平差值为参数，记为 $\hat{X}_1$、$\hat{X}_2$、$\hat{X}_3$、$\hat{X}_4$，函数模型如下：

$$\hat{h}_1 = \hat{X}_2 - \hat{X}_4$$

$$\hat{h}_2 = -\hat{X}_2 + \hat{X}_3 + \hat{X}_4$$

$$\hat{h}_3 = \hat{X}_2 - \hat{X}_3$$

$$\hat{h}_4 = -\hat{X}_1 - \hat{X}_2$$

$$\hat{h}_5 = \hat{X}_1$$

$$\hat{h}_6 = \hat{X}_2$$

$$\hat{h}_7 = \hat{X}_3$$

$$\hat{h}_8 = \hat{X}_4$$

$$\hat{h}_9 = -\hat{X}_1 - \hat{X}_3$$

④ 所选参数个数 $u = 1 < t$，且参数间相互独立，因此平差模型为附有参数的条件平差，$c = r + u = 6$。选取 B、E 两点间的高差为参数，记为 $\hat{X}$，函数模型如下：

$$\hat{h}_1 + \hat{h}_2 - \hat{h}_7 = 0$$

$$\hat{h}_3 - \hat{h}_6 + \hat{h}_7 = 0$$

$$\hat{h}_4 + \hat{h}_5 + \hat{h}_6 = 0$$

$$\hat{h}_2 + \hat{h}_3 - \hat{h}_8 = 0$$

$$\hat{h}_3 + \hat{h}_4 - \hat{h}_9 = 0$$

$$\hat{h}_1 + \hat{h}_5 + \hat{X} = 0$$

【说明】这个题非常典型，希望读者认真研究，掌握题中所说的几种情况。

习　题

4-1　试确定图 4-7 所示的图形中条件方程的个数。

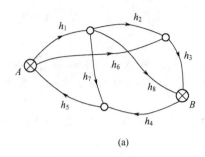

(a)

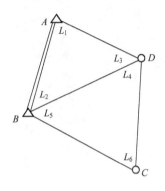
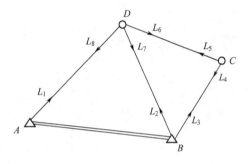

(b)

图 4-7

4-2 试按条件平差法列出图 4-8 所示图形的函数模型。

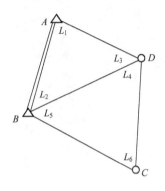

图 4-8

4-3 试按间接平差法列出图 4-9 所示图形的函数模型。

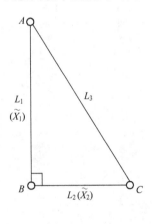
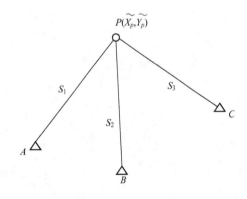

图 4-9

4-4 在下列非线性方程中，A、B 为已知值，L_i 为观测值，$\widetilde{L}_i = L_i + \Delta_i$，写出其全微分的形式。

（1）$\widetilde{L}_1 \cdot \widetilde{L}_2 - A = 0$；

（2）$\dfrac{\sin\widetilde{L}_1 \sin\widetilde{L}_3}{\sin\widetilde{L}_2 \sin\widetilde{L}_4} - 1 = 0$。

4-5 指出下面所列方程属于基本平差方法中的哪一类函数模型，并说明每个方程中的

n、t、r、u、c、s 等量各为多少（式中 A、B 为已知值）。

(1) $\widetilde{L}_1 + \widetilde{L}_5 + \widetilde{L}_6 = 0$，$\widetilde{L}_2 - \widetilde{L}_6 + \widetilde{L}_7 = 0$，$\widetilde{L}_3 + \widetilde{L}_4 - \widetilde{L}_7 = 0$，$\widetilde{L}_5 + \widetilde{X} - A = 0$，$\widetilde{L}_4 - \widetilde{X} + B = 0$；

(2) $\widetilde{L}_1 = \widetilde{X}_1 - A$，$\widetilde{L}_2 = -\widetilde{X}_1 + \widetilde{X}_2$，$\widetilde{L}_3 = -\widetilde{X}_2 + \widetilde{X}_3$，$\widetilde{L}_4 = -\widetilde{X}_3 + A$，$\widetilde{L}_5 = -\widetilde{X}_1 + \widetilde{X}_3$；

(3) $\widetilde{L}_1 = \widetilde{X}_2$，$\widetilde{L}_2 = \widetilde{X}_1 - \widetilde{X}_2$，$\widetilde{L}_3 = -\widetilde{X}_1 + \widetilde{X}_3$，$\widetilde{L}_4 = -\widetilde{X}_3 + A$，$\widetilde{L}_5 = \widetilde{X}_1 - B$，$\widetilde{X}_2 - \widetilde{X}_3 + B = 0$；

(4) $\widetilde{L}_1 + \widetilde{L}_5 + \widetilde{L}_6 = 0$，$\widetilde{L}_2 - \widetilde{L}_3 + \widetilde{L}_7 + B = 0$，$\widetilde{L}_3 + \widetilde{L}_4 - \widetilde{L}_7 + A = 0$。

解析答案

4-1 【解析】(1) 该网为水准网，具有两个已知点，其总观测数 $n=8$。因此，其必要观测数 t 等于待定点个数，即 $t=3$，$r=n-t=5$。

(2) 该网为三角网，具有两个起算坐标点，其总观测数 $n=19$。因此，其必要观测数 t 等于待定点个数的 2 倍，即 $t=4\times2=8$，$r=n-t=11$。

4-2 【解析】(1) 依据题，两已知点为 A、B，观测值为 $L_1\sim L_6$，易得 $t=4$，$r=2$，则需列出 2 个条件方程，由几何关系得出函数模型

$$\tilde{L}_1+\tilde{L}_2+\tilde{L}_3-180°=0$$

$$\tilde{L}_4+\tilde{L}_5+\tilde{L}_6-180°=0$$

(2) 该网为一个测方向三角网（不同于第 7 章所讲的测方向三角网），已知点为 A、B，观测值为 $L_1\sim L_8$（方向），得 $t=4$，$r=4$，则需列出 4 个条件方程，由几何关系得出函数模型

$$-\tilde{L}_1+\tilde{L}_2-\tilde{L}_7+\tilde{L}_8+\alpha_{AB}-\alpha_{BA}-180°=0$$

$$-\tilde{L}_2+\tilde{L}_3-\tilde{L}_4+\tilde{L}_5-\tilde{L}_6+\tilde{L}_7-180°=0$$

$$\tilde{L}_3-\tilde{L}_4+180°=0$$

$$\tilde{L}_2-\tilde{L}_7-180°=0$$

4-3 【解析】(1) 由题意，$n=3$，$t=2$，$u=2$，则 $c=3$，需列出 3 个方程

$$\tilde{L}_1=\tilde{X}_1$$

$$\tilde{L}_2=\tilde{X}_2$$

$$\tilde{L}_1=\sqrt{\tilde{X}_1^2+\tilde{X}_2^2}$$

(2) 该网可以看作是一个测边交会网，$n=3$，$t=2$，$u=2$，则需列出 3 个方程

$$\tilde{S}_1=\sqrt{(\tilde{X}_P-X_A)^2+(\tilde{Y}_P-Y_A)^2}$$

$$\tilde{S}_2=\sqrt{(\tilde{X}_P-X_B)^2+(\tilde{Y}_P-Y_B)^2}$$

$$\tilde{S}_3=\sqrt{(\tilde{X}_P-X_C)^2+(\tilde{Y}_P-Y_C)^2}$$

4-4 【解析】对非线性函数进行线性化，就是利用泰勒级数展开，取至一次项即可，将二次以上各项舍去。

(1) $L_2\Delta_1+L_1\Delta_2+W=0$，式中 $W=L_1L_2-A$

(2) $\Delta_1\cot L_1-\Delta_2\cot L_2+\Delta_3\cot L_3-\Delta_4\cot L_4+W=0$，式中 $W=\rho''\left(1-\dfrac{\sin L_2\sin L_4}{\sin L_1\sin L_3}\right)$

4-5 【解析】

（1）通过方程式可以得出以下几点：①方程式中既含有观测值的真值，也含有参数的真值，且描述的是它们之间的关系式；②$n=7$，$c=5$，$u=1$，$s=0$，从而 $r=c-u=4$，$t=3$。综上判断，所列方程属于附有参数的条件平差的函数模型。

（2）通过方程式可以看出以下几点：①方程式中，所有观测值的真值是利用参数真值来表示的；②$n=5$，$u=3$，$c=5$，$s=0$，从而 $r=c-u=2$，$t=n-r=3$，$u=t$。综上判断，所列方程属于间接平差的函数模型。

（3）通过方程式可以得出以下几点：①所有观测值的真值是由参数的真值来表示的，且参数之间存在限制条件方程；②$n=5$，$u=3$，$s=1$，$c=6$，从而 $r=c-u=3$，$t=n-r=2$。综上判断，所列方程属于附有限制条件的间接平差函数模型。

（4）通过方程式可以得出以下几点：①方程式中，只有观测值的真值且不含参数，方程式是只描述观测值的真值之间的关系式；②$n=7$，$u=0$，$r=3$，$t=4$，$c=3$，$s=0$。综上判断，所列方程属于条件平差的函数模型。

第 5 章

条件平差

━━━━ 知 识 点 ━━━━

一、条件平差的思想

依据几何模型，针对具体的平差问题，确定观测值总数 n、必要观测数 t，则多余观测数 $r=n-t$，根据几何模型中的几何关系，可列出 r 个函数式，即为条件平差的函数模型。然后将其转化为改正数的形式 $AV+W=0$，按求自由极值的方法，解出使 $V^{\mathrm{T}}PV=\min$ 的 n 个改正数 V，进而求得观测值的平差值 $\hat{L}$。

二、公式汇编

（1）条件方程

平差值形式的条件方程 $\qquad\qquad A\hat{L}+A_0=0$ （5-1）

改正数形式的条件方程 $\qquad\qquad AV+W=0$ （5-2）

$\qquad\qquad\qquad\qquad\qquad W=AL+A_0$ （5-3）

（2）改正数方程 $\qquad\qquad V=P^{-1}A^{\mathrm{T}}K=QA^{\mathrm{T}}K$ （5-4）

（3）条件平差的基础方程 $\qquad\begin{cases} AV+W=0 \\ V=P^{-1}A^{\mathrm{T}}K \end{cases}$ （5-5）

（4）法方程 $\qquad\qquad N_{AA}K+W=0$ （5-6）

$\qquad\qquad\qquad\qquad\qquad N_{AA}=AP^{-1}A^{\mathrm{T}}$ （5-7）

（5）平差值 $\qquad\qquad\qquad \hat{L}=L+V$ （5-8）

（6）单位权中误差（单位权方差的估值）

$$\begin{cases} \hat{\sigma}_0^2=\dfrac{V^{\mathrm{T}}PV}{r} \\[3mm] \hat{\sigma}_0=\sqrt{\dfrac{V^{\mathrm{T}}PV}{r}} \end{cases}$$ （5-9）

(7) $V^T P V$ 的计算公式

$$\begin{cases} \textcircled{1} V^T P V = [pvv]; \\ \textcircled{2} V^T P V = -W^T K; \\ \textcircled{3} V^T P V = K^T N_{AA} K \end{cases} \qquad (5\text{-}10)$$

(8) 平差值函数 $\hat{\varphi} = f^T \hat{L}$ 的权函数计算公式

$$\begin{cases} \textcircled{1} Q_{\hat{\varphi}\hat{\varphi}} = f^T Q_{\hat{L}\hat{L}} f; \\ \textcircled{2} Q_{\hat{\varphi}\hat{\varphi}} = f^T Q f - (AQf)^T N_{AA}^{-1} AQf \end{cases} \qquad (5\text{-}11)$$

三、按条件平差求平差值的计算步骤

(1) 确定 n、t，则 $r = n - t$；

(2) 列出 r 个独立的条件方程：即先列出平差值条件方程，再转化为改正数形式，最后矩阵形式 $AV + W = 0$；

(3) 确定权阵 P；

(4) 依据以下公式计算 $N_{AA} = AP^{-1}A^T$，$K = -N_{AA}^{-1}W$，$V = P^{-1}A^T K = QA^T K$，$\hat{L} = L + V$；

(5) 检核；

(6) 精度评定。

四、必要观测数 t 的确定方法

(1) 见附录；

(2) 参考文献 [15]、[16]。

五、条件平差的解算体系

$$\left. \begin{array}{ll} 函数模型 & AV + W = 0 \\ 改正数方程 & V = P^{-1}A^T K \end{array} \right\} 条件平差的基础方程$$

$$\downarrow$$

$$或 \quad \left. \begin{array}{l} AQA^T K + W = 0 \\ N_{AA}K + W = 0 \end{array} \right\} 条件平差的法方程$$

$$\downarrow$$

$$K = -N_{AA}^{-1}W$$

$$\downarrow$$

$$V = P^{-1}A^T K = -P^{-1}A^T N_{AA}^{-1}W, \quad \hat{L} = L + V$$

六、矩阵微分

设 $m \times n$ 阶矩阵 A 的每一个元素 a_{ij} 均是变量 x 的函数，则称矩阵 A 为函数矩阵或简称矩阵 A。

若矩阵 A 的所有元素 a_{ij} 在某点处或某区间是可微的，则矩阵 A 在该点或该区间也是可微的，且定义其微分为

$$\underset{m \times n}{\frac{\mathrm{d}A}{\mathrm{d}x}} = A' = \begin{bmatrix} \dfrac{\mathrm{d}a_{11}}{\mathrm{d}x} & \dfrac{\mathrm{d}a_{12}}{\mathrm{d}x} & \cdots & \dfrac{\mathrm{d}a_{1n}}{\mathrm{d}x} \\ \dfrac{\mathrm{d}a_{21}}{\mathrm{d}x} & \dfrac{\mathrm{d}a_{22}}{\mathrm{d}x} & \cdots & \dfrac{\mathrm{d}a_{2n}}{\mathrm{d}x} \\ \vdots & \vdots & \ddots & \vdots \\ \dfrac{\mathrm{d}a_{m1}}{\mathrm{d}x} & \dfrac{\mathrm{d}a_{m2}}{\mathrm{d}x} & \cdots & \dfrac{\mathrm{d}a_{mn}}{\mathrm{d}x} \end{bmatrix} \tag{5-12}$$

同函数的微分一样,矩阵的微分具有如下性质(设 A、B 均可微):

(1) $\dfrac{\mathrm{d}(A+B)}{\mathrm{d}x} = \dfrac{\mathrm{d}A}{\mathrm{d}x} + \dfrac{\mathrm{d}B}{\mathrm{d}x}$;

(2) $\dfrac{\mathrm{d}kA}{\mathrm{d}x} = k\,\dfrac{\mathrm{d}A}{\mathrm{d}x}$ (k 为常数);

(3) $\dfrac{\mathrm{d}(AB)}{\mathrm{d}x} = A\,\dfrac{\mathrm{d}B}{\mathrm{d}x} + \dfrac{\mathrm{d}A}{\mathrm{d}x}B$(提示:注意矩阵的前后关系,位置不可随意变换!!);

(4) $\dfrac{\mathrm{d}RA}{\mathrm{d}x} = R\,\dfrac{\mathrm{d}A}{\mathrm{d}x}$ (R 为常数矩阵);

(5) $\dfrac{\mathrm{d}AR}{\mathrm{d}x} = \dfrac{\mathrm{d}A}{\mathrm{d}x}R$ (R 为常数矩阵);

(6) 设 $u = f_1(x)$,而 $A = f_2(u)$,则
$$\frac{\mathrm{d}A}{\mathrm{d}x} = \frac{\mathrm{d}A}{\mathrm{d}u}\frac{\mathrm{d}u}{\mathrm{d}x}$$

(7) 对于二次型 $V^{\mathrm{T}}PV$,$\dfrac{\mathrm{d}(V^{\mathrm{T}}PV)}{\mathrm{d}V} = 2V^{\mathrm{T}}P$,$\dfrac{\mathrm{d}(APA^{\mathrm{T}})}{\mathrm{d}A} = 2PA^{\mathrm{T}}$

七、关于各种条件方程的列立说明

(1) 条件方程的列立需满足以下 3 条:①个数足够;②相互独立;③形式最简单。

(2) 在一个平差问题中,条件方程的个数是唯一的,但其形式不一定唯一;通常,当多余观测数 $r=1$ 时,条件方程的形式唯一(如一些单一闭合水准路线、单三角形);当多余观测数 $r \geqslant 2$ 时,条件方程的形式不唯一。如图 5-1(a)所示的单三角形,条件方程的形式是唯一的。

(3) 条件方程的列立是依据几何关系列出的,其中,比较难的地方是它们的独立性判断,尤其是当条件方程数比较多且几何模型比较复杂的时候。

八、几种基本的几何图形

一个三角网,通常是由单三角形、中点多边形、大地四边形、扇形等基本几何图形组成,这些基本几何图形未必同时出现在一个三角网中。其中,单三角形可以认为是最最基本的几何图形,它是组成所有三角网的最基本单元。

(1) 只在测角的情况下

下面综合分析一下这几种基本几何图形的总观测数 n、必要观测数 t 和多余观测数 r 的情况。

① 单三角形。如图 5-1(a)所示,为一个测角的单三角形。其特点是:三个点 A、B、C 均匀分布,彼此首尾相连形成三边形。

可得,$n=3$,$t=2$,$r=1$,可列出 1 个条件方程,即 1 个图形条件。

② 大地四边形。如图 5-1(b)所示,为一个测角的大地四边形。其特点是:四个点 A、B、C、D 均匀分布,彼此首尾相连形成四边形,然后成对角线方向的点 A、C 相连,B、D 相连。

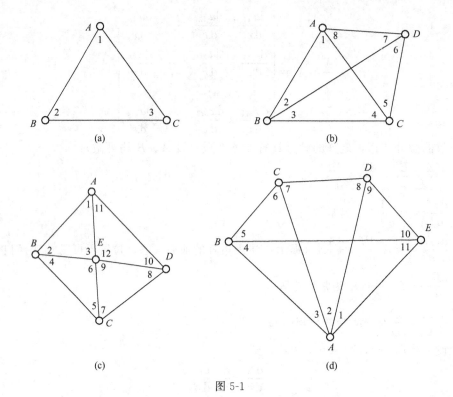

图 5-1

可得，$n=8$，$t=4$，$r=4$，可列出 4 个条件方程，即 3 个图形条件，1 个极条件。

需要注意，列立极条件时，可以选择任意一点为极；注意，选哪个点为极，该点所在的观测角在列极条件方程时用不到。例如，如图 5-1（b）所示，若以 A 点为极，则极条件为

$$\frac{\sin(\hat{L}_7+\hat{L}_6)\sin\hat{L}_4\sin\hat{L}_2}{\sin\hat{L}_7\sin\hat{L}_5\sin(\hat{L}_3+\hat{L}_2)}-1=0$$

对于上式的列立是有规律的：a. 如图 5-1（b）所示，大地四边形 ADCB 以顺时针方向来看；b. 由于以 A 点为极，所以 $\hat{L}_1$、$\hat{L}_8$ 用不到；c. 公式从 D 点处的角度开始，在分子上，在 D 点处取两个角度之和 $\hat{L}_7+\hat{L}_6$ 的正弦，然后越过连线依次取 C 点处的一个角度 $\hat{L}_4$、B 点处的一个角度 $\hat{L}_2$；在分母上，不越过连线，依次取 D 点处的一个角度 $\hat{L}_7$、C 点处的一个角度 $\hat{L}_5$，最后一个是在 B 点处取两个角度之和 $\hat{L}_3+\hat{L}_2$。

③ 中点多边形。如图 5-1（c）所示，四个点 A、B、C、D 均匀分布在外围，彼此首尾相连形成四边形，中间有一个点 E，E 点与外围的四个点彼此相连，这个图形为中点四边形。

可得，$n=12$，$t=6$，$r=6$，可列出 6 个条件方程，即 4 个图形条件，1 个圆周条件，1 个极条件（以 E 点为极）；若以中点为极，则该点处的角度观测值用不到。例如，如图 5-1（c）所示，以 E 点为极，则极条件为

$$\frac{\sin\hat{L}_{11}\sin\hat{L}_8\sin\hat{L}_5\sin\hat{L}_2}{\sin\hat{L}_1\sin\hat{L}_{10}\sin\hat{L}_7\sin\hat{L}_4}-1=0$$

对于上式的列立是有规律的：a. 如图 5-1（c）所示，中点四边形以顺时针方向来看；

b. 由于以 E 点为极，所以角度 $\hat{L}_3$、$\hat{L}_6$、$\hat{L}_9$、$\hat{L}_{12}$ 用不到；c. 公式从 A 点处的角度开始，在分子上，越过连线依次取 $\hat{L}_{11}$、$\hat{L}_8$、$\hat{L}_5$、$\hat{L}_2$ 的正弦；在分母上，不越过连线依次取的 $\hat{L}_1$、$\hat{L}_{10}$、$\hat{L}_7$、$\hat{L}_4$ 正弦。

需要知道，当外围的点增多时，还有中点五边形、中点六边形等，统称中点 N 边形。同时，列极条件时，只能以中间点为极。

④ 扇形。如图 5-1(d) 所示，分布有 A、B、C、D、E 五个点，其中，A 为极点，B、C、D、E 四个外点彼此间首尾相连；而 A 点与 B、C、D、E 四个点分别相连。图 5-1(d) 中所示的扇形，可认为是四点扇形。

可得，$n=11$，$t=6$，$r=5$，则可列出 5 个条件方程，即 4 个图形条件，1 个极条件（以 A 点为极）；例如，如图 5-1(d) 所示，以 A 为极，则得极条件为

$$\frac{\sin(\hat{L}_4+\hat{L}_5)\sin\hat{L}_7\sin\hat{L}_9\sin\hat{L}_{11}}{\sin\hat{L}_4\sin\hat{L}_6\sin\hat{L}_8\sin(\hat{L}_{10}+\hat{L}_{11})}-1=0$$

对于上式的列立是有规律的：a. 如图 5-1(d) 所示，扇形以顺时针方向来看；b. 由于以 A 点为极，所以角度 $\hat{L}_1$、$\hat{L}_2$、$\hat{L}_3$ 用不到；c. 公式是从 B 点处的角度开始，在分子上，B 点处取两角度之和 $\hat{L}_4+\hat{L}_5$，然后越过连线依次取 C 点处的一个角 $\hat{L}_7$、D 点处的一个角 $\hat{L}_9$ 和 E 点处的一个角 $\hat{L}_{11}$ 的正弦；在分母上，不越过连线依次在 B 点处取一个角 $\hat{L}_4$、C 点处取一个角 $\hat{L}_6$、D 点处取一个角 $\hat{L}_8$，最后是 E 点处取两角度之和 $\hat{L}_{10}+\hat{L}_{11}$。

需要注意，在外点增多时，还有五点扇形、六点扇形等，统称 N 点扇形。同时，列极条件时，只能以 A 点为极。大地四边形其实也是三点扇形。

(2) 只在测边的情况下

① 单三角形。如图 5-2(a) 所示，为一测边的单三角形，观测值为边长。

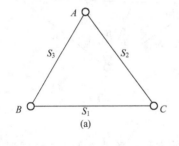
(a)

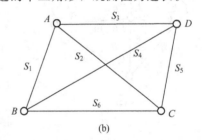
(b)

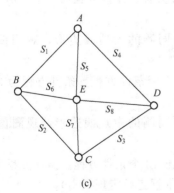
(c)

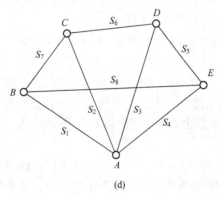
(d)

图 5-2

可得，$n=3$，$t=3$，$r=0$，即没有多余观测。

② 大地四边形。如图 5-2(b) 所示，为一测边的大地四边形，观测值为边长。

可得，$n=6$，$t=5$，$r=1$，即可以列出 1 个条件方程。根据图形的闭合条件，可以根据 $\angle ABD$、$\angle CBD$ 和 $\angle ABC$ 的平差值列出，即前两者之和等于第三者。

③ 中点多边形。如图 5-2(c) 所示，为一测边的中点四边形，观测值为边长。

可得，$n=8$，$t=7$，$r=1$，即可以列出 1 个条件方程。根据图形的圆周条件，可以根据 E 点处的四个角的平差值之和等于 360° 列出。

④ 扇形。如图 5-2(d) 所示，为一测边的 4 点扇形，观测值为边长。

可得，$n=8$，$t=7$，$r=1$，即可以列出 1 个条件方程。根据图形的闭合条件，可以根据 $\angle BAC$、$\angle CAD$、$\angle DAE$ 和 $\angle BAE$ 的平差值列出，即前三者之和等于第四者。

(3) 边角同测的情况下

① 单三角形。如图 5-3(a) 所示，为一边角同测的单三角形，观测值为边长和角度。

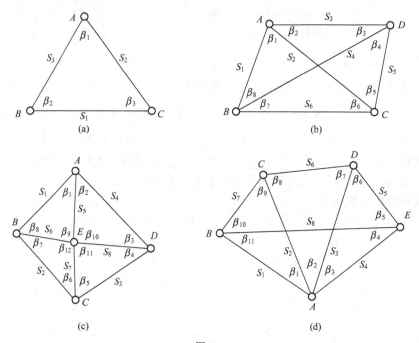

图 5-3

可得，$n=6$，$t=3$，$r=3$，即可以列出 3 个条件方程。条件方程为 1 个图形条件和 2 个边长条件（依据正弦定理列出）。

② 大地四边形。如图 5-3(b) 所示，为一边角同测的大地四边形，观测值为边长和角度。

可得，$n=6+8=14$，$t=5$，$r=9$，即可以列出 9 个条件方程。条件方程为 3 个图形条件、1 个极条件和 5 个边长条件（依据正弦定理列出）。

③ 中点多边形。如图 5-3(c) 所示，为一边角同测的中点四边形，观测值为边长和角度。

可得，$n=12+8=20$，$t=7$，$r=13$，即可以列出 13 个条件方程。条件方程为 4 个图形条件、1 个圆周条件、1 个极条件和 7 个边长条件（依据正弦定理列出）。

④ 扇形。如图 5-3(d) 所示，为一边角同测的 4 点扇形，观测值为边长和角度。

可得，$n=11+8=19$，$t=7$，$r=12$，即可以列出 12 个条件方程。条件方程为 4 个图形条件、1 个极条件和 7 个边长条件（依据正弦定理列出）。

九、建议记住的几个非线性函数的线性化

（1）中点四边形的极条件

$$\frac{\sin\hat{L}_1 \sin\hat{L}_3 \sin\hat{L}_9 \sin\hat{L}_{11}}{\sin\hat{L}_2 \sin\hat{L}_8 \sin\hat{L}_{10} \sin\hat{L}_{12}} - 1 = 0 \tag{5-13}$$

线性化，泰勒级数展开

$$\cot L_1 V_1 - \cot L_2 V_2 + \cot L_3 V_3 - \cot L_8 V_8 + \cot L_9 V_9 - \cot L_{10} V_{10}$$
$$+ \cot L_{11} V_{11} - \cot L_{12} V_{12} + \rho''\left(1 - \frac{\sin L_2 \sin L_8 \sin L_{10} \sin L_{12}}{\sin L_1 \sin L_3 \sin L_9 \sin L_{11}}\right) = 0 \tag{5-14}$$

在式(5-13) 中，变量 L_1、L_3、L_9、L_{11} 在分子上，变量 L_2、L_8、L_{10}、L_{12} 在分母上。线性化时，在式(5-14) 中，各变量的系数均取它们的余切，且分子上的余切取"+"号，分母上的余切取"－"号。

【说明】关于式(5-14) 线性化形式的推导以及它的常数项的说明：

令

$$F(\hat{L}) = \frac{\sin\hat{L}_1 \sin\hat{L}_3 \sin\hat{L}_9 \sin\hat{L}_{11}}{\sin\hat{L}_2 \sin\hat{L}_8 \sin\hat{L}_{10} \sin\hat{L}_{12}} - 1 = 0$$

按泰勒级数展开

$$F(\hat{L}) = F(L) + \left(\frac{\partial F}{\partial \hat{L}_1}\right)_L (\hat{L}_1 - L_1) + \cdots + \left(\frac{\partial F}{\partial \hat{L}_{12}}\right)_L (\hat{L}_{12} - L_{12})$$

$$= F(L) + \frac{\sin L_1 \sin L_3 \sin L_9 \sin L_{11}}{\sin L_2 \sin L_8 \sin L_{10} \sin L_{12}} \cot L_1 \frac{V_1}{\rho''} + \cdots -$$

$$\frac{\sin L_1 \sin L_3 \sin L_9 \sin L_{11}}{\sin L_2 \sin L_8 \sin L_{10} \sin L_{12}} \cot L_{12} \frac{V_{12}}{\rho''} = 0$$

令 $D = \dfrac{\sin L_1 \sin L_3 \sin L_9 \sin L_{11}}{\sin L_2 \sin L_8 \sin L_{10} \sin L_{12}}$，代入上式，得

$$F(\hat{L}) = F(L) + D\cot L_1 \frac{V_1}{\rho''} + \cdots - D\cot L_{12} \frac{V_{12}}{\rho''} = 0$$

而式中 $F(L) = \dfrac{\sin L_1 \sin L_3 \sin L_9 \sin L_{11}}{\sin L_2 \sin L_8 \sin L_{10} \sin L_{12}} - 1 = D - 1$，代入上式，得

$$(D-1) + D\cot L_1 \frac{V_1}{\rho''} + \cdots - D\cot L_{12} \frac{V_{12}}{\rho''} = 0$$

将上式两边同乘以 $\dfrac{\rho''}{D}$，得

$$\cot L_1 V_1 + \cdots - \cot L_{12} V_{12} + \rho''\left(1 - \frac{1}{D}\right) = 0$$

常数项即为

$$\rho''\left(1 - \frac{1}{D}\right) = \rho''\left(1 - \frac{\sin L_2 \sin L_8 \sin L_{10} \sin L_{12}}{\sin L_1 \sin L_3 \sin L_9 \sin L_{11}}\right)$$

（2）大地四边形的极条件

$$\frac{\sin\hat{a}_2}{\sin(\hat{a}_1 + \hat{b}_1)} \frac{\sin(\hat{a}_3 + \hat{b}_3)}{\sin\hat{b}_2} \frac{\sin\hat{a}_1}{\sin\hat{b}_3} - 1 = 0 \tag{5-15}$$

其线性化形式

$$[\cot a_1 - \cot(a_1 + b_1)]v_{a_1} - \cot(a_1 + b_1)v_{b_1} + \cot a_2 v_{a_2} - \cot b_2 v_{b_2}$$
$$+ \cot(a_3 + b_3)v_{a_3} + [\cot(a_3 + b_3) - \cot b_3]v_{b_3} + w_d = 0 \tag{5-16}$$

式中

$$w_d = \left[1 - \frac{\sin(a_1 + b_1)\sin b_2 \sin b_3}{\sin a_2 \sin(a_3 + b_3)\sin a_1}\right]\rho'' \tag{5-17}$$

通过式(5-15) 可以看出，$\hat{a}_2$、$\hat{a}_3 + \hat{b}_3$、$\hat{a}_1$ 在分子上，$\hat{a}_1 + \hat{b}_1$、$\hat{b}_2$、$\hat{b}_3$ 在分母上。通过式 (5-16) 可以看出，线性化后，每一个变量都是取余切，且分子上的取 "+" 号，分母上的 取 "−" 号。

（3）边角网条件方程式

① 正弦条件

$$\frac{\hat{S}_1}{\sin \hat{L}_3} = \frac{\hat{S}_2}{\sin \hat{L}_1} \tag{5-18a}$$

转换为

$$\hat{S}_1 \sin \hat{L}_1 - \hat{S}_2 \sin \hat{L}_3 = 0 \tag{5-18b}$$

将式(5-18b) 线性化，则其形式

$$S_1 \cos L_1 \frac{V_1}{\rho''} - S_2 \cos L_3 \frac{V_3}{\rho''} + \sin L_1 V_{S_1} - \sin L_3 V_{S_2} + (S_1 \sin L_1 - S_2 \sin L_3) = 0 \tag{5-19}$$

【说明】注意式(5-19) 中常数项，其与式(5-18b) 的形式相同，与式(5-18a) 不同，这 一点要格外注意，有时候会混淆了。

② 边长条件

$$\hat{S}_{EF} = \overline{S}_{AB} \frac{\sin \hat{L}_1 \sin \hat{L}_4 \sin \hat{L}_7 \sin \hat{L}_{10}}{\sin \hat{L}_2 \sin \hat{L}_5 \sin \hat{L}_8 \sin \hat{L}_{11}} \tag{5-20}$$

改写为

$$\frac{\overline{S}_{AB} \sin \hat{L}_1 \sin \hat{L}_4 \sin \hat{L}_7 \sin \hat{L}_{10}}{\hat{S}_{EF} \sin \hat{L}_2 \sin \hat{L}_5 \sin \hat{L}_8 \sin \hat{L}_{11}} - 1 = 0 \tag{5-21}$$

线性化形式

$$\cot L_1 V_1 - \cot L_2 V_2 + \cot L_4 V_4 - \cot L_5 V_5 + \cot L_7 V_7 - \cot L_8 V_8$$
$$+ \cot L_{10} V_{10} - \cot L_{11} V_{11} + \left(-\frac{\rho''}{S_{EF}}\right)V_{S_{EF}} + \rho''\left(1 - \frac{S_{EF} \sin L_2 \sin L_5 \sin L_8 \sin L_{11}}{\overline{S}_{AB} \sin L_1 \sin L_4 \sin L_7 \sin L_{10}}\right) = 0$$
$$\tag{5-22}$$

③ 方位角条件

$$\hat{a}_{EF} = \overline{a}_{AB} - \hat{L}_3 + \hat{L}_6 + \hat{L}_9 - \hat{L}_{12} \pm 3 \times 180° \tag{5-23}$$

整理可得

$$-\hat{L}_3 + \hat{L}_6 + \hat{L}_9 - \hat{L}_{12} + \overline{a}_{AB} - \hat{a}_{EF} \pm 3 \times 180° = 0 \tag{5-24}$$

改正数形式

$$-V_3 + V_6 + V_9 - V_{12} + W_T = 0 \tag{5-25}$$

其中

$$W_T = -L_3 + L_6 + L_9 - L_{12} + \overline{a}_{AB} - a_{EF} \pm 3 \times 180° \tag{5-26}$$

【综合说明】以上几种非线性函数，是关于正弦函数的，它们的线性化有很强的规律性， 请读者注意总结。

例 5-1 条件方程 $A\hat{L}+A_0=0$ 和 $AV+W=0$ 中求解的未知量是什么？能否由条件方程 $AV+W=0$ 直接求得 V？

【分析】条件平差的函数模型包括两种形式：一种是平差值形式 $A\hat{L}+A_0=0$，一种是改正数形式 $AV+W=0$。所以，以上两种形式的条件方程的未知量是 $\hat{L}$ 和 V。另外，条件方程的系数矩阵 A 为 r 行 n 列，不是方阵，不能直接求它们的凯利逆，因此不能直接求得改正数 V。

【解】条件平差中求解的未知量是观测值的平差值或改正数；不能。

例 5-2 图 5-4 所示的为某测绘小组所布设的单一附合水准路线，试用符号写出按条件平差法平差时各观测值平差值的表达式。

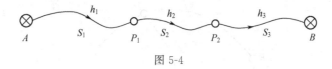

图 5-4

【分析】该题按照"知识点三"所述的计算步骤进行。

【解】① $n=3$，$t=2$，$r=1$，可列出 1 个条件方程。

② 依据几何条件，A 点高程加上各水准路线高差的平差值，即可求得 B 点高程，即

$$H_A+\hat{h}_1+\hat{h}_2+\hat{h}_3-H_B=0$$

将 $\hat{h}_i=h_i+v_i(i=1,2,3)$ 代入上式，整理可得

$$v_1+v_2+v_3+(H_A+h_1+h_2+h_3-H_B)=0$$

整理成矩阵形式，即

$$\begin{bmatrix} 1 & 1 & 1 \end{bmatrix}\begin{bmatrix} v_1 \\ v_2 \\ v_3 \end{bmatrix}+W=0，且\,W=H_A+h_1+h_2+h_3-H_B$$

则相关矩阵如下

$$A=\begin{bmatrix} 1 & 1 & 1 \end{bmatrix}，W=H_A+h_1+h_2+h_3-H_B$$

③ 设 1km 路线的观测高差为单位权观测值，则权逆阵

$$Q=P^{-1}=\begin{bmatrix} S_1 & & \\ & S_2 & \\ & & S_3 \end{bmatrix}$$

④ 进行如下计算

$$N_{AA}=AP^{-1}A^{\mathrm{T}}=S_1+S_2+S_3，K=-N_{aa}^{-1}W=-\frac{H_A+h_1+h_2+h_3-H_B}{S_1+S_2+S_3}$$

$$V=P^{-1}A^{\mathrm{T}}K=\begin{bmatrix}\dfrac{-S_1}{S_1+S_2+S_3}W\\[2ex]\dfrac{-S_2}{S_1+S_2+S_3}W\\[2ex]\dfrac{-S_3}{S_1+S_2+S_3}W\end{bmatrix},\quad \hat{h}=\begin{bmatrix}\hat{h}_1\\\hat{h}_2\\\hat{h}_3\end{bmatrix}=h+V=\begin{bmatrix}h_1+v_1\\h_2+v_2\\h_3+v_3\end{bmatrix}=\begin{bmatrix}h_1-\dfrac{S_1}{S_1+S_2+S_3}W\\[2ex]h_2-\dfrac{S_2}{S_1+S_2+S_3}W\\[2ex]h_3-\dfrac{S_3}{S_1+S_2+S_3}W\end{bmatrix}$$

即各观测值平差值的表达式为

$$\hat{h}_1=h_1-\frac{S_1}{S_1+S_2+S_3}W,\ \hat{h}_2=h_2-\frac{S_2}{S_1+S_2+S_3}W,\ \hat{h}_3=h_3-\frac{S_3}{S_1+S_2+S_3}W$$

【说明】该题严格按照解题步骤进行，望初学者依照执行。同时，不论初学者还是熟练人员，检核这一步务必执行！另外，所取单位权观测值不同，权阵就不同，从而法系阵也不同，以后该情况很多，需注意。

例 5-3 图 5-5 为某高校测绘工程专业学生实习时所布设的水准网，其中 A 为已知点，其高程 $H_A=10.121\mathrm{m}$，B、C、D 为待定点，观测高差如下

$$h_1=+3.639\mathrm{m},h_2=+2.832\mathrm{m},h_3=+2.726\mathrm{m},h_4=+3.513\mathrm{m},h_5=-6.353\mathrm{m}$$

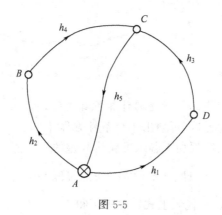

图 5-5

设各观测高差为等精度观测，试求：(1) 改正数条件方程；(2) 各段高差改正数及平差值。

【分析】该题依据"知识点三"所述步骤进行计算。

【解】① $n=5$，$t=3$，$r=2$。

② 列出 2 个条件方程

$$\begin{cases}\hat{h}_1+\hat{h}_3+\hat{h}_5=0\\\hat{h}_2+\hat{h}_4+\hat{h}_5=0\end{cases}$$

将 $\hat{h}_i=h_i+v_i(i=1,2,\cdots,5)$ 代入上式，整理可得

$$\begin{cases}v_1+v_3+v_5+0.012=0\\v_2+v_4+v_5+(-0.008)=0\end{cases},\ \text{矩阵形式}\ \begin{bmatrix}1&0&1&0&1\\0&1&0&1&1\end{bmatrix}\begin{bmatrix}v_1\\v_2\\v_3\\v_4\\v_5\end{bmatrix}+\begin{bmatrix}0.012\\-0.008\end{bmatrix}=0$$

③ 由于为等精度观测，设权阵 $P = \mathrm{diag}(1\ \ 1\ \ 1\ \ 1\ \ 1)$。

④ 所以

$$N_{AA} = AP^{-1}A^{\mathrm{T}} = \begin{bmatrix} 3 & 1 \\ 1 & 3 \end{bmatrix}, \quad K = -N_{AA}^{-1}W = \begin{bmatrix} -0.0055 \\ +0.0045 \end{bmatrix}$$

$$V = P^{-1}A^{\mathrm{T}}K = \begin{bmatrix} -5.5 & 4.5 & -5.5 & 4.5 & -1 \end{bmatrix}^{\mathrm{T}}\ \mathrm{mm}$$

$$\hat{h} = \begin{bmatrix} 3.6335 & 2.8365 & 2.7205 & 3.5175 & -6.3540 \end{bmatrix}^{\mathrm{T}}\ \mathrm{m}$$

⑤ 检核

$\hat{h}_1 + \hat{h}_3 + \hat{h}_5 = 3.6335 + 2.7205 - 6.3540 = 0$，$\hat{h}_2 + \hat{h}_4 + \hat{h}_5 = 2.8365 + 3.5175 - 6.3540 = 0$
检核后，可见，观测值的平差值之间满足几何条件，闭合差被完全分配掉。

【说明】检核是非常重要的，即使在整个计算过程中没有出现任何错误，所得到的最终结果也有可能会出现一些问题，如观测值的平差值之间不满足几何关系式。这种情况是在进行小数位的取舍时引起的。所以，关于小数位的取舍，要从整体上来进行分析和判断，在"四舍六入，奇进偶不进"的基础上，适当地进行凑数。另外，$\mathrm{diag}(1\ \ 1\ \ 1\ \ 1\ \ 1)$ 表示以 1 为对角元素的对角矩阵。

例 5-4 如图 5-6 所示，求出下列各测角三角网按条件平差时条件方程的总数及各类条

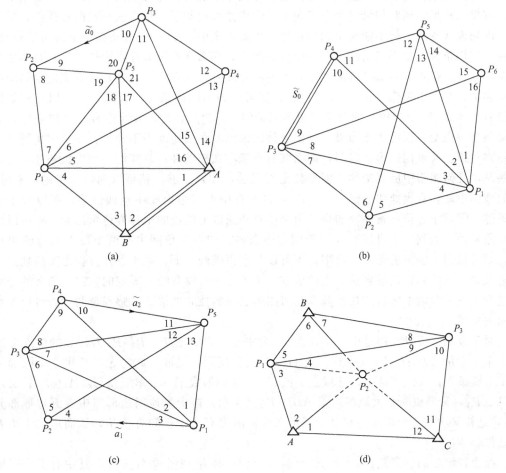

图 5-6

件的个数，其中 P_i 为待定点，$\tilde{S}_i$ 为已知边，$\tilde{\alpha}_i$ 为已知方位角。

【分析】该题非常具有典型性，掌握了该题后，关于必要观测数 t 和多余观测数 r 的判断就基本迎刃而解。可参考"知识点四"，另外，作者也给出自己的一些见解。

【解】（1）第一种思路：①首先确定该几何模型是一个测角三角网；②其已知数据包括两个已知点坐标、一个已知方位角，可知该网是为了确定待定点的坐标；③为了确定待定点坐标，这些已知数据都是起作用的，因此它们是起算数据（注意：已知数据未必是起算数据，但起算数据是已知数据）；④为了确定待定点坐标，只需要 A、B 两点即可做到。该题一共有 5 个待定点，即 $5 \times 2 = 10$ 个待确定数据。要确定这 10 个数据，需要 10 个观测值；但是题中已有 1 个起算方位角，这样在 10 个中减去 1 个即可，即必要观测数 $t = 10 - 1 = 9$。

第二种思路：参考"知识点四（1）"，根据公式 $t = 2p - q - 4$ [p 是网中所有点的个数，q 是<u>多余的</u>、<u>独立</u>、<u>起算数据</u>个数（注意下划线部分三者的顺序，判断时要依次判断）]。首先要明确该公式是针对测角三角网的。大体步骤：该网共有点个数 $p = 7$，$q = 1$（数据依据：A、B 两点是必要的起算数据，方位角 $\tilde{\alpha}_0$ 就是多余的起算数据，而且独立），从而可得 $t = 9$。

那么，条件方程的类型如何确定呢？三角网中，条件方程主要包括：图形条件（内角和条件）、圆周条件（水平条件）、极条件、方位角条件、固定边条件等。到底哪些存在呢？得看一下三角网中都含有哪些基本几何图形。下面分别说明。①对于图形条件：三角网中肯定会含有单三角形，同时如果这个单三角形三个内角都观测了，那么就存在图形条件；只要有一个内角没有观测，就不能列出图形条件。例如该图中 $\triangle AP_3P_4$ 内就有一个内角没有观测。②对于圆周条件：如果三角网中含有中点多边形，那么就有可能存在圆周条件；具体能否列出圆周条件，还得看中点多边形的中点上所有角度是否存在（不管是直接观测的还是间接计算得到的，都可以视作存在）。如果存在，就可以列出圆周条件；否则，不可以。例如该图中就有一个以 P_5 点为中点的中点五边形或是中点四边形，所以肯定会存在圆周条件。③对于极条件（说明：以哪个点为极，列极条件时该点所在的角度用不到！）：如果三角网中含有中点多边形、大地四边形、扇形，那么就有可能存在极条件；具体能否列出极条件，还得看这些基本几何图形中所观测的角度个数是否足够，如果足够，就可以列出；否则，不可以。例如该图中就含有大地四边形 ABP_1P_5，也含有中点五边形或中点四边形，所以肯定存在极条件。④对于方位角条件：如果三角网中有两条以上的边的坐标方位角已知，则可以列出方位角条件；否则，不可以。⑤对于固定边条件：如果三角网中有两条以上的边的边长已知，则可以列出固定边条件；否则，不可以。⑥再强调一下，对于条件方程之间的独立性判断是最难掌握的，也是最容易出错的地方。关于这一点没有统一固定的方法，通常的经验做法是看一下三角网中所含的几种基本几何图形之间的独立性情况，感兴趣的读者可以参考一些相关文献。

对于该题，可以看作是由一个以点 P_5 为中点、点 A-B-P_1-P_2-P_3 为外点的中点五边形和 1 个单三角形 $\triangle AP_3P_6$（注意，$\angle AP_3P_4$ 没有观测）组成，此时先判断出 5 个图形条件和 1 个极条件；在此基础上，连线点 P_1、P_4，从而形成了一个单三角形 $\triangle AP_1P_4$；又连线点 A、P_1，又形成一个大地四边形 ABP_1P_5（注意：这个大地四边形与中点五边形部分重叠），这样又增加 1 个极条件和 2 个图形条件。因为有两个已知方位角，从而形成 1 个方位角条件。

综上，该题的答案是：$n = 21$，$t = 9$，$r = 12$；共有 12 个条件方程，其中有 7 个图形条件，1 个圆周条件，3 个极条件，1 个方位角条件。

（2）参考（1）的思路，给出该题的一些思路。①首先确定该几何模型是一个测角三角网。②边 P_3P_4 的长度已知，可知该网是为了确定该网的形状和大小。③为了确定大小，只需要一个已知边就足够，除了边 P_3P_4 外，没有多余的边，所以，只剩下确定形状的问题。④如何确定一个三角网的形状呢？可以采用化整为零的方式，分两种情况介绍。（a）首先要明白，确定形状，其实就是确定三角网中观测角的大小。前面讲过，一个三角网通常是由许多单三角形互相邻接、部分重叠等组成；观测单三角形的两个内角，就可以确定这个单三角形的形状，因此只要数一下这个三角网中互相邻接但不重叠的单三角形的个数，然后再乘以2，就是必要观测数 t，即 t＝互相邻接且没有重叠的单三角形个数×2；例如该图就可以看作是四个邻接单三角形 $\triangle P_1P_2P_3$、$\triangle P_1P_3P_4$、$\triangle P_1P_4P_5$ 和 $\triangle P_1P_5P_6$ 组成，所以 t＝4×2＝8。这种方式相对直观，不容易出错。（b）一个三角网有时是由单三角形、中点多边形等基本几何图形之间互相邻接、部分重叠组成。只要数一下网中单三角形和中点多边形或大地四边形或扇形等互相邻接但不重叠的个数，采用化整为零的方式，也很容易确定必要观测数 t。例如该图就可看作是单三角形 $\triangle P_1P_2P_3$ 和一个以 P_1 点为极、P_3、P_4、P_5、P_6 为外点的四点扇形组成；或者可看作是单三角形 $\triangle P_1P_5P_6$ 和一个以 P_1 点为极、P_2、P_3、P_4、P_5 为外点的四点扇形组成。

那么，条件方程的类型如何确定呢？由上面的分析，该图中含有单三角形、扇形，因此肯定会有图形条件和极条件。若将该图看作是单三角形 $\triangle P_1P_2P_3$ 和一个以 P_1 点为极、P_3、P_4、P_5、P_6 为外点的四点扇形组成，则先得出 1 个极条件＋5 个图形条件；在此基础上，又连线 P_2 和 P_5 后，新出现了一个扇形和一个单三角形；因此，总共有 6 个图形条件，2 个极条件。

综上，该题的答案是：n＝16，t＝8，r＝8；共有 8 个条件方程，其中有 6 个图形条件，2 个极条件。

（3）在（1）、（2）思路的基础上，补充一下该题的一些思路。先来判别它的必要观测数 t。首先该网是一个测角三角网，没有已知坐标点，因此是为了确定该网的形状。而确定形状，就是确定网中观测角的大小。已知的两个坐标方位角对确定形状起作用吗？答案是肯定的。所以，由这两个方位角可以确定一个观测角的大小，从而就可以少观测一个角度值。因此，这两个方位角是起算数据，同时由于它们之间是相关的，其独立性个数为 1，即 q＝1，从而依据公式 t＝$2p-q-4$，很容易得出 t＝5。另外，该图可以看作两个大地四边形部分重叠，从而有 2 个极条件。

综上，该题的答案是：n＝13，t＝5，r＝8；共有 8 个条件方程，其中有 5 个图形条件，2 个极条件，1 个方位角条件。

（4）在（1）、（2）、（3）的基础上，补充说明该题。思路如下：该网为测角三角网，有3 个已知坐标点，除此之外没有其他已知数据；目的是为了确定待定点坐标，因此，这三个已知坐标点均为起算数据。设点 A 和 C 是必要的起算数据，那么点 B 就是多余的起算数据，且其两个坐标分量是独立的，因此 q＝2，依据公式 t＝$2p-q-4$，得出 t＝6。

综上，该题的答案是：n＝12，t＝6，r＝6；共有 6 个条件方程，其中有 1 个图形条件，1 个圆周条件，2 个极条件，2 个坐标条件。

例 5-5 图 5-7 为工程测量技术人员所布设的测角三角网，A、B 为已知点，$\beta_i(i=1,2,\cdots,10)$ 为角度观测值，若用条件平差进行解算，试列出全部条件方程式。

【分析】该图为测角网，可视作一个大地四边形和单三角形 BCD 组成，但是需要注意，

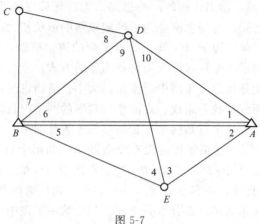

图 5-7

单三角形中一个内角没有进行观测。

【解】 由题意，$n=10$，$t=6$，$r=4$，则可列出 3 个图形条件和 1 个极条件

$$\triangle ADE \qquad \hat{\beta}_1+\hat{\beta}_2+\hat{\beta}_3+\hat{\beta}_{10}-180°=0$$

$$\triangle ABE \qquad \hat{\beta}_2+\hat{\beta}_3+\hat{\beta}_4+\hat{\beta}_5-180°=0$$

$$\triangle BDE \qquad \hat{\beta}_4+\hat{\beta}_5+\hat{\beta}_6+\hat{\beta}_9-180°=0$$

以 D 点为极的极条件
$$\frac{\sin(\hat{\beta}_1+\hat{\beta}_2)\sin\hat{\beta}_4\sin\hat{\beta}_6}{\sin\hat{\beta}_1\sin\hat{\beta}_3\sin(\hat{\beta}_5+\hat{\beta}_6)}-1=0$$

将 $\hat{\beta}_i=\beta_i+V_i(i=1,2,\cdots,10)$ 代入以上各式，则得改正数形式的条件方程

$$V_1+V_2+V_3+V_{10}+(\beta_1+\beta_2+\beta_3+\beta_{10}-180°)=0$$

$$V_2+V_3+V_4+V_5+(\beta_2+\beta_3+\beta_4+\beta_5-180°)=0$$

$$V_4+V_5+V_6+V_9+(\beta_4+\beta_5+\beta_6+\beta_9-180°)=0$$

$$[\cot(\beta_1+\beta_2)-\cot\beta_1]V_1+\cot(\beta_1+\beta_2)V_2-\cot\beta_3 V_3+\cot\beta_4 V_4-\cot(\beta_5+\beta_6)V_5$$

$$+[\cot\beta_6-\cot(\beta_5+\beta_6)]V_6+\left[1-\frac{\sin\beta_1\sin\beta_3\sin(\beta_5+\beta_6)}{\sin(\beta_1+\beta_2)\sin\beta_4\sin\beta_6}\right]\rho''=0$$

【说明】 当一个平差问题最后让列出条件方程时，通常要化为改正数形式的条件方程。

例 5-6 如图 5-8 所示，A、B 为地面的已知三角控制点，C、D 为地面的未知点，P 为楼顶的一个点，其中方位角 α_{DP} 是已知的；若用条件平差进行解算，试列出全部条件方程。

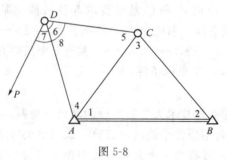

图 5-8

【分析】首先需要注意，该网不是三角网，但是又具有三角网的一些特性。点 C、D 是待定点，所以，必要观测数 $t=4$。

【解】由题意，$n=8$，$t=4$，$r=4$，设各角度为 $L_i(i=1,2,\cdots,8)$，则

$$\hat{L}_1+\hat{L}_2+\hat{L}_3-180°=0$$

$$\hat{L}_4+\hat{L}_5+\hat{L}_6-180°=0$$

$$\hat{L}_6+\hat{L}_7-\hat{L}_8=0$$

$$-\hat{L}_1-\hat{L}_4+\hat{L}_7+\alpha_{BA}-\alpha_{DP}=0$$

将 $\hat{L}_i=L_i+v_i$ 代入上式，整理可得

$$v_1+v_2+v_3+(L_1+L_2+L_3-180°)=0$$

$$v_4+v_5+v_6+(L_4+L_5+L_6-180°)=0$$

$$v_6+v_7-v_8+(L_6+L_7-L_8)=0$$

$$-v_1-v_4+v_7+(-L_1-L_4+L_7+\alpha_{BA}-\alpha_{CP})=0$$

例 5-7 如图 5-9 所示的三角网中，若用条件平差进行解算，试用文字符号列出全部条件式。

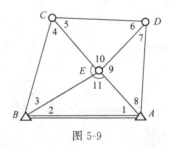

图 5-9

【分析】依据例 5-4 的思路，该网可看成一个中点四边形，但需要注意 $\angle CEA$。

【解】$n=11$，$t=6$，$r=5$；包括 3 个图形条件，1 个圆周条件和 1 个极条件，则平差值形式的条件方程为

图形条件

$$\hat{L}_5+\hat{L}_6+\hat{L}_{10}-180°=0$$

$$\hat{L}_7+\hat{L}_8+\hat{L}_9-180°=0$$

$$\hat{L}_1+\hat{L}_2+\hat{L}_3+\hat{L}_4+\hat{L}_{11}-2\times180°=0$$

圆周条件

$$\hat{L}_9+\hat{L}_{10}+\hat{L}_{11}-360°=0$$

极条件（以中点四边形 E 点为极）

$$\frac{\sin\hat{L}_1\sin\hat{L}_3\sin\hat{L}_5\sin\hat{L}_7}{\sin\hat{L}_2\sin\hat{L}_4\sin\hat{L}_6\sin\hat{L}_8}=1$$

将 $\hat{L}_i = L_i + V_i(i=1,2,\cdots,11)$ 代入以上各式，得改正数形式如下

$$V_5 + V_6 + V_{10} + (L_5 + L_6 + L_{10} - 180°) = 0$$

$$V_7 + V_8 + V_9 + (L_7 + L_8 + L_9 - 180°) = 0$$

$$V_1 + V_2 + V_3 + V_4 + V_{11} + \left(\sum_{i=1}^{4} L_i + L_{11} - 2 \times 180°\right) = 0$$

$$V_9 + V_{10} + V_{11} + (L_9 + L_{10} + L_{11} - 360°) = 0$$

$$\cot L_1 V_1 - \cot L_2 V_2 + \cot L_3 V_3 - \cot L_4 V_4 + \cot L_5 V_5 - \cot L_6 V_6 + \cot L_7 V_7 - \cot L_8 V_8$$

$$+ \rho''\left(1 - \frac{\sin L_2 \sin L_4 \sin L_6 \sin L_8}{\sin L_1 \sin L_3 \sin L_5 \sin L_7}\right) = 0$$

【说明】①一般情况下，当一个条件平差问题要求给出条件方程时，要将条件方程化为改正数形式。②关于极条件的列立以及线性化，都有规律可循，读者注意总结。

例 5-8 图 5-10 为某工程场地所布设的测角网，A、B 为已知点，P_1、P_2、P_3、P_4 为待定点，观测了 14 个角度，若用条件平差进行解算，试列出全部改正数条件方程。

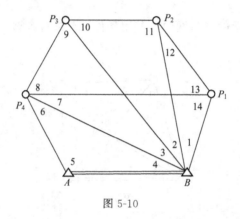

图 5-10

【分析】依据例 5-4 的思路，该网可看作一个四点扇形（以 B 点为极）加一个单三角形 BAP_4。

【解】$n=14$，$t=8$，$r=6$，有 5 个图形条件，1 个极条件；设各角度为 $L_i(i=1,2,\cdots,14)$，则

$$\hat{L}_1 + \hat{L}_{12} + \hat{L}_{13} + \hat{L}_{14} - 180° = 0$$

$$\hat{L}_2 + \hat{L}_{10} + \hat{L}_{11} - 180° = 0$$

$$\hat{L}_3 + \hat{L}_7 + \hat{L}_8 + \hat{L}_9 - 180° = 0$$

$$\hat{L}_4 + \hat{L}_5 + \hat{L}_6 - 180° = 0$$

$$\hat{L}_1 + \hat{L}_2 + \hat{L}_3 + \hat{L}_7 + \hat{L}_{14} - 180° = 0$$

$$\frac{\sin(\hat{L}_7 + \hat{L}_8) \sin \hat{L}_{10} \sin \hat{L}_{12} \sin \hat{L}_{14}}{\sin \hat{L}_7 \sin \hat{L}_9 \sin \hat{L}_{11} \sin(\hat{L}_{13} + \hat{L}_{14})} - 1 = 0 \text{（以 B 为极的极条件）}$$

改正数形式

$$V_1+V_{12}+V_{13}+V_{14}+W_1=0$$
$$V_2+V_{10}+V_{11}+W_2=0$$
$$V_3+V_7+V_8+V_9+W_3=0$$
$$V_4+V_5+V_6+W_4=0$$
$$V_1+V_2+V_3+V_7+V_{14}+W_5=0$$

$$[\cot(L_7+L_8)-\cot L_7]V_7+\cot(L_7+L_8)V_8-\cot L_9 V_9+\cot L_{10}V_{10}-\cot L_{11}V_{11}$$
$$+\cot L_{12}V_{12}-\cot(L_{13}+L_{14})V_{13}+[\cot L_{14}-\cot(L_{13}+L_{14})]V_{14}+W_6=0$$

其中

$$W_1=L_1+L_{12}+L_{13}+L_{14}-180°$$
$$W_2=L_2+L_{10}+L_{11}-180°$$
$$W_3=L_3+L_7+L_8+L_9-180°$$
$$W_4=L_4+L_5+L_6-180°$$
$$W_5=L_1+L_2+L_3+L_7+L_{14}-180°$$
$$W_6=\rho''\left[1-\frac{\sin L_7\sin L_9\sin L_{11}\sin(L_{13}+L_{14})}{\sin(L_7+L_8)\sin L_{10}\sin L_{12}\sin L_{14}}\right]$$

【说明】 （1）如果读者对知识比较熟练，完全可以直接写出改正数形式的条件方程；（2）注意观察极条件方程式，平差值方程中的分子分母上的式子，线性化后进行了交换；（3）对于极条件方程式，线性化后，改正数形式的条件方程的系数也有规律，分子上的系数为正，分母上的系数为负。

例 5-9 如图 5-11 所示边角网为某一桥梁的控制网，其中 A、B 为已知点，C、D 为待定点，观测了 8 个角度和 1 条边长 S，若用条件平差进行解算，试列出全部的改正数条件方程。

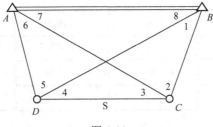

图 5-11

【分析】 依据例 5-4 的思路，该网可以看作是一个大地四边形；它是一个边角网，以四个点的任何一个为极都可以。

【解】 可得 $n=9$，$t=4$，$r=5$，3 个图形条件，1 个极条件和 1 个边长条件。设各角度为 L_i $(i=1,2,\cdots,8)$，直接给出其改正数形式如下

（1）图形条件
$$V_1+V_2+V_3+V_4+W_1=0$$
$$V_5+V_6+V_7+V_8+W_2=0$$
$$V_3+V_4+V_5+V_6+W_3=0$$

（2）边长条件
$$\hat{S}=S_{AB}\frac{\sin(\hat{L}_1+\hat{L}_8)\sin\hat{L}_6}{\sin\hat{L}_2\sin(\hat{L}_4+\hat{L}_5)} \quad 或 \quad \frac{\hat{S}\sin\hat{L}_2\sin(\hat{L}_4+\hat{L}_5)}{S_{AB}\sin(\hat{L}_1+\hat{L}_8)\sin\hat{L}_6}-1=0$$

将两式中的第 2 个进行线性化，则

$$-\cot(L_1+L_8)V_1+\cot L_2 V_2+\cot(L_4+L_5)V_4+\cot(L_4+L_5)V_5-$$
$$\cot L_6 V_6-\cot(L_1+L_8)V_8+\left(\frac{\rho''}{S}\right)V_S+W_4=0$$

（3）以 C 点为极的极条件

$$\frac{\sin(\hat{L}_1+\hat{L}_8)\cdot\sin\hat{L}_4\cdot\sin\hat{L}_6}{\sin\hat{L}_1\cdot\sin(\hat{L}_4+\hat{L}_5)\cdot\sin\hat{L}_7}-1=0$$

线性化

$$[\cot(L_1+L_8)-\cot L_1]V_1+[\cot L_4-\cot(L_4+L_5)]V_4-\cot(L_4+L_5)V_5+$$
$$\cot L_6 V_6-\cot L_7 V_7+\cot(L_1+L_8)V_8+W_5=0$$

其中

$$W_1=L_1+L_2+L_3+L_4-180°$$
$$W_2=L_5+L_6+L_7+L_8-180°$$
$$W_3=L_3+L_4+L_5+L_6-180°$$
$$W_4=\rho''\left[1-\frac{\sin L_1\sin(L_4+L_5)\sin L_7}{\sin(L_1+L_8)\sin L_4\sin L_6}\right]$$
$$W_5=\rho''\left[1-\frac{S_{AB}\cdot\sin(L_1+L_8)\cdot\sin L_6}{S\cdot\sin L_2\cdot\sin(L_4+L_5)}\right]$$

【说明】对于看似比较复杂的极条件方程，其实是有规律的，读者要仔细分析，努力总结。

例 5-10 在图 5-12 所示的测角网中，A、B 为已知点，P_1、P_2 为待定点，同精度测得各角值如下表所示：

角号	观测值	角号	观测值	角号	观测值
1	41°54′28″	4	33°43′25″	7	76°08′37″
2	48°43′33″	5	46°47′18″		
3	50°45′49″	6	61°56′52″		

试按条件平差法列出改正数条件方程。

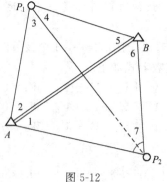

图 5-12

【分析】依据例 5-4 的思路，该网可看作是一个大地四边形，但是需要注意∠AP_2B；在列极条件时最好选择 P_2 点为极。

【解】可得 $n=7$，$t=4$，$r=3$，包括 2 个图形条件和 1 个极条件，设各角度为 L_i（$i=1$，2，…，7），则

$$\hat{L}_1+\hat{L}_6+\hat{L}_7-180°=0$$

$$\hat{L}_2+\hat{L}_3+\hat{L}_4+\hat{L}_5-180°=0$$

$$\frac{\sin(\hat{L}_1+\hat{L}_2)\sin\hat{L}_4\sin\hat{L}_6}{\sin\hat{L}_1\sin\hat{L}_3\sin(\hat{L}_5+\hat{L}_6)}-1=0$$

将 $\hat{L}_i=L_i+V_i$ 代入上式，并代入数据，则

$$V_1+V_6+V_7-3''=0$$

$$V_2+V_3+V_4+V_5+5''=0$$

$$-1.1253V_1-0.0111V_2-0.8166V_3+1.4981V_4+0.3392V_5+0.8721V_6+2.2311''=0$$

【说明】从极条件方程式可以看出，列立极条件时，以哪个点为极，哪个点所在的观测角值是用不到的。

例 5-11　（1）在条件平差中，能否根据已列出的法方程计算单位权方差？

（2）条件平差中的精度评定主要是解决哪些方面的问题？

【解】（1）可以。因为 $V^{\mathrm{T}}PV=-W^{\mathrm{T}}K=K^{\mathrm{T}}N_{AA}K$。

（2）精度评定是测量平差的一个主要任务之一。在求得平差值之后，如果精度不合格，这个平差值就毫无意义。因此，条件平差中的精度评定，除了能够对观测值的平差值进行质量评价，还可以对平差值的函数进行质量评价等问题。

例 5-12　在图 5-13 中，在相同的观测条件下测得如下观测值 $\beta_1=45°02'20''$，$\beta_2=85°03'30''$，$\beta_3=40°01'15''$，试求平差后∠AOC 的协因数。

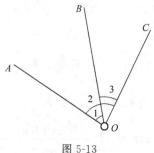

图 5-13

【分析】该题非常典型，关键是要搞清楚几何条件。

【解】由题意 $n=3$，$t=2$，$r=1$，则

$$\hat{\beta}_1-\hat{\beta}_2+\hat{\beta}_3=0$$

改正数形式

$$V_1-V_2+V_3+5''=0$$

则系数矩阵 $A=[1\ \ -1\ \ 1]$。

由于同精度观测，设权逆阵 $Q = P^{-1} = \mathrm{diag}(1 \quad 1 \quad 1) = \begin{bmatrix} 1 & & \\ & 1 & \\ & & 1 \end{bmatrix}$，进而 $N_{AA} = AQA^T = 3$。

又函数 $\hat{\varphi} = \hat{L}_2 = \begin{bmatrix} 0 & 1 & 0 \end{bmatrix} \begin{bmatrix} \hat{L}_1 \\ \hat{L}_2 \\ \hat{L}_3 \end{bmatrix}$，所以 $f^T = \begin{bmatrix} 0 & 1 & 0 \end{bmatrix}$，进而

$$Q_{\hat{\varphi}\hat{\varphi}} = f^T Q f - (AQf)^T N_{AA}^{-1} AQf = \frac{2}{3}$$

即 $\angle AOC$ 的协因数为 2/3。

【说明】$\mathrm{diag}(1 \quad 1 \quad 1)$ 表示对角元素为 1 的对角矩阵；"diag" 是对角矩阵（diagonal matrix）的缩写。

例 5-13 如图 5-14 所示的三角网中，A、B 为已知点，C、D、E、F 为待定点，同精度观测了 15 个内角，若用条件平差进行解算，试写出：（1）图中 DE 边长的权函数式；（2）平差后 L_{14} 的权函数式。

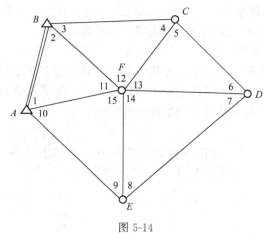

图 5-14

【分析】该题是一个中点五边形。同时，需要了解，权函数式就是将所给的条件方程全微分即可。

【解】（1）由题意，根据几何关系即可列出如下

$$F = DE = AB \frac{\sin\hat{L}_2 \sin\hat{L}_{10} \sin\hat{L}_{14}}{\sin\hat{L}_7 \sin\hat{L}_9 \sin\hat{L}_{11}}$$

全微分，则

$$dF = \rho'' \frac{dDE}{DE} = \cot L_2 V_2 - \cot L_7 V_7 - \cot L_9 V_9 + \cot L_{10} V_{10} - \cot L_{11} V_{11} + \cot L_{14} V_{14}$$

（2）对于 $G = \hat{L}_{14}$，全微分，则 $dG = V_{14}$。

例 5-14 如图 5-15 所示三角网，$L_1 \sim L_6$ 为独立同精度角度观测值，若用条件平差法进行解算，试求出 L_3 的平差值。

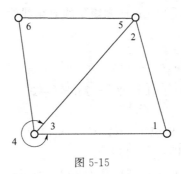

图 5-15

【解】$n=6$，$t=4$，$r=2$，则

$$\begin{cases} \hat{L}_1+\hat{L}_2+\hat{L}_3-180°=0 \\ \hat{L}_3+\hat{L}_4-360°=0 \end{cases}$$

化成改正数形式，则

$$\begin{cases} V_1+V_2+V_3+(L_1+L_2+L_3-180°)=0 \\ V_3+V_4+(L_3+L_4-360°)=0 \end{cases}$$

则 $AV+W=0$ 的系数矩阵和闭合差矩阵

$$A=\begin{bmatrix} 1 & 1 & 1 & 0 \\ 0 & 0 & 1 & 1 \end{bmatrix}, W=\begin{bmatrix} L_1+L_2+L_3-180° \\ L_3+L_4-360° \end{bmatrix}$$

又同精度观测，设权阵 $P=\mathrm{diag}(1\ \ 1\ \ 1\ \ 1)$，则

$$N_{AA}=AP^{-1}A^T=\begin{bmatrix} 3 & 1 \\ 1 & 2 \end{bmatrix}, N_{AA}^{-1}=\frac{1}{5}\begin{bmatrix} 2 & -1 \\ -1 & 3 \end{bmatrix}$$

$$V=P^{-1}A^TK=-P^{-1}A^T(N_{AA}^{-1}W)=\begin{bmatrix} -\dfrac{1}{5}(2L_1+2L_2+L_3-L_4) \\[2mm] -\dfrac{1}{5}(2L_1+2L_2+L_3-L_4) \\[2mm] -\dfrac{1}{5}(L_1+L_2+3L_3+2L_4-900°) \\[2mm] -\dfrac{1}{5}(-L_1-L_2+2L_3+3L_4-900°) \end{bmatrix}$$

所以

$$\hat{L}_3=L_3+V_3=-\frac{1}{5}(L_1+L_2-2L_3+2L_4-900°)$$

例 5-15　如图 5-16 所示为某一矩形的地块，对它的两边进行了独立观测，其观测值为

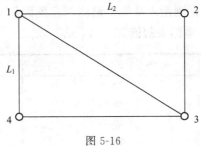

图 5-16

$L = [L_1 \quad L_2]^T = [8.60 \quad 10.50]^T \text{cm}$；已知矩形的对角线为 13.54cm（无误差），求平差后矩形的面积 $\hat{S}$ 及精度 σ_S。

【解】由题意，$n=2$，$t=1$，$r=1$，则

$$\hat{L}_1^2 + \hat{L}_2^2 - 13.54^2 = 0$$

线性化，代入数据，得

$$8.6V_1 + 10.5V_2 + 0.4392 = 0$$

所以矩阵 $A = [8.6 \quad 10.5]$，$W = [0.4392]$。

设 $C = 8.60 \text{cm}$ 的观测为单位权观测，则权阵 $P = Q^{-1} = \text{diag}(1 \quad 8.60/10.50)$，则

$$N_{AA} = AP^{-1}A^T = 208.5675581, \quad K = -N_{AA}^{-1}W = -0.002105793,$$

$$V = P^{-1}A^T K = \begin{bmatrix} -0.018109816 \\ -0.02699577 \end{bmatrix}$$

所以 $\hat{L} = L + V = \begin{bmatrix} 8.581890184 \\ 10.47300423 \end{bmatrix}$，进而可得面积 $\hat{S} = \hat{L}_1 \cdot \hat{L}_2 = 89.45732218 \text{cm}^2$。

下面进行精度评定。

由 $\hat{S} = \hat{L}_1 \hat{L}_2$，线性化

$$d\hat{S} = \hat{L}_2 d\hat{L}_1 + \hat{L}_1 d\hat{L}_2 = [10.47300423 \quad 8.581890184] \begin{bmatrix} d\hat{L}_1 \\ d\hat{L}_2 \end{bmatrix}$$

则

$$f^T = [10.47300423 \quad 8.581890184]$$

又

$$\hat{\sigma}_0^2 = \frac{V^T P V}{r} = 0.000924864$$

从而可得

$$Q - QA^T N_{AA}^{-1} A Q = \begin{bmatrix} 0.64538068 & -0.5286057 \\ -0.5286057 & 0.43295364 \end{bmatrix}$$

$$Q_{\hat{S}} = f^T Q_{\hat{L}\hat{L}} f = f^T (Q - QA^T N_{aa}^{-1} A Q) f = 7.601214073$$

从而

$$\sigma_{\hat{S}}^2 = \sigma_0^2 Q_{\hat{S}} = 0.00703009, \quad \sigma_{\hat{S}} = 0.083845631 \text{cm}^2$$

【说明】平差完毕后，检核发现：

$$\hat{L}_1^2 + \hat{L}_2^2 - 13.54^2 = 8.581890184^2 + 10.47300423^2 - 13.54^2 = -0.001056737 \neq 0,$$

仍然存在闭合差。

为什么呢？这是由于线性化引起的结果以及其他存在的一些原因。可以通过二次平差，得到更加精确的平差值，在此省略。

例 5-16 在房产测量中，测量人员为了量测一房屋面积（如图 5-17 所示），进行了数字化，测得该房屋四个角上的坐标观测值 X_i，Y_i 见下表。

点号	X/cm	Y/cm
1	39.94	28.97
2	39.90	35.86
3	20.36	35.92
4	20.46	28.91

图 5-17

试求各坐标的平差值。

【分析】该题为坐标平差问题，所涉及的几何条件为坐标方位角条件。

【解】本题中，房屋是矩形的，根据矩形的定义：有三个角是直角的四边形叫做矩形或者有一个角是直角的平行四边形叫做矩形。该题所述的是"折角为 $90°$ 的 N 边形问题"，其中，点个数 $N=4$，则观测总数 $n=2N=8$，$t=N+1=5$，$r=N-1=3$，列出 3 个直角条件或者 2 个平行条件和 1 个直角条件。

（1）列条件方程。列出 3 个直角条件（邻边的斜率乘积＝－1 或者两个方位角之差＝$90°$）为

$$\hat{\alpha}_{14}-\hat{\alpha}_{12}=90°$$
$$\hat{\alpha}_{21}-\hat{\alpha}_{23}=90°$$
$$\hat{\alpha}_{32}-\hat{\alpha}_{34}=90°$$

利用观测值的平差值表示，则

$$\arctan\frac{\hat{Y}_4-\hat{Y}_1}{\hat{X}_4-\hat{X}_1}-\arctan\frac{\hat{Y}_2-\hat{Y}_1}{\hat{X}_2-\hat{X}_1}=90°$$

$$\arctan\frac{\hat{Y}_1-\hat{Y}_2}{\hat{X}_1-\hat{X}_2}-\arctan\frac{\hat{Y}_3-\hat{Y}_2}{\hat{X}_3-\hat{X}_2}=90°$$

$$\arctan\frac{\hat{Y}_2-\hat{Y}_3}{\hat{X}_2-\hat{X}_3}-\arctan\frac{\hat{Y}_4-\hat{Y}_3}{\hat{X}_4-\hat{X}_3}=90°$$

将 $\hat{X}_i=X_i+V_{X_i}$，$\hat{Y}_i=Y_i+V_{Y_i}$（$i=1,2,3,4$）代入以上各式，依据泰勒级数展开，得其改正数形式的条件方程为

$$\rho''\left[\frac{\Delta Y_{14}^0}{(S_{14}^0)^2}+\frac{-\Delta Y_{12}^0}{(S_{12}^0)^2}\right]V_{X_1}+\rho''\left[\frac{-\Delta X_{14}^0}{(S_{14}^0)^2}+\frac{\Delta X_{12}^0}{(S_{12}^0)^2}\right]V_{Y_1}+\rho''\frac{\Delta Y_{12}^0}{(S_{12}^0)^2}V_{X_2}+\rho''\frac{-\Delta X_{12}^0}{(S_{12}^0)^2}V_{Y_2}+$$

$$\rho''\frac{-\Delta Y_{14}^0}{(S_{14}^0)^2}V_{X_4}+\rho''\frac{\Delta X_{14}^0}{(S_{14}^0)^2}V_{Y_4}+\left(\arctan\frac{Y_4-Y_1}{X_4-X_1}-\arctan\frac{Y_2-Y_1}{X_2-X_1}-90°\right)=0$$

$$\rho''\frac{-\Delta Y_{21}^0}{(S_{21}^0)^2}V_{X_1}+\rho''\frac{\Delta X_{21}^0}{(S_{21}^0)^2}V_{Y_1}+\rho''\left[\frac{\Delta Y_{21}^0}{(S_{21}^0)^2}+\frac{-\Delta Y_{23}^0}{(S_{23}^0)^2}\right]V_{X_2}+\rho''\left[\frac{-\Delta X_{21}^0}{(S_{21}^0)^2}+\frac{\Delta X_{23}^0}{(S_{23}^0)^2}\right]V_{Y_2}+$$

$$\rho''\frac{\Delta Y_{23}^0}{(S_{23}^0)^2}V_{X_3}+\rho''\frac{-\Delta X_{23}^0}{(S_{23}^0)^2}V_{Y_3}+\left(\arctan\frac{Y_1-Y_2}{X_1-X_2}-\arctan\frac{Y_3-Y_2}{X_3-X_2}-90°\right)=0$$

$$\rho''\frac{-\Delta Y_{32}^0}{(S_{32}^0)^2}V_{X_2}+\rho''\frac{\Delta X_{32}^0}{(S_{32}^0)^2}V_{Y_2}+\rho''\left[\frac{\Delta Y_{32}^0}{(S_{32}^0)^2}+\frac{-\Delta Y_{34}^0}{(S_{34}^0)^2}\right]V_{X_3}+\rho''\left[\frac{-\Delta X_{32}^0}{(S_{32}^0)^2}+\frac{\Delta X_{34}^0}{(S_{34}^0)^2}\right]V_{Y_3}+$$

$$\rho''\frac{\Delta Y_{34}^0}{(S_{34}^0)^2}V_{X_4}+\rho''\frac{-\Delta X_{34}^0}{(S_{34}^0)^2}V_{Y_4}+\left(\arctan\frac{Y_2-Y_3}{X_2-X_3}-\arctan\frac{Y_4-Y_3}{X_4-X_3}-90°\right)=0$$

代入已知数据，则得条件方程 $AV+W=0$ 的系数矩阵 A 和闭合差向量 W

Vx_1	Vy_1	Vx_2	Vy_2
−29968.46937	10414.65884	29935.85606	173.7930686
29935.85606	173.7930686	−29968.26939	−10729.73243
0	0	32.41332456	10555.93937

Vx_3	Vy_3	Vx_4	Vy_4	W/s
0	0	32.61330157	−10588.45191	−562.1494872
32.41332456	10555.93937	0	0	1830.819771
29385.99376	−10136.27593	−29418.40708	−419.6634391	−3575.596786

（2）权的确定。设各观测坐标为等权观测值，权均为 1，各观测坐标间两两独立，协因数阵为单位对角矩阵，即

$$Q=P^{-1}=E(单位阵)$$

（3）法方程系数矩阵为

2014876335	−1794312342	6289024.474
−1794312342	2020838917	−220279192.5
6289024.474	−220279192.5	1943328418

解算法方程，得联系数向量 K

-1.81246×10^{-6}
-2.34302×10^{-6}
1.58022×10^{-6}

（4）计算改正数 V（单位：cm）

利用改正数方程求得

−0.015823414
−0.019283395
+0.01600969
+0.0415056
+0.046360259
−0.040750235
−0.046546534
+0.01852803

（5）计算平差值（单位：cm）

$\hat{X}_1$	39.92417659
$\hat{Y}_1$	28.9507166
$\hat{X}_2$	39.91600969
$\hat{Y}_2$	35.9015056
$\hat{X}_3$	20.40636026
$\hat{Y}_3$	35.87924976
$\hat{X}_4$	20.41345347
$\hat{Y}_4$	28.92852803

【说明】①列立该方程时切不要认为几何图形是南北方向的，要按照坐标列式。②该题的结果为一次平差后的结果，在进行检核时，发现平差值不能满足几何条件，仍存在闭合差；可进行多次平差来消除闭合差。③该题的结果并不需要如此高的精度，由于计算过程是利用 Excel 进行计算的，尽量保留了计算的结果。

例 **5-17**　图 5-18 为某一测量实习小组所布设的单一闭合导线，其中 A、B 为已知点，C、D、E、F、G 为待定点，已知点数据为

点	X/m	Y/m
A	803.632	471.894
B	923.622	450.719

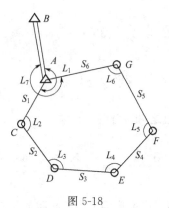

图 5-18

观测了 7 个角和 6 条边长，观测值为

β_i	观测角/° ′ ″	S_i	观测边长/m
1	230 28 50	1	99.432
2	109 50 40	2	107.938
3	132 18 50	3	119.875
4	124 02 35	4	121.970

β_i	观测角/° ′ ″	S_i	观测边长/m
5	110 57 51	5	153.739
6	99 49 56	6	139.452
7	272 31 11		

设观测值的测角中误差为 $\sigma_\beta = 6''$，边长中误差为 $\sigma_{S_i} = 0.5\sqrt{S_i}$ mm（S_i 以 m 为单位）。试按条件平差法

（1）列出条件方程；

（2）写出法方程；

（3）求出联系数 K、观测值改正数 V 及平差值 $\hat{L}$。

【分析】该题是单一闭合导线测量的条件平差问题，属于边角网条件平差。

参考"知识点九（3）"，可以列 3 个条件方程。但是条件方程的形式比较复杂，需要注意，以防出错！同时，对于边角网条件方程的系数，在代入数据时要格外注意！该题为了展现解题思路，所列条件方程尽量详细！

【解】由题意，求得坐标方位角 $\alpha_{BA} = 169°59'30.78''$；$n = 13$，$t = 10$，$r = 3$，则平差值形式的条件方程

① 坐标方位角条件

$$\hat{L}_1 + \hat{L}_2 + \cdots + \hat{L}_7 + 360° - 7 \times 180° + (\alpha_{BA} - \alpha_{AB}) = 0$$

② X 方向坐标分量的平差值之和等于零

$$\hat{S}_1 \cos\left(\alpha_{BA} + \sum_{i=1}^{1}\hat{L}_i - 180°\right) + \hat{S}_2 \cos\left(\alpha_{BA} + \sum_{i=1}^{2}\hat{L}_i - 2 \times 180°\right) + \hat{S}_3 \cos\left(\alpha_{BA} + \sum_{i=1}^{3}\hat{L}_i - \right.$$

$$\left. 3 \times 180°\right) + \hat{S}_4 \cos\left(\alpha_{BA} + \sum_{i=1}^{4}\hat{L}_i - 4 \times 180°\right) + \hat{S}_5 \cos\left(\alpha_{BA} + \sum_{i=1}^{5}\hat{L}_i - 5 \times 180° + 360°\right)$$

$$+ \hat{S}_6 \cos\left(\alpha_{BA} + \sum_{i=1}^{6}\hat{L}_i - 6 \times 180° + 360°\right) = 0$$

③ Y 方向坐标分量的平差值之和等于零

$$\hat{S}_1 \sin\left(\alpha_{BA} + \sum_{i=1}^{1}\hat{L}_i - 180°\right) + \hat{S}_2 \sin\left(\alpha_{BA} + \sum_{i=1}^{2}\hat{L}_i - 2 \times 180°\right) + \hat{S}_3 \sin\left(\alpha_{BA} + \sum_{i=1}^{3}\hat{L}_i - \right.$$

$$\left. 3 \times 180°\right) + \hat{S}_4 \sin\left(\alpha_{BA} + \sum_{i=1}^{4}\hat{L}_i - 4 \times 180°\right) + \hat{S}_5 \sin\left(\alpha_{BA} + \sum_{i=1}^{5}\hat{L}_i - 5 \times 180° + 360°\right)$$

$$+ \hat{S}_6 \sin\left(\alpha_{BA} + \sum_{i=1}^{6}\hat{L}_i - 6 \times 180° + 360°\right) = 0$$

将 $\hat{L}_i = L_i + V_i (i = 1, 2, \cdots, 7)$、$\hat{S}_j = S_j + V_{S_j} (j = 1, 2, \cdots, 6)$ 代入上式，并线性化得

① $V_1 + V_2 + \cdots + V_7 + \left(\sum_{i=1}^{7}L_i - 6 \times 180°\right) = 0$

② $\left\{\sum\limits_{j=1}^{6}\left[-S_j\cdot\sin\left(\alpha_{BA}+\sum\limits_{i=1}^{1}L_i-j\times180°\right)\right]\right\}\cdot\dfrac{V_1}{\rho''}$

$+\left\{\sum\limits_{j=2}^{6}\left[-S_j\cdot\sin\left(\alpha_{BA}+\sum\limits_{i=1}^{2}L_i-j\times180°\right)\right]\right\}\cdot\dfrac{V_2}{\rho''}$

$+\left\{\sum\limits_{j=3}^{6}\left[-S_j\cdot\sin\left(\alpha_{BA}+\sum\limits_{i=1}^{3}L_i-j\times180°\right)\right]\right\}\cdot\dfrac{V_3}{\rho''}$

$+\left\{\sum\limits_{j=4}^{6}\left[-S_j\cdot\sin\left(\alpha_{BA}+\sum\limits_{i=1}^{4}L_i-j\times180°\right)\right]\right\}\cdot\dfrac{V_4}{\rho''}$

$+\left\{\sum\limits_{j=5}^{6}\left[-S_j\cdot\sin\left(\alpha_{BA}+\sum\limits_{i=1}^{5}L_i-j\times180°\right)\right]\right\}\cdot\dfrac{V_5}{\rho''}$

$+\left\{\sum\limits_{j=6}^{6}\left[-S_j\cdot\sin\left(\alpha_{BA}+\sum\limits_{i=1}^{6}L_i-j\times180°\right)\right]\right\}\cdot\dfrac{V_6}{\rho''}$

$+\cos\left(\alpha_{BA}+\sum\limits_{i=1}^{1}L_i-180°\right)V_{S_1}+\cos\left(\alpha_{BA}+\sum\limits_{i=1}^{2}L_i-2\times180°\right)V_{S_2}$

$+\cos\left(\alpha_{BA}+\sum\limits_{i=1}^{3}L_i-3\times180°\right)V_{S_3}+\cos\left(\alpha_{BA}+\sum\limits_{i=1}^{4}L_i-4\times180°\right)V_{S_4}$

$+\cos\left(\alpha_{BA}+\sum\limits_{i=1}^{5}L_i-3\times180°\right)V_{S_5}+\cos\left(\alpha_{BA}+\sum\limits_{i=1}^{6}L_i-4\times180°\right)V_{S_6}+W_2=0$

式中　$W_2=S_1\cos\left(\alpha_{BA}+\sum\limits_{i=1}^{1}L_i-180°\right)+S_2\cos\left(\alpha_{BA}+\sum\limits_{i=1}^{2}L_i-2\times180°\right)+S_3\cos\left(\alpha_{BA}+\right.$

$\left.\sum\limits_{i=1}^{3}L_i-3\times180°\right)+S_4\cos\left(\alpha_{BA}+\sum\limits_{i=1}^{4}L_i-4\times180°\right)+S_5\cos\left(\alpha_{BA}+\sum\limits_{i=1}^{5}L_i-3\times180°\right)+$

$S_6\cos\left(\alpha_{BA}+\sum\limits_{i=1}^{6}L_i-4\times180°\right)$

③ $\left\{\sum\limits_{j=1}^{6}\left[-S_j\cdot\cos\left(\alpha_{BA}+\sum\limits_{i=1}^{1}L_i-j\times180°\right)\right]\right\}\cdot\dfrac{V_1}{\rho''}$

$+\left\{\sum\limits_{j=2}^{6}\left[-S_j\cdot\cos\left(\alpha_{BA}+\sum\limits_{i=1}^{2}L_i-j\times180°\right)\right]\right\}\cdot\dfrac{V_2}{\rho''}$

$+\left\{\sum\limits_{j=3}^{6}\left[-S_j\cdot\cos\left(\alpha_{BA}+\sum\limits_{i=1}^{3}L_i-j\times180°\right)\right]\right\}\cdot\dfrac{V_3}{\rho''}$

$+\left\{\sum\limits_{j=4}^{6}\left[-S_j\cdot\cos\left(\alpha_{BA}+\sum\limits_{i=1}^{4}L_i-j\times180°\right)\right]\right\}\cdot\dfrac{V_4}{\rho''}$

$+\left\{\sum\limits_{j=5}^{6}\left[-S_j\cdot\cos\left(\alpha_{BA}+\sum\limits_{i=1}^{5}L_i-j\times180°\right)\right]\right\}\cdot\dfrac{V_5}{\rho''}$

$+\left\{\sum\limits_{j=6}^{6}\left[-S_j\cdot\cos\left(\alpha_{BA}+\sum\limits_{i=1}^{6}L_i-j\times180°\right)\right]\right\}\cdot\dfrac{V_6}{\rho''}$

$+\sin\left(\alpha_{BA}+\sum\limits_{i=1}^{1}L_i-180°\right)V_{S_1}+\sin\left(\alpha_{BA}+\sum\limits_{i=1}^{2}L_i-2\times180°\right)V_{S_2}$

$$+ \sin(\alpha_{BA} + \sum_{i=1}^{3} L_i - 3 \times 180°) V_{S_3} + \sin(\alpha_{BA} + \sum_{i=1}^{4} L_i - 4 \times 180°) V_{S_4}$$

$$+ \sin(\alpha_{BA} + \sum_{i=1}^{5} L_i - 3 \times 180°) V_{S_5} + \sin(\alpha_{BA} + \sum_{i=1}^{6} L_i - 4 \times 180°) V_{S_6} + W_3 = 0$$

式中　　$W_3 = S_1 \sin(\alpha_{BA} + \sum_{i=1}^{1} L_i - 180°) + S_2 \sin(\alpha_{BA} + \sum_{i=1}^{2} L_i - 2 \times 180°) + S_3 \sin(\alpha_{BA} +$

$\sum_{i=1}^{3} L_i - 3 \times 180°) + S_4 \sin(\alpha_{BA} + \sum_{i=1}^{4} L_i - 4 \times 180°) + S_5 \sin(\alpha_{BA} + \sum_{i=1}^{5} L_i - 3 \times 180°) +$

$S_6 \sin(\alpha_{BA} + \sum_{i=1}^{6} L_i - 4 \times 180°)$

将已知数据、观测值代入上式，则条件方程 $AV + W = 0$ 的系数矩阵 $\underset{3 \times B}{A}$（注意：题意中边长单位 m，其中误差单位是 mm；系数在进行计算时，边长改正数 V_{S_i} 以 mm 为单位，角度改正数 V_i 以"为单位；如边长以 mm 为单位，则 ρ'' 取 206265，闭合差 $W = S_a \cdot \sin b - S_b \cdot \sin a$，$S_a$、$S_b$ 单位为 mm）：

1	1	1	1	1	1
0.312896233	0.259138422	−0.567105229	−0.430166168	0.283572627	0.65997975
−0.366711461	−0.454629256	−0.12708288	0.405739231	0.689295817	−0.146673952
1	0	0	0	0	0	0
0	−0.760718275	−0.868777479	−0.218667363	0.686150713	0.924798533	−0.216947069
0	−0.649082202	0.495202677	0.975799459	0.727459414	−0.380457189	0.976183369

条件方程常数项矩阵 W

−7.00″
−12.8917269mm
−8.001072172mm

以测角中误差为单位权中误差，即 $\sigma_0 = \sigma_\beta = 6''$，则权阵 $P = \text{diag}(1 \quad 1 \quad 1 \quad 1 \quad 1 \quad 1 \quad 1 \quad 144/99.432 \quad 144/107.938 \quad 144/119.875 \quad 144/121.970 \quad 144/153.739 \quad 144/139.452)$，则

法方程系数矩阵 N_{AA}

7	0.518315635	−6.2501×10⁻⁵
0.518315635	3.550292958	−0.143284383
−6.2501E−05	−0.143284383	3.811580425

法方程常数项矩阵 W

−7.00″
−12.8917269mm
−8.001072172mm

联系数向量 K

0.732387509
3.614452286
2.235034175

观测值改正数 V^{T} ［角，单位：(″)］

1.043723365	0.652919046	−1.601421862	0.084413467	3.297946946	2.790031529	0.732387509

观测值改正数 $V_S{}^{\mathrm{T}}$ （边，单位：mm）

−2.900307711	−1.524144404	1.157611555	3.477801475	2.660864809	−2.872273496

观测值平差值（角、边）

$\hat{L}_1$	230°28′51.04372337″	$\hat{S}_1$	96.53169229
$\hat{L}_2$	109°50′40.65291905″	$\hat{S}_2$	106.4138556
$\hat{L}_3$	132°18′48.39857814″	$\hat{S}_3$	121.0326116
$\hat{L}_4$	124°02′35.08441347″	$\hat{S}_4$	125.4478015
$\hat{L}_5$	110°57′54.29794695″	$\hat{S}_5$	156.3998648
$\hat{L}_6$	99°49′58.79003153″	$\hat{S}_6$	136.5797265
$\hat{L}_7$	272°31′11.73238751″		

【说明】①在进行检核时发现，平差后角度闭合差已经消除，坐标增量闭合差没有完全消除，但是闭合差的绝对值变小了；②本文只进行了一次平差，为了能进一步消除坐标增量闭合差，可以进行二次、三次甚至四次平差；③作者在本书外进行了三次平差的试验，发现基本可以消除闭合差，有兴趣的读者可以自行计算检验一下。

例 5-18　在地图综合中，经常需要进行线要素的综合。有一条线型地物，综合前是由 11 个点连接而成，其长度是 $S_{前}=136.8869$m，综合后的图形是由 8 个点连接而成，如图 5-19 所示，各点综合后的坐标（设为独立等精度观测）如下：

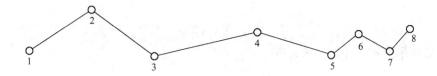

图 5-19

点号	x（北坐标）	y（东坐标）	点号	x（北坐标）	y（东坐标）
1	62.958	38.087	5	61.421	133.256
2	75.695	57.868	6	67.789	141.828
3	61.201	77.649	7	62.738	151.938
4	68.448	109.738	8	69.326	158.092

现在要求综合前后的长度相等，试列出用条件平差法解算时的条件方程。

【解析】该题是地图综合中线要素处理的一个典型问题，只有一个边长相等条件。

由题意，设综合后各点的坐标平差值为 $(\hat{X}_i, \hat{Y}_i)$，$(i=1,2,\cdots,8)$，则由边长相等条件，得

$$\sqrt{(\hat{X}_1-\hat{X}_2)^2+(\hat{Y}_1-\hat{Y}_2)^2}+\sqrt{(\hat{X}_2-\hat{X}_3)^2+(\hat{Y}_2-\hat{Y}_3)^2}+\cdots+$$
$$\sqrt{(\hat{X}_7-\hat{X}_8)^2+(\hat{Y}_7-\hat{Y}_8)^2}=136.8869$$

线性化，则

$$\frac{\Delta X_{21}^0}{S_{21}^0}V_{X_1}+\frac{\Delta Y_{21}^0}{S_{21}^0}V_{Y_1}+\left(\frac{-\Delta X_{21}^0}{S_{21}^0}+\frac{\Delta X_{32}^0}{S_{32}^0}\right)V_{X_2}+\left(\frac{-\Delta Y_{21}^0}{S_{21}^0}+\frac{\Delta Y_{32}^0}{S_{32}^0}\right)V_{Y_2}+\cdots+$$
$$\left(\frac{-\Delta X_{76}^0}{S_{76}^0}+\frac{\Delta X_{87}^0}{S_{87}^0}\right)V_{X_7}+\left(\frac{-\Delta Y_{76}^0}{S_{76}^0}+\frac{\Delta Y_{87}^0}{S_{87}^0}\right)V_{Y_7}+\frac{-\Delta X_{87}^0}{S_{87}^0}V_{X_8}+$$
$$\frac{-\Delta Y_{87}^0}{S_{87}^0}V_{Y_8}+\left(\sum_1^7 S_{i,i+1}^0-S_{前}\right)=0$$

代入数据，则

$0.541378284V_{X_1}+0.840779135V_{Y_1}+(-1.13242192)V_{X_2}+(-0.034139549)V_{Y_2}$
$+0.811336229V_{X_3}+0.168794253V_{Y_3}+(-0.506578797)V_{X_4}+(-0.01728969)V_{Y_4}$
$+0.882623998V_{X_5}+(-0.155410547)V_{Y_5}+(-1.04326822)V_{X_6}+0.091835118V_{Y_6}$
$+1.177697912V_{X_7}+(-0.211942261)V_{Y_7}+(-0.730767486)V_{X_8}+(-0.682626458)V_{Y_8}$
$+(-0.39943826)=0$

【说明】该题只有这一个条件方程，通过平差可以求出各点坐标的平差值。有兴趣的读者可以自己计算。

例 5-19　证明：条件平差估值的统计性质

（1）观测值平差值 $\hat{L}$ 具有无偏性

根据数理统计理论，要证明 $\hat{L}$ 的无偏性，就是证明 $\hat{L}$ 的数学期望等于相应的真值 $\tilde{L}$，即

$$E(\hat{L})=\tilde{L} \tag{5-27}$$

根据条件平差有关计算公式，得

$$\hat{L}=L+V=L+P^{-1}A^{\mathrm{T}}K=L+P^{-1}A^{\mathrm{T}}(AP^{-1}A^{\mathrm{T}})^{-1}W$$
$$=L-P^{-1}A^{\mathrm{T}}(AP^{-1}A^{\mathrm{T}})^{-1}(AL+A_0)$$

两边取数学期望，得

$$E(\hat{L})=E[L-P^{-1}A^{\mathrm{T}}(AP^{-1}A^{\mathrm{T}})^{-1}(AL+A_0)]$$
$$=E(L)-P^{-1}A^{\mathrm{T}}(AP^{-1}A^{\mathrm{T}})^{-1}[AE(L)+A_0]$$

由于 $E(L)=\widetilde{L}$，且 $A\widetilde{L}+A_0=0$，得

$$E(\hat{L})=\widetilde{L}$$

（2）观测值平差值 $\hat{L}$ 的方差最小（有效性）

根据矩阵的迹的定义，要证明 $\hat{L}$ 具有最小方差，需要证明平差值方差的迹 $tr(D_{\hat{L}\hat{L}})$ 为最小即可。而根据方差的定义 $D_{\hat{L}\hat{L}}=\sigma_0^2 Q_{\hat{L}\hat{L}}$，也可以证明平差值协因数阵的迹 $tr(Q_{\hat{L}\hat{L}})$ 为最小，即

$$tr(D_{\hat{L}\hat{L}})=\min \quad 或 \quad tr(Q_{\hat{L}\hat{L}})=0 \tag{5-28}$$

用反推法求 $\widetilde{L}$ 的具有最小方差的无偏估计量是 $\hat{L}$。

仿照平差值表达式 $\hat{L}=L+V=L+P^{-1}A^{\mathrm{T}}K=L+P^{-1}A^{\mathrm{T}}(AP^{-1}A^{\mathrm{T}})^{-1}W$，另设函数

$$\hat{L}'=L+GW \tag{5-29}$$

式中，G 为待求系数。

先证明 $\hat{L}'$ 是 $\widetilde{L}$ 的无偏估计。

对式（5-29）两端取数学期望，得

$$E(\hat{L}')=E(L+GW)=E(L)+GE(W)$$

由于 $E(L)=\widetilde{L}$，而 $W=-(AL+A_0)$，则上式写为

$$E(\hat{L}')=E(L)-GE(AL+A_0)=\widetilde{L}-G(A\widetilde{L}+A_0)=\widetilde{L}-G\cdot 0=\widetilde{L}$$

即无论系数 G 为什么值，$\hat{L}'$ 都是 $\widetilde{L}$ 的无偏估计，$\widetilde{L}$ 的无偏估计不唯一。

将式（5-29）写为

$$\hat{L}'=L-G(AL+A_0)=(E-GA)L+GA_0$$

按协方差传播律，得估计量 $\hat{L}'$ 的方差阵为

$$D_{\hat{L}'\hat{L}'}=(E-GA)D_{LL}(E-GA)^{\mathrm{T}}=D_{LL}-D_{LL}A^{\mathrm{T}}G^{\mathrm{T}}-GAD_{LL}+GAD_{LL}A^{\mathrm{T}}G^{\mathrm{T}} \tag{5-30}$$

为求使 $tr(D_{\hat{L}'\hat{L}'})=\min$ 的 G 值，可对式（5-30）两端求迹后，再对 G 求偏导数，得

$$tr(D_{\hat{L}'\hat{L}'})=tr(D_{LL})-tr(D_{LL}A^{\mathrm{T}}G^{\mathrm{T}})-tr(GAD_{LL})+tr(GAD_{LL}A^{\mathrm{T}}G^{\mathrm{T}})$$

$$\frac{\partial tr(D_{\hat{L}'\hat{L}'})}{\partial G}=\frac{\partial tr(D_{LL})}{\partial G}-\frac{\partial tr(D_{LL}A^{\mathrm{T}}G^{\mathrm{T}})}{\partial G}-\frac{\partial tr(GAD_{LL})}{\partial G}+\frac{\partial tr(GAD_{LL}A^{\mathrm{T}}G^{\mathrm{T}})}{\partial G} \tag{5-31}$$

其中

$$\frac{\partial tr(D_{LL})}{\partial G}=0 , \frac{\partial tr(D_{LL}A^{\mathrm{T}}G^{\mathrm{T}})}{\partial G}=D_{LL}A^{\mathrm{T}}, \frac{\partial tr(GAD_{LL})}{\partial G}=D_{LL}A^{\mathrm{T}},$$

$$\frac{\partial tr(GAD_{LL}A^{\mathrm{T}}G^{\mathrm{T}})}{\partial G}=2GAD_{LL}A^{\mathrm{T}}$$

代入式（5-31），并使其为 0，得

$$\frac{\partial tr(D_{\hat{L}'\hat{L}'})}{\partial G}=-2D_{LL}A^{\mathrm{T}}+2GAD_{LL}A^{\mathrm{T}}=0$$

而 $D_{LL}=\sigma_0^2 Q_{LL}$，代入上式，整理可得

$$GAQA^T - QA^T = 0$$

即
$$GN_{AA} - QA^T = 0$$

则
$$G = QA^T N_{AA}^{-1}$$

将上式代入式(5-29)，得

$$\hat{L}' = L + GW = L + QA^T N_{AA}^{-1} W = L + V = \hat{L}$$

可见，$\hat{L}$ 是 $\tilde{L}$ 的方差最小的无偏估计量，即是 $\tilde{L}$ 的最优无偏估计。

（3）单位权方差的无偏性

单位权方差的无偏性是指单位权方差 σ_0^2 的估值 $\hat{\sigma}_0^2$ 是其无偏估计量，即要证明

$$E(\hat{\sigma}_0^2) = \sigma_0^2 \tag{5-32}$$

估值的计算式为

$$\hat{\sigma}_0^2 = \frac{V^T PV}{r}$$

对于改正数向量 V，其数学期望 $E(V)$，方差阵为 D_{VV}，相应的权阵为 P（P 为对称可逆阵）。根据数理统计理论，V 向量的任一二次型的数学期望可表达成下式

$$E(V^T PV) = tr(PD_{VV}) + E(V)^T PE(V) \tag{5-33}$$

其中 $E(V) = 0$，$D_{VV} = \sigma_0^2 Q_{VV}$，则式(5-33) 可写为

$$E(V^T PV) = \sigma_0^2 tr(PQ_{VV})$$

将 $Q_{VV} = QA^T N_{AA}^{-1} AQ$ 代入上式，得

$$E(V^T PV) = \sigma_0^2 tr(PQ_{VV}) = \sigma_0^2 tr(PQA^T N_{AA}^{-1} AQ) = \sigma_0^2 tr(A^T N_{AA}^{-1} AQ)$$

由于 $A^T N_{AA}^{-1}$ 和 AQ 都是方阵，根据矩阵的迹的性质，有

$$tr(A^T N_{AA}^{-1} AQ) = tr(AQA^T N_{AA}^{-1}) = tr(N_{AA} N_{AA}^{-1}) = r$$

上式代入式(5-32) 后，根据单位权中误差的计算公式，得

$$E(\hat{\sigma}_0^2) = E\left(\frac{V^T PV}{r}\right) = \frac{E(V^T PV)}{r} = \frac{\sigma_0^2 r}{r} = \sigma_0^2$$

从而可得，单位权方差 σ_0^2 的估值 $\hat{\sigma}_0^2$ 是其无偏估计量。

习 题

5-1 如图 5-20 所示，为某一工程测量小组所布设的单一附合水准路线。

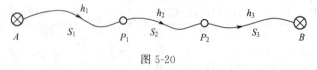

图 5-20

已知 A、B 点的高程分别为 $H_A = 23.456m$，$H_B = 22.456m$，观测高差和线路长度为：$h_1 = -5.003m$，$h_2 = +7.300m$，$h_3 = -3.301m$；$S_1 = 2km$，$S_2 = 1km$，$S_3 = 0.5km$。若用条件平差进行解算，试求改正数条件方程和各段高差的平差值。

5-2 如图 5-21 所示，为某桥梁变形监测布设的水准网的一部分。

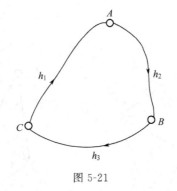

图 5-21

A、B、C 三点高程未知，现在其间进行了水准测量，测得高差及水准路线长度为 $h_1=+4.557\mathrm{m}$，$h_2=+4.277\mathrm{m}$，$h_3=-8.840\mathrm{m}$；$S_1=2\mathrm{km}$，$S_2=2\mathrm{km}$，$S_3=3\mathrm{km}$。现用条件平差进行解算，试按条件平差法求各高差的平差值。

5-3 如图 5-22 所示的单三角形中，测量人员利用经纬仪测得观测值及其中误差如下：$L_1=65°18'42''$，$L_2=56°26'18$，$L_3=301°45'42''$；$\sigma_1=15''$，$\sigma_2=10''$，$\sigma_3=5''$。

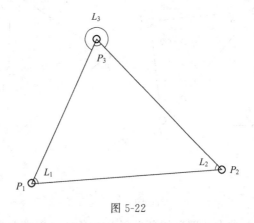

图 5-22

试：（1）列出改正数条件方程；（2）试用条件平差法求 $\angle P_3$ 的平差值（注：$\angle P_3$ 是指内角）。

5-4 指出图 5-23 中各水准网条件方程的个数，其中 P_i 表示待定高程点，h_i 表示观测高差。

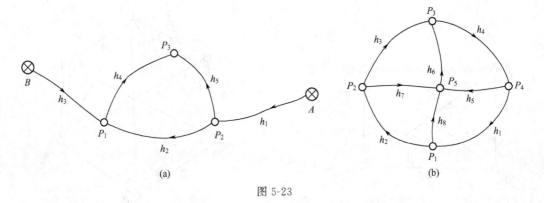

(a)   (b)

图 5-23

5-5 如图 5-24 所示，求出各测角网按条件平差解算时条件方程的总数及各类条件的个数（图中 P_i 为待定坐标点）。

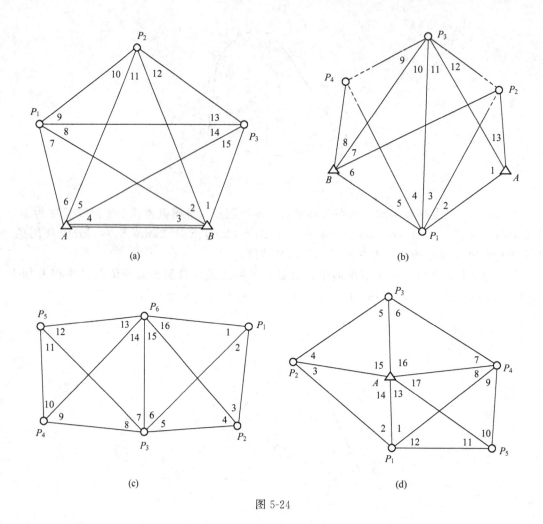

图 5-24

5-6 如图 5-25 所示，求出各图形按条件平差时条件方程的总数及各类条件的个数，其中 P_i 为待定坐标点，i 为角度观测值，S_i 为边长观测值，$\widetilde{S}_i$ 为已知边长，$\widetilde{\alpha}_i$ 为已知方位角。

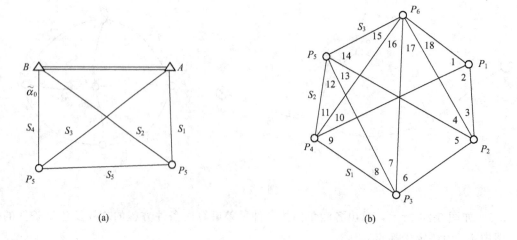

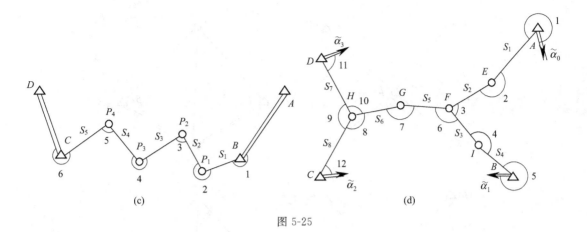

(c)   (d)

图 5-25

5-7 图 5-26 为一工矿场地的控制网。在此三角网中，A、B 为已知点，$P_1 \sim P_4$ 为待定点，$\tilde{\alpha}_1$、$\tilde{\alpha}_2$ 为已知方位角，$\tilde{S}_0$ 为已知边长，观测了 21 个内角，试求出进行条件平差时条件方程的总数及各类条件的个数。

5-8 在图 5-27 所示的 GNSS 基线向量网中，用 GNSS 接收机同步观测了网中 5 条边的基线向量 $(\Delta X_{12} \Delta Y_{12} \Delta Z_{12})$、$(\Delta X_{13} \Delta Y_{13} \Delta Z_{13})$、$(\Delta X_{14} \Delta Y_{14} \Delta Z_{14})$、$(\Delta Z_{23} \Delta Y_{23} \Delta Z_{23})$、$(\Delta X_{34} \Delta Y_{34} \Delta Z_{34})$，试按条件平差法列出全部条件方程。

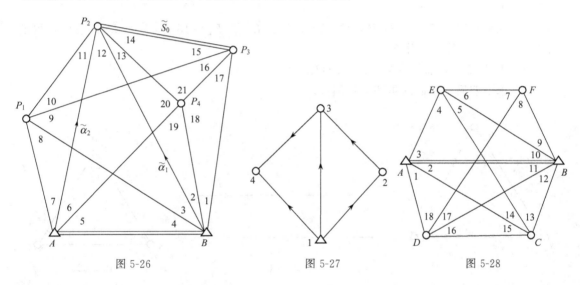

图 5-26   图 5-27   图 5-28

5-9 图 5-28 中，A、B 为已知点，C、D、E、F 为待定点，观测了 18 个角度，试列出全部平差值条件方程。

5-10 如图 5-29 所示，试确定各图形按条件平差时的条件方程个数及各种条件方程式。

5-11 如图 5-30 所示，在某次测量实验中，一位同学进行了观测，其中，A、B 为已知坐标点，P 为待定点，观测了边长 S 和方位角 α_1、α_2、α_3，试列出全部改正数条件方程。

5-12 如图 5-31 所示，工作人员在数字化时进行一条道路两边（平行）的数字化，每边各数字化了 2 个点，试按条件平差写出其条件方程。

5-13 在图 5-32 的 $\triangle ABC$ 中，同精度测得 L_1、L_2 及 L_3。
试求：（1）平差后 A 角的权 P_A。

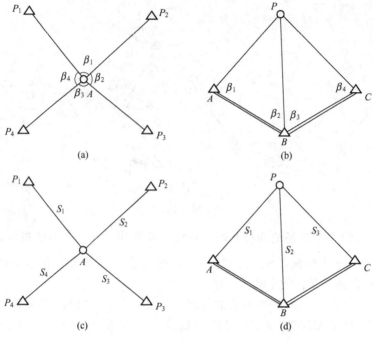

图 5-29

（2）在求平差后 A 角的权 P_A 时，若设 $F_1 = \hat{L}_1$ 或 $F_2 = 180° - \hat{L}_2 - \hat{L}_3$，最后求得的 P_{F_1} 与 P_{F_2} 是否相等？为什么？

（3）求 A 角平差前的权与平差后的权之比。

（4）求平差后三角形内角和的权倒数。

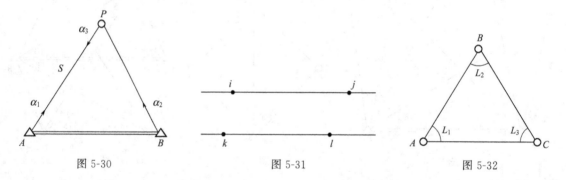

图 5-30   图 5-31   图 5-32

5-14　某测量队伍布设了一个水准网，如图 5-33 所示，测得各点间高差为 h_i（$i=1$，2，3），算得水准网平差后高差的协因数阵为

$$Q_{\hat{h}} = \frac{1}{21}\begin{bmatrix} 13 & -2 & 1 \\ -2 & 12 & 3 \\ 1 & 3 & 11 \end{bmatrix}$$

试求：（1）待定点 B、C 平差后高程的权；（2）B、C 两点间高差平差值的权。

5-15　设用三角高程测量测定图 5-34 中各点间的高差，分别从 $P_1 \to P_2$、$P_1 \to P_3$、$P_2 \to P_3$ 进行观测，得到竖直角 α_1、α_2 和 α_3，各点间的平距 S_1、S_2 及 S_3，在各测站量得

仪器高 i_1、i_2 及 i_3，照准的目标高 j_1、j_2 及 j_3，地球曲率和大气折光改正（高差改正）为 f_1、f_2 及 f_3。设 S、i、j 及 f 无误差，试列出该图形的条件方程式（只给出平差值形式即可）。

5-16 如图 5-35 所示，A、B 为已知水准点，P 为待定水准点，水准路线的总长度为 S，两段水准路线的观测高差分别为 h_1、h_2；试按条件平差法求证：在单一水准路线中平差后高程最弱点在水准路线中央。

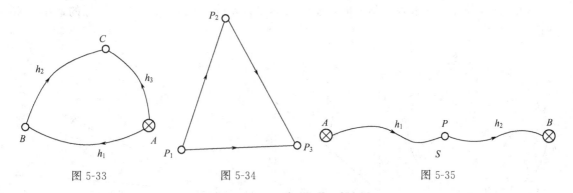

图 5-33   图 5-34   图 5-35

5-17 在某次水准测量中，布设了如下水准网，如图 5-36 所示，观测高差及路线长度

序号	观测高差/m	路线长/km
h_1	189.404	3.1
h_2	736.977	9.3
h_3	376.607	59.7
h_4	547.576	6.2
h_5	273.528	16.1
h_6	187.274	35.1
h_7	274.082	12.1
h_8	86.261	9.3

试用条件平差法求：（1）各高差的平差值；（2）$A \sim E$ 点间平差后高差的中误差；（3）$E \sim C$ 点间平差后高差的中误差。

5-18 在图 5-37 所示的直角三角形 ABC 中，为了确定 C 点坐标，观测了边长 S_1、S_2 和角度 β，观测值列于下表，试按条件平差法求：（1）观测值的平差值；（2）C 点坐标的估值。

序号	观测值	中误差
β	45°00′00″	10″
S_1	215.465m	2cm
S_2	152.311m	3cm

5-19 在某次工程控制网的加密工作中，进行了如下测量，如图 5-38 所示。B 点和 C 点的坐标如下表所示

点号	X/m	Y/m
B	1000.000	1000.000
C	714.754	1380.328

测得独立观测值 $\beta_1 = 17°11'16''$，$\beta_2 = 119°09'26''$，$\beta_3 = 43°38'50''$；$S_1 = 1404.608\text{m}$，$S_2 = 1110.086\text{m}$。测角中误差均为 $10''$，边长中误差 $\sigma_{S_i} = 3\text{mm} + 10^{-6} \times 2S_i$。

（1）试按条件平差求各观测值的平差值及其协方差阵；（2）试求 P 点坐标的最小二乘估值。

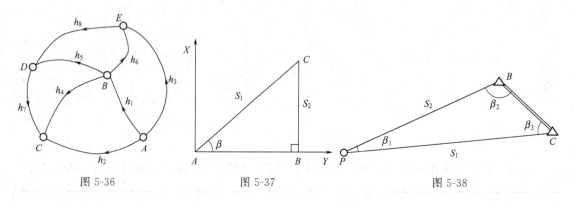

图 5-36   图 5-37   图 5-38

5-20 图 5-39 中，A、B、C、D 为已知点，$P_1 \sim P_3$ 为待定导线点，某测绘工程专业的学生观测了 5 个左角和 4 条边长，已知点数据为

点号	X/m	Y/m	点号	X/m	Y/m
A	599.951	224.856	C	747.166	572.726
B	704.816	141.165	D	889.339	622.134

观测值为

β_i	观测角 ° ′ ″	S_i	观测边长/m
1	74 10 30	1	143.825
2	279 05 12	2	124.777
3	67 55 29	3	188.950
4	276 10 11	4	117.338
5	80 23 46		

观测值的测角中误差 $\sigma_\beta = 2''$，边长中误差 $\sigma_{S_i} = 0.2\sqrt{S_i}\ \text{mm}$（$S_i$ 以 m 为单位）。试按条件平差法：（1）列出条件方程；（2）写出法方程；（3）求出联系数 K、观测值改正数 V 及平差值 $\hat{L}$。

5-21 某一学期的数字测图实习中，某小组布设了如图 5-40 所示的单一闭合导线，他们观测了 4 条边长和 5 个左转折角，已知测角中误差 $\sigma_\beta = 5''$，边长中误差按 $\sigma_{S_i} = 3\text{mm} + 2 \times 10^{-6} S_i$ 计算（S_i 以 km 为单位），起算数据为

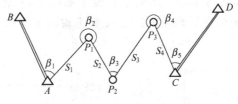

图 5-39

点	X/m	Y/m
A	2272.0451	5071.3302
B	2343.8591	5140.8826

观测值如下

角号	观测角值 β ° ′ ″	边号	观测边长/m
β_1	92 49 43	S_1	805.191
β_2	316 43 58	S_2	269.486
β_3	205 08 16	S_3	272.718
β_4	235 44 38	S_4	441.596
β_5	229 33 06		

试按条件平差求导线点 2，3，4 的坐标平差值。

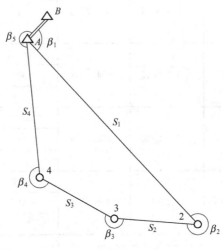

图 5-40

5-22 如图 5-41 所示，在某次房产测量实习中，一位同学对一直角房屋进行了数字化，其坐标观测值见下表，试按条件平差法列出条件方程。

坐标＼点号	1	2	3	4	5	6
X/m	4579.393	4577.929	4569.558	4570.245	4571.200	4572.028
Y/m	2595.182	2602.830	2602.830	2597.168	2597.374	2593.619

5-23 在某次控制测量实习中，一组同学布设了如图 5-42 所示的 GNSS 网，点 1 为已知点，点 2、3、4 为待定坐标点，现用 GNSS 接收机观测了 5 条边的基线向量（ΔX_{ij} ΔY_{ij} ΔZ_{ij}）。

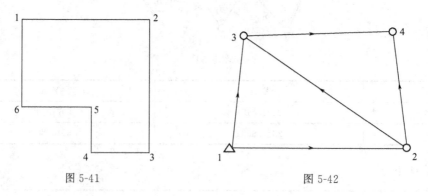

图 5-41   图 5-42

已知 1 点的坐标为：$X_1 = -1054581.2761$m，$Y_1 = 5706987.1397$m，$Z_1 = 2638873.8152$m。

基线向量观测值及其协因数为

编号	起点	终点	基线向量观测值/m			基线协因数阵		
			ΔX	ΔY	ΔZ			
1	1	2	85.4813	−59.5931	120.1951	0.009997	−0.003934	−0.002834
						对	0.024978	0.008615
							称	0.007906
2	1	3	2398.0674	−719.8051	2624.2292	0.009822	−0.003794	−0.002777
						对	0.024366	0.008424
							称	0.007801
3	2	3	2312.5960	−660.2012	2504.0334	0.009375	−0.004329	−0.002783
						对	0.022359	0.008124
							称	0.007655
4	2	4	2057.6576	−645.2884	2265.7065	0.011729	−0.00024	−0.002532
						对	0.034331	0.009255
							称	0.007819
5	3	4	−254.9616	14.9260	−238.3142	0.011691	−0.000438	−0.002528
						对	0.034529	0.009406
							称	0.007855

设备基线向量互相独立，试用条件平差法求：（1）条件方程；（2）法方程；（3）基线向量改正数及其平差值。

解析答案

5-1 【解析】按照"知识点三"来进行计算。

(1) 确定 $n=3$，$t=2$，$r=1$。

(2) 列出 $r=1$ 个条件方程

条件方程的平差值形式

$$\hat{h}_1 + \hat{h}_2 + \hat{h}_3 + H_A - H_B = 0$$

将 $\hat{h}_i = h_i + v_i$ $(i=1,2,3)$ 代入上式，并代入数据，整理可得条件方程的改正数形式

$$v_1 + v_2 + v_3 + (-0.004) = 0$$

矩阵形式

$$\begin{bmatrix} 1 & 1 & 1 \end{bmatrix} \begin{bmatrix} v_1 \\ v_2 \\ v_3 \end{bmatrix} + (-0.004) = 0$$

(3) 确定权阵，以 2km 的观测高差为单位权观测，则

$$P = \begin{bmatrix} 1 & & \\ & 2 & \\ & & 4 \end{bmatrix}$$

(4) 计算以下矩阵

$$N_{AA} = AP^{-1}A^{\mathrm{T}} = \begin{bmatrix} 1 & 1 & 1 \end{bmatrix} \begin{bmatrix} 1 & & \\ & 2 & \\ & & 4 \end{bmatrix}^{-1} \begin{bmatrix} 1 \\ 1 \\ 1 \end{bmatrix} = \frac{7}{4}$$

$$K = -N_{AA}^{-1}W = -\frac{4}{7} \times (-0.004) = \frac{0.016}{7}$$

$$V = P^{-1}A^{\mathrm{T}}K = \begin{bmatrix} 1 & & \\ & 2 & \\ & & 4 \end{bmatrix}^{-1} \begin{bmatrix} 1 \\ 1 \\ 1 \end{bmatrix} \begin{bmatrix} \dfrac{0.016}{7} \end{bmatrix} = \begin{bmatrix} \dfrac{0.016}{7} \\ \dfrac{0.008}{7} \\ \dfrac{0.004}{7} \end{bmatrix} = \begin{bmatrix} 0.0023 \\ 0.0011 \\ 0.0006 \end{bmatrix}$$

所以

$$\hat{h} = h + V = \begin{bmatrix} -5.003 \\ +7.300 \\ -3.301 \end{bmatrix} + \begin{bmatrix} 0.0023 \\ 0.0011 \\ 0.0006 \end{bmatrix} = \begin{bmatrix} -5.0007 \\ 7.3011 \\ -3.3004 \end{bmatrix}$$

(5) 检核：$-5.0007 + 7.3011 - 3.3004 + 23.456 - 22.456 = 0$。

5-2 【解析】$n=3$，$t=2$，$r=1$，则

$$\hat{h}_1 + \hat{h}_2 + \hat{h}_3 = 0$$

将 $\hat{h}_i = h_i + v_i$ $(i=1,2,3)$ 代入上式，整理可得

$$v_1 + v_2 + v_3 - 6mm = 0$$

矩阵 $\qquad\qquad\qquad A = [1 \quad 1 \quad 1], W = -6$

令 $C = 6km$，则权阵 $P = \text{diag} (3 \quad 3 \quad 2)$，则

$$N_{AA} = AP^{-1}A^{T} = 7/6, K = -N_{AA}^{-1}W = 36/7, V = P^{-1}A^{T}K = [12/7 \quad 12/7 \quad 18/7]^{T}$$

进而，可得

$$\hat{h}_1 = 4.5587m, \hat{h}_2 = 4.2787m, \hat{h}_1 = -8.8374m$$

检核：$\hat{h}_1 + \hat{h}_2 + \hat{h}_3 = 4.5587 + 4.2787 - 8.8374 = 0$，满足要求。

【说明】该题中的水准网为没有已知点的水准网。

5-3 【解析】由题意，$n = 3$，$t = 2$，$r = 1$，则根据几何条件，列出平差值形式的条件方程

$$\hat{L}_1 + \hat{L}_2 + (360° - \hat{L}_3) = 180°$$

将 $\hat{L}_i = L_i + v_i$ $(i = 1, 2, 3)$ 代入上式，整理可得

$$v_1 + v_2 - v_3 - 42'' = 0$$

则 $\qquad\qquad\qquad A = [1 \quad 1 \quad -1], W = -42$

令单位权中误差为 $\sigma_0 = 5$，则权阵 $P = \text{diag} (1/9 \quad 1/4 \quad 1)$，则

$$N_{AA} = AP^{-1}A^{T} = 14, K = -N_{AA}^{-1}W = 3, V = P^{-1}A^{T}K = [27 \quad 12 \quad -3]^{T}$$

所以 $\hat{L}_3 = 301°45'39''$，从而可得 $\angle P_3$ 的平差值为 $58°14'21''$。

5-4 【解析】该题为水准网，可依据"附录"中水准网的必要观测数的确定方法。

（a）$n = 5$，$t = 3$，$r = 2$，即条件方程的个数为 2 个；

（b）$n = 8$，$t = 4$，$r = 4$，即条件方程的个数为 4 个。

5-5 【解析】（a）$n = 15$，$t = 6$，$r = 9$；共有 9 个条件方程，其中有 6 个图形条件，3 个极条件。

（b）$n = 13$，$t = 8$，$r = 5$；共有 5 个条件方程，其中有 2 个图形条件，3 个极条件。

（c）$n = 16$，$t = 8$，$r = 8$；共有 8 个条件方程，其中有 6 个图形条件，2 个极条件。

（d）$n = 17$，$t = 8$，$r = 9$；共有 9 个条件方程，其中有 6 个图形条件，1 个圆周条件，2 个极条件。

【说明】条件方程形式的确定是有方法的，可以查阅相关论文，也可以参考"例 5-5"。

5-6 【解析】该题中的图形为测边网或边角网。

（a）该图为测边网，$n = 5$，$t = 2p - q - 3 = 2 \times 4 - 2 - 3 = 2$，$r = 3$；共有 3 个条件方程，其中有 2 个边长图形条件，1 个固定角条件。

（b）该图为边角网，$n = 21$，$t = 2p - q - 3 = 2 \times 6 - 0 - 3 = 9$，$r = 12$；共有 12 个条件方程，其中有 7 个图形条件，3 个极条件，2 个边长条件。

（c）该图为单一附合导线，为导线网，$n = 11$，$t = 2 \times 4 = 8$，$r = 3$；共有 3 个条件方程，其中有 1 个方位角条件，2 个坐标条件。

（d）该图为导线网，$n = 20$，$t = 2 \times 5 = 10$，$r = 10$；共有 10 个条件方程，其中有 3 个方位角条件，6 个坐标条件，1 个圆周条件。

【说明】固定角条件与方位角条件的区别：固定角条件可以看作方位角条件的特例；从同一个点出去的两条边所夹的角度，如果这两条边的方位角已知，则可认为其为固定角

条件。

5-7 【解析】该题比较复杂，但是很经典。该图为测角网，由题意，$n=21$，$t=2p-q-4=2\times6-3-4=5$，$r=16$；共有 16 个条件方程，其中有 7 个图形条件，1 个圆周条件，2 个固定角条件，1 个固定边条件，5 个极条件。

5-8 【解析】该题为 GNSS 网，$t=$ 待定点个数的 3 倍；$n=15$，$t=3\times3$，$r=6$，则条件方程如下。

$$\Delta\hat{X}_{12}+\Delta\hat{X}_{23}-\Delta\hat{X}_{13}=0$$

$$\Delta\hat{Y}_{12}+\Delta\hat{Y}_{23}-\Delta\hat{Y}_{13}=0$$

$$\Delta\hat{Z}_{12}+\Delta\hat{Z}_{23}-\Delta\hat{Z}_{13}=0$$

$$\Delta\hat{X}_{13}+\Delta\hat{X}_{34}-\Delta\hat{X}_{14}=0$$

$$\Delta\hat{Y}_{13}+\Delta\hat{Y}_{34}-\Delta\hat{Y}_{14}=0$$

$$\Delta\hat{Z}_{13}+\Delta\hat{Z}_{34}-\Delta\hat{Z}_{14}=0$$

【说明】采用坐标分量的闭合差等于零。

5-9 【解析】该题为测角网，由题意 $n=18$，$t=8$，$r=10$，共有 10 个条件方程，其中有 7 个图形条件

$$\hat{L}_1+\hat{L}_{15}+\hat{L}_{16}+\hat{L}_{17}+\hat{L}_{18}-180°=0$$

$$\hat{L}_2+\hat{L}_3+\hat{L}_4+\hat{L}_{14}-180°=0$$

$$\hat{L}_5+\hat{L}_{10}+\hat{L}_{11}+\hat{L}_{12}+\hat{L}_{13}-180°=0$$

$$\hat{L}_6+\hat{L}_7+\hat{L}_8+\hat{L}_9-180°=0$$

$$\hat{L}_{12}+\hat{L}_{13}+\hat{L}_{14}+\hat{L}_{15}+\hat{L}_{16}-180°=0$$

$$\hat{L}_8+\hat{L}_9+\hat{L}_{10}+\hat{L}_{11}+\hat{L}_{17}-180°=0$$

$$\hat{L}_1+\hat{L}_2+\hat{L}_{11}+\hat{L}_{17}+\hat{L}_{18}-180°=0$$

3 个极条件

$$\frac{\sin(\hat{L}_1+\hat{L}_2)\sin\hat{L}_{12}\sin\hat{L}_{15}}{\sin\hat{L}_1\sin\hat{L}_{11}\sin(\hat{L}_{13}+\hat{L}_{14}+\hat{L}_{15})}-1=0 \qquad \text{（以 D 点为极的大地四边形）}$$

$$\frac{\sin(\hat{L}_{16}+\hat{L}_{17}+\hat{L}_{18})\sin(\hat{L}_2+\hat{L}_3)\sin\hat{L}_5\sin\hat{L}_{12}}{\sin\hat{L}_{16}\sin\hat{L}_1\sin\hat{L}_4\sin(\hat{L}_{10}+\hat{L}_{11}+\hat{L}_{12})}-1=0 \qquad \text{（以 C 点为极的四点扇形）}$$

$$\frac{\sin(\hat{L}_{17}+\hat{L}_{18})\sin\hat{L}_3\sin\hat{L}_6\sin\hat{L}_8}{\sin\hat{L}_{17}\sin(\hat{L}_1+\hat{L}_2)\sin(\hat{L}_4+\hat{L}_5)\sin(\hat{L}_7+\hat{L}_8)}-1=0 \qquad \text{（以 B 点为极的四点扇形）}$$

【说明】需要知道，该题中极条件的列立是有规律可循的；该题中条件方程的列立请参考"例 5-4"。

5-10 【解析】这四个图形比较经典，（a）与（c）、（b）与（d）的图形一样，但是观测值不同。

对于（a），该图形算是全圆观测法，观测值为角度，所以目的是为了确定各方向之间的夹角的平差值，属于测站平差问题，可参考"附录"，因此，$n=4$，$t=3$，$r=1$，可列出 1

个条件方程式，即 $\hat{\beta}_1 + \hat{\beta}_2 + \hat{\beta}_3 + \hat{\beta}_4 - 360° = 0$。

对于（b），该图形是测角三角网，只是 P 点处的角度没有观测，算是测角的前方交会问题，可参考"附录"，因此，$n=4$，$t=2$，则 $r=2$，即可以列出 2 个条件方程式；由前方交会方法，利用点 A、B 可以求出 P 点的两个坐标分量（设为第一组坐标分量），利用 B、C 也可以求出 P 点的两个坐标分量（设为第二组坐标分量），让这两组坐标分量分别相等即可，在此略。

对于（c），该图形同（a）一样，只是观测值不同，该题中的观测值为边长，算是自由设站法的问题；在该图形中，虽然 P_1、P_2、P_3 和 P_4 各点之间未连线，但是由于它们都是已知点，所以它们之间的边长已知，因此，该图形可看作是一个测边的中点四边形，因此，$n=4$，$t=2$，$r=2$，可列出 2 个条件方程式，即根据测边交会的公式列出，在此略。

对于（d），该图形同（b）一样，只是观测值不同，该题中的观测值为边长，算是测边交会问题；其实，该题的原理同（c）差不多，只是在已知点 A、B、C 之间进行了连线，因此，$n=3$，$t=2$，$r=1$，可列出 1 个条件方程式，即根据测边交会的公式列出即可，在此略。

5-11 【解析】该题可列出两个条件方程，一个是正弦定理，一个是正反坐标方位角条件。由题意 $n=4$，$t=2$，$r=2$，则可列出 2 个条件方程

$$\frac{S_{AB}}{\sin(\hat{\alpha}_1 - \hat{\alpha}_2)} = \frac{\hat{S}}{\sin(\hat{\alpha}_2 - \alpha_{BA})} \text{ 或 } S_{AB}\sin(\hat{\alpha}_2 - \alpha_{BA}) - \hat{S}\sin(\hat{\alpha}_1 - \hat{\alpha}_2) = 0$$

$$\hat{\alpha}_1 - \hat{\alpha}_3 + 180° = 0$$

设 α_1、α_2、α_3 的改正数为 V_1、V_2、V_3，S 的改正数为 V_S，则

$$-\frac{1}{\rho''}\cot(\alpha_1 - \alpha_2)V_1 + \frac{1}{\rho''}[\cot(\alpha_2 - \alpha_{BA}) - \cot(\alpha_1 - \alpha_2)]V_2 + \frac{1}{S_{AB}}V_S + W_1 = 0$$

$$V_1 - V_3 + W_2 = 0$$

其中，$W_1 = S_{AB}\sin(\alpha_2 - \alpha_{BA}) - S\sin(\alpha_1 - \alpha_2)$，$W_2 = \alpha_1 - \alpha_3 + 180°$。

【说明】该题中，要注意 W_1 的取值形式。

5-12 【解析】该题的条件就是平行问题，只要列出点 i、j 的坐标方位角与点 k、l 的坐标方位角相等即可。

即

$$\arctan\frac{\hat{Y}_j - \hat{Y}_i}{\hat{X}_j - \hat{X}_i} - \arctan\frac{\hat{Y}_l - \hat{Y}_k}{\hat{X}_l - \hat{X}_k} = 0$$

线性化，则

$$-\frac{\Delta Y_{ij}}{S_{ij}^2}V_{x_j} + \frac{\Delta X_{ij}}{S_{ij}^2}V_{y_j} + \frac{\Delta Y_{ij}}{S_{ij}^2}V_{x_i} - \frac{\Delta X_{ij}}{S_{ij}^2}V_{y_i} + \frac{\Delta Y_{kl}}{S_{kl}^2}V_{x_l} - \frac{\Delta X_{kl}}{S_{kl}^2}V_{y_l} - \frac{\Delta Y_{kl}}{S_{kl}^2}V_{x_k} + \frac{\Delta X_{kl}}{S_{kl}^2}V_{y_k}$$

$$+ \arctan\frac{\Delta Y_{ij}}{\Delta X_{ij}} - \arctan\frac{\Delta Y_{kl}}{\Delta X_{kl}} = 0$$

【说明】该题分量较多，线性化时要注意，不要出错。两直线平行的条件：①斜率相等（当直线与横轴垂直时，斜率无穷大）；②坐标方位角相等。

5-13 【解析】由题意，由于同精度观测，则设观测值的权阵为 $P = \text{diag}(1 \quad 1 \quad 1)$，从而可得

（1）$P_A = \dfrac{3}{2}$。

(2) 是，证明过程如下。

由题意，可得

$$\hat{L} = \begin{bmatrix} \hat{L}_1 \\ \hat{L}_2 \\ \hat{L}_3 \end{bmatrix} = \frac{1}{3} \begin{bmatrix} 2 & -1 & -1 \\ -1 & 2 & -1 \\ -1 & -1 & 2 \end{bmatrix} \begin{bmatrix} L_1 \\ L_2 \\ L_3 \end{bmatrix} + \begin{bmatrix} 60 \\ 60 \\ 60 \end{bmatrix}$$

由于同精度观测，则观测值的协因数阵为 $Q_{LL} = \begin{bmatrix} 1 & & \\ & 1 & \\ & & 1 \end{bmatrix}$，由协因数传播律，得

$$Q_{\hat{L}\hat{L}} = \frac{1}{3} \begin{bmatrix} 2 & -1 & -1 \\ -1 & 2 & -1 \\ -1 & -1 & 2 \end{bmatrix}$$

(3) 设平差前 A 角的权为 $P'_A = 1$，平差后为 P_A，$\dfrac{P'_A}{P_A} = \dfrac{2}{3}$。

(4) 依据协因数传播律，得 $Q_\Sigma = \dfrac{1}{P_\Sigma} = 0$。

5-14 【解析】该题可以直接给出答案。

(1) B 点高程平差值的权为 $\hat{h}_1$ 的权，C 点高程平差值的权为 $\hat{h}_3$ 的权，即 $p_B = 21/13$，$p_C = 21/11$。

(2) B、C 两点间高差平差值的权即为 $\hat{h}_2$ 的权，即 $p_{\hat{h}_{BC}} = p_{\hat{h}_2} = 21/12 = 7/4$。

5-15 【解析】该题属于三角高程测量的问题，需要用到《数字测图原理与方法》中三角高程测量的公式 $h = S\tan\alpha + i - v + f$。该题中的图形相当于闭合水准路线，只有一个闭合差条件。

由题意，$n = 3$，$t = 2$，$r = 1$，即只有 1 个条件方程：

$$\hat{h}_{12} + \hat{h}_{23} - \hat{h}_{13} = 0$$

即 $\quad (\hat{S}_1\tan\hat{\alpha}_1 + i_1 - v_1 + f_1) + (\hat{S}_2\tan\hat{\alpha}_2 + i_2 - v_2 + f_2) - (\hat{S}_3\tan\hat{\alpha}_3 + i_3 - v_3 + f_3) = 0$

【说明】一定要搞清楚该题中哪些是观测值，哪些不是观测值；同时参考"第 3 章知识点七 (5)"。

5-16 【解析】只需证明平差后高程的中误差在路线中央时最大即可。严格说来，该题属于数学上的求极值问题，分析如下。

由题意，$n = 2$，$t = 1$，$r = 1$，则

$$H_A + \hat{h}_1 + \hat{h}_2 - H_B = 0$$

化为改正数形式，则

$$V_1 + V_2 + (H_A + h_1 + h_2 - H_B) = 0$$

设 1km 观测的高差为单位权观测值，且设 A 到 P 的水准路线长度为 S_1，则 P 到 B 的水准路线长度为 $S - S_1$，则权逆阵 Q 如下

$$Q = \begin{bmatrix} S_1 & \\ & S - S_1 \end{bmatrix}$$

通过一系列计算可得平差值 $\hat{h}_1$ 为

$$\hat{h}_1 = \frac{S - S_1}{S} h_1 - \frac{S_1}{S} h_2 - \frac{S_1}{S}(H_A - H_B)$$

又 P 点高程的平差值为 $\hat{H}_P = H_A + \hat{h}_1$，由协因数传播律则 $Q_{\hat{H}_P} = Q_{\hat{h}_1}$，因此，得

$$Q_{\hat{H}_P} = Q_{\hat{h}_1} = \frac{1}{S}(SS_1 - S_1^2)$$

上式对 S_1 求一阶导数，并令为零，可得当 $S_1 = \dfrac{S}{2}$ 时，$Q_{\hat{H}_P} = Q_{\hat{h}_1}$ 取最大值，可知平差后高程的中误差在路线中央时最大。

5-17 【解析】$n=8$，$t=4$，$r=4$，则列出 4 个条件方程，由几何关系所得平差值形式的条件方程

$$\hat{h}_1 - \hat{h}_2 + \hat{h}_4 = 0$$
$$\hat{h}_1 - \hat{h}_3 + \hat{h}_6 = 0$$
$$\hat{h}_4 - \hat{h}_5 - \hat{h}_7 = 0$$
$$\hat{h}_5 - \hat{h}_6 - \hat{h}_8 = 0$$

将 $\hat{h}_i = h_i + V_i$ $(i = 1, 2, \cdots, 8)$ 代入上式，得改正数形式的条件方程

$$V_1 - V_2 + V_4 + 0.003 = 0$$
$$V_1 - V_3 + V_6 + 0.071 = 0$$
$$V_4 - V_5 - V_7 - 0.034 = 0$$
$$V_5 - V_6 - V_8 - 0.007 = 0$$

则 $AV + W = 0$ 的系数矩阵 A 和常数项矩阵 W 如下

系数矩阵 A								常数项矩阵 W
1	−1	0	1	0	0	0	0	0.003
1	0	−1	0	0	1	0	0	0.071
0	0	0	1	−1	0	−1	0	−0.034
0	0	0	0	1	−1	0	−1	−0.007

设 1km 观测高差为单位权观测，则权逆阵 $Q = P^{-1} = (3.1 \quad 9.3 \quad 59.7 \quad 6.2 \quad 16.1 \quad 35.1 \quad 12.1 \quad 9.3)$，从而由公式 $N_{AA} = AQA^{\mathrm{T}}$ 求得法方程系数矩阵

18.6	3.1	6.2	0
3.1	97.9	0	−35.1
6.2	0	34.4	−16.1
0	−35.1	−16.1	60.5

则联系数 $K = -N_{AA}^{-1} W$，如下表

0.000390154
−0.00072155
0.001047367
−2.41953E-05

改正数 $V = QA^\mathrm{T}K$，如下表（单位：m）

−0.003446284
+0.003628434
+0.043076554
+0.004074717
−0.017252146
−0.024477162
−0.012673136
0.000225016

从而可得各高差的平差值 $\hat{h} = h + V$，如下表（单位：m）

189.4005537
736.9806284
376.6500766
547.5800747
273.5107479
187.2495228
274.0693269
86.26122502

$Q_{VV} = QA^\mathrm{T}N_{AA}^{-1}AQ$，如下表

0.620940219	−1.583100039	−1.795625907	0.895959742	0.584794025	0.683433874	0.311165716	−0.098639849
−1.583100039	5.091975509	−2.199754932	−2.624924452	−1.122717479	−0.616654893	−1.502206973	−0.506062585
−1.795625907	−2.199754932	48.70128703	−0.404129025	−4.054879186	−9.203087062	3.650750161	5.148207876
0.895959742	−2.624924452	−0.404129025	2.679115806	−1.707511504	−1.300088767	−1.81337269	−0.407422737
0.584794025	−1.122717479	−4.054879186	−1.707511504	9.599347068	−4.639673211	4.793141428	−1.860979721
0.683433874	−0.616654893	−9.203087062	−1.300088767	−4.639673211	25.21347906	3.339584444	5.246847725
0.311165716	−1.502206973	3.650750161	−1.81337269	4.793141428	3.339584444	5.493485882	1.453556984
−0.098639849	−0.506062585	5.148207876	−0.407422737	−1.860979721	5.246847725	1.453556984	2.192172554

矩阵 $Q_{\hat{h}\hat{h}} = Q - Q_{VV}$，如下表所示

2.479059781	1.583100039	1.795625907	−0.895959742	−0.584794025	−0.683433874	−0.311165716	0.098639849
1.583100039	4.208024491	2.199754932	2.624924452	1.122717479	0.616654893	1.502206973	0.506062585
1.795625907	2.199754932	10.99871297	0.404129025	4.054879186	9.203087062	−3.650750161	−5.148207876
−0.895959742	2.624924452	0.404129025	3.520884194	1.707511504	1.300088767	1.81337269	0.407422737
−0.584794025	1.122717479	4.054879186	1.707511504	6.500652932	4.639673211	−4.793141428	1.860979721
−0.683433874	0.616654893	9.203087062	1.300088767	4.639673211	9.886520936	−3.339584444	−5.246847725
−0.311165716	1.502206973	−3.650750161	1.81337269	−4.793141428	−3.339584444	6.606514118	−1.453556984
0.098639849	0.506062585	−5.148207876	0.407422737	1.860979721	−5.246847725	−1.453556984	7.107827446

所以，单位权方差及单位权中误差为

$$\sigma_0^2 = V^{\mathrm{T}}PV/r = 87.84163331/4 = 21.96040833\mathrm{mm}^2, \quad \sigma_0 = 4.686193373\mathrm{mm}$$

A 到 E 点间平差后高差函数

$$\hat{\varphi}_1 = \hat{h}_3 = \begin{bmatrix} 0 & 0 & 1 & 0 & 0 & 0 & 0 & 0 \end{bmatrix} \begin{bmatrix} \hat{h}_1 \\ \hat{h}_2 \\ \vdots \\ \hat{h}_8 \end{bmatrix}$$

所以
$$f_1^{\mathrm{T}} = \begin{bmatrix} 0 & 0 & 1 & 0 & 0 & 0 & 0 & 0 \end{bmatrix}$$

$$Q_{\hat{\varphi}_1} = f_1^{\mathrm{T}} Q_{\hat{h}\hat{h}} f_1 = 10.99871297, \quad \sigma_{\hat{\varphi}_1} = \sigma_0 \sqrt{Q_{\hat{\varphi}_1}} = 15.54143584\mathrm{mm}$$

E 到 C 点间平差后高差函数

$$\hat{\varphi}_2 = \hat{h}_7 + \hat{h}_8 = \begin{bmatrix} 0 & 0 & 0 & 0 & 0 & 0 & 1 & 1 \end{bmatrix} \begin{bmatrix} \hat{h}_1 \\ \hat{h}_2 \\ \vdots \\ \hat{h}_8 \end{bmatrix}$$

所以
$$f_2^{\mathrm{T}} = \begin{bmatrix} 0 & 0 & 0 & 0 & 0 & 0 & 1 & 1 \end{bmatrix}$$

$$Q_{\hat{\varphi}_2} = f_2^{\mathrm{T}} Q_{\hat{h}\hat{h}} f_2 = 10.8072276, \quad \sigma_{\hat{\varphi}_2} = \sigma_0 \sqrt{Q_{\hat{\varphi}_2}} = 15.4055552\mathrm{mm}$$

5-18 【解析】该题同"例 7-15"，为边角网平差问题，含有两种类型的观测值。该题按以下步骤来做。

（1）由题意，$n=3$，$t=2$，$r=1$，则

$$\hat{S}_1 \sin\hat{\beta} - \hat{S}_2 = 0$$

线性化，可得

$$\frac{S_1 \cos\beta}{\rho''} V_\beta + \sin\beta V_{S_1} - V_{S_2} + (S_1 \sin\beta - S_2) = 0$$

代入数据（长度以 cm 为单位），即为

$$0.0738645735\mathrm{cm} V_\beta + 0.707107 V_{S_1} - V_{S_2} + 4.57626\mathrm{cm} = 0$$

系数矩阵和闭合差

$$A = \begin{bmatrix} 0.0738645735 & 0.707107 & -1 \end{bmatrix}, \quad W = \begin{bmatrix} 4.57626 \end{bmatrix}\mathrm{cm}$$

（2）权的确定

$$P_\beta = \frac{10^2}{10^2} = 1, \ P_{S_1} = \frac{10^2}{2^2} = 25 \ (''/\text{cm})^2, \ P_{S_2} = \frac{10^2}{3^2} = \frac{100}{9} \ (''/\text{cm})^2$$

所以权逆阵为

$$Q = P^{-1} = \begin{bmatrix} 1 & & \\ & \dfrac{1}{25} & \\ & & \dfrac{9}{100} \end{bmatrix}$$

（3）依次计算各矩阵

$$N_{AA} = AP^{-1}A^{\text{T}} = 0.11545598759630, \ K = -N_{AA}^{-1}W = -39.63640253982617$$

$$V = P^{-1}A^{\text{T}}K = \begin{bmatrix} -2.92772596867858'' \\ -1.12108710762915\text{cm} \\ 3.56727622858435\text{cm} \end{bmatrix}$$

（4）$\hat{\beta} = 44°59'57.07227''$，$\hat{S}_1 = 215.4538\text{m}$，$\hat{S}_2 = 152.3466\text{m}$。

（5）$\hat{X}_C = 152.3466\text{m}$，$\hat{Y}_C = 152.3466806\text{m}$。

（6）检核，将观测值的平差值代入 $\hat{S}_1\sin\hat{\beta} - \hat{S}_2 = 0$，满足条件！

【说明】①该题在进行检核时，小数点后需有足够的精度才行。②该题在进行解算时，看一下所给出的中误差是什么单位，在解题过程中可以将条件方程的系数化成该单位，如题目中为 cm。这类问题在以后还会经常遇到，尤其是在两种类型的观测值中。③在边长测定时，每台全站仪都附有使用该仪器所测距离的精度公式。例如，测距精度为 $\pm(5\text{mm} + 5 \times 10^{-6}S)$，式中 S 为测距边长，单位为 km。公式中前项，即"5mm"是与测距长度无关的所谓固定误差，后项"$5 \times 10^{-6}S$"是与测距 S 成正比的比例误差；"10^{-6}"表示单位 ppm，如 $3\text{mm} + 1 \times 10^{-6}S_{\text{km}}$，边长 $S_1 = 5760.706\text{m}$，令 $\sigma_0 = 10\text{mm}$，则 $p_S = \dfrac{10^2}{(3 + 5.8)^2} = 1.29$。

5-19 【解析】该题为一边角网平差问题。

由题意，BC 边的长度 $S_{BC} = 475.410\text{m}$；$n = 5$，$t = 2$，$r = 3$，则

$$\hat{\beta}_1 + \hat{\beta}_2 + \hat{\beta}_3 - 180° = 0$$

$$\hat{S}_1\sin\hat{\beta}_1 - S_{BC}\sin\hat{\beta}_2 = 0$$

$$\hat{S}_2\sin\hat{\beta}_1 - S_{BC}\sin\hat{\beta}_3 = 0$$

线性化，则

$$V_1 + V_2 + V_3 + (\beta_1 + \beta_2 + \beta_3 - 180°) = 0$$

$$(S_1\cos\beta_1/\rho'')V_1 + (-S_{BC}\cos\beta_2/\rho'')V_2 + (\sin\beta_1)V_{S_1} + (S_1\sin\beta_1 - S_{BC}\sin\beta_2) = 0$$

$$(S_2\cos\beta_1/\rho'')V_1 + (-S_{BC}\cos\beta_3/\rho'')V_3 + (\sin\beta_1)V_{S_2} + (S_2\sin\beta_1 - S_{BC}\sin\beta_3) = 0$$

代入数据，得条件方程 $AV + W = 0$ 的系数矩阵 A 及其常数项矩阵 W

A					W
1	1	1	0	0	$-28''$
6.50561269	1.122941142	0	0.295504265	0	-101.2785761mm
5.141498247	0	-1.667797336	0	0.295504265	-100.5167454mm

设单位权观测值的方差 10^2 ($''^2$)，则权阵 $P=\mathrm{diag}$ $(1\quad 1\quad 1\quad 10^2/5.81^2\quad 10^2/5.22^2)$，则法方程系数矩阵 N_{AA}

3	7.628553832	3.47370091
7.628553832	43.61346209	33.44859624
3.47370091	33.44859624	29.2403478

所以，联系数向量 K

279.7020079
−193.608257
191.6817262

观测值的改正数 V^{T}（长度 mm，角度 $''$）

V_{β_1}	V_{β_2}	V_{β_3}	V_{S_1}	V_{S_2}
5.692933824	62.29133077	−39.9842646	−19.31256211	15.43424791

平差值

$\hat{\beta}_1$	$\hat{\beta}_2$	$\hat{\beta}_3$	$\hat{S}_1$	$\hat{S}_2$
17°11′21.6929″	119°10′28.2914″	43°38′10.0157″	1404.5887m	1110.1014m

A 点坐标的最小二乘估值

点号	X	Y
A	549.2674883	−14.47793465

计算得单位权方差为 $\hat{\sigma}_0^2=2496.844811$，观测值平差值的协因数阵

0.992026376	0.035811153	−0.02783753	0.039466904	−0.018377489
0.035811153	0.832979993	0.131208855	−0.153744351	0.117441675
−0.02783753	0.131208855	0.896628673	0.114277446	−0.099064186
0.039466904	−0.153744351	0.114277446	0.052941362	−0.041713743
−0.018377489	0.117441675	−0.099064186	−0.041713743	0.033124335

观测值平差值的协方差阵

2476.935909	89.4148926	−69.50599127	98.54273562	−45.88573756
89.4148926	2079.821773	327.6081495	−383.8757861	293.2336363
−69.50599127	327.6081495	2238.74265	285.3330492	−247.3478977
98.54273562	−383.8757861	285.3330492	132.1863648	−104.1527435
−45.88573756	293.2336363	−247.3478977	−104.1527435	82.70632471

【说明】该题需要注意：题中所给的边长中误差单位为 mm，所以，在计算改正数形式的条件方程的系数矩阵时，长度要化为 mm。

5-20 【解析】该题为单一附合导线的条件平差。$n=9$，$t=6$，$r=3$，则条件方程

（1）坐标方位角条件

$$\alpha_{BA} + \sum_{i=1}^{5} \hat{\beta}_i - 5 \times 180 = \alpha_{CD}$$

（2）X 方向坐标增量闭合差＝0

$$\hat{S}_1 \cos\hat{a}_{AP_1} + \hat{S}_2 \cos\hat{a}_{P_1 P_2} + \hat{S}_3 \cos\hat{a}_{P_2 P_3} + \hat{S}_4 \cos\hat{a}_{P_3 C} + X_A - X_C = 0$$

即

$$\hat{S}_1 \cos\left(\alpha_{BA} + \sum_{i=1}^{1} \hat{\beta}_i - 1 \times 180°\right) + \hat{S}_2 \cos\left(\alpha_{BA} + \sum_{i=1}^{2} \hat{\beta}_i - 2 \times 180°\right) +$$

$$\hat{S}_3 \cos\left(\alpha_{BA} + \sum_{i=1}^{3} \hat{\beta}_i - 3 \times 180°\right) + \hat{S}_4 \cos\left(\alpha_{BA} + \sum_{i=1}^{4} \hat{\beta}_i - 4 \times 180°\right) + X_A - X_C = 0$$

（3）Y 方向坐标增量闭合差＝0

$$\hat{S}_1 \sin\hat{a}_{AP_1} + \hat{S}_2 \sin\hat{a}_{P_1 P_2} + \hat{S}_3 \sin\hat{a}_{P_2 P_3} + \hat{S}_4 \sin\hat{a}_{P_3 C} + Y_A - Y_C = 0$$

即

$$\hat{S}_1 \sin\left(\alpha_{BA} + \sum_{i=1}^{1} \hat{\beta}_i - 1 \times 180°\right) + \hat{S}_2 \sin\left(\alpha_{BA} + \sum_{i=1}^{2} \hat{\beta}_i - 2 \times 180°\right) +$$

$$\hat{S}_3 \sin\left(\alpha_{BA} + \sum_{i=1}^{3} \hat{\beta}_i - 3 \times 180°\right) + \hat{S}_4 \sin\left(\alpha_{BA} + \sum_{i=1}^{4} \hat{\beta}_i - 4 \times 180°\right) + Y_A - Y_C = 0$$

转化为改正数形式的条件方程 $AV+W=0$，代入数据得：

条件方程系数阵 A

1	1	1	1	1	0	0	0	0
−0.405728261	−0.430218772	−0.351941139	−0.498680003	0	0.813281378	−0.703008599	0.923253086	−0.481192728
0.567086971	−0.425274787	0.845750227	−0.273736176	0	0.581870604	0.711181348	0.384192321	0.876614829

条件方程常数项阵 W

$-14.16521157''$
22.36849224mm
9.984646381mm

设单位权观测值的方差为 4（$''^2$），则权逆阵 $Q = \text{diag}$（1 1 1 1 1 1.43825 1.24777 1.88950 1.173380），则

法方程系数阵

5	−1.686568175	0.713826236
−1.686568175	4.172513678	0.023764739
0.713826236	0.023764739	3.591305464

法方程常数项阵

−14. 16521157
22. 36849224
9. 984646381

观测值改正数［角单位：(″)］

1. 841141403	5. 019640097	0. 730245164	4. 870335566	1. 703849343

观测值改正数（边单位：mm）

−8. 028861214	1. 342651626	−10. 36165789	−0. 548321046

观测值平差值［角单位：(″)］

74°10′31. 84″	279°05′17. 02″	67°55′29. 73″	276°10′15. 87″	80°23′47. 70″

观测值平差值（边单位：m）

143. 81697	124. 77834	188. 93964	117. 33745

【说明】①在进行检核时发现，平差后角度闭合差已经消除，坐标增量闭合差没有完全消除，但是闭合差的绝对值变小了；②该题只进行了一次平差，为了能进一步消除坐标增量闭合差，可以进行二次、三次甚至四次平差；③作者在本书外进行了三次平差的试验，发现基本可以消除闭合差，有兴趣的读者可以自行计算检验一下。

5-21 【解析】该题为一单一闭合导线的条件平差。$n=9$，$t=6$，$r=3$，则平差值形式的条件方程

① 多边形内角和条件

$$\hat{\beta}_1+\hat{\beta}_2+\cdots+\hat{\beta}_5-4\times360°+(4-2)\times180°=0$$

② X 方向坐标增量之和$=0$

$$\hat{S}_1\cos\hat{\alpha}_{A2}+\hat{S}_2\cos\hat{\alpha}_{23}+\hat{S}_3\cos\hat{\alpha}_{34}+\hat{S}_4\cos\hat{\alpha}_{4A}=0$$

即
$$\hat{S}_1\cos(\alpha_{BA}+\sum_{i=1}^{1}\hat{\beta}_i-1\times180°)+\hat{S}_2\cos(\alpha_{BA}+\sum_{i=1}^{2}\hat{\beta}_i-2\times180°)+$$

$$\hat{S}_3\cos(\alpha_{BA}+\sum_{i=1}^{3}\hat{\beta}_i-3\times180°)+\hat{S}_4\cos(\alpha_{BA}+\sum_{i=1}^{4}\hat{\beta}_i-4\times180°)=0$$

③ Y 方向坐标增量之和$=0$

$$\hat{S}_1\sin\hat{\alpha}_{A2}+\hat{S}_2\sin\hat{\alpha}_{23}+\hat{S}_3\sin\hat{\alpha}_{34}+\hat{S}_4\sin\hat{\alpha}_{4A}=0$$

即
$$\hat{S}_1\sin(\alpha_{BA}+\sum_{i=1}^{1}\hat{\beta}_i-1\times180°)+\hat{S}_2\sin(\alpha_{BA}+\sum_{i=1}^{2}\hat{\beta}_i-2\times180°)+$$

$$\hat{S}_3\sin(\alpha_{BA}+\sum_{i=1}^{3}\hat{\beta}_i-3\times180°)+\hat{S}_4\sin(\alpha_{BA}+\sum_{i=1}^{4}\hat{\beta}_i-4\times180°)=0$$

线性化，则

① 闭合多边形内角和条件

$$V_1+V_2+\cdots+V_5-19″=0$$

② X 方向坐标增量之和 $=0$

$$[-S_1\sin(\alpha_{BA}+\sum_{i=1}^{1}\beta_i-1\times180°)/\rho'']V_1+[-S_2\sin(\alpha_{BA}+\sum_{i=1}^{2}\beta_i-2\times180°)/\rho'']V_2$$

$$+[-S_3\sin(\alpha_{BA}+\sum_{i=1}^{3}\beta_i-3\times180°)/\rho'']V_3+[-S_4\sin(\alpha_{BA}+\sum_{i=1}^{4}\beta_i-4\times180°)/\rho'']V_4$$

$$+[\cos(\alpha_{BA}+\sum_{i=1}^{1}\beta_i-1\times180°)]V_{S_1}+[\cos(\alpha_{BA}+\sum_{i=1}^{2}\beta_i-2\times180°)]V_{S_2}$$

$$+[\cos(\alpha_{BA}+\sum_{i=1}^{3}\beta_i-3\times180°)]V_{S_3}+[\cos(\alpha_{BA}+\sum_{i=1}^{4}\beta_i-4\times180°)]V_{S_4}+W_2=0$$

其中 $\quad W_2=S_1\cos(\alpha_{BA}+\sum_{i=1}^{1}\beta_i-1\times180°)+S_2\cos(\alpha_{BA}+\sum_{i=1}^{2}\beta_i-2\times180°)+$

$$S_3\cos(\alpha_{BA}+\sum_{i=1}^{3}\beta_i-3\times180°)+S_4\cos(\alpha_{BA}+\sum_{i=1}^{4}\beta_i-4\times180°)$$

③ Y 方向坐标增量之和 $=0$

$$[S_1\cos(\alpha_{BA}+\sum_{i=1}^{1}\beta_i-1\times180°)/\rho'']V_1+[S_2\cos(\alpha_{BA}+\sum_{i=1}^{2}\beta_i-2\times180°)/\rho'']V_2$$

$$+[S_3\cos(\alpha_{BA}+\sum_{i=1}^{3}\beta_i-3\times180°)/\rho'']V_3+[S_4\cos(\alpha_{BA}+\sum_{i=1}^{4}\beta_i-4\times180°)/\rho'']V_4$$

$$+[\sin(\alpha_{BA}+\sum_{i=1}^{1}\beta_i-1\times180°)]V_{S_1}+[\sin(\alpha_{BA}+\sum_{i=1}^{2}\beta_i-2\times180°)]V_{S_2}$$

$$+[\sin(\alpha_{BA}+\sum_{i=1}^{3}\beta_i-3\times180°)]V_{S_3}+[\sin(\alpha_{BA}+\sum_{i=1}^{4}\beta_i-4\times180°)]V_{S_4}+W_3=0$$

其中 $W_3=S_1\sin(\alpha_{BA}+\sum_{i=1}^{1}\beta_i-1\times180°)+S_2\sin(\alpha_{BA}+\sum_{i=1}^{2}\beta_i-2\times180°)+$

$$S_3\sin(\alpha_{BA}+\sum_{i=1}^{3}\beta_i-3\times180°)+S_4\sin(\alpha_{BA}+\sum_{i=1}^{4}\beta_i-4\times180°)$$

代入数据，得条件方程 $AV+W=0$ 的系数矩阵 A 和常数项矩阵 W

系数矩阵 A									常数项 W
1	1	1	1	1	0	0	0	0	-19
-2.666676843	1.30386108	1.158822149	0.204211741	0	-0.730306118	0.063571578	0.481487815	0.995440434	-11.35535939
-2.850875882	8.43383×10^{-5}	0.636610157	2.131154166	0	0.683120029	-0.997977282	-0.876452785	-0.095385227	-44.9919497

设单位权观测值的中误差为 $5''$，则权逆阵 $Q=P^{-1}=\mathrm{diag}\ (1\quad1\quad1\quad1\quad1\quad4.61^2/5^2$
$3.54^2/5^2\quad3.55^2/5^2\quad3.88^2/5^2)$，则

法方程 $N_{AA}K+W=0$ 的系数矩阵

5	0.000218127	-0.083027221
0.000218127	11.36552467	8.049995021
-0.083027221	8.049995021	14.36201917

联系数向量 K

3.871553542
−2.049171345
4.303657615

观测值的改正数 V^T［角度（″），边长（mm）］

角度	−2.933162384	1.200081742	4.23668055	12.62484655	3.871553542
边长	3.77196922	−2.216916146	−2.392648119	−1.477960729	

观测值的平差值

$$\hat{\beta}=[92°49'40.07''\quad 316°43'59.20''\quad 205°08'20.24''\quad 235°44'50.62''\quad 229°33'09.87'']^T$$

$$\hat{S}=[805.194772\quad 269.483783\quad 272.715607\quad 441.594522]^T$$

导线点的坐标平差值

点	$\hat{X}$	$\hat{Y}$
2	1684.01425m	5621.38324m
3	1701.14350m	5352.4444m
4	1832.45565m	5113.42364m

【说明】①在进行检核时发现，平差后角度闭合差已经消除，坐标增量闭合差没有完全消除，但是闭合差的绝对值变小了；②该题只进行了一次平差，为了能进一步消除坐标增量闭合差，可以进行二次、三次甚至四次平差；③作者在本书外进行了三次平差的试验，发现基本可以消除闭合差，有兴趣的读者可以自行计算检验一下。

5-22 【解析】该题比较典型，需要明白房屋是直角，然后利用直角列方程式。该题的几何模型是直角型的6边形。$N=6$，$n=2N=12$，$t=N+1=7$，则 $r=5$，即列出5个条件方程，可以是直角条件、平行条件或垂直条件等。这里给出直角条件，如下

$$\hat{\alpha}_{16}-\hat{\alpha}_{12}=90°$$

$$\hat{\alpha}_{21}-\hat{\alpha}_{23}=90°$$

$$\hat{\alpha}_{32}-\hat{\alpha}_{34}=90°$$

$$\hat{\alpha}_{43}-\hat{\alpha}_{45}=90°$$

$$\hat{\alpha}_{56}-\hat{\alpha}_{54}=90°$$

即

$$\arctan\frac{\hat{Y}_6-\hat{Y}_1}{\hat{X}_6-\hat{X}_1}-\arctan\frac{\hat{Y}_2-\hat{Y}_1}{\hat{X}_2-\hat{X}_1}=90°$$

$$\arctan\frac{\hat{Y}_1-\hat{Y}_2}{\hat{X}_1-\hat{X}_2}-\arctan\frac{\hat{Y}_3-\hat{Y}_2}{\hat{X}_3-\hat{X}_2}=90°$$

$$\arctan\frac{\hat{Y}_2-\hat{Y}_3}{\hat{X}_2-\hat{X}_3}-\arctan\frac{\hat{Y}_4-\hat{Y}_3}{\hat{X}_4-\hat{X}_3}=90°$$

$$\arctan \frac{\hat{Y}_3 - \hat{Y}_4}{\hat{X}_3 - \hat{X}_4} - \arctan \frac{\hat{Y}_5 - \hat{Y}_4}{\hat{X}_5 - \hat{X}_4} = 90°$$

$$\arctan \frac{\hat{Y}_6 - \hat{Y}_5}{\hat{X}_6 - \hat{X}_5} - \arctan \frac{\hat{Y}_4 - \hat{Y}_5}{\hat{X}_4 - \hat{X}_5} = 90°$$

则其改正数形式的条件方程为

$$\left[\frac{\rho'' \Delta Y_{16}^0}{(S_{16}^0)^2} - \frac{\rho'' \Delta Y_{12}^0}{(S_{12}^0)^2} \right] V_{X_1} + \left[-\frac{\rho'' \Delta X_{16}^0}{(S_{16}^0)^2} + \frac{\rho'' \Delta X_{12}^0}{(S_{12}^0)^2} \right] V_{Y_1} + \frac{\rho'' \Delta Y_{12}^0}{(S_{12}^0)^2} V_{X_2} + \left[-\frac{\rho'' \Delta X_{12}^0}{(S_{12}^0)^2} \right] V_{Y_2}$$

$$+ \left[-\frac{\rho'' \Delta Y_{16}^0}{(S_{16}^0)^2} \right] V_{X_6} + \frac{\rho'' \Delta X_{16}^0}{(S_{16}^0)^2} V_{Y_6} + \arctan \frac{Y_6 - Y_1}{X_6 - X_1} - \arctan \frac{Y_2 - Y_1}{X_2 - X_1} - 90° = 0$$

$$\left[-\frac{\rho'' \Delta Y_{21}^0}{(S_{21}^0)^2} \right] V_{X_1} + \frac{\rho'' \Delta X_{21}^0}{(S_{21}^0)^2} V_{Y_1} + \left[\frac{\rho'' \Delta Y_{21}^0}{(S_{21}^0)^2} - \frac{\rho'' \Delta Y_{23}^0}{(S_{23}^0)^2} \right] V_{X_2} + \left[-\frac{\rho'' \Delta X_{21}}{(S_{21}^0)^2} + \frac{\rho'' \Delta X_{23}^0}{(S_{23}^0)^2} \right] V_{Y_2}$$

$$+ \frac{\rho'' \Delta Y_{23}^0}{(S_{23}^0)^2} V_{X_3} + \left[-\frac{\rho'' \Delta X_{23}^0}{(S_{23}^0)^2} \right] V_{Y_3} + \arctan \frac{Y_1 - Y_2}{X_1 - X_2} - \arctan \frac{Y_3 - Y_2}{X_3 - X_2} - 90° = 0$$

$$\left[-\frac{\rho'' \Delta Y_{32}^0}{(S_{32}^0)^2} \right] V_{X_2} + \frac{\rho'' \Delta X_{32}^0}{(S_{32}^0)^2} V_{Y_2} + \left[\frac{\rho'' \Delta Y_{32}^0}{(S_{32}^0)^2} - \frac{\rho'' \Delta Y_{34}^0}{(S_{34}^0)^2} \right] V_{X_3} + \left[-\frac{\rho'' \Delta X_{32}^0}{(S_{32}^0)^2} + \frac{\rho'' \Delta X_{34}^0}{(S_{34}^0)^2} \right] V_{Y_3}$$

$$+ \frac{\rho'' \Delta Y_{34}^0}{(S_{34}^0)^2} V_{X_4} + \left[-\frac{\rho'' \Delta X_{34}^0}{(S_{34}^0)^2} \right] V_{Y_4} + \arctan \frac{Y_2 - Y_3}{X_2 - X_3} - \arctan \frac{Y_4 - Y_3}{X_4 - X_3} - 90° = 0$$

$$\left[-\frac{\rho'' \Delta Y_{43}^0}{(S_{43}^0)^2} \right] V_{X_3} + \frac{\rho'' \Delta X_{43}^0}{(S_{43}^0)^2} V_{Y_3} + \left[\frac{\rho'' \Delta Y_{43}^0}{(S_{43}^0)^2} - \frac{\rho'' \Delta Y_{45}^0}{(S_{45}^0)^2} \right] V_{X_4} + \left[-\frac{\rho'' \Delta X_{43}^0}{(S_{43}^0)^2} + \frac{\rho'' \Delta X_{45}^0}{(S_{45}^0)^2} \right] V_{Y_4}$$

$$+ \frac{\rho'' \Delta Y_{45}^0}{(S_{45}^0)^2} V_{X_5} + \left[-\frac{\rho'' \Delta X_{45}^0}{(S_{45}^0)^2} \right] V_{Y_5} + \arctan \frac{Y_3 - Y_4}{X_3 - X_4} - \arctan \frac{Y_5 - Y_4}{X_5 - X_4} - 90° = 0$$

$$\frac{\rho'' \Delta Y_{54}^0}{(S_{54}^0)^2} V_{X_4} + \left[-\frac{\rho'' \Delta X_{54}^0}{(S_{54}^0)^2} \right] V_{Y_4} + \left[\frac{\rho'' \Delta Y_{56}^0}{(S_{56}^0)^2} - \frac{\rho'' \Delta Y_{54}^0}{(S_{54}^0)^2} \right] V_{X_5} + \left[-\frac{\rho'' \Delta X_{56}^0}{(S_{56}^0)^2} + \frac{\rho'' \Delta X_{54}^0}{(S_{54}^0)^2} \right] V_{Y_5}$$

$$+ \left[-\frac{\rho'' \Delta Y_{56}^0}{(S_{56}^0)^2} \right] V_{X_6} + \frac{\rho'' \Delta X_{56}^0}{(S_{56}^0)^2} V_{Y_6} + \arctan \frac{Y_6 - Y_5}{X_6 - X_5} - \arctan \frac{Y_4 - Y_5}{X_4 - X_5} - 90° = 0$$

【说明】该题线性化时，看似非常麻烦，但是有规律可循！

5-23 【解析】对于 GNSS 网，该图中，测得 5 条基线向量，$n=15$，$t=9$，$r=6$，则根据几何条件得平差值条件方程

$$-\Delta \hat{X}_1 + \Delta \hat{X}_2 - \Delta \hat{X}_3 = 0$$

$$-\Delta \hat{Y}_1 + \Delta \hat{Y}_2 - \Delta \hat{Y}_3 = 0$$

$$-\Delta \hat{Z}_1 + \Delta \hat{Z}_2 - \Delta \hat{Z}_3 = 0$$

$$\Delta \hat{X}_3 - \Delta \hat{X}_4 + \Delta \hat{X}_5 = 0$$

$$\Delta \hat{Y}_3 - \Delta \hat{Y}_4 + \Delta \hat{Y}_5 = 0$$

$$\Delta \hat{Z}_3 - \Delta \hat{Z}_4 + \Delta \hat{Z}_5 = 0$$

设改正数向量为

$$V = [V_{X_1} \ V_{Y_1} \ V_{Z_1} \ V_{X_2} \ V_{Y_2} \ V_{Z_2} \ V_{X_3} \ V_{Y_3} \ V_{Z_3} \ V_{X_4} \ V_{Y_4} \ V_{Z_4} \ V_{X_5} \ V_{Y_5} \ V_{Z_5}]^T$$

改正数条件方程形式 $AV + W = 0$，则改正数形式的条件方程为

$$-V_{X_1}+V_{X_2}-V_{\Delta X_3}+(-\Delta X_1+\Delta X_2-\Delta X_3)=0$$
$$-V_{Y_1}+V_{Y_2}-V_{Y_3}+(-\Delta Y_1+\Delta Y_2-\Delta Y_3)=0$$
$$-V_{Z_1}+V_{Z_2}-V_{Z_3}+(-\Delta Z_1+\Delta Z_2-\Delta Z_3)=0$$
$$V_{X_3}-V_{X_4}+V_{X_5}+(\Delta X_3-\Delta X_4+\Delta X_5)=0$$
$$V_{Y_3}-V_{Y_4}+V_{Y_5}+(\Delta Y_3-\Delta Y_4+\Delta Y_5)=0$$
$$V_{Z_3}-V_{Z_4}+V_{Z_5}+(\Delta Z_3-\Delta Z_4+\Delta Z_5)=0$$

代入已知数据及观测值，则得相关矩阵如下

条件方程系数阵 A

−1	0	0	1	0	0	−1	0	0	0	0	0	0	0	0
0	−1	0	0	1	0	0	−1	0	0	0	0	0	0	0
0	0	−1	0	0	1	0	0	−1	0	0	0	0	0	0
0	0	0	0	0	0	1	0	0	−1	0	0	1	0	0
0	0	0	0	0	0	0	1	0	0	−1	0	0	1	0
0	0	0	0	0	0	0	0	1	0	0	−1	0	0	1

条件方程常数项阵 W（单位：mm）

−9.9
−10.8
0.7
−23.2
13.2
12.7

法方程系数阵 N_{AA} 为

0.029194	−0.012057	−0.008394	−0.009375	0.004329	0.002783
−0.012057	0.071703	0.025163	0.004329	−0.022359	−0.008124
−0.008394	0.025163	0.023362	0.002783	−0.008124	−0.007655
−0.009375	0.004329	0.002783	0.032795	−0.005007	−0.007843
0.004329	0.022359	−0.008124	−0.005007	0.091219	0.026785
0.002783	−0.008124	−0.007655	−0.007843	0.026785	0.023329

改正数（单位：mm）

$$V=[-6.3 \;\; -1.9 \;\; 1.9 \;\; 6.2 \;\; 1.8 \;\; -1.9 \;\; 2.6 \;\; -7.1 \;\; -3.1 \;\; -10.3 \;\; 3.0 \;\; 4.8 \;\; 10.2 \;\; -3.2 \;\; -4.8]^T$$

平差值

编号	起点	终点	基线向量平差值/m		
			X	Y	Z
1	1	2	85.47498152	−59.59497569	120.1969886
2	1	3	2398.073626	−719.8032481	2624.227327
3	2	3	2312.598644	−660.2082724	2504.030338
4	2	4	2057.647304	−645.2854417	2265.711316
5	3	4	−254.9513405	14.92283066	−238.3190228

【说明】①要明白，该题中 GNSS 的观测值是坐标增量，因此，几何条件是坐标增量之和等于零。②最后所得的平差值，经过检核后，基本上可以消除闭合差。③最后所得的平差值，其小数点后保留的位数较多，由于计算时利用 Excel 进行的，在此保留了计算结果。

第6章
附有参数的条件平差

知 识 点

一、附有参数的条件平差的思想

依据几何模型，针对具体的平差问题，确定观测值总数 n、必要观测数 t，则多余观测数 $r=n-t$。如果又选了 u（$0<u<t$）个独立量为参数参与平差计算，然后根据几何模型中的几何关系，可列出 $r+u$ 个函数式，即为附有参数的条件平差的函数模型。然后将其转化为改正数的形式 $AV+B\hat{x}+W=0$，按求自由极值的方法，在 $V^{\mathrm{T}}PV=\min$ 的情况下求 V、$\hat{x}$，进而求得 $\hat{L}$ 和 $\hat{X}$。

二、公式汇编

函数模型和随机模型

$$\underset{cnn1}{A}V+\underset{cu\ u1}{B}\hat{x}+\underset{c1}{W}=\underset{c1}{0} \tag{6-1}$$

$$D=\sigma_0^2\underset{nn}{Q}=\sigma_0^2\underset{nn}{P}^{-1} \tag{6-2}$$

$$W=AL+BX^0+A_0 \tag{6-3}$$

法方程

$$\left.\begin{array}{c}\underset{cc}{N_{aa}}\underset{c1}{K}+\underset{cu\ u1}{B}\hat{x}+\underset{c1}{W}=\underset{c1}{0}\\[2mm]\underset{uc\ c1}{B^{\mathrm{T}}}K=\underset{u1}{0}\end{array}\right\} \tag{6-4a}$$

或

$$\begin{bmatrix}N_{aa}&B\\B^{\mathrm{T}}&0\end{bmatrix}\begin{bmatrix}K\\\hat{x}\end{bmatrix}+\begin{bmatrix}W\\0\end{bmatrix}=0 \tag{6-4b}$$

其解为

$$\underset{c1}{K}=-N_{aa}^{-1}(B\hat{x}+W) \tag{6-5}$$

$$\hat{x}=-N_{bb}^{-1}B^{\mathrm{T}}N_{aa}^{-1}W \tag{6-6}$$

$$V = P^{-1}A^{\mathrm{T}}K = QA^{\mathrm{T}}K \tag{6-7}$$

观测值和参数的平差值

$$\hat{X} = X^0 + \hat{x}, \quad \hat{L} = L + V \tag{6-8}$$

单位权方差估值公式

$$\hat{\sigma}_0^2 = \frac{V^{\mathrm{T}}PV}{r} = \frac{V^{\mathrm{T}}PV}{c - u} \tag{6-9}$$

平差参数的协方差阵

$$D_{\hat{X}\hat{X}} = \hat{\sigma}_0^2 Q_{\hat{X}\hat{X}} = \hat{\sigma}_0^2 N_{bb}^{-1} \tag{6-10}$$

平差值函数的权函数式及其协因数、中误差

$$\mathrm{d}\hat{\varphi} = F^{\mathrm{T}}\mathrm{d}\hat{L} + F_x^{\mathrm{T}}\mathrm{d}\hat{X} \tag{6-11}$$

$$Q_{\hat{\varphi}\hat{\varphi}} = F^{\mathrm{T}}Q_{\hat{X}\hat{X}}F + F^{\mathrm{T}}Q_{\hat{L}\hat{X}}F_x + F_x^{\mathrm{T}}Q_{\hat{X}\hat{L}}F + F_x^{\mathrm{T}}Q_{\hat{X}\hat{X}}F_x \tag{6-12}$$

$$\hat{\sigma}_{\hat{\varphi}} = \hat{\sigma}_0\sqrt{Q_{\hat{\varphi}\hat{\varphi}}} \tag{6-13}$$

三、按附有参数的条件平差求平差值的计算步骤

(1) 确定 n、t，则 $r = n - t$，又选了 u 个参数；

(2) 列出 $r + u$ 个独立的条件方程：即先列出平差值条件方程，再转化为改正数形式，最后矩阵形式 $AV + B\hat{x} + W = 0$；

(3) 确定权阵 P；

(4) 依据以下公式计算：

$N_{aa} = AP^{-1}A^{\mathrm{T}}$，$N_{bb} = B^{\mathrm{T}}N_{aa}^{-1}B$，$\hat{x} = -N_{bb}^{-1}B^{\mathrm{T}}N_{aa}^{-1}W$，$K = -N_{aa}^{-1}(B\hat{x} + W)$，

$V = P^{-1}A^{\mathrm{T}}K = QA^{\mathrm{T}}K$，$\hat{X} = X^0 + \hat{x}$，$\hat{L} = L + V$；

(5) 检核；

(6) 精度评定。

四、附有参数的条件平差的解算体系

函数模型　$AV + B\hat{x} + W = 0$

改正数方程　$V = P^{-1}A^{\mathrm{T}}K$　附有参数的条件平差的基础方程

$B^{\mathrm{T}}K = 0$

解算此基础方程，通常是将其中的改正数方程代入条件方程，得到一组包含 K 和 $\hat{x}$ 的对称线性方程组，即如下法方程

$AQA^{\mathrm{T}}K + B\hat{x} + W = 0$　或　$N_{aa}K + B\hat{x} + W = 0$　附有参数的条件平差的法方程

$B^{\mathrm{T}}K = 0$　　　　$B^{\mathrm{T}}K = 0$

$$\begin{bmatrix} N_{aa} & B \\ B^{\mathrm{T}} & 0 \end{bmatrix}\begin{bmatrix} K \\ \hat{x} \end{bmatrix} + \begin{bmatrix} W \\ 0 \end{bmatrix} = 0 \quad 法方程的矩阵形式$$

$$\begin{bmatrix} K \\ \hat{x} \end{bmatrix} = -\begin{bmatrix} N_{aa} & B \\ B^{\mathrm{T}} & 0 \end{bmatrix}^{-1}\begin{bmatrix} W \\ 0 \end{bmatrix}$$

$$V = P^{-1}A^{\mathrm{T}}K = -P^{-1}A^{\mathrm{T}}N_{aa}^{-1}(B\hat{x} + W), \quad \hat{X} = X^0 + \hat{x}, \quad \hat{L} = L + V$$

五、关于附有参数的条件平差的说明

通常情况下，为了使用上便于区别，常将条件平差称为经典的条件平差。顾名思义，附有参数的条件平差比经典条件平差多了参数。针对一个平差问题，如果采用经典的条件平差进行计算，在确定了多余观测数之后，就可以依据几何关系列出条件方程即可，这些条件方程很多时候是可以全部列出，但是在有些时候，有些条件方程并不明显，很难列出，因此需要引入一些参数，从而使得条件方程容易列出来。这些参数就好比是几何数学中的作辅助线，这些辅助线的引入，方便了问题的解决，但是也增加了工作量。

有时，在进行平差计算时，需要直接确定某些量的大小及其精度，此时将这些量设为参数，平差解算时直接求出来即可。

因此，附有参数的条件平差的优点是：①便于平差问题的解决；②可以直接求出某些量及其精度。缺点是：①增加了所列方程的个数；②增加了计算工作量。

此外，必须要明白：在附有参数的条件平差中，所选参数的个数 u 是有限制的，要求 $0 < u < t$，绝对不能多于必要观测数 t，否则就不再是附有参数的条件平差函数模型了。

六、关于参数选择的原则说明

在附有参数的条件平差中，经常需要进行参数的选择，那么参数如何选择呢？依据什么原则呢？在第 5 章中学过，任何一个几何模型（几何图形），都有一定的几何关系，当几何关系比较明显时，就可以以此列出函数模型；当几何关系不明显时，可以通过作辅助线，从而形成基本几何图形（大地四边形、中点多边形、扇形），然后以此列出函数模型。

鉴于以上，作者给出以下几个原则。

(1) 在 $0 < u < t$ 的条件下，适当的选择 u 的取值，通过作辅助线，从而构造出某个基本几何图形，然后利用该基本几何图形列函数式；例如，是否可以构造出大地四边形、中点多边形、扇形等。

(2) 如果基本几何图形不好构造，可以根据该几何图形，按照所可能出现的几何关系来进行构造；例如，依据垂直关系、平行关系等。

(3) 当想直接通过平差计算能求出某些量的平差值或精度时，可以选择该量的平差值为参数，从而利用附有参数的条件平差进行解算。

经典例题

例 6-1 在图 6-1 所示的水准路线中，A、B 为已知点，其高程为 H_A、H_B，C 为待定点，观测高差为 h_1、h_2，且 $Q_{LL} = I$（I 为单位对角矩阵）。

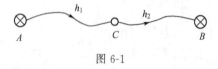

图 6-1

若令 C 点的高程平差值为参数 $\hat{X}$，试按附有参数的条件平差法列出：（1）条件方程；

（2）平差值 $\hat{h}_1$、$\hat{h}_2$、$\hat{X}$ 的表达式。

【解析】该题依据"知识点三"进行解算。

（1）由题意，$n=2$，$t=1$，$r=1$，$u=1$，则 $c=r+u=2$。

（2）列出 2 个条件方程

$$\hat{h}_1-\hat{X}+H_A=0$$

$$\hat{h}_2+\hat{X}-H_B=0$$

将 $\hat{h}_i=h_i+v_i$（$i=1$，2），$\hat{X}=X^0+\hat{x}$ 且令 $X^0=H_A+h_1$，代入上式整理可得

$$v_1-\hat{x}=0$$

$$v_2+\hat{x}+(h_1+h_2+H_A-H_B)=0$$

矩阵形式

$$\begin{bmatrix}1&0\\0&1\end{bmatrix}\begin{bmatrix}v_1\\v_2\end{bmatrix}+\begin{bmatrix}-1\\1\end{bmatrix}\hat{x}+\begin{bmatrix}0\\h_1+h_2+H_A-H_B\end{bmatrix}=0$$

相应矩阵

$$A=\begin{bmatrix}1&0\\0&1\end{bmatrix},B=\begin{bmatrix}-1\\1\end{bmatrix},W=\begin{bmatrix}0\\h_1+h_2+H_A-H_B\end{bmatrix}$$

（3）又权阵 $P=Q_{LL}^{-1}=I$

（4）计算如下

$$N_{aa}=AQA^{\mathrm{T}}=\begin{bmatrix}1&0\\0&1\end{bmatrix},\ N_{bb}=B^{\mathrm{T}}N_{aa}^{-1}B=2$$

$$\hat{x}=-N_{bb}^{-1}B^{\mathrm{T}}N_{aa}^{-1}W=-\frac{1}{2}(h_1+h_2+H_A-H_B)$$

所以　　　　$v_1=-\dfrac{1}{2}(h_1+h_2+H_A-H_B),v_2=-\dfrac{1}{2}(h_1+h_2+H_A-H_B)$

从而平差值

$$\hat{h}_1=h_1+\frac{1}{2}(H_B-H_A-h_1-h_2),\hat{h}_2=h_2+\frac{1}{2}(H_B-H_A-h_1-h_2)$$

$$\hat{X}=X_0+\hat{x}=\frac{1}{2}(h_1-h_2+H_A+H_B)$$

【说明】该题是严格按照解题步骤进行的，读者可以参考进行解算，后面的题也可以按照这个步骤进行解算。同时需知道，$\hat{X}$ 为参数的平差值，X^0 为参数的近似值，$\hat{x}$ 为参数的近似值改正数。

例 6-2　已知附有参数的条件方程为

$$V_2-V_3+V_4-\hat{x}-8=0$$

$$V_4-V_5-V_6-\hat{x}+6=0$$

$$V_1+V_3-V_5+\hat{x}-2=0$$

试求等精度观测值 L_i（$i=1,2,\cdots,6$）的改正数 V_i（$i=1,2,\cdots,6$）及参数 $\hat{x}$。

【解析】由题意，则

相应矩阵

$$A = \begin{bmatrix} 0 & 1 & -1 & 1 & 0 & 0 \\ 0 & 0 & 0 & 1 & -1 & -1 \\ 1 & 0 & 1 & 0 & -1 & 0 \end{bmatrix}, B = \begin{bmatrix} -1 \\ -1 \\ 1 \end{bmatrix}, W = \begin{bmatrix} -8 \\ 6 \\ -2 \end{bmatrix}$$

又等精度观测，设权阵 $P = \mathrm{diag}$ （1 1 1 1 1 1），则

$$N_{aa} = AP^{-1}A^{\mathrm{T}} = \begin{bmatrix} 3 & 1 & -1 \\ 1 & 3 & 1 \\ -1 & 1 & 3 \end{bmatrix}, N_{bb} = B^{\mathrm{T}}N_{aa}^{-1}B = 1, \hat{x} = -N_{bb}^{-1}B^{\mathrm{T}}N_{aa}^{-1}W = 4，进$$

而依据公式 $V = -QA^{\mathrm{T}}N_{aa}^{-1}(B\hat{x}+W)$，可得

$$V = \begin{bmatrix} 2.5 & 6 & -3.5 & 2.5 & 1 & 3.5 \end{bmatrix}^{\mathrm{T}}, \hat{x} = 4$$

【说明】依据该题中给出的公式，可以直接给出结论。该题比较适合使用 Excel、MatLab 等计算。

例 6-3　如图 6-2 所示，水准网中 A 点的高程为 $H_A = 18.035\mathrm{m}$。

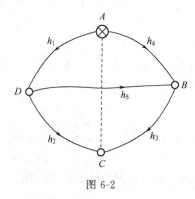

图 6-2

同精度观测了 5 条水准路线，观测值为

$h_1 = +1.282\mathrm{m}$，$h_2 = +0.281\mathrm{m}$，$h_3 = -0.097\mathrm{m}$，$h_4 = +1.654\mathrm{m}$，$h_5 = +0.369\mathrm{m}$

若设 AC 间的高差平差值 $\hat{h}_{AC}$ 为参数 $\hat{X}$，试按附有参数的条件平差法：（1）列出条件方程；（2）列出法方程；（3）求出待定点 C 的高程平差值。

【解析】依据"知识点四"进行求解。

由题意，$n = 5$，$t = 3$，$r = 2$，$u = 1$，$c = 3$，则

$$\begin{cases} \hat{h}_1 - \hat{h}_4 + \hat{h}_5 = 0 \\ \hat{h}_2 - \hat{h}_3 - \hat{h}_5 = 0 \\ \hat{h}_1 + \hat{h}_2 - \hat{X} = 0 \end{cases}$$

将 $\hat{h}_i = h_i + V_i$ （$i = 1$，2，3，4，5），$\hat{X} = X^0 + \hat{x}$ 且令 $X^0 = h_1 + h_2 = 1.563$，代入上式整理可得条件方程

$$\begin{cases} V_1 - V_4 + V_5 - 3 = 0 \\ V_2 - V_3 - V_5 + 9 = 0 \\ V_1 + V_2 - \hat{x} = 0 \end{cases}$$

其中相应矩阵

$$A = \begin{bmatrix} 1 & 0 & 0 & -1 & 1 \\ 0 & 1 & -1 & 0 & -1 \\ 1 & 1 & 0 & 0 & 0 \end{bmatrix}, B = \begin{bmatrix} 0 \\ 0 \\ -1 \end{bmatrix}, W = \begin{bmatrix} -3 \\ 9 \\ 0 \end{bmatrix}$$

又等精度观测，设权逆阵 $Q = P^{-1} = \begin{bmatrix} 1 & & & & \\ & 1 & & & \\ & & 1 & & \\ & & & 1 & \\ & & & & 1 \end{bmatrix}$，则

$$N_{aa} = AP^{-1}A^{T} = \begin{bmatrix} 3 & -1 & 1 \\ -1 & 3 & 1 \\ 1 & 1 & 2 \end{bmatrix}$$

得法方程如下

$$\begin{bmatrix} 3 & -1 & 1 & 0 \\ -1 & 3 & 1 & 0 \\ 1 & 1 & 2 & -1 \\ 0 & 0 & -1 & 0 \end{bmatrix} \begin{bmatrix} K_1 \\ K_2 \\ K_3 \\ \hat{x} \end{bmatrix} + \begin{bmatrix} -3 \\ 9 \\ 0 \\ 0 \end{bmatrix} = 0$$

对法方程进行解算，可得

$$\begin{bmatrix} K_1 \\ K_2 \\ K_3 \\ \hat{x} \end{bmatrix} = - \begin{bmatrix} 3 & -1 & 1 & 0 \\ -1 & 3 & 1 & 0 \\ 1 & 1 & 2 & -1 \\ 0 & 0 & -1 & 0 \end{bmatrix}^{-1} \begin{bmatrix} -3 \\ 9 \\ 0 \\ 0 \end{bmatrix} = \begin{bmatrix} 0 \\ -3 \\ 0 \\ -3 \end{bmatrix}$$

所以 $\hat{x} = -3\text{mm} = -0.003\text{m}$。

C 点的高程平差值

$$\hat{H}_C = H_A + \hat{X} = 18.035 + 1.563 - 0.003 = 19.595\text{m}$$

例 6-4   在图 6-3 所示的水准网中，A 点的高程为 $H_A = 18.234\text{m}$，$P_1 \sim P_3$ 为待定点；观测高差及路线长度为：

$h_1 = +1.372\text{m}$，$S_1 = 2\text{km}$

$h_2 = -3.380\text{m}$，$S_2 = 2\text{km}$

$h_3 = +2.012\text{m}$，$S_3 = 1\text{km}$

$h_4 = +1.715\text{m}$，$S_4 = 2\text{km}$

$h_5 = -3.712\text{m}$，$S_5 = 1\text{km}$

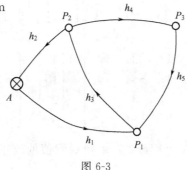

图 6-3

若设 P_3 点高程平差值为参数，试：（1）列出条件方程；（2）求出法方程；（3）求出观测值的改正数及平差值；（4）平差后单位权方差及 P_3 点高程平差值中误差。

【解析】可参考"知识点四"。

由题意，$n=5$，$t=3$，$r=2$，$u=1$，$c=3$，设平差参数为 $\hat{X}$，则得如下条件方程

$$\hat{h}_1+\hat{h}_2+\hat{h}_3=0$$

$$\hat{h}_3+\hat{h}_4+\hat{h}_5=0$$

$$H_A+\hat{h}_1-\hat{h}_5-\hat{X}=0$$

将 $\hat{h}_i=h_i+V_i$（$i=1,2,\cdots,5$），$\hat{X}=X^0+\hat{x}$ 且令 $X^0=H_A+h_1+h_5=23.318\text{m}$ 代入上式，并代入已知数据，整理可得

（1）条件方程

$$V_1+V_2+V_3+4\text{mm}=0$$

$$V_3+V_4+V_5+15\text{mm}=0$$

$$V_1-V_5-\hat{x}=0$$

（2）对以上条件方程，可以写成矩阵的形式 $AV+B\hat{x}+W=0$，进而可得如下矩阵

A					B	W
1	1	1	0	0	0	4
0	0	1	1	1	0	6
1	0	0	0	−1	−1	0

取 1km 的观测高差为单位权观测，则权逆阵

$$Q=P^{-1}=\text{diag}(2\quad 2\quad 1\quad 2\quad 1)$$

由公式 $N_{aa}=AQA^\text{T}$，可得 N_{aa} 如下表所示

5	1	2
1	4	−1
2	−1	3

可得法方程［参考式（6-4b）］

$$\begin{bmatrix}5 & 1 & 2 & 0 \\ 1 & 4 & -1 & 0 \\ 2 & -1 & 3 & -1 \\ 0 & 0 & -1 & 0\end{bmatrix}\begin{bmatrix}K_1 \\ K_2 \\ K_3 \\ \hat{x}\end{bmatrix}+\begin{bmatrix}4 \\ 15 \\ 0 \\ 0\end{bmatrix}=0$$

（3）解算法方程，得

$$\begin{bmatrix}K_1 \\ K_2 \\ K_3 \\ \hat{x}\end{bmatrix}=-\begin{bmatrix}5 & 1 & 2 & 0 \\ 1 & 4 & -1 & 0 \\ 2 & -1 & 3 & -1 \\ 0 & 0 & -1 & 0\end{bmatrix}^{-1}\begin{bmatrix}4 \\ 15 \\ 0 \\ 0\end{bmatrix}=\begin{bmatrix}-0.052631579 \\ -3.736842105 \\ 0 \\ 3.631578947\end{bmatrix}$$

进而，依据公式 $V=QA^\text{T}K$，$\hat{X}=X^0+\hat{x}$，可得观测值的改正数（单位：mm）及其平差值（单位：m）

改正数 V/mm	平差值/m
−0.152631579	1.3718947
−0.152631579	−3.380105263
3.789473684	2.008210526
7.473684211	1.707526316
3.736842105	−3.715736842

（4）利用公式 $\hat{\sigma}_0^2 = \dfrac{V^{\mathrm{T}}PV}{r}$，$N_{bb} = B^{\mathrm{T}}N_{aa}^{-1}B$，$Q_{\hat{x}} = N_{bb}^{-1}$，$\sigma_{\hat{x}}^2 = \sigma_0^2 Q_{\hat{x}}$，则

$\sigma_0^2 = 56.26315789/2 = 28.13157895(\mathrm{mm}^2)$，$Q_{\hat{X}} = 1.6842105$，$\sigma_{\hat{X}} = 6.883276937$。

【说明】本题解算法方程时，采用了"知识点四"的解算体系。

例 6-5 在图 6-4 所示的测角网中，A、B 为已知点，P_1、P_2、P_3 为待定点，同精度测得各角值 L_i（$i = 1, 2, \cdots, 9$）如下表所示

角号	观测值	角号	观测值	角号	观测值
1	82°11′28″	4	68°57′25″	7	24°26′27″
2	24°45′42″	5	51°04′31″	8	53°15′27″
3	61°03′01″	6	101°12′52″	9	73°02′37″

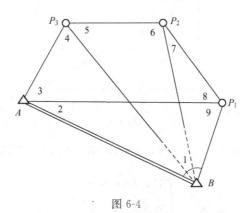

图 6-4

若按附有参数的条件平差法平差，试：（1）需设哪些量为参数？（2）列出条件方程。

【解析】由题意，$n = 9$，$t = 6$，$r = 3$，则设 2 个参数，即 $\hat{X}_1 = \angle P_1 B P_2$ 和 $\hat{X}_2 = \angle P_2 B P_3$，需列出 5 个条件方程

$$\hat{L}_1 + \hat{L}_2 + \hat{L}_3 + \hat{L}_4 - \hat{X}_1 - \hat{X}_2 - 180° = 0$$

$$\hat{L}_5 + \hat{L}_6 + \hat{X}_2 - 180° = 0$$

$$\hat{L}_7 + \hat{L}_8 + \hat{L}_9 + \hat{X}_1 - 180° = 0$$

$$\hat{L}_1 + \hat{L}_2 + \hat{L}_9 - 180° = 0$$

$$\frac{\sin(\hat{L}_2 + \hat{L}_3)\sin\hat{L}_5\sin\hat{L}_7\sin\hat{L}_9}{\sin\hat{L}_2\sin\hat{L}_4\sin\hat{L}_6\sin(\hat{L}_8 + \hat{L}_9)} - 1 = 0$$

将 $\hat{L}_i=L_i+V_i$ $(i=1,2,\cdots,9)$、$\hat{X}_j=X^0_j+\hat{x}_j$ $(j=1,2)$ 代入上式，且令 $X^0_1=29°15'29''$、$X^0_2=27°42'37''$，则

$$V_1+V_2+V_3+V_4-\hat{x}_1-\hat{x}_2=0$$
$$V_5+V_6+\hat{x}_2=0$$
$$V_7+V_8+V_9+\hat{x}_1=0$$
$$V_1+V_2+V_9-13''=0$$

$-2.09478V_2+0.073226V_3-0.38473V_4+0.807611V_5+0.198267V_6+2.200318V_7+0.734603V_8+1.039501V_9-1312.818015=0$

【说明】该题中参数的选择有很多种，只要满足 $0<u<t$ 且参数之间相互独立即可。

例 6-6 有一个矩形（见图 6-5），量测了 2 条边 S_1、S_2 和一条对角线 S_3，观测值及量测误差为：

$$S_1=461.829\text{m}, \quad \sigma_1=2\text{cm}$$
$$S_2=245.488\text{m}, \quad \sigma_2=1\text{cm}$$
$$S_3=523.005\text{m}, \quad \sigma_3=2\text{cm}$$

现设矩形面积的平差值为参数 $\hat{X}$，试用附有参数的条件平差法求：（1）观测值的改正数及平差值；（2）矩形面积的平差值及权。

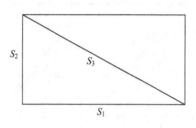

图 6-5

【解析】由题意，$n=3$，$t=2$，$r=1$，$u=1$，则 $c=2$，总共需要列出 2 个方程

$$\begin{cases}\hat{S}_1^2+\hat{S}_2^2-\hat{S}_3^2=0\\ \hat{S}_1\hat{S}_2-\hat{X}=0\end{cases}$$

将 $\hat{S}_i=S_i+V_i$ $(i=1,2,3)$，$\hat{X}=X^0+\hat{x}$，且令 $X^0=S_1S_2=113373.4776\text{m}^2$，代入上式，线性化后整理可得条件方程

$$\begin{cases}461.829V_1+245.488V_2-523.005V_3+8.07668=0\\ 245.488V_1+461.829V_2-\hat{x}=0\end{cases}$$

得相应矩阵

A			B	W
461.829	245.488	−523.005	0	8.07668
245.488	461.829	0	−1	0

设 σ_2 为单位权中误差，则权逆阵

$$Q = P^{-1} = \begin{bmatrix} 4 & & \\ & 1 & \\ & & 4 \end{bmatrix}$$

所以，由公式 $N_{aa} = AP^{-1}A^{\mathrm{T}}$ 得 N_{aa} 如下

2007545.379	566867.3878
566867.3878	454343.4578

进而由公式 $N_{bb} = B^{\mathrm{T}}N_{aa}^{-1}B$、$\hat{x} = -N_{bb}^{-1}B^{\mathrm{T}}N_{aa}^{-1}W$，得 $\hat{x}$ 如下

$$\hat{x} = -2.2806557 \mathrm{m}^2$$

由公式 $V = -QA^{\mathrm{T}}N_{aa}^{-1}(B\hat{x}+W)$ 算得 V 如下：（单位：m）

−0.007432235
−0.000987662
0.008416743

进而得观测值的平差值 $\hat{S}$ 如下：

461.8215678
245.4870123
523.0134167

矩形面积的平差值为 $113373.4776 - 2.280655727 = 113371.1969\mathrm{m}^2$，且其权为 $P_{\hat{X}} = Q_{\widetilde{XX}}^{-1} = N_{bb} = 3.39815 \times 10^{-6}$。

【说明】①本题计算是依据 Excel 进行的，所得数据小数点后保留较长，并不是说精度需要如此，而是力求展示数据的计算过程。②在采用计算的结果时，可以按照相关的要求进行小数位的取舍就行。③要明白，该题中条件方程的形式不是唯一的。

例 6-7 证明：附有参数的条件平差 $AV + B\hat{x} + W = 0$ 估值的统计性质。

（1）估计量 $\hat{L}$ 和 $\hat{X}$ 具有无偏性

要证明 $\hat{L}$ 和 $\hat{X}$ 具有无偏性，也就是要证明

$$E(\hat{L}) = \widetilde{L} \quad \text{和} \quad E(\hat{X}) = \widetilde{X} \tag{6-14}$$

因为 $\hat{X} = X^0 + \hat{x}$，$\widetilde{X} = X^0 + \widetilde{x}$，故要证明 $E(\hat{X}) = \widetilde{X}$，也就是要证明

$$E(\hat{x}) = \widetilde{x} \tag{6-15}$$

由函数模型 $A\Delta + B\widetilde{x} + W = 0$，得

$$W = -A\Delta - B\widetilde{x} \tag{6-16}$$

对式（6-16）两边取数学期望，得

$$E(W) = -AE(\Delta) - BE(\widetilde{x}) = -A \cdot 0 - B \cdot \widetilde{x} = -B \cdot \widetilde{x} \tag{6-17}$$

对 $\hat{x}=-N_{bb}^{-1}B^{\mathrm{T}}N_{aa}^{-1}W$ 取数学期望，并将式(6-17) 代入，则

$$E(\hat{x})=-N_{bb}^{-1}B^{\mathrm{T}}N_{aa}^{-1}E(W)=-N_{bb}^{-1}B^{\mathrm{T}}N_{aa}^{-1}(-B\tilde{x})=N_{bb}^{-1}N_{bb}\tilde{x}=\tilde{x} \tag{6-18}$$

从而可得 $E(\hat{X})=\tilde{X}$；

根据附有参数的条件平差有关计算公式，得

$$\hat{L}=L+V=L+P^{-1}A^{\mathrm{T}}K=L-P^{-1}A^{\mathrm{T}}N_{aa}^{-1}(B\hat{x}+W) \tag{6-19}$$

将式(6-17) 和式(6-18) 代入式(6-19)，整理可得

$$E(\hat{L})=E(L+V)=E(L)=\tilde{L} \tag{6-20}$$

（2）估计量 $\hat{X}$ 具有最小方差性（有效性）

参数估计量的方差阵为

$$D_{\hat{X}\hat{X}}=\hat{\sigma}_0^2 Q_{\hat{X}\hat{X}} \tag{6-21}$$

$D_{\hat{X}\hat{X}}$ 中对角线元素分别为各 $\hat{X}_i(i=1,2,\cdots,u)$ 的方差，要证明参数估计量方差最小，根据迹的定义知，也就是要证明

$$tr(D_{\hat{X}\hat{X}})=\min \quad 或 \quad tr(Q_{\hat{X}\hat{X}})=\min \tag{6-22}$$

由 $\hat{x}=-N_{bb}^{-1}B^{\mathrm{T}}N_{aa}^{-1}W$ 知，$\hat{x}$ 是 W 的函数。现在假设有 W 的另一个线性函数 $\hat{x}'$，即设

$$\hat{x}'=HW \tag{6-23}$$

式中 H 为待定的系数阵，问题是 H 应等于什么，才能使 $\hat{x}'$ 既是无偏而且方差最小，即其 $tr(Q_{\hat{X}\hat{X}})=\min$。首先要名字无偏性，则须使

$$E(\hat{x}')=HE(W) \tag{6-24}$$

将式(6-17) 代入，则

$$E(\hat{x}')=HE(W)=-HB\cdot\tilde{x}=\tilde{x} \tag{6-25}$$

显然，只有当

$$-HB=I \tag{6-26}$$

时，$\hat{x}'$ 才是 $\tilde{x}$ 的无偏估计。应用协因数传播律，由式(6-23) 得

$$Q_{\hat{X}\hat{X}}=HQ_{WW}H^{\mathrm{T}} \tag{6-27}$$

现在的问题是要求出 H，既能满足式(6-16) 中的条件，而又能使 $tr(Q_{\hat{X}\hat{X}})=\min$。这是一个求条件极值的问题，为此组成函数

$$\phi=tr(HQ_{WW}H^{\mathrm{T}})+tr[2(HB+I)K^{\mathrm{T}}] \tag{6-28}$$

其中 K^{T} 为联系数向量。为求函数 ϕ 极小值，需将上式对 H 求偏导数并令其为零，则

$$\frac{\partial\phi}{\partial H}=2HQ_{WW}+2KB^{\mathrm{T}}=0 \tag{6-29}$$

由于 $Q_{WW}=N_{AA}$，故由式(6-29) 得

$$H=-KB^{\mathrm{T}}N_{aa}^{-1} \tag{6-30}$$

代入式(6-26) 得

$$KB^{\mathrm{T}}N_{aa}^{-1}B=I \tag{6-31}$$

顾及 $N_{bb}=B^{\mathrm{T}}N_{aa}^{-1}B$，从而可得

$$K=N_{bb}^{-1} \tag{6-32}$$

将式(6-32) 代入式(6-30)，然后再代入式(6-23)，从而可得

$$\hat{x}' = -N_{bb}^{-1} B^T N_{aa}^{-1} W \tag{6-33}$$

式(6-33)与 $\hat{x} = -N_{bb}^{-1} B^T N_{aa}^{-1} W$ 相比较可得，$\hat{x}' = \hat{x}$，$\hat{x}'$ 是在无偏和方差最小的条件下导出的，因此，这说明由最小二乘法估计求出的 $\hat{x}$ 也是无偏估计，且方差最小，故 $\hat{X} = X^0 + \hat{x}$ 是最优无偏估计。

(3) 估计量 $\hat{L}$ 具有最小方差性（有效性）

要证明 $\hat{L}$ 具有最小方差，也就是要证明

$$tr(D_{\hat{L}\hat{L}}) = \min \quad 或 \quad tr(Q_{\hat{L}\hat{L}}) = \min \tag{6-34}$$

因为

$$\hat{L} = L + V = L + QA^T K = L - QA^T N_{aa}^{-1}(W + B\hat{x}) \tag{6-35}$$

将 $\hat{x} = -N_{bb}^{-1} B^T N_{aa}^{-1} W$ 代入上式，经整理可得

$$\hat{L} = L - QA^T N_{aa}^{-1}(I - BN_{bb}^{-1} B^T N_{aa}^{-1})W \tag{6-36}$$

即 $\hat{L}$ 是 L、W 的线性函数。现设有另一函数

$$\hat{L}' = L + GW \tag{6-37}$$

其中 G 为待定系数阵。取期望，得

$$E(\hat{L}') = E(L) + GE(W) = \widetilde{L} - GB\widetilde{x} \tag{6-38}$$

故知，若 $\hat{L}'$ 为无偏估计，则必须满足

$$GB = 0 \tag{6-39}$$

按协因数传播律，由式(6-37)得

$$Q_{\hat{L}'\hat{L}'} = Q + GQ_{WL} + Q_{LW}G^T + GQ_{WW}G^T \tag{6-40}$$

要在满足式(6-39)的条件下求

$$\Phi = tr(Q_{\hat{L}'\hat{L}'}) + tr[2(GB)K^T] \tag{6-41}$$

为使 Φ 极小，将其对 G 求导数并令其为零：

$$\frac{\partial \Phi}{\partial G} = 2Q_{LW} + 2GQ_{WW} + 2KB^T = 0 \tag{6-42}$$

由于 $Q_{LW} = QA^T$，$Q_{WW} = N_{aa}$，由式(6-42)可得

$$G = -(QA^T + KB^T)N_{AA}^{-1} \tag{6-43}$$

代入式(6-39)，得

$$QA^T N_{aa}^{-1} B + KB^T N_{aa}^{-1} B = 0 \tag{6-44}$$

顾及 $B^T N_{AA}^{-1} B = N_{bb}$，由上式得

$$K = -QA^T N_{aa}^{-1} BN_{bb}^{-1} \tag{6-45}$$

代入式(6-43)，得

$$G = -(QA^T - QA^T N_{aa}^{-1} BN_{bb}^{-1} B^T)N_{aa}^{-1} \tag{6-46}$$

将上式代入式(6-37)，得

$$\hat{L}' = L + GW = L - QA^T N_{aa}^{-1}(I - BN_{bb}^{-1} B^T N_{aa}^{-1})W \tag{6-47}$$

与式(6-35)作比较，两者完全相同。上式中 $\hat{L}'$ 是在无偏和方差最小的条件下求得的，这说明由最小二乘法估计求得的 $\hat{L}$ 是无偏估计，且方差最小，即无偏最优估计。

（4）单位权方差估值 $\hat{\sigma}_0^2$ 是 σ_0^2 的无偏估计量

我们知道，单位权方差的估值公式都是用 $V^{\mathrm{T}}PV$ 除以各自的自由度，即

$$\hat{\sigma}_0^2 = \frac{V^{\mathrm{T}}PV}{r}$$

自由度即为多余观测数。现要证明

$$E(\hat{\sigma}_0^2) = \sigma_0^2 \tag{6-48}$$

由数理统计学知，若有服从任一分布的 q 维随机向量 Y，已知其数学期望为 η，方差阵为 Σ，则 Y 向量的任一二次型的数学期望可以表达为

$$E(Y^{\mathrm{T}}BY) = tr(B\Sigma) + \eta^{\mathrm{T}}B\eta \tag{6-49}$$

式中，B 是一个 q 阶的对称可逆阵。

现用 V 向量代替上式中的 Y 向量，则其中 η 应换成 $E(V)$，Σ 换成 D_{VV}，B 可以换成权阵 P，于是有

$$E(V^{\mathrm{T}}PV) = tr(PD_{VV}) + E(V)^{\mathrm{T}}BE(V) \tag{6-50}$$

由于 $E(V) = 0$，则上式变为

$$E(V^{\mathrm{T}}PV) = \sigma_0^2 tr(PQ_{VV}) \tag{6-51}$$

由于 $Q_{VV} = QA^{\mathrm{T}}Q_{KK}AQ = QA^{\mathrm{T}}(N_{AA}^{-1} - N_{AA}^{-1}BQ_{\hat{X}}B^{\mathrm{T}}N_{aa}^{-1})AQ$，代入上式，顾及 $PQ = I$，$AQA^{\mathrm{T}} = N_{aa}$，$B^{\mathrm{T}}N_{aa}^{-1}B = N_{bb}$，则得

$$\begin{aligned}
E(V^{\mathrm{T}}PV) &= \sigma_0^2 tr[PQA^{\mathrm{T}}(N_{aa}^{-1} - N_{aa}^{-1}BQ_{\hat{X}}B^{\mathrm{T}}N_{aa}^{-1})AQ] \\
&= \sigma_0^2 tr[AQA^{\mathrm{T}}(N_{aa}^{-1} - N_{aa}^{-1}BQ_{\hat{X}}B^{\mathrm{T}}N_{aa}^{-1})] \\
&= \sigma_0^2 tr[I - Q_{\hat{X}}B^{\mathrm{T}}N_{aa}^{-1}B] = \sigma_0^2[c - tr(Q_{\hat{X}}N_{bb})] = \sigma_0^2[c - u] \\
&= r\sigma_0^2
\end{aligned}$$

从而

$$E\left(\frac{V^{\mathrm{T}}PV}{r}\right) = \sigma_0^2$$

从而可得，$\hat{\sigma}_0^2$ 是 σ_0^2 的无偏估计量。

习　题

6-1　有水准网如图 6-6 所示，已知 A 点的高程 $H_A = 10.220\mathrm{m}$，B、C 为待定点，观测高差及路线长度为

$$h_1 = +2.168\mathrm{m}, \ S_1 = 2\mathrm{km}$$
$$h_2 = +1.614\mathrm{m}, \ S_2 = 1\mathrm{km}$$
$$h_3 = -3.788\mathrm{m}, \ S_3 = 2\mathrm{km}$$

设 B 点高程为未知参数，试求：（1）条件方程；（2）各观测高差改正数；（3）B 点高程平差值。

6-2　如图 6-7 所示，A、B、C、D、E 均为待定点，观测了高差 $h_1 \sim h_8$，设观测路线长度相等，选取 A、D 点间的高差平差值为参数，试求 A、D 点间平差后高差的权。

6-3　如图 6-8 所示的三角网中，A、B 为已知点，P_1、P_2、P_3 为待定点，观测了 9 个角度 $L_1 \sim L_9$，试用附有参数的条件平差法求平差后 $\angle AP_1P_2$ 的权。

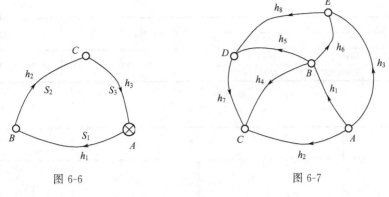

图 6-6   图 6-7

6-4   如图 6-9 所示，已知高程为 $H_A = 58\text{m}$，$H_B = 63\text{m}$，同精度测得观测高差为：$h_1 = 1.95\text{m}$，$h_2 = 1.97\text{m}$，$h_3 = 3.08\text{m}$，$h_4 = 3.06\text{m}$ 现令 P 点高程的平差值为参数 $\hat{X}$，试按附有参数的条件平差求：（1）观测高差的平差值和 P 点高程的平差值 $\hat{X}$；（2）P 点高程的平差值 $\hat{X}$ 的权倒数 $Q_{\hat{X}}$。

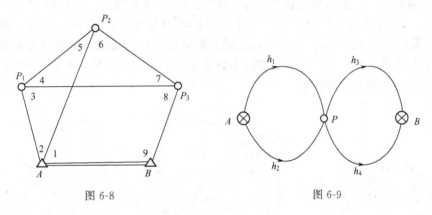

图 6-8   图 6-9

6-5   有测角网如图 6-10 所示，A、B 为已知点，P_1、P_2、P_3、P_4 为待定点，观测了 10 个角度。若按附有参数的条件平差法平差，（1）需设哪些量为参数？（2）列出条件方程。

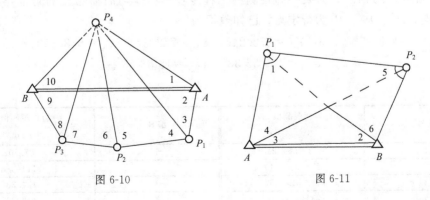

图 6-10   图 6-11

6-6   在图 6-11 的测角网中，A、B 点为已知点，P_1、P_2 点为待定点，已知起算数据如下表。

点号	坐标		坐标方位角/(° ′ ″)	边长/m
	X/m	Y/m		
A	5316.11	2971.47	97 36 48.55	940.122
B	5060.32	4885.54		

观测值如下。

角号	观测角值 /(° ′ ″)	角号	观测角值 /(° ′ ″)
1	100 38 8	4	50 29 29
2	27 39 50	5	105 11 22
3	29 21 34	6	46 39 31

已算得 P_1 点的近似坐标为：$X_1^0 = 6211.50$m，$Y_1^0 = 3258.20$m。

设 P_1 点的坐标为未知参数，试按附有未知数的条件平差，列出条件方程。

6-7 如图 6-12 所示，为一个工程场地所布设的边角网，A、B 为已知点，坐标分别为 $X_A = 641.292$m，$Y_A = 319.638$m，$X_B = 589.868$m，$Y_B = 540.460$m，C、D 为待定点；观测了 6 个内角和 C、B 点间的边长 S，观测值为：$L_1 = 85°23′05″$，$L_2 = 46°37′10″$，$L_3 = 47°59′56″$，$L_4 = 40°00′50″$，$L_5 = 67°59′37″$，$L_6 = 71°59′19″$；$S = 310.94$m。其中，测角精度为 $\sigma_\beta = 5″$，测距精度为 $\sigma_S = 5$mm，若设 CD 间的距离平差值为参数，试按附有参数的条件平差法求：(1) 条件方程；(2) 观测值的改正数及平差值；(3) 平差后单位权中误差；(4) 平差后 CD 边的距离及相对中误差。

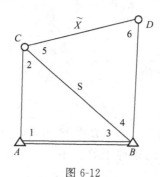

图 6-12

6-8 如图 6-13 所示，为某一高校测绘工程专业学生实习时所布设的附合导线网，A、C 为已知点，P_1、P_2、P_3 为待定点，已知数据为

$$X_A = 735.066，Y_A = 272.247；X_C = 772.374，Y_C = 648.350；$$
$$\alpha_{BA} = 150°35′33″，\alpha_{CD} = 18°53′55″。$$

观测值为

编号	角度观测值 β_i /(° ′ ″)	编号	边长观测值 S_i /m
1	73 56 21	1	87.702
2	234 35 40	2	114.388
3	148 27 57	3	124.335
4	234 31 43	4	102.397
5	76 46 29		

已知测角中误差 $\sigma_\beta = 5''$，测边中误差 $\sigma_{S_i} = 0.5\sqrt{S_i}$ mm，现选 P_2 点坐标平差值为参数 $\hat{X}$、$\hat{Y}$，试按附有参数的条件平差法求：（1）条件方程；（2）法方程；（3）观测值的改正数及平差值；（4）P_2 点坐标平差值。

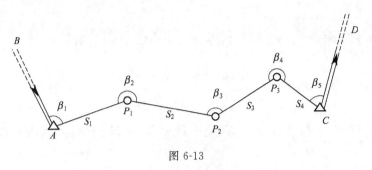

图 6-13

6-1 【解析】由题意，$n=3$，$t=2$，$r=1$，$u=1$，$c=2$，则

$$\begin{cases} \hat{h}_1+\hat{h}_2+\hat{h}_3=0 \\ \hat{h}_1+H_A-\hat{X}=0 \end{cases}$$

将 $\hat{h}_i=h_i+V_i$（$i=1$，2，3），$\hat{X}=X^0+\hat{x}$ 且令 $X^0=H_A+h_1$，代入上式整理可得条件方程

$$\begin{cases} V_1+V_2+V_3-6=0 \\ V_1-\hat{x}=0 \end{cases}$$

则相应矩阵

$$A=\begin{bmatrix} 1 & 1 & 1 \\ 1 & 0 & 0 \end{bmatrix}, B=\begin{bmatrix} 0 \\ -1 \end{bmatrix}, W=\begin{bmatrix} -6 \\ 0 \end{bmatrix}$$

取 1km 的观测高差为单位权观测，则权逆阵 $Q=P^{-1}=\begin{bmatrix} 2 & & \\ & 1 & \\ & & 2 \end{bmatrix}$，

从而计算如下：

$$N_{aa}=AP^{-1}A^{\mathrm{T}}=\begin{bmatrix} 5 & 2 \\ 2 & 2 \end{bmatrix}, N_{bb}=B^{\mathrm{T}}N_{aa}^{-1}B=[0.833333]$$

$$\hat{x}=-N_{bb}^{-1}B^{\mathrm{T}}N_{aa}^{-1}W=2.4\mathrm{mm}$$

进而依据 $V=-QA^{\mathrm{T}}N_{aa}^{-1}(B\hat{x}+W)$，可得

$$V_1=2.4\mathrm{mm}, V_2=1.2\mathrm{mm}, V_3=2.4\mathrm{mm}$$

最后可得 $\hat{H}_B=\hat{X}=12.3904\mathrm{m}$。

6-2 【解析】由题意，$n=8$，$t=4$，$r=4$，$u=1$，$c=5$，则

$$\hat{h}_1-\hat{h}_2+\hat{h}_4=0$$
$$\hat{h}_4-\hat{h}_5-\hat{h}_7=0$$
$$\hat{h}_5-\hat{h}_6-\hat{h}_8=0$$
$$\hat{h}_1-\hat{h}_3+\hat{h}_6=0$$
$$\hat{h}_1+\hat{h}_5-\hat{X}=0$$

将 $\hat{h}_i=h_i+V_i$（$i=1,2,\cdots,8$），$\hat{X}=X^0+\hat{x}$，且令 $X^0=h_1+h_5$，代入上式整理可得条件方程

$$V_1-V_2+V_4+(h_1-h_2+h_4)=0$$
$$V_4-V_5-V_7+(h_4-h_5-h_7)=0$$
$$V_5-V_6-V_8+(h_5-h_6-h_8)=0$$
$$V_1-V_3+V_6+(h_1-h_3+h_6)=0$$

$$V_1+V_5-\hat{x}=0$$

则方程 $AV+B\hat{x}+W=0$ 的相应矩阵

A									B
1	−1	0	1	0	0	0	0	0	
0	0	0	1	−1	0	−1	0	0	
0	0	0	0	1	−1	0	−1	0	
1	0	−1	0	0	1	0	0	0	
1	0	0	0	1	0	0	0	−1	

又权逆阵 $Q=P^{-1}=\mathrm{diag}(1\quad1\quad1\quad1\quad1\quad1\quad1\quad1)$，

则 $N_{aa}=AP^{-1}A^{\mathrm{T}}$ 如下

3	1	0	1	1
1	3	−1	0	−1
0	−1	3	−1	1
1	0	−1	3	1
1	−1	1	1	2

进而 $N_{bb}=B^{\mathrm{T}}N_{aa}^{-1}B=1.5$，所以 $Q_{\hat{x}\hat{x}}=N_{bb}^{-1}=2/3$，即权为 $2/3$。

6-3　【解析】该题中，$n=9$，$t=6$，$r=3$，参数的选择可以有多种方法，本着求谁选谁的原则，选择如下：设 $\angle AP_1P_2$ 的平差值为参数，记为 $\hat{X}$，则 $u=1$，从而 $c=r+u=4$，可列出 4 个条件方程

$$\hat{L}_2+\hat{L}_3+\hat{L}_4+\hat{L}_5-180°=0$$

$$\hat{L}_4+\hat{L}_5+\hat{L}_6+\hat{L}_7-180°=0$$

$$\hat{L}_1+\hat{L}_6+\hat{L}_7+\hat{L}_8+\hat{L}_9-360°=0$$

$$\hat{L}_3+\hat{L}_4-\hat{X}=0$$

则相应系数矩阵如下

A									B
0	1	1	1	1	0	0	0	0	0
0	0	0	1	1	1	1	0	0	0
1	0	0	0	0	1	1	1	1	0
0	0	1	1	0	0	0	0	0	−1

又权逆阵 $Q=P^{-1}=\mathrm{diag}\ (1\quad1\quad1\quad1\quad1\quad1)$，则 $N_{aa}=AP^{-1}A^{\mathrm{T}}$ 如下

4	2	0	2
2	4	2	1
0	2	5	0
2	1	0	2

进而 $N_{bb}=B^{\mathrm{T}}N_{aa}^{-1}B=1$，$Q_{\hat{X}\hat{X}}=N_{bb}^{-1}=1$，即平差后 $\angle AP_1P_2$ 的权为 1。

6-4 【解析】该题利用"知识点三"进行解答。

（1）$n=4$，$t=1$，$r=3$，又 $u=1$，选 P 点高程的平差值为参数 $\hat{X}$。

（2）可列出 4 个条件方程

$$\hat{h}_1-\hat{h}_2=0$$
$$\hat{h}_3-\hat{h}_4=0$$
$$H_A+\hat{h}_1+\hat{h}_3-H_B=0$$
$$H_A+\hat{h}_1-\hat{X}=0$$

转化为改正数形式，令 $X^0=h_1+H_A=59.95$，则

$$V_1-V_2-0.02=0$$
$$V_3-V_4+0.02=0$$
$$V_1+V_3+0.03=0$$
$$V_1-\hat{x}=0$$

从而，相应矩阵如下

$$A=\begin{bmatrix}1 & -1 & 0 & 0\\ 0 & 0 & 1 & -1\\ 1 & 0 & 1 & 0\\ 1 & 0 & 0 & 0\end{bmatrix},\ B=\begin{bmatrix}0\\ 0\\ 0\\ -1\end{bmatrix},\ W=\begin{bmatrix}-0.02\\ 0.02\\ 0.03\\ 0\end{bmatrix}$$

（3）又等精度观测，设权逆阵为

$$Q=P^{-1}=\begin{bmatrix}1 & & & \\ & 1 & & \\ & & 1 & \\ & & & 1\end{bmatrix}$$

（4）则

$$N_{aa}=AQA^{\mathrm{T}}=\begin{bmatrix}2 & 0 & 1 & 1\\ 0 & 2 & 1 & 0\\ 1 & 1 & 2 & 1\\ 1 & 0 & 1 & 1\end{bmatrix},\ N_{bb}=B^{\mathrm{T}}N_{aa}^{-1}B=4,\ \hat{x}=-N_{bb}^{-1}B^{\mathrm{T}}N_{aa}^{-1}W=-0.005$$

从而得

$$V=-QA^{\mathrm{T}}N_{aa}^{-1}(B\hat{x}+W)=[-0.005\quad -0.025\quad -0.025\quad -0.005]^{\mathrm{T}}$$

$$\hat{h}=[1.945\quad 1.945\quad 3.055\quad 3.055]^{\mathrm{T}}(\mathrm{m}),\ \hat{X}=59.945(\mathrm{m})$$

（5）检核：$\hat{h}_1-\hat{h}_2=1.945-1.945=0$，$\hat{h}_3-\hat{h}_4=3.055-3.055=0$。

（6）P 点高程的平差值的权倒数 $Q_{\hat{X}}=N_{bb}^{-1}=1/4$。

6-5 【解析】（1）需设 4 个参数，$\hat{X}_1=\angle AP_4P_1$，$\hat{X}_2=\angle P_1P_4P_2$，$\hat{X}_3=\angle P_2P_4P_3$，$\hat{X}_4=\angle BP_4P_3$。

（2）$n=10$，$t=8$，$r=2$，$u=4$，$c=r+u=6$，共有 6 个方程，其中 5 个图形条件，1 个极条件，则

$$\hat{L}_1+\hat{L}_2+\hat{L}_3+\hat{X}_1-180°=0,$$

$$\hat{L}_4+\hat{L}_5+\hat{X}_2-180°=0,$$

$$\hat{L}_6+\hat{L}_7+\hat{X}_3-180°=0,$$

$$\hat{L}_8+\hat{L}_9+\hat{L}_{10}+\hat{X}_4-180°=0,$$

$$\hat{L}_1+\hat{L}_{10}+\hat{X}_1+\hat{X}_2+\hat{X}_3+\hat{X}_4-180°=0,$$

$$\frac{\sin(\hat{L}_1+\hat{L}_2)\sin\hat{L}_4\sin\hat{L}_6\sin\hat{L}_8\sin\hat{L}_{10}}{\sin\hat{L}_1\sin\hat{L}_3\sin\hat{L}_5\sin\hat{L}_7\sin(\hat{L}_9+\hat{L}_{10})}-1=0$$

6-6 【解析】由题意，$n=6$，$t=4$，$r=2$，$u=2$，$c=4$，则

图形条件
$$\hat{L}_1+\hat{L}_2+\cdots+\hat{L}_6-360°=0 \tag{6-52}$$

方位角条件
$$\hat{L}_2=\arctan\frac{\hat{Y}_1-Y_B}{\hat{X}_1-X_B}-\alpha_{BA}$$

即
$$\hat{L}_2+\bar{\alpha}_{BA}-\arctan\frac{\hat{Y}_1-Y_B}{\hat{X}_1-X_B}=0 \tag{6-53}$$

边长条件
$$\frac{S_{AB}}{\sin(\hat{L}_2+\hat{L}_3+\hat{L}_4)}=\frac{\sqrt{(\hat{Y}_1-Y_B)^2+(\hat{X}_1-X_B)^2}}{\sin(\hat{L}_3+\hat{L}_4)}$$

即
$$\frac{\sqrt{(\hat{Y}_1-Y_B)^2+(\hat{X}_1-X_B)^2}\cdot\sin(\hat{L}_2+\hat{L}_3+\hat{L}_4)}{S_{AB}\cdot\sin(\hat{L}_3+\hat{L}_4)}-1=0 \tag{6-54}$$

极条件（以 P_2 为极）
$$\frac{\sin\hat{L}_1\cdot\sin\hat{L}_3\cdot\sin\hat{L}_6}{\sin(\hat{L}_2+\hat{L}_6)\cdot\sin(\hat{L}_5+\hat{L}_6)\cdot\sin\hat{L}_4}-1=0 \tag{6-55}$$

将式(6-52)~式(6-55)线性化，并将 $\hat{h}_i=h_i+V_i(i=1,2,\cdots,6)$，$\hat{X}_1=X_1^0+\hat{x}_1$，$\hat{Y}_1=Y_1^0+\hat{y}_1$，代入

$$V_1+V_2+\cdots+V_6+(\sum_{i=1}^{6}Li-360°)=0 \tag{6-56}$$

$$V_2+\left(\frac{\Delta Y_{B1}^0\cdot\rho''}{(S_{B1}^0)^2}\right)\hat{x}_1+\left(\frac{-\Delta X_{B1}^0\cdot\rho''}{(S_{B1}^0)^2}\right)\hat{y}_1+\left(L_2+\bar{\alpha}_{BA}-\arctan\frac{Y_1^0-Y_B}{X_1^0-X_B}\right)=0 \tag{6-57}$$

$$[\cot(L_2+L_3+L_4)]V_2+[\cot(L_2+L_3+L_4)-\cot(L_3+L_4)]V_3+[\cot(L_2+L_3+L_4)-$$
$$\cot(L_3+L_4)]V_4+\left(\frac{\Delta X_{B1}^0\cdot\rho''}{(S_{B1}^0)^2}\right)\hat{x}_1+\left(\frac{\Delta Y_{B1}^0\cdot\rho''}{(S_{B1}^0)^2}\right)\hat{y}_1+\left[1-\frac{S_{B1}^0\cdot\sin(L_2+L_3+L_4)}{S_{AB}\cdot\sin(L_3+L_4)}\right]\rho''=0$$

$$\tag{6-58}$$

$$(\cot L_1)\cdot V_1+[-\cot(L_2+L_6)]\cdot V_2+(\cot L_3)\cdot V_3+(-\cot L_4)\cdot V_4+$$
$$[-\cot(L_5+L_6)]\cdot V_5+[\cot L_6-\cot(L_5+L_6)-\cot(L_2+L_6)]\cdot V_6+$$
$$\left[1-\frac{\sin(L_5+L_6)\cdot\sin L_4\cdot\sin(L_2+L_6)}{\sin L_1\cdot\sin L_3\cdot\sin L_6}\right]\rho''=0 \tag{6-59}$$

将 $X_1^0=6211.50$，$Y_1^0=3258.20$ 及已知观测值代入式(6-56)~式(6-59)，则得附有参数

的条件平差的条件方程为

$$\begin{pmatrix} 1 & 1 & 1 & 1 & 1 & 1 \\ 0 & 1 & 0 & 0 & 0 & 0 \\ 0 & -0.31558 & -0.49459 & -0.49459 & 0 & 0 \\ -0.18779 & -0.28066 & 1.77766 & -0.82459 & 1.86875 & 2.53181 \end{pmatrix} \begin{pmatrix} V_1 \\ V_2 \\ \vdots \\ V_6 \end{pmatrix} +$$

$$\begin{pmatrix} 0 & 0 \\ -84.47652 & -59.75867 \\ 59.75867 & -84.47652 \\ 0 & 0 \end{pmatrix} \begin{pmatrix} \hat{x}_1 \\ \hat{y}_1 \end{pmatrix} + \begin{pmatrix} -6 \\ 96.40036 \\ -6.78469 \\ -14.78464 \end{pmatrix} = 0$$

6-7 【解析】由题意，$n=7$，$t=4$，$r=3$，$u=1$，$c=4$，则

$$\hat{L}_1 + \hat{L}_2 + \hat{L}_3 - 180° = 0$$

$$\hat{L}_4 + \hat{L}_5 + \hat{L}_6 - 180° = 0$$

$$\frac{\hat{S}}{\sin \hat{L}_1} = \frac{S_{AB}}{\sin \hat{L}_2}$$

$$\frac{\hat{S}}{\sin \hat{L}_6} = \frac{\hat{X}}{\sin \hat{L}_4}$$

其中 $S_{AB} = 226.731\text{m}$。

将 $\hat{h}_i = h_i + V_i (i=1,2,\cdots,6)$，$\hat{S} = S + V_S$，$\hat{X} = X^0 + \hat{x}$，且

令 $X^0 = \dfrac{S \sin L_4}{\sin L_6} = 210.229$，代入上式整理可得条件方程

$$V_1 + V_2 + V_3 + 11'' = 0$$

$$V_4 + V_5 + V_6 - 14'' = 0$$

$$-0.08845V_1 + 1.0354V_2 + 0.72681V_S - 1.46933\text{mm} = 0$$

$$1.154564V_4 - 0.315148V_6 + 0.64297V_S + 0.950995\hat{x} + 0.0130579\text{mm} = 0$$

相应矩阵

$$A = \begin{bmatrix} 1 & 1 & 1 & 0 & 0 & 0 & 0 \\ 0 & 0 & 0 & 1 & 1 & 1 & 0 \\ -0.08845 & 1.0354 & 0 & 0 & 0 & 0 & 0.72681 \\ 0 & 0 & 0 & 1.154564 & 0 & -0.315148 & 0.64297 \end{bmatrix}$$

$$B = \begin{bmatrix} 0 \\ 0 \\ 0.72681 \\ 0.950995 \end{bmatrix}, W = \begin{bmatrix} 11 \\ -14 \\ -1.46933 \\ 0.0130579 \end{bmatrix}$$

又权 $P_1 = P_2 = P_3 = P_4 = P_5 = P_6 = 1$，$P_S = 1 \left[(\text{''})^2 / (\text{mm})^2 \right]$，所以权阵

$$P = \text{diag}(1 \quad 1 \quad 1 \quad 1 \quad 1 \quad 1 \quad 1)$$

所以

$$N_{aa} = AP^{-1}A^{\text{T}} = \begin{bmatrix} 3 & 0 & 0.94695 & 0 \\ 0 & 3 & 0 & 0.839416 \\ 0.94695 & 0 & 1.6081293386 & 0.4673170257 \\ 0 & 0.839416 & 0.4673170257 & 1.8457467129 \end{bmatrix}$$

$$N_{bb} = B^T N_{aa}^{-1} B = 0.73467701617971$$

$$\hat{x} = -N_{bb}^{-1} B^T N_{aa}^{-1} W = 0.02219117681788\text{mm}$$

$$V = -QA^T N_{aa}^{-1}(B\hat{x} + W) = \begin{bmatrix} -5.75719686134541 \\ 0.05681541108642 \\ -5.29961854974101 \\ 1.20808122827809 \\ 5.77294967742864 \\ 7.01896909429327 \\ 1.21785678754023 \end{bmatrix} ('')\, ,\hat{L} = \begin{bmatrix} 85°22'59.24'' \\ 46°37'10.06'' \\ 47°59'50.70'' \\ 40°00'51.21'' \\ 67°59'42.77'' \\ 71°59'26.02'' \\ 310°.94'22.18'' \end{bmatrix}$$

单位权中误差 $\sigma_0 = \sqrt{\dfrac{V^T P V}{3}} = 6.994522$；$Q_{\hat{X}\hat{X}} = N_{bb}^{-1} = 1.3611423496$，平差后 CD 边长的中误差 $\sigma_{CD} = \sigma_0 \sqrt{Q_{\hat{X}\hat{X}}} = 8.16$。

6-8 【解析】由题意，$n=9$，$t=6$，$r=3$，$u=2$，则 $c=5$，即需要列出 5 个条件方程

$$\alpha_{BA} + \sum_{i=1}^{5} \hat{\beta}_i - 5 \times 180° - \alpha_{CD} = 0$$

$$X_A + \hat{S}_1 \cos\left(\alpha_{BA} + \sum_{i=1}^{1}\hat{\beta}_i - 180°\right) + \hat{S}_2 \cos\left(\alpha_{BA} + \sum_{i=1}^{2}\hat{\beta}_i - 2 \times 180°\right)$$

$$+ \hat{S}_3 \cos\left(\alpha_{BA} + \sum_{i=1}^{3}\hat{\beta}_i - 3 \times 180°\right) + \hat{S}_4 \cos\left(\alpha_{BA} + \sum_{i=1}^{4}\hat{\beta}_i - 4 \times 180°\right) - X_C = 0$$

$$Y_A + \hat{S}_1 \sin\left(\alpha_{BA} + \sum_{i=1}^{1}\hat{\beta}_i - 180°\right) + \hat{S}_2 \sin\left(\alpha_{BA} + \sum_{i=1}^{2}\hat{\beta}_i - 2 \times 180°\right)$$

$$+ \hat{S}_3 \sin\left(\alpha_{BA} + \sum_{i=1}^{3}\hat{\beta}_i - 3 \times 180°\right) + \hat{S}_4 \sin\left(\alpha_{BA} + \sum_{i=1}^{4}\hat{\beta}_i - 4 \times 180°\right) - Y_C = 0$$

$$X_A + \hat{S}_1 \cos\left(\alpha_{BA} + \sum_{i=1}^{1}\hat{\beta}_i - 180°\right) + \hat{S}_2 \cos\left(\alpha_{BA} + \sum_{i=1}^{2}\hat{\beta}_i - 2 \times 180°\right) - \hat{X} = 0$$

$$Y_A + \hat{S}_1 \sin\left(\alpha_{BA} + \sum_{i=1}^{1}\hat{\beta}_i - 180°\right) + \hat{S}_2 \sin\left(\alpha_{BA} + \sum_{i=1}^{2}\hat{\beta}_i - 2 \times 180°\right) - \hat{Y} = 0$$

转化为改正数形式，则

$$\sum_{i=1}^{5} V_i + \left(\alpha_{BA} + \sum_{i=1}^{5}\hat{\beta}_i - 5 \times 180° - \alpha_{CD}\right) = 0$$

$$\left[-\frac{S_1}{\rho''}\sin\left(\alpha_{BA} + \sum_{i=1}^{1}\beta_i - 180°\right)\right]V_1 + \left[-\frac{S_2}{\rho''}\sin\left(\alpha_{BA} + \sum_{i=1}^{2}\beta_i - 2 \times 180°\right)\right]V_2 +$$

$$\left[-\frac{S_3}{\rho''}\sin\left(\alpha_{BA} + \sum_{i=1}^{3}\beta_i - 3 \times 180°\right)\right]V_3 + \left[-\frac{S_4}{\rho''}\sin\left(\alpha_{BA} + \sum_{i=1}^{4}\beta_i - 4 \times 180°\right)\right]V_4 + 0V_5$$

$$+ \left[\cos\left(\alpha_{BA} + \sum_{i=1}^{1}\beta_i - 180°\right)\right]V_{S_1} + \left[\cos\left(\alpha_{BA} + \sum_{i=1}^{2}\beta_i - 2 \times 180°\right)\right]V_{S_2} +$$

$$\left[\cos\left(\alpha_{BA} + \sum_{i=1}^{3}\beta_i - 3 \times 180°\right)\right]V_{S_3} + \left[\cos\left(\alpha_{BA} + \sum_{i=1}^{4}\beta_i - 4 \times 180°\right)\right]V_{S_4} +$$

$$\left[X_A + S_1 \cos\left(\alpha_{BA} + \sum_{i=1}^{1}\beta_i - 180°\right) + S_2 \cos\left(\alpha_{BA} + \sum_{i=1}^{2}\beta_i - 2 \times 180°\right) + \right.$$

$$S_3 \cos\left(\alpha_{BA} + \sum_{i=1}^{3}\beta_i - 3 \times 180°\right) + S_4 \cos\left(\alpha_{BA} + \sum_{i=1}^{4}\beta_i - 4 \times 180°\right) - X_C = 0\Big]$$

$$\left[\frac{S_1}{\rho''}\cos\left(\alpha_{BA} + \sum_{i=1}^{1}\beta_i - 180°\right)\right]V_1 + \left[\frac{S_2}{\rho''}\cos\left(\alpha_{BA} + \sum_{i=1}^{2}\beta_i - 2 \times 180°\right)\right]V_2 +$$

$$\left[\frac{S_3}{\rho''}\cos\left(\alpha_{BA} + \sum_{i=1}^{3}\beta_i - 3 \times 180°\right)\right]V_3 + \left[\frac{S_4}{\rho''}\cos\left(\alpha_{BA} + \sum_{i=1}^{4}\beta_i - 4 \times 180°\right)\right]V_4 + 0V_5$$

$$+ \left[\sin\left(\alpha_{BA} + \sum_{i=1}^{1}\beta_i - 180°\right)\right]V_{S_1} + \left[\sin\left(\alpha_{BA} + \sum_{i=1}^{2}\beta_i - 2 \times 180°\right)\right]V_{S_2} +$$

$$\left[\sin\left(\alpha_{BA} + \sum_{i=1}^{3}\beta_i - 3 \times 180°\right)\right]V_{S_3} + \left[\sin\left(\alpha_{BA} + \sum_{i=1}^{4}\beta_i - 4 \times 180°\right)\right]V_{S_4} +$$

$$\left[Y_A + S_1 \sin\left(\alpha_{BA} + \sum_{i=1}^{1}\beta_i - 180°\right) + S_2 \sin\left(\alpha_{BA} + \sum_{i=1}^{2}\beta_i - 2 \times 180°\right) +\right.$$

$$S_3 \sin\left(\alpha_{BA} + \sum_{i=1}^{3}\beta_i - 3 \times 180°\right) + S_4 \sin\left(\alpha_{BA} + \sum_{i=1}^{4}\beta_i - 4 \times 180°\right) - Y_C\Big] = 0$$

$$\left[-\frac{S_1}{\rho''}\sin\left(\alpha_{BA} + \sum_{i=1}^{1}\beta_i - 180°\right)\right]V_1 + \left[-\frac{S_2}{\rho''}\sin\left(\alpha_{BA} + \sum_{i=1}^{2}\beta_i - 2 \times 180°\right)\right]V_2 + 0V_3 + 0V_4 + 0V_5$$

$$+ \left[\cos\left(\alpha_{BA} + \sum_{i=1}^{1}\beta_i - 180°\right)\right]V_{S_1} + \left[\cos\left(\alpha_{BA} + \sum_{i=1}^{2}\beta_i - 2 \times 180°\right)\right]V_{S_2} + 0V_{S_3} + 0V_{S_4} - \hat{x}$$

$$+ \left[X_A + S_1 \cos\left(\alpha_{BA} + \sum_{i=1}^{1}\beta_i - 180°\right) + S_2 \cos\left(\alpha_{BA} + \sum_{i=1}^{2}\beta_i - 2 \times 180°\right) - X^0\right] = 0$$

$$\left[\frac{S_1}{\rho''}\cos\left(\alpha_{BA} + \sum_{i=1}^{1}\beta_i - 180°\right)\right]V_1 + \left[\frac{S_2}{\rho''}\cos\left(\alpha_{BA} + \sum_{i=1}^{2}\beta_i - 2 \times 180°\right)\right]V_2 + 0V_3 + 0V_4 + 0V_5$$

$$+ \left[\sin\left(\alpha_{BA} + \sum_{i=1}^{1}\beta_i - 180°\right)\right]V_{S_1} + \left[\sin\left(\alpha_{BA} + \sum_{i=1}^{2}\beta_i - 2 \times 180°\right)\right]V_{S_2} + 0V_{S_3} + 0V_{S_4} - \hat{y}$$

$$+ \left[Y_A + S_1 \sin\left(\alpha_{BA} + \sum_{i=1}^{1}\beta_i - 180°\right) + S_2 \sin\left(\alpha_{BA} + \sum_{i=1}^{2}\beta_i - 2 \times 180°\right) - Y^0\right] = 0$$

令 $X^0 = 779.4427$、$Y^0 = 446.693$，代入已知观测值，得条件方程 $AV + B\hat{x} + W = 0$ 的相关矩阵如下

系数矩阵 A								
1	1	1	1	1	0	0	0	0
−0.298187804	−0.547548222	−0.557277136	−0.420445622	0	0.712862956	−0.15860804	0.38120036	−0.531702461
0.303102839	−0.087958968	0.229784727	−0.263955285	0	0.701303362	0.987341628	0.924492448	0.846931221
−0.298187804	−0.547548222	0	0	0	0.712862956	−0.15860804	0	0
0.303102839	−0.087958968	0	0	0	0.701303362	0.987341628	0	0

系数矩阵 B		条件方程的闭合差矩阵 W
0	0	−12
0	0	20.46044869
0	0	12.72626775
−1	0	−0.049460034
0	−1	−0.258450033

设测角中误差为单位权观测中误差，即 $\sigma_0 = 5''$，则权阵 P 为

$$P = \text{diag}(1 \quad 1 \quad 1 \quad 1 \quad 1 \quad 100/87.702 \quad 100/114.388 \quad 100/124.335 \quad 100/102.397)$$

法方程系数矩阵 $\begin{bmatrix} N_{aa} & B \\ B^{\mathrm{T}} & 0 \end{bmatrix}$ 如下

5	−1.823458785	0.180973313	−0.845736027	0.215143871	0	0
−1.823458785	1.820671597	0.177092726	0.863179457	0.217099637	0	0
0.180973313	0.177092726	3.565687277	0.217099637	1.646053676	0	0
−0.845736027	0.863179457	0.217099637	0.863179457	0.217099637	−1	0
0.215143871	0.217099637	1.646053676	0.217099637	1.646053676	0	−1
0	0	0	−1	0	0	0
0	0	0	0	−1	0	0

改正数（角度单位:″；边长单位：mm）如下

V_1	V_2	V_3	V_4	V_5
0.769500721	5.183751754	4.42785004	3.979836487	−2.360939003
V_{S1}	V_{S2}	V_{S3}	V_{S4}	
−10.04892906	−0.729133082	−9.522325371	4.841086707	

观测值平差值如下

73°56′21.76950072″
234°35′45.18375175″
148°27′61.42785004″
234°31′46.97983649″
76°46′26.639061″
87.69195107m
114.3872709m
124.3254777m
102.4018411m

参数改正数（单位：mm）如下

−10.16513273	−8.248420811

参数平差值（单位：m）如下

779.4325349	446.6847516

【说明】需要注意以下几点：①该题的结果中，小数点后保留了较多的位数，并不是本

题的精度要求这么高，而是保留了计算的过程；②在计算过程中，运用了泰勒级数展开，舍去了二次以上各项，正是由于这个舍去，使得检核时仍然存在一定的闭合差，这一点需要注意；③该题一定要进行检核，通过该题可以得出，对于含有非线性函数线性化的问题，求出最终结果后，一定要进行检核；④该题进行计算时，坐标单位、边长单位，要将 m 化为 mm 后再代入计算。以后要化单位的统一，通常以边长中误差单位为准。

第7章

间接平差

一、间接平差的思想

依据几何模型，针对具体的平差问题，确定观测值总数 n、必要观测数 t，选定 u 个独立量为参数（而 $u=t$）；然后根据几何模型中的几何关系，将 n 个观测值的平差值（即观测值加上相应的改正数）表达为所选的 $u=t$ 个参数的函数，即可列出 n（且 $n=r+u=r+t$）个平差值方程，即为间接平差的函数模型，然后转换成误差方程 $V=B\hat{x}-l$，按求自由极值的方法，解出使 $V^{\mathrm{T}}PV=\min$ 的 t 个参数的平差值。

二、公式汇编

函数模型和随机模型

$$\hat{L}=B\hat{X}+d \, , \, D=\sigma_0^2 Q=\sigma_0^2 P^{-1} \tag{7-1}$$

基础方程

误差方程 $\qquad\qquad\qquad V=B\hat{x}-l \tag{7-2}$

改正数方程 $\qquad\qquad\qquad B^{\mathrm{T}}PV=0 \tag{7-3}$

式中 $\qquad\qquad\qquad -l=BX^0+d-L \tag{7-4}$

法方程 $\qquad\qquad\qquad N_{BB}\hat{x}-W=0 \tag{7-5}$

式中 $\qquad\qquad\qquad N_{BB}=B^{\mathrm{T}}PB \, , \, W=B^{\mathrm{T}}Pl \tag{7-6}$

法方程的解

$$\hat{x}=N_{BB}^{-1}W=(B^{\mathrm{T}}PB)^{-1}B^{\mathrm{T}}Pl \tag{7-7}$$

观测量和参数的平差结果

$$\hat{L}=L+V \, , \, \hat{X}=X^0+\hat{x} \tag{7-8}$$

单位权中误差

$$\hat{\sigma}_0^2 = \frac{V^{\mathrm{T}}PV}{n-t} \tag{7-9}$$

$V^{\mathrm{T}}PV$ 的计算

$$V^{\mathrm{T}}PV = \hat{x}B^{\mathrm{T}}PV - l^{\mathrm{T}}PV, \quad V^{\mathrm{T}}PV = l^{\mathrm{T}}Pl - l^{\mathrm{T}}PB\hat{x} \tag{7-10}$$

平差参数 $\hat{X}$ 的协方差阵 $\qquad D_{\hat{X}\hat{X}} = \hat{\sigma}_0^2 Q_{\hat{X}\hat{X}} = \hat{\sigma}_0^2 N_{BB}^{-1} \tag{7-11}$

权函数式 $\qquad\qquad\qquad \mathrm{d}\hat{\varphi} = F^{\mathrm{T}}\mathrm{d}\hat{X} = F^{\mathrm{T}}\hat{x} \tag{7-12}$

协因数 $\qquad\qquad\qquad Q_{\hat{\varphi}\hat{\varphi}} = F^{\mathrm{T}}Q_{\hat{X}\hat{X}}F = F^{\mathrm{T}}N_{BB}^{-1}F \tag{7-13}$

方差 $\qquad\qquad\qquad D_{\hat{\varphi}\hat{\varphi}} = \sigma_0^2 Q_{\hat{\varphi}\hat{\varphi}} = \sigma_0^2 (F^{\mathrm{T}}N_{BB}^{-1}F) \tag{7-14}$

三、按间接平差求平差值的计算步骤

(1) 确定 n、t，选 t 个独立量为参数；

(2) 将 n 个观测值的平差值利用所选参数表示出来：即先列出平差值形式，再转化为误差方程形式，最后矩阵形式 $V = B\hat{x} - l$；

(3) 确定权阵 P；

(4) 依据以下公式计算：

$$N_{BB} = B^{\mathrm{T}}PB, \quad W = B^{\mathrm{T}}Pl, \quad \hat{x} = N_{BB}^{-1}W, \quad \hat{X} = X^0 + \hat{x}, \quad \hat{L} = L + V$$

(5) 检核；

(6) 精度评定。

四、间接平差的解算体系

先列出基础方程，然后由其求出法方程，解算法方程即可求出结果。

$$\left.\begin{array}{l} \text{函数模型} \quad V = B\hat{x} - l \\ \text{未知数方程} \quad B^{\mathrm{T}}PV = 0 \end{array}\right\} \text{间接平差的基础方程}$$

$$\downarrow$$

$$\left.\begin{array}{l} B^{\mathrm{T}}PB\hat{x} - B^{\mathrm{T}}Pl = 0 \\ \text{或} \quad N_{BB}\hat{x} - W = 0 \end{array}\right\} \text{间接平差的法方程}$$

$$\downarrow$$

$$\hat{x} = N_{BB}^{-1}W$$

$$\downarrow$$

$$\hat{X} = X^0 + \hat{x}, \quad \hat{L} = L + V$$

五、测方向三角网函数模型

观测方程 $\qquad\qquad\qquad L_{jk} + v_{jk} = \hat{\alpha}_{jk} - \hat{Z}_j \tag{7-15a}$

误差方程 $\qquad\qquad\qquad v_{jk} = -\hat{Z}_j + \hat{\alpha}_{jk} - L_{jk} \tag{7-15b}$

或 $\qquad\qquad v_{jk} = -\hat{z}_j + a_{jk}\hat{x}_j + b_{jk}\hat{y}_j - a_{jk}\hat{x}_k - b_{jk}\hat{y}_k - l_{jk} \tag{7-15c}$

常数项 $l_{jk} = L_{jk} - (\alpha_{jk}^0 - Z_j^0) = L_{jk} - L_{jk}^0, Z_j^0 = \dfrac{\sum\limits_{k=1}^{n_j}(\alpha_{jk}^0 - L_{jk})}{n_j}$ （n_j 为在测站 j 上的观测方向数）。

注：关于测方向三角网的必要观测数 t 的确定，一定要注意，它不同于测角和测边三角网的情况；它还需要确定测站点上仪器测角时的零方向的坐标方位角，有几个测站点，就有几个零方向需要确定。

六、测角网函数模型

观测方程

$$L_i + v_i = \hat{\alpha}_{jk} - \hat{\alpha}_{jh} = \arctan \frac{\hat{Y}_k - \hat{Y}_j}{\hat{X}_k - \hat{X}_j} - \arctan \frac{\hat{Y}_h - \hat{Y}_j}{\hat{X}_h - \hat{X}_j} \tag{7-16a}$$

误差方程

$$v_i = \delta \alpha_{jk} - \delta \alpha_{jh} - l_i = \rho'' \left[\frac{\Delta Y_{jk}^0}{(S_{jk}^0)^2} - \frac{\Delta Y_{jh}^0}{(S_{jh}^0)^2} \right] \hat{x}_j - \rho'' \left[\frac{\Delta X_{jk}^0}{(S_{jk}^0)^2} - \frac{\Delta X_{jh}^0}{(S_{jh}^0)^2} \right] \hat{y}_j$$

$$- \rho'' \frac{\Delta Y_{jk}^0}{(S_{jk}^0)^2} \hat{x}_k + \rho'' \frac{\Delta X_{jk}^0}{(S_{jk}^0)^2} \hat{y}_k + \rho'' \frac{\Delta Y_{jh}^0}{(S_{jh}^0)^2} \hat{x}_h - \rho'' \frac{\Delta X_{jh}^0}{(S_{jh}^0)^2} \hat{y}_h - l_i \tag{7-16b}$$

式中，$l_i = L_i - (\alpha_{jk}^0 - \alpha_{jh}^0) = L_i - L_i^0$。

七、测边网函数模型

观测方程

$$L_i + v_i = \sqrt{(\hat{X}_k - \hat{X}_j)^2 + (\hat{Y}_k - \hat{Y}_j)^2} \tag{7-17a}$$

误差方程

$$v_i = -\frac{\Delta X_{jk}^0}{S_{jk}^0} \hat{x}_j - \frac{\Delta Y_{jk}^0}{S_{jk}^0} \hat{y}_j + \frac{\Delta X_{jk}^0}{S_{jk}^0} \hat{x}_k + \frac{\Delta Y_{jk}^0}{S_{jk}^0} \hat{y}_k - l_i \tag{7-17b}$$

式中，$l_i = L_i - S_{jk}^0$。

八、拟合模型

（1）圆曲线的参数方程

在地图数字化中，已知圆上 m 个点的数字化观测值 (X_i, Y_i) $(i=1,2,\cdots,m)$，设为等精度独立观测，试求该圆的曲线方程。

由于误差，m 个点并不在同一圆曲线上，需要在这些观测点上拟合一条最佳圆曲线，这就是拟合模型问题。

圆曲线的参数方程以平差值表示为

$$\left. \begin{array}{l} \hat{X}_i = \hat{X}_0 + \hat{r} \cos \hat{\alpha}_i \\ \hat{Y}_i = \hat{Y}_0 + \hat{r} \sin \hat{\alpha}_i \end{array} \right\} \tag{7-18a}$$

式中 $(\hat{X}_0, \hat{Y}_0)$ 为圆心坐标平差值，$\hat{r}$ 和 $\hat{\alpha}_i$ 分别为半径和矢径方位角的平差值，它们为平差的未知参数，故 $n=2m$，$t=3+m$。

令 $\hat{X}_i = X_i + v_{x_i}$、$\hat{Y}_i = Y_i + v_{y_i}$、$\hat{r} = r^0 + \delta r$、$\hat{\alpha}_i = \alpha_i^0 + \delta \alpha_i$、$\hat{X}_0 = X_0^0 + \hat{x}_0$、$\hat{Y}_0 = Y_0^0 + \hat{y}_0$，线性化，则得误差方程

$$v_{x_i} = \hat{x}_0 + \cos\alpha_i^0 \delta r - r^0 \sin\alpha_i^0 \frac{\delta\alpha_i}{\rho} - l_{x_i} \Bigg\}$$
$$v_{y_i} = \hat{y}_0 + \sin\alpha_i^0 \delta r + r^0 \cos\alpha_i^0 \frac{\delta\alpha_i}{\rho} - l_{y_i} \Bigg\}$$
(7-18b)

其中
$$l_{x_i} = X_i - (X_0^0 + r^0 \cos\alpha_i^0) = X_i - X_i^0 \Bigg\}$$
$$l_{y_i} = Y_i - (Y_0^0 + r^0 \sin\alpha_i^0) = Y_i - Y_i^0 \Bigg\}$$
(7-18c)

(2) GNSS 水准拟合模型

已知 m 个点的数据是 (Z_i, x_i, y_i) $(i=1,2,\cdots,m)$，其中 Z_i 是点 i 的高程异常 （GNSS 水准拟合模型），(x_i, y_i) 为点 i 的坐标，视为无误差，并认为 Z 是坐标的函数， 即可取拟合函数为

$$\hat{Z}_i = \hat{b}_0 + \hat{b}_1 x_i + \hat{b}_2 y_i + \hat{b}_3 x_i^2 + \hat{b}_4 x_i y_i + \hat{b}_5 y_i^2 \tag{7-19a}$$

式中 $\hat{Z}_i = Z_i + v_{Z_i}$，未知参数为 $\hat{b}_0, \hat{b}_1, \cdots, \hat{b}_5$。$(x_i, y_i)$ 为常数，则其误差方程为

$$v_{Z_i} = \hat{b}_0 + x_i \hat{b}_1 + y_i \hat{b}_2 + x_i^2 \hat{b}_3 + x_i y_i \hat{b}_4 + y_i^2 \hat{b}_5 - Z_i \tag{7-19b}$$

九、坐标转换模型

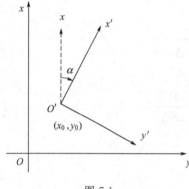

图 7-1

设有某点在新坐标系中的坐标为 (x_i, y_i)，在旧 坐标系中的坐标为 (x_i', y_i')，如图 7-1 所示。

旧坐标系原点在新坐标系中的坐标为 (x_0, y_0)， 为将旧网合理地配合到新网上，需对旧坐标系加以平 移、旋转和尺度因子改正，以保持旧网的形状不变。

已知新旧坐标系的坐标转换方程为

$$x_i = x_0 + x_i' m \cos\alpha - y_i' m \sin\alpha \Bigg\}$$
$$y_i = y_0 + y_i' m \cos\alpha + x_i' m \sin\alpha \Bigg\}$$
(7-20a)

式中 m 为尺度比因子，α 为旋转因子。

令 $a = x_0$，$b = y_0$，$c = m\cos\alpha$，$d = m\sin\alpha$，则

$$x_i = a + x_i' c - y_i' d \Bigg\}$$
$$y_i = b + y_i' c + x_i' d \Bigg\}$$
(7-20b)

式中，a、b、c、d 为所求的未知量，即平差参数。

设两坐标系中有 n 个公共点 (x_i, y_i) 和 (x_i', y_i')，$i=1,2,\cdots,n$，令新坐标系的坐 标为观测值，旧坐标系中坐标设为无误差，则可列出误差方程为

$$
\begin{bmatrix}
v_{x_1} \\
v_{y_1} \\
v_{x_2} \\
v_{y_2} \\
\vdots \\
v_{x_n} \\
v_{y_n}
\end{bmatrix}
=
\begin{bmatrix}
1 & 0 & x_1' & -y_1' \\
0 & 1 & y_1' & x_1' \\
1 & 0 & x_2' & -y_2' \\
0 & 1 & y_2' & x_2' \\
\vdots & \vdots & \vdots & \vdots \\
1 & 0 & x_n' & -y_n' \\
0 & 1 & y_n' & x_n'
\end{bmatrix}
\begin{bmatrix}
\hat{a} \\
\hat{b} \\
\hat{c} \\
\hat{d}
\end{bmatrix}
-
\begin{bmatrix}
x_1 \\
y_1 \\
x_2 \\
y_2 \\
\vdots \\
x_n \\
y_n
\end{bmatrix}
\tag{7-20c}
$$

或
$$V = B \quad X - l$$
$$\scriptstyle 2n\times 1 \quad 2n\times 4 \quad 4\times 1 \quad 2n\times 1$$

十、几个问题

1. 在间接平差中，为什么所选参数的个数应等于必要观测数，而且参数之间要函数独立？

答：可从反面来回答，如果不相等，情况会如何。

(1) 如果参数的个数不等于必要观测数，那么所有观测值的平差值就不能用参数全部表示，就不能反映几何图形中所有的几何关系，因此最终所求得的结果就不是最或然值。

(2) 如果参数不独立，那么参数间就会存在条件式，此时就不再是间接平差的函数模型。

2. 能否说选取了足够的参数，每一个观测值都能表示成参数的函数？

答：不一定，如果参数之间不能保持相互独立，就不行了。这个问题将在后续的第 9 章中学习。

3. 在水准网平差中，定权式为 $P_i = \dfrac{c}{S_i}$，S_i 以 km 为单位，当令 $c=2$ 时，经平差计算求得的单位权中误差 $\hat{\sigma}_0$ 代表什么量的中误差？在令 $c=1$ 和 $c=2$ 两种情况下，经平差分别求得的 V、$\hat{L}$、$\hat{\sigma}_0$ 以及 $[PVV]$ 相同吗？

答：$\hat{\sigma}_0$ 代表水准路线长度为 2km 时的观测高差的中误差；V、$\hat{L}$ 相同，$\hat{\sigma}_0$、$[PVV]$ 不相同。

【说明】 在计算过程中，不论 C 取何值，只要是绝对量（如 V、$\hat{L}$），所得的结果是不变的；但对于相对量（如 $\hat{\sigma}_0$、$Q_{\hat{L}\hat{L}}$），C 不同其取值不同。例如，平差值 $\hat{L}$ 是唯一的，$\hat{L} = L+V$，当观测值 L 确定了，那么改正数 V 也就确定了。由公式 $\sigma_{\hat{L}}^2 = \sigma_0^2 Q_{\hat{L}\hat{L}}$ 可知，平差值 $\hat{L}$ 的方差 $\sigma_{\hat{L}}^2$ 是唯一的，是个绝对量，平差值的协因数（权倒数）$Q_{\hat{L}\hat{L}}$ 是个相对量，自然，单位权方差 $\hat{\sigma}_0$ 也是相对的。

4. 如果某参数的近似值是根据某些观测值推算而得的，那么这些观测值的误差方程的常数项都会等于零吗？

答：不一定。

5. 条件平差的函数方程和间接平差的观测方程有什么不同？

答：条件平差的函数方程是描述观测值的平差值或改正数之间的关系式，没有引入参数；且条件方程是依据几何关系列出的，它的个数为 r（$r<n$）个。

间接平差的误差方程是描述观测值的平差值与参数的平差值之间的关系式，是将观测值的平差值表示为参数的函数；它也是依据几何关系列出的，个数为 n 个。

它们两者可视为一般条件方程，都是相互独立的。

十一、参数的选取

在水准网中，常选取待定点高程作为参数，也可选取点间的高差作为参数，但要注意参数的独立性。选取待定点高程作为参数可以保证参数的独立性。

在平面控制网、GNSS 网中选取未知点的二维坐标或三维坐标作为未知参数，可以保证参数之间的独立性，也可以选取观测值的平差值作为未知数，同样要注意参数之间的独立性。

因此，采用间接平差，应该选定刚好 t 个而又函数独立的一组量作为参数。至于应选择其中哪些量作为参数，则应按实际需要和是否便于计算而定。

参数选取的方法和原则常用两种：

（1）求谁选谁。这种方式不一定能保证所选择的参数是独立的，但确是一种非常方便、直观的方法。该种方法用于附有限制条件的间接平差中比较好。

（2）选择 t 个独立的观测值的平差值。这种方式不太直观，但是只要掌握了这种方法，一般选择的都是独立的。

经典例题

例 7-1 在某平差问题中，如果多余观测个数少于必要观测个数，此时间接平差中的法方程和条件平差中的法方程的个数哪一个少，为什么？

【解析】先得出两者的法方程系数矩阵，分别为 $N_{BB} = \underset{tn\ nn\ nt}{B^{\mathrm{T}}PB}$、$N_{AA} = \underset{rn\ nn\ nr}{A P^{-1} A^{\mathrm{T}}}$，可得矩阵 N_{BB}、N_{AA} 分别为 t 行 t 列、r 行 r 列的方阵。由于 $r<t$，可知条件平差中的法方程的个数少。

例 7-2 在某次测量的课堂实验中，指导老师让学生在校园内布设了一个单一闭合水准路线，如图 7-2 所示，其中已知点 $H_A = 11.000\text{m}$，B、C 为高程未知点。

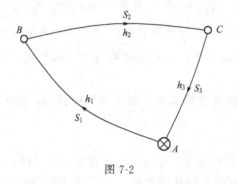

图 7-2

观测高差及水准路线长度为

$$h_1 = +3.202\text{m}, \quad S_1 = 0.2\text{km}$$
$$h_2 = -1.451\text{m}, \quad S_2 = 0.2\text{km}$$
$$h_3 = -1.756\text{m}, \quad S_3 = 0.1\text{km}$$

试用间接平差法求各高差的平差值。

【解析】该题按照"知识点三"来做。

（1）$n=3$，$t=2$，选 B、C 高程的平差值为参数，记为 $\hat{X}_1$ 和 $\hat{X}_2$。

（2）将 $n=3$ 个观测值的平差值利用所选的 $t=2$ 个参数表示出来，则观测方程

$$\hat{h}_1 = \hat{X}_1 - H_A$$
$$\hat{h}_2 = -\hat{X}_1 + \hat{X}_2$$

$$\hat{h}_3 = -\hat{X}_2 + H_A$$

将 $\hat{h}_i = h_i + V_i$ $(i=1,2,3)$，$\hat{X}_j = X_j^0 + \hat{x}_j$ $(j=1,2)$，且令 $X_1^0 = h_1 + H_A = 14.202$、$X_2^0 = -h_3 + H_A = 12.756$，代入上式，并整理可得

$$V_1 = \hat{x}_1$$
$$V_2 = -\hat{x}_1 + \hat{x}_2 - (-0.005)$$
$$V_3 = -\hat{x}_2$$

矩阵形式

$$\begin{bmatrix} V_1 \\ V_2 \\ V_3 \end{bmatrix} = \begin{bmatrix} 1 & 0 \\ -1 & 1 \\ 0 & -1 \end{bmatrix} \begin{bmatrix} \hat{x}_1 \\ \hat{x}_2 \end{bmatrix} - \begin{bmatrix} 0 \\ -0.005 \\ 0 \end{bmatrix}$$

（3）确定其权阵。选 0.2km 的水准路线的观测高差为单位权观测，则权阵 $P = \text{diag}$ (1 1 2)。

（4）依据以下公式求解：

$$N_{BB} = B^T P B = \begin{bmatrix} 2 & -1 \\ -1 & 3 \end{bmatrix}, \quad W = B^T P l = \begin{bmatrix} +0.005 \\ -0.005 \end{bmatrix}$$

$$\hat{x} = N_{BB}^{-1} W = \begin{bmatrix} +0.002 \\ -0.001 \end{bmatrix}, \quad \hat{X} = \begin{bmatrix} 14.204 \\ 12.755 \end{bmatrix}$$

所以可得 $\hat{h}_1 = 3.204\text{m}$，$\hat{h}_2 = -1.449\text{m}$，$\hat{h}_3 = -1.755\text{m}$。

（5）代入观测方程进行检核：

$3.204 = 14.204 - 11.000$，$-1.449 = -14.204 + 12.755$，$-1.755 = -12.755 + 11.000$。

【说明】该题是严格按照间接平差的解算步骤进行的，每一步都是必需的，读者要学会模仿。其中，"检核"这一步很重要，它可以检核是否存在闭合差。因为，尽管有时整个计算过程没有问题，但是最终的结果却不满足观测方程中给出的几何条件，所以，通过检核可以消除存在的闭合差。

例 7-3 在图 7-3 中，A、B 为已知点，C、D、E、F、G 为待定点，C 与 E、E 与 G 点间的边长为已知，$\beta_1 \sim \beta_7$ 为角度观测值，$S_1 \sim S_6$ 为边长观测值，试确定图中独立参数的个数。

【解析】该题为一导线网，独立参数的个数等于 8。

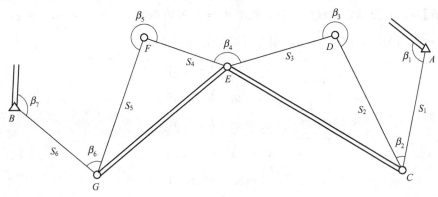

图 7-3

例 7-4 在图 7-4 中，A、B 为已知点，C、D、E 为未知点，观测角度 $\beta_1 \sim \beta_{15}$，若设角度观测值为参数，独立参数有哪些角？

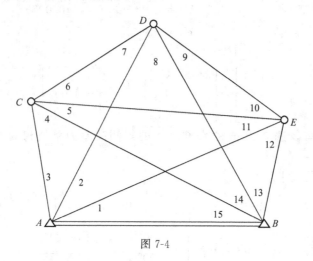

图 7-4

【解析】独立参数有 6 个，可以有很多组合，其规律是：为了确定点 C、D、E 三点的坐标，利用测角前方交会的方法，比如先由点 A、B 确定 C 点（依据角 β_4、β_{15}），再由点 A、C 确定 D 点（依据角 β_3、β_7），最后由点 C、D 确定 E 点（依据角 β_6、β_{10}）；此外，也有其他的路径可以确定 C、D、E 三点的坐标。

答：独立参数为 β_3、β_4、β_6、β_7、β_{10}、β_{15}。

例 7-5 为确定某一直线方程 $y=ax+b$，一名同学在 $x_i(i=1,2,\cdots,6)$ 处（设 x_i 无误差）同精度观测了 6 个观测值 y_i。

x_i/cm	1	2	3	4	5	6
y_i/cm	3.31	4.55	5.91	7.10	8.41	9.59

试列出确定该直线的误差方程，并求出参数的中误差。

【解析】（1）要确定直线的方程，需要确定方程的系数 a、b，$n=6$，$t=2$，选直线方程斜率和截距为参数，记为 $\hat{a}$、$\hat{b}$，则可得误差方程为

$$v_1 = 1\hat{a} + \hat{b} - 3.31$$

$$v_2 = 2\hat{a} + \hat{b} - 4.55$$

$$v_3 = 3\hat{a} + \hat{b} - 5.91$$

$$v_4 = 4\hat{a} + \hat{b} - 7.10$$

$$v_5 = 5\hat{a} + \hat{b} - 8.41$$

$$v_6 = 6\hat{a} + \hat{b} - 9.59$$

则相应矩阵

$$B = \begin{bmatrix} 1 & 1 \\ 2 & 1 \\ 3 & 1 \\ 4 & 1 \\ 5 & 1 \\ 6 & 1 \end{bmatrix}, \quad l = \begin{bmatrix} 3.31 \\ 4.55 \\ 5.91 \\ 7.10 \\ 8.41 \\ 9.59 \end{bmatrix}$$

由于为同精度观测，设权阵 $P = \mathrm{diag}\ (1\ \ 1\ \ 1\ \ 1\ \ 1\ \ 1)$，则法方程

$$\begin{bmatrix} 91 & 21 \\ 21 & 6 \end{bmatrix} \begin{bmatrix} \hat{a} \\ \hat{b} \end{bmatrix} - \begin{bmatrix} 158.13 \\ 38.87 \end{bmatrix} = 0$$

解法方程可得参数的解为

$$\begin{bmatrix} \hat{a} \\ \hat{b} \end{bmatrix} = \begin{bmatrix} 1.262 \\ 2.06133 \end{bmatrix}$$

直线方程为 $y = 1.262x + 2.06133$。

(2) 将求得的参数代入误差方程，可以求出观测值的改正数为（单位：cm）
$$V = \begin{bmatrix} 0.01333 & 0.03533 & -0.0627 & 0.00933 & -0.0387 & 0.04333 \end{bmatrix}^{\mathrm{T}}$$

单位权中误差为（单位：cm）

$$\hat{\sigma}_0 = \sqrt{\frac{V^{\mathrm{T}} P V}{n - t}} = \sqrt{\frac{0.008819416}{4}} = 0.04696$$

参数的协因数阵为

$$Q_{\hat{X}\hat{X}} = N_{BB}^{-1} = \begin{bmatrix} Q_{\hat{a}\hat{a}} & Q_{\hat{a}\hat{b}} \\ Q_{\hat{b}\hat{a}} & Q_{\hat{b}\hat{b}} \end{bmatrix} = \begin{bmatrix} 0.0571 & -0.2 \\ -0.2 & 0.8667 \end{bmatrix}$$

参数的中误差为（单位：cm）

$$\sigma_{\hat{a}} = \hat{\sigma}_0 \sqrt{Q_{\hat{a}\hat{a}}} = 0.01, \quad \sigma_{\hat{b}} = \hat{\sigma}_0 \sqrt{Q_{\hat{b}\hat{b}}} = 0.04$$

【说明】该题是利用"知识点四"进行解算。

例 7-6 为确定某一抛物线方程 $y = ax^2 + bx + c$，某个同学观测了 8 组数据 (x_i, y_i) $(i = 1, 2, \cdots, 8)$，已知 x_i 无误差，y_i 为互相独立的等精度观测值，试列出该抛物线的误差方程。

【解析】$n = 8$，$t = 3$，未知参数为 $\hat{a}$、$\hat{b}$、$\hat{c}$，且令 $\hat{a} = a^0 + \delta a$，$\hat{b} = b^0 + \delta b$，$\hat{c} = c^0 + \delta c$，则观测方程为

$$\hat{y}_i = x_i^2 \hat{a} + x_i \hat{b} + \hat{c}, \quad (i = 1, 2, \cdots, 8)$$

将 $\hat{y}_i = y_i + v_i$ $(i = 1, 2, \cdots, 8)$ 代入上式，得误差方程

$$v_i = \begin{bmatrix} x_i^2 & x_i & 1 \end{bmatrix} \begin{bmatrix} \delta a \\ \delta b \\ \delta c \end{bmatrix} - l_i$$

其中：$l_i = y_i - (x_i^2 a^0 + x_i b^0 + c^0)$。

例 7-7 条件平差模型与间接平差模型之间的转换。

（1）某一平差问题列有以下条件方程：

$$V_1-V_3+V_5+4=0$$
$$V_2-V_4+V_8-3=0$$
$$V_5-V_6+V_7+2=0$$
$$V_1+V_4+V_7+4=0$$
$$V_3+V_5-V_8-6=0$$

试将其改写成误差方程。

（2）某一平差问题列有以下误差方程：

$$V_1=-X_2+3$$
$$V_2=-X_1-1$$
$$V_3=-X_3+2$$
$$V_4=-X_2+X_3+1$$
$$V_5=-X_1+X_2-5$$
$$V_6=X_1-X_3-4$$

试将其改写成条件方程。

【解析】（1）由题意，可得 $n=8$，$r=5$，则 $t=3$；设 3 个参数：$V_1=\hat{X}_1$，$V_2=\hat{X}_2$，$V_3=\hat{X}_3$（注意：三个参数之间是独立的）。

$$V_1=\hat{X}_1$$
$$V_2=\hat{X}_2$$
$$V_3=\hat{X}_3$$
$$V_4=-\hat{X}_1+\hat{X}_2+2\hat{X}_3-13$$
$$V_5=-\hat{X}_1+\hat{X}_3-4$$
$$V_6=-\hat{X}_1-\hat{X}_2-\hat{X}_3+7$$
$$V_7=-\hat{X}_2-2\hat{X}_3+9$$
$$V_8=-\hat{X}_1+2\hat{X}_3-10$$

（2）由题意，可得 $n=6$，$t=3$，$r=3$；则有 3 个条件方程。

$$V_1-V_3-V_4=0$$
$$V_1-V_2+V_5+1=0$$
$$V_2-V_3+V_6+7=0$$

【说明】 可以看出：（1）间接平差和条件平差两种函数模型可以相互转换，进一步说明了对于一个平差问题，无论采用哪种平差模型解算结果都是一样的。（2）条件平差转到间接平差的关键是确定参数，同时要注意参数之间是相互独立的，然后通过条件方程之间的关系式分别求出即可；间接平差转到条件平差的关键是确定条件方程的个数，然后依据误差方程之间的关系确定即可。（3）虽然理论上两种平差方法计算的结果是一样的，但是实际使用时还是有一定区别，①所列的函数模型如果是线性的，两种平差方法的结果是一样的；②如果是非线性的，两种平差方法的结果往往会有一些差别。

例 7-8 设由同精度独立观测值列出的误差方程为

$$V=\begin{bmatrix} 0 & 2 \\ 2 & -3 \\ -1 & 2 \end{bmatrix}\hat{x}-\begin{bmatrix} -1 \\ 3 \\ 2 \end{bmatrix}$$

试按间接平差法求 $Q_{\hat{X}}$、$Q_{\hat{L}\hat{X}}$、$Q_{\hat{L}V}$、$Q_{\hat{L}}$。

【解析】 由题意，$n=3$，$t=2$，则相关矩阵如下

误差方程的系数矩阵 B		常数项矩阵 l
0	2	-1
2	-3	3
-1	2	2

由于同精度独立观测，则权逆阵 $Q=\text{diag}(1 \quad 1 \quad 1)$，从而法方程系数矩阵为

法方程系数矩阵 N_{BB}	
5	-8
-8	17

由以下公式可以推导，即

$$Q_{\hat{X}}=N_{BB}^{-1},\quad Q_{\hat{L}\hat{X}}=BN_{BB}^{-1},\quad Q_{\hat{L}V}=0,\quad Q_{\hat{L}}=BN_{BB}^{-1}B^{T}$$

代入表格中的相关数据，得

$$Q_{\hat{X}}=\frac{1}{21}\begin{bmatrix} 17 & 8 \\ 8 & 5 \end{bmatrix},\quad Q_{\hat{L}\hat{X}}=\frac{1}{21}\begin{bmatrix} 16 & 10 \\ 10 & 1 \\ -1 & 2 \end{bmatrix},\quad Q_{\hat{L}V}=0,\quad Q_{\hat{L}}=\frac{1}{21}\begin{bmatrix} 20 & 2 & 4 \\ 2 & 17 & -8 \\ 4 & -8 & 5 \end{bmatrix}$$

例 7-9 在图 7-5 所示的三角网中，工作人员进行了控制网的加密工作。已知 A、B、C 为已知点，P 为待定点，观测了 6 个角度 $L_1 \sim L_6$，设 P 点坐标的平差值为参数 $\hat{X}=\begin{bmatrix} \hat{X}_P & \hat{Y}_P \end{bmatrix}^{T}$，已列出其至已知点间的方位角误差方程：

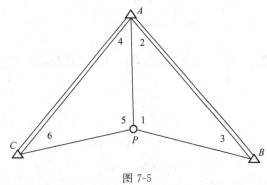

图 7-5

$$\delta\alpha_{PA}=-1.22\hat{x}_P+2.24\hat{y}_P+2.14$$

$$\delta\alpha_{PB}=-4.30\hat{x}_P-2.39\hat{y}_P-5.27$$

$$\delta\alpha_{PC}=3.88\hat{x}_P+6.82\hat{y}_P-6.18$$

试写出 $\angle BPC$ 平差后的权函数式。

【解析】设平差后 $\angle BPC = \hat{\varphi}$，则

$$\hat{\varphi} = 360° - (\hat{L}_1 + \hat{L}_5)$$

全微分，则

$$\mathrm{d}\hat{\varphi} = -\mathrm{d}\hat{L}_1 - \mathrm{d}\hat{L}_5 = -(\delta\alpha_{PB} - \delta\alpha_{PA}) - (\delta\alpha_{PA} - \delta\alpha_{PC})$$

将题中的表达式代入上式，得权函数式为

$$\mathrm{d}\hat{\varphi} = 8.18\hat{x}_P + 9.21\hat{y}_P + 0.91$$

【说明】该题中，$\angle BPC$ 有几种表示方式，但是，权函数式是由观测值的平差值列出的。

例 7-10　在如图 7-6 所示的水准网中，A、B 为已知点，$H_A = 5.530\mathrm{m}$，$H_B = 8.220\mathrm{m}$，观测高差和各路线长度为：

$$h_1 = +1.157\mathrm{m},\ S_1 = 2\mathrm{km};\ h_2 = +1.532\mathrm{m},\ S_2 = 2\mathrm{km};$$
$$h_3 = -2.025\mathrm{m},\ S_3 = 2\mathrm{km};\ h_4 = -0.663\mathrm{m},\ S_4 = 2\mathrm{km};$$
$$h_5 = +0.498\mathrm{m},\ S_5 = 4\mathrm{km}。$$

试按间接平差法求：(1) 待定点 P_1、P_2 最或是高程；(2) 平差后 P_1、P_2 间高差的协因数 $Q_{\hat{\varphi}}$ 及中误差 $\sigma_{\hat{\varphi}}$；(3) 在令 $c = 2$ 和 $c = 4$ 两种情况下，经平差分别求得的 $Q_{\hat{\varphi}}$、$\sigma_{\hat{\varphi}}$ 是否相同？为什么？

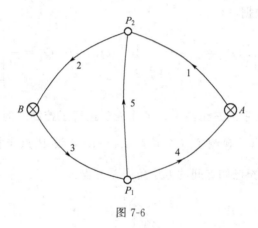

图 7-6

【解析】(1) 由题意，$n = 5$，$t = 2$，选 P_1、P_2 两点高程的平差值为参数，记为 $\hat{X}_1$、$\hat{X}_2$，则观测方程

$$\hat{h}_1 = \hat{X}_2 - H_A$$
$$\hat{h}_2 = -\hat{X}_2 + H_B$$
$$\hat{h}_3 = \hat{X}_1 - H_B$$
$$\hat{h}_4 = -\hat{X}_1 + H_A$$
$$\hat{h}_5 = -\hat{X}_1 + \hat{X}_2$$

将 $\hat{h}_i = h_i + V_i$ $(i = 1, 2, \cdots, 5)$，$\hat{X}_j = X_j^0 + \hat{x}_j$ $(j = 1, 2)$，且令 $X_1^0 = -h_4 + H_A = 6.193$，$X_2^0 = h_1 + H_A = 6.687$ 代入上式，并整理可得

$$V_1 = \hat{x}_2$$
$$V_2 = -\hat{x}_2 + 0.001$$
$$V_3 = x_1 - 0.002$$
$$V_4 = -\hat{x}_1$$
$$V_5 = -\hat{x}_1 + \hat{x}_2 - 0.004$$

则相应矩阵为

$$B = \begin{bmatrix} 0 & 1 \\ 0 & -1 \\ 1 & 0 \\ -1 & 0 \\ -1 & 1 \end{bmatrix}, \quad l = \begin{bmatrix} 0 \\ -0.001 \\ 0.002 \\ 0 \\ 0.004 \end{bmatrix}$$

设以 2km 观测高差为单位权观测，则权逆阵为

$$Q = P^{-1} = \begin{bmatrix} 1 & & & & \\ & 1 & & & \\ & & 1 & & \\ & & & 1 & \\ & & & & 2 \end{bmatrix}$$

从而

$$N_{BB} = B^T P B = \begin{bmatrix} 2.5 & -0.5 \\ -0.5 & 2.5 \end{bmatrix}, \quad W = B^T P l = \begin{bmatrix} 0 \\ 0.003 \end{bmatrix}, \quad \hat{x} = N_{BB}^{-1} W = \begin{bmatrix} 0.00025 \\ 0.00125 \end{bmatrix}$$

所以，$\hat{H}_{P_1} = 6.19325\text{m}$，$\hat{H}_{P_2} = 6.68825\text{m}$。

（2）由题意，参数平差值的协因数 $Q_{\hat{X}} = N_{BB}^{-1} = \begin{bmatrix} 5/12 & 1/12 \\ 1/12 & 5/12 \end{bmatrix}$，

P_1、P_2 点间的高差

$$\hat{\varphi} = \hat{h}_5 = -\hat{X}_1 + \hat{X}_2 = \begin{bmatrix} -1 & 1 \end{bmatrix} \begin{bmatrix} \hat{X}_1 \\ \hat{X}_2 \end{bmatrix}$$

由协因数传播律，则得 $Q_{\hat{\varphi}} = 2/3$。

又单位权方差 $\hat{\sigma}_0^2 = \dfrac{V^T P V}{n-t} = 3.0833 \times 10^{-6}$，从而 $\sigma_{\hat{\varphi}}^2 = \sigma_0^2 Q_{\hat{\varphi}} = 2.05556 \times 10^{-6}$，

$\sigma_{\hat{\varphi}} = 1.43\text{mm}$。

（3）当 $c = 2\text{km}$ 时，$Q_{\hat{\varphi}} = 2/3$，$\sigma_{\hat{\varphi}} = 1.43\text{mm}$；当 $c = 4\text{km}$ 时，$Q_{\hat{\varphi}} = 1/3$，$\sigma_{\hat{\varphi}} = 1.43\text{mm}$。可见，它们的协因数不相等，而中误差相等。因为，协因数（权倒数）是个相对量，它随单位权观测值的不同而不同，而中误差是个绝对量，它与单位权观测值的选择无关。

例 7-11 某测绘公司给一个煤矿测绘矿区地形图，由于矿区内的一个企业严禁外人进入，因此一些烟囱等重要地物不能正常施测。为了按时完成测绘任务，测量人员在企业外面采用测角交会的方法对企业内的几个烟囱进行了测量，示意图如图 7-7 所示，其中 A、B、C 为已知点，P 为待定点。

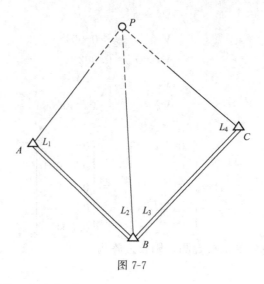

图 7-7

已知点坐标和 P 点的近似坐标为

$X_A=4728.008\text{m}$，$Y_A=227.880\text{m}$；$X_B=4604.993\text{m}$，$Y_B=362.996\text{m}$；

$X_C=4750.191\text{m}$，$Y_C=503.152\text{m}$；$X_P^0=4881.270\text{m}$，$Y_P^0=346.860\text{m}$。

角度同精度观测值

$L_1=94°29'32''$，$L_2=44°20'36.3''$，$L_3=47°19'43.3''$，$L_4=85°59'51.6''$。

设 P 点坐标的平差值为未知参数 $\hat{X}=\begin{bmatrix} \hat{X}_P & \hat{Y}_P \end{bmatrix}^{\mathrm{T}}$，试按间接平差法，（1）列出误差方程及法方程；（2）计算 P 点坐标平差值及协因数阵 $Q_{\hat{X}}$。

【解析】（1）该题是一个测角的前方交会问题，属于测角网。由题意，$n=4$，$t=2$，则

$$\hat{L}_1=\alpha_{AB}-\hat{\alpha}_{AP}=\alpha_{AB}-\arctan\frac{\hat{Y}_P-Y_A}{\hat{X}_P-X_A}$$

$$\hat{L}_2=\hat{\alpha}_{BP}-\alpha_{BA}=\arctan\frac{\hat{Y}_P-Y_B}{\hat{X}_P-X_B}-\alpha_{BA}$$

$$\hat{L}_3=\alpha_{BC}-\hat{\alpha}_{BP}+360°=\alpha_{BC}-\arctan\frac{\hat{Y}_P-Y_B}{\hat{X}_P-X_B}+360°$$

$$\hat{L}_4=\hat{\alpha}_{CP}-\alpha_{CB}=\arctan\frac{\hat{Y}_P-Y_C}{\hat{X}_P-X_C}-\alpha_{CB}$$

将 $\hat{L}_i=L_i+V_i$ $(i=1,2,3,4)$，$\hat{Y}_P=Y_P^0+\hat{y}_P''$，$\hat{X}_P=X_P^0+\hat{x}_P$ 代入上式，并线性化，可得

$$V_1=\frac{\rho''\Delta Y_{AP}^0}{(S_{AP}^0)^2}\hat{x}_P+\left[-\frac{\rho''\Delta X_{AP}^0}{(S_{AP}^0)^2}\hat{y}_P\right]-\left[L_1-\left(\alpha_{AB}-\arctan\frac{\Delta Y_{AP}^0}{\Delta X_{AP}^0}\right)\right]$$

$$V_2=-\frac{\rho''\Delta Y_{BP}^0}{(S_{BP}^0)^2}\hat{x}_P+\frac{\rho''\Delta X_{BP}^0}{(S_{BP}^0)^2}\hat{y}_P-\left[L_2-\left(\arctan\frac{\Delta Y_{BP}^0}{\Delta X_{BP}^0}-\alpha_{BA}\right)\right]$$

$$V_3=\frac{\rho''\Delta Y_{BP}^0}{(S_{BP}^0)^2}\hat{x}_P+\left[-\frac{\rho''\Delta X_{BP}^0}{(S_{BP}^0)^2}\hat{y}_P\right]-\left[L_3-\left(\alpha_{BC}-\arctan\frac{\Delta Y_{BP}^0}{\Delta X_{BP}^0}+360°\right)\right]$$

$$V_4 = -\frac{\rho'' \Delta Y_{CP}^0}{(S_{CP}^0)^2}\hat{x}_P + \frac{\rho'' \Delta X_{CP}^0}{(S_{CP}^0)^2}\hat{y}_P - \left[L_4 - \left(\arctan\frac{\Delta Y_{CP}^0}{\Delta X_{CP}^0} - \alpha_{CB}\right)\right]$$

将观测值以及 $X_P^0 = 4881.270\text{m}$，$Y_P^0 = 346.860\text{m}$ 代入以上误差方程，则得误差方程

$$V = \begin{bmatrix} 651.9085 & -839.7445 \\ 43.4563 & 744.0496 \\ -43.4563 & -744.0496 \\ 774.7759 & 649.7892 \end{bmatrix} \begin{bmatrix} \hat{x}_p \\ \hat{y}_p \end{bmatrix} - \begin{bmatrix} -3.37'' \\ 7.08'' \\ -5.79'' \\ -1.79'' \end{bmatrix}$$

由于为同精度观测，设权阵为单位对角矩阵，则法方程

$$\begin{bmatrix} 1029039.369 & 20671.76381 \\ 20671.76381 & 2234616.46 \end{bmatrix} \underset{21}{\hat{x}} - \begin{bmatrix} -3024.498 \\ 11242.735 \end{bmatrix} = 0$$

（2）解算法方程，从而可得

$$\hat{x} = \begin{bmatrix} -3.04 \\ 5.06 \end{bmatrix}\text{mm}$$

进一步得参数平差值及其协因数阵

$$\hat{X}_P = 4881.267\text{m}, \quad \hat{Y}_P = 346.865\text{m}, \quad Q_{\hat{X}} = \begin{bmatrix} 0.9720 & -0.0090 \\ -0.0090 & 0.4476 \end{bmatrix}$$

【说明】该类题在平差问题中是非常典型的，里面包含反正切以及它的求导问题；同时也涉及了两类观测值的转换问题。再者，这类题最大的特点就是比较麻烦，但是可以使用 Excel 或者 Matlab 来进行解算。

例 7-12 图 7-8 为一扇形的建筑物轮廓图，测量了该扇形的圆心角 α、半径 r 和弧长 L。

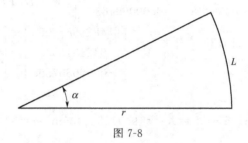

图 7-8

观测值及观测精度如下表。

序号	观测值	中误差
α	30°	6″
r	38.00m	2cm
L	20.00m	2cm

试按间接平差法求该扇形面积的平差值。

【解析】由题意，$n = 3$，$t = 2$，选 r 和 L 的平差值为参数，分别记为 $\hat{X}_1$、$\hat{X}_2$，则可列出

$$\hat{\alpha} = \hat{X}_2 / \hat{X}_1$$

$$\hat{r} = \hat{X}_1$$

$$\hat{L} = \hat{X}_2$$

将 $\hat{\alpha} = \alpha + V_\alpha$，$\hat{r} = r + V_r$，$\hat{L} = L + V_L$，$\hat{X}_j = X_j^0 + \hat{x}_j$（$j = 1, 2$），且令 $X_1^0 = 38$，$X_2^0 = 20$，代入上式，并整理可得

$$V_\alpha = -\frac{5}{361}\hat{x}_1 + \frac{1}{38}\hat{x}_2 - (-0.00271702)$$

$$V_r = \hat{x}_1$$

$$V_L = \hat{x}_2$$

从而相应矩阵

$$B = \begin{bmatrix} -\dfrac{5}{361} & \dfrac{1}{38} \\ 1 & 0 \\ 0 & 1 \end{bmatrix}, \quad l = \begin{bmatrix} -0.00271702 \\ 0 \\ 0 \end{bmatrix}$$

以 α 的测角中误差为单位权中误差并转化为弧度，即 $6'' = 6/206265\,\text{rad}$，则权阵

$$P = \begin{bmatrix} 1 & & \\ & \dfrac{6^2}{206265^2 \times 0.02^2} & \\ & & \dfrac{6^2}{206265^2 \times 0.02^2} \end{bmatrix} = \begin{bmatrix} 1 & & \\ & \dfrac{90000}{206265^2} & \\ & & \dfrac{90000}{206265^2} \end{bmatrix}$$

从而，依据以下公式计算可得

$$N_{BB} = B^{\mathrm{T}}PB = \begin{bmatrix} 0.000193949 & -0.000364485 \\ -0.000364485 & 0.000694636 \end{bmatrix}, \quad W = B^{\mathrm{T}}Pl = \begin{bmatrix} 3.76319e-05 \\ -7.15005e-05 \end{bmatrix}$$

$$\hat{x} = N_{BB}^{-1}W = \begin{bmatrix} 0.04245135 \\ -0.080657565 \end{bmatrix}\text{m}, \quad V = \begin{bmatrix} 6.48366e-06 \\ 0.04245135 \\ -0.080657565 \end{bmatrix} = \begin{bmatrix} 1.337351818'' \\ 0.04245135\text{m} \\ -0.080657565\text{m} \end{bmatrix}$$

进而，可得平差值

$$\hat{r} = \hat{X}_1 = 38.04245135\text{m}, \hat{L} = \hat{X}_2 = 19.919342435\text{m}, \hat{\alpha} = 30°0001.337351818''$$

面积的平差值

$$\hat{S} = \frac{1}{2}\hat{r}\hat{L} = \frac{1}{2}\hat{X}_1\hat{X}_2 = 378.8903078\text{m}^2$$

【说明】该题中，将秒（$''$）化成了弧度（rad）进行处理，在解算时要注意。

例 7-13 已知一圆弧上 4 个点的正射像片坐标 X，Y 的值如下表。

点	1	2	3	4
X/m	0	50	90	120
Y/m	120	110	80	0

观测值的中误差均为 1m，坐标原点的近似值 $X_0^0 = 0$，$Y_0^0 = 0$，试按间接平差法求：（1）平差后圆的方程；（2）平差后圆的面积及其中误差；（3）平差后圆心的点位中误差。

【解析】该题仅有一种观测值！采用"知识点八（1）"圆曲线的参数方程进行解算。为了全面展示该题的做法，现将详细步骤列出。

（1）根据题意，画出图（图 7-9）。

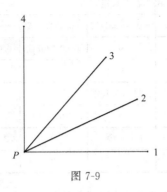

图 7-9

（2）根据参数方程 $\begin{cases} \hat{X}_i = \hat{X}_0 + \hat{r}\cos\hat{\alpha}_i \\ \hat{Y}_i = \hat{Y}_0 + \hat{r}\sin\hat{\alpha}_i \end{cases}$ $(i=1,2,3,4)$，共有 7 个未知参数，即圆心坐标

$(\hat{X}_0, \hat{Y}_0)$，半径的平差值 $\hat{r}$ 和矢径方位角的平差值 $\hat{\alpha}_i$，故 $n=2\times4=8$，$t=3+4=7$。

（3）令 $\hat{X}_i = X_i + v_{x_i}$、$\hat{Y}_i = Y_i + v_{y_i}$、$\hat{r} = r^0 + \delta r$、$\hat{\alpha}_i = \alpha_i^0 + \delta\alpha_i$，$\hat{X}_0 = X_0^0 + \hat{x}_0$、$\hat{Y}_0 = Y_0^0 + \hat{y}_0$，线性化，则得误差方程

$$\begin{cases} v_{x_i} = \hat{x}_0 + \cos\alpha_i^0 \delta r - r^0 \sin\alpha_i^0 \dfrac{\delta\alpha_i}{\rho''} - l_{x_i} \\ v_{y_i} = \hat{y}_0 + \sin\alpha_i^0 \delta r + r^0 \cos\alpha_i^0 \dfrac{\delta\alpha_i}{\rho''} - l_{y_i} \end{cases} \quad (i=1,2,3,4)$$

其中，误差方程的参数向量为 $\begin{bmatrix} \hat{X}_0 & \hat{Y}_0 & \hat{r} & \hat{\alpha}_1 & \hat{\alpha}_2 & \hat{\alpha}_3 & \hat{\alpha}_4 \end{bmatrix}^T$；

（4）由题意，以点 $P(0,0)$ 为圆心坐标近似值；令 $r^0 = 120$、$X_0^0 = 0$、$Y_0^0 = 0$，如图所示，O 点到 1、2、3、4 点的坐标方位角的近似值分别如下表。

	矢径	度	分	秒	正弦	余弦	矢径长度
α_1	$P1$	90	0	0	1	0	120
α_2	$P2$	65	33	21.76	0.910366472	0.413802957	120.8304597
α_3	$P3$	41	38	0.74	0.664363833	0.747409324	120.4159458
α_4	$P4$	0	0	0	0	1	120

（5）从而可得，误差方程的系数矩阵 B 及其常数项 l 矩阵如下

误差方程系数矩阵 B							常数项 l
1	0	0	−0.000581776	0	0	0	0
0	1	1	0	0	0	0	0
1	0	0.413802957	0	−0.000529629	0	0	0.343645206
0	1	0.910366472	0	0.000240741	0	0	0.756023376
1	0	0.747409324	0	0	−0.000386511	0	0.310881135
0	1	0.664363833	0	0	0.000434825	0	0.276340041
1	0	1	0	0	0	0	0
0	1	0	0	0	0	0.000581776	0

（6）观测值的中误差均为 1m，设权阵 $P=\text{diag}$ (1　1　1　1　1　1　1　1)。

（7）法方程的系数矩阵 N_{BB} 及其常数项 W

法方程系数矩阵 B							常数项 W
4	0	2.16121228	−0.000581776	−0.000529629	−0.000386511	0	0.654526341
0	4	2.574730305	0	0.000240741	0.000434825	0.000581776	1.032363417
2.16121228	2.574730305	4	0	0	0	0	1.246405524
−0.000581776	0	0	3.38463×10^{-7}	0	0	0	0
−0.000529629	0.000240741	0	0	3.38463×10^{-7}	0	0	0
−0.000386511	0.000434825	0	0	0	3.38463×10^{-7}	0	0
0	0.000581776	0	0	0	0	3.38463×10^{-7}	0

（8）解法方程，得参数的近似值改正数和平差值如下

$\hat{x}_0$	1.409462674	$\hat{X}_0$	1.409462674
$\hat{y}_0$	1.566470764	$\hat{Y}_0$	1.566470764
δr	−1.458245566	$\hat{r}$	118.5417544

（9）单位权方差估值为 0.140541225，参数平差值的协因数阵如下

8.030593169	6.786153162	−8.707082694	13803.58583	7739.496864	452.4104994	−11664.54902
6.786153162	7.366308819	−8.408144026	11664.54902	5379.538926	−1714.016029	−12661.76407
−8.707082694	−8.408144026	10.36663932	−14966.38677	−7644.389391	858.8434712	14452.54856
13803.58583	11664.54902	−14966.38677	26681169.87	13303227.67	777637.0972	−20049901.69
7739.496864	5379.538926	−7644.389391	13303227.67	11239009.16	1927072.446	−9246754.971
452.4104994	−1714.016029	858.8434712	777637.0972	1927072.446	5673167.108	2946179.301
−11664.54902	−12661.76407	14452.54856	−20049901.69	−9246754.971	2946179.301	24718520.98

因此，可得半径 r 的方差 $\sigma_r^2=1.45694$，中误差 $\sigma_r=1.20704$；圆心坐标平差值的方差 $\sigma_{\hat{X}_0}^2=1.128629$，$\sigma_{\hat{Y}_0}^2=1.0352701$，点位方差 $\sigma_P^2=2.1638995$，点位中误差 $\sigma_P=1.471\text{m}$。最后结果如下。

圆的方程

$$(\hat{X}-1.4095)^2+(\hat{Y}-1.5665)^2=118.54^2$$

圆的面积

$$\hat{S}=\pi\hat{r}^2=\pi(118.54)^2=44146.123\text{m}^2$$

$$\hat{\sigma}_{\hat{S}}=32.941489$$

圆心的点位中误差

$$\sigma_p=1.471\text{m}$$

【说明】请查阅参考文献 [13] 和 [14]。

例 7-14　对某待定点坐标 X、Y 分别进行了 n 次独立观测 $(X_i，Y_i)$ $(i=1,2,\cdots,n)$，已知 X_i、Y_i 是相关观测值，其协因数阵为

$$Q_{ii}=\begin{bmatrix} Q_{X_iX_i} & Q_{X_iY_i} \\ Q_{Y_iX_i} & Q_{Y_iY_i} \end{bmatrix}$$

试按间接平差法求待定点坐标的平差值及其协因数阵。

【解析】由题意，$t=2$，则观测方程

$$\hat{X}_1=\hat{X}$$

$$\hat{Y}_1=\hat{Y}$$

$$\hat{X}_2=\hat{X}$$

$$\hat{Y}_2=\hat{Y}$$

$$\cdots$$

$$\hat{X}_n=\hat{X}$$

$$\hat{Y}_n=\hat{Y}$$

将 $\hat{X}_i=X_i+v_{x_i}$，$\hat{Y}_i=Y_i+v_{y_i}$（$i=1,2,\cdots,n$）代入上式，则误差方程

$$v_{x_1}=\hat{X}-X_1$$

$$v_{y_1}=\hat{Y}-Y_1$$

$$v_{x_2}=\hat{X}-X_2$$

$$v_{y_2}=\hat{Y}-\hat{Y}_2$$

$$\cdots$$

$$v_{x_n}=\hat{X}-X_n$$

$$v_{y_n}=\hat{Y}-Y_n$$

可得误差方程的系数矩阵及其常数项如下

误差方程的系数矩阵 B		误差方程的常数项
1	0	X_1
0	1	Y_1
1	0	X_2
0	1	Y_2
...	...	...
1	0	X_n
0	1	Y_n

又观测值（X_i，Y_i）的权阵 P 如下

P_{X_1}	$P_{X_1Y_1}$	0	0	...	0	0
$P_{Y_1x_1}$	P_{Y_1}	0	0	...	0	0
0	0	P_{X_2}	$P_{X_2Y_2}$	...	0	0
0	0	$P_{Y_2x_2}$	P_{Y_2}	...	0	0
...	...	...	...	...	...	...
0	0	0	0	...	P_{X_n}	$P_{X_nY_n}$
0	0	0	0	...	$P_{Y_nx_n}$	P_{Y_n}

则法方程的系数矩阵 N_{BB} 及其常数项矩阵 W 如下

法方程的系数矩阵 N_{BB}		法方程的常数项矩阵 W
$\sum\limits_{i=1}^{n} P_{X_i}$	$\sum\limits_{i=1}^{n} P_{X_i Y_i}$	$\sum\limits_{i=1}^{n} (X_i P_{X_i} + Y_i P_{X_i Y_i})$
$\sum\limits_{i=1}^{n} P_{Y_i X_i}$	$\sum\limits_{i=1}^{n} P_{Y_i}$	$\sum\limits_{i=1}^{n} (X_i P_{Y_i X_i} + Y_i P_{Y_i})$

解算法方程，则得：

平差值

$$\begin{bmatrix} \hat{X} \\ \hat{Y} \end{bmatrix} = \begin{bmatrix} \sum\limits_{i=1}^{n} P_{X_i} & \sum\limits_{i=1}^{n} P_{X_i Y_i} \\ \sum\limits_{i=1}^{n} P_{X_i Y_i} & \sum\limits_{i=1}^{n} P_{y_i} \end{bmatrix}^{-1} \begin{bmatrix} \sum\limits_{i=1}^{n} (X_i P_{X_i} + Y_i P_{X_i Y_i}) \\ \sum\limits_{i=1}^{n} (X_i P_{Y_i X_i} + Y_i P_{Y_i}) \end{bmatrix}$$

平差值的协因数阵（法方程系数矩阵的逆）

$$\begin{bmatrix} \sum\limits_{i=1}^{n} P_{X_i} & \sum\limits_{i=1}^{n} P_{X_i Y_i} \\ \sum\limits_{i=1}^{n} P_{X_i Y_i} & \sum\limits_{i=1}^{n} P_{y_i} \end{bmatrix}^{-1}$$

其中，$\begin{bmatrix} P_{X_i} & P_{X_i Y_i} \\ P_{X_i Y_i} & P_{y_i} \end{bmatrix} = \begin{bmatrix} Q_{X_i} & Q_{X_i Y_i} \\ Q_{X_i Y_i} & Q_{y_i} \end{bmatrix}^{-1}$。

例 7-15　在图 7-10 所示的直角三角形 ABC 中，为了确定 C 点坐标，观测了边长 S_1、S_2 和角度 β，观测值列于下表，试按间接平差法求：（1）观测值的平差值；（2）C 点坐标的估值。

项目	观测值	中误差
β	$45°00'00''$	$10''$
S_1	215.465m	2cm
S_2	152.311m	3cm

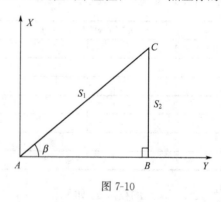

图 7-10

【解析】该题同习题 5-18，为边角网的平差问题，要格外注意其误差方程系数的计算，尤其是坐标方位角条件的误差方程的系数。

由题意，A 点坐标为 $(0，0)$；$n=3$，$t=2$，选 C 点坐标的平差值为参数，记为 $(\hat{X}_C, \hat{Y}_C)$，则观测方程

$$\hat{\beta} = \arctan \frac{\hat{X}_C - X_A}{\hat{Y}_C - Y_A}$$

$$\hat{S}_1 = \sqrt{(\hat{X}_C - X_A)^2 + (\hat{Y}_C - Y_A)^2}$$

$$\hat{S}_2 = \hat{X}_C - X_A$$

线性化，转化为误差方程，则（因为题意中边长中误差的单位是 cm，所以计算系数时，S^0、ΔX^0、ΔY^0 要化为 cm 单位这一点要注意！）

$$V_\beta = \frac{\rho'' \Delta Y_{AC}^0}{(S_{AC}^0)^2} \hat{x}_C - \frac{\rho'' \Delta X_{AC}^0}{(S_{AC}^0)^2} \hat{y}_C - \left(\beta - \arctan \frac{\Delta X_{AC}^0}{\Delta Y_{AC}^0}\right)$$

$$V_{S_1} = \frac{\Delta X_{AC}^0}{S_{AC}^0} \hat{x}_C + \frac{\Delta Y_{AC}^0}{S_{AC}^0} \hat{y}_C - (S_1 - S_{AC}^0)$$

$$V_{S_2} = \hat{x}_C - (S_2 - X_C^0)$$

利用观测值 β、S_1 求出 C 点的坐标分量的近似值为 $X_C^0 = S_1 \sin\beta = 15235.67626 \text{cm}$，$Y_C^0 = S_1 \cos\beta = 15235.67626 \text{cm}$，然后将已知数据代入，则

误差方程的系数矩阵 B		误差方程的常数项矩阵 l
6.769144883	−6.769144883	0
0.707106781	0.707106781	0
1	0	−0.04576261m

以 $C = 10''$ 为单位权观测，则
权阵 P

1	0	0
0	25	0
0	0	11.11111111

法方程的系数矩阵 N_{BB} 及其常数项 W 如下

N_{BB}		W
69.43243356	−33.32132245	−0.508473426
−33.32132245	58.32132245	0

参数的近似值改正数及其平差值如下

参数近似值改正数/m	参数平差值/m
−0.010089836	152.3302358
−0.00576473	152.3325674

最后，C 点坐标的估值为 （152.3302358，152.3325674）。

检核：将所求的平差值代入到观测方程中，进行检核！

【分析】可见，该题的计算结果与习题 5-18 的结果不同，为何？主要原因是所用的函数模型不同，两者均为非线性函数，线性化时由于二次以上各项取舍造成的。在理论上，各平差方法的计算结果是一致的，但在实用中有时是不一样的；另外，由于边长中误差单位为 cm，所以系数代入计算时，要将边长观测值 S_i 化为以 cm 为单位代入计算。

例 7-16 某一小组的同学在进行数字测图实习时，由于疏忽导致所测的碎部点的数据出现了问题，因此他们采用坐标转换模型进行了数据的转换，具体情况如下：选取了两个坐标系下的 7 个共同点，测得了这些点在新、旧两个坐标系中的坐标数据，如下表所示。

点号	新坐标系坐标		旧坐标系坐标	
	x（北坐标）	y（东坐标）	x'（北坐标）	y'（东坐标）
1	1269.996	691.288	999.994	1085.585
2	1203.093	712.608	994.966	1155.623
3	1121.825	741.267	991.422	1241.723
4	1062.523	763.049	989.644	1304.874
5	951.579	798.498	981.394	1421.051
6	964.713	854.474	1038.247	1429.627
7	983.106	914.355	1100.678	1434.767

试求新、旧两个坐标系之间的转换模型以及将旧坐标系中的坐标转换至新坐标系中后的坐标。

【解析】 该题很典型，同时也很实用。本题的解算采用 Excel 进行，读者可以自行实验，同时可以参考"知识点九、坐标转换模型的式(7-20)"。具体步骤如下。

(1) 采用的公式　设两坐标系中有 n 个公共点 (x_i, y_i) 和 (x'_i, y'_i)，$i = 1, 2, \cdots, n$，令新坐标系的坐标为观测值，旧坐标系中坐标设为无误差，当 $n > 3$ 时，则可列出误差方程为

$$\begin{pmatrix} v_{x_1} \\ v_{y_1} \\ v_{x_2} \\ v_{y_2} \\ \vdots \\ v_{x_n} \\ v_{y_n} \end{pmatrix} = \begin{pmatrix} 1 & 0 & x'_1 & -y'_1 \\ 0 & 1 & y'_1 & x'_1 \\ 1 & 0 & x'_2 & -y'_2 \\ 0 & 1 & y'_2 & x_2 \\ \vdots & \vdots & \vdots & \vdots \\ 1 & 0 & x'_n & -y'_n \\ 0 & 1 & y'_n & x'_n \end{pmatrix} \begin{pmatrix} \hat{a} \\ \hat{b} \\ \hat{c} \\ \hat{d} \end{pmatrix} - \begin{pmatrix} x_1 \\ y_1 \\ x_2 \\ y_2 \\ \vdots \\ x_n \\ y_n \end{pmatrix} \tag{7-21}$$

(2) 基于 Excel 的过程实现　如图 7-11(a) 所示，在 Excel 中输入已知点号为 1、2、…、7 的点在新、旧坐标系中的数据。

① 列立误差方程。

依据式(7-21)，取 $n = 7$，则如图 7-11(b) 所示，为所求的误差方程式。

② 解算误差方程。

误差方程的解算如图 7-11(c) 所示。

于是可得模型转换参数的平差值为：

$\hat{a} = 1907.0027$，$\hat{b} = -640.13873$，$\hat{c} = 0.37107202$，$\hat{d} = 0.9286021$。

③ 坐标的转换。为了验证所计算的平差参数，如图 7-11(d) 所示，将点号为 1、2、…、7 的点坐标代入，并同时计算了点号为 8、9、10 的点坐标。

通过进行坐标转换，参照图 7-11(a) 与图 7-11(d) 的坐标数据，可以比较点号为 1、2、…、7 的点在转换前后是一样的（忽略小数位的取舍影响）。依此，可以进一步对其他的点进行相应的转换。

(a) 输入已知数据

(b) 列立误差方程

(c) 误差方程解算

(d) 坐标转换

图 7-11

例 7-17 证明：间接平差估值的统计性质。

(1) 未知数的估计量 $\hat{X}$ 具有无偏性

要证明 $\hat{X}$ 具有无偏性，也就是要证明：$E(\hat{X})=\widetilde{X}$，因为 $\hat{X}=X^0+\hat{x}$，$\widetilde{X}=X^0+\widetilde{x}$，故证明 $E(\hat{X})=\widetilde{X}$ 与证明 $E(\hat{x})=\widetilde{x}$ 是等价的。由前面知

$$\hat{x}=N_{BB}^{-1}W=(B^{\mathrm{T}}PB)^{-1}B^{\mathrm{T}}Pl \tag{7-22}$$

等号两边取数学期望，得

$$E(\hat{x})=E[(B^{\mathrm{T}}PB)^{-1}B^{\mathrm{T}}Pl]=(B^{\mathrm{T}}PB)^{-1}B^{\mathrm{T}}PE[L-(BX^0+d)]$$

$$=(B^{\mathrm{T}}PB)^{-1}B^{\mathrm{T}}PE[L-(B\widetilde{X}+d)+B\hat{x}]$$

$$=(B^{\mathrm{T}}PB)^{-1}B^{\mathrm{T}}P[E(L)-(B\widetilde{X}+d)+B\hat{x}]$$

$$=(B^{\mathrm{T}}PB)^{-1}B^{\mathrm{T}}P[\widetilde{L}-(B\widetilde{X}+d)+B\widetilde{x}] \tag{7-23}$$

因为

$$L=\widetilde{L}+\Delta=B\widetilde{X}+d+\Delta \tag{7-24}$$

而

$$E(L)=E(\widetilde{L})+E(\Delta)=B\widetilde{X}+d=\widetilde{L} \tag{7-25}$$

代入式(7-23)，得

$$E(\hat{x})=(B^{\mathrm{T}}PB)^{-1}B^{\mathrm{T}}PB\widetilde{x}=\widetilde{x}$$

所以未知数的估计量 $\hat{X}$ 具有无偏性。

(2) 改正数 V 的数学期望等于零

因为

$$V=B\hat{x}-l \tag{7-26}$$

等号两边取数学期望，顾及式(7-23)，$E(l)=B\hat{x}$，则

$$E(V)=BE(\hat{x})-E(l)=B\tilde{x}-B\tilde{x}=0 \tag{7-27}$$

所以改正数 V 的数学期望 $E(V)=0$。

(3) $\hat{X}$ 的方差最小

矩阵的迹有下面两个性质:

① 若方阵 $F=AB$，则 $\dfrac{\partial tr(AB)}{\partial A}=\dfrac{\partial tr(BA)}{\partial A}=B^{\mathrm{T}}$。

② 若方阵 $F=ABA^{\mathrm{T}}$，则 $\dfrac{\partial tr(ABA^{\mathrm{T}})}{\partial A}=A(A+B^{\mathrm{T}})$。

由前面知道

$$\hat{X}=N_{BB}^{-1}BTP(L-d) \tag{7-28}$$

设 $\dot{X}$ 为观测值的线性函数，则

$$\dot{X}=\beta(L-d) \tag{7-29}$$

式中，β 为待求的系数矩阵。若能证明 $\dot{X}$ 的方差最小且 $\dot{X}=\hat{X}$，也就证明了 $\hat{X}$ 的方差最小。

先按 $\dot{X}$ 为无偏估计量来求 β 必须满足的条件。为此，对式(7-29)两边取数学期望，得

$$E(\dot{X})=\beta[E(L)-d]=\beta(B\tilde{X}+d-d)=\beta B\tilde{X}=\tilde{X} \tag{7-30}$$

必须使

$$\beta B=E \quad \text{或} \quad \beta B-E=0 \tag{7-31}$$

$\dot{X}$ 是 $\tilde{X}$ 的无偏估计量。根据协方差传播律

$$D_{\dot{X}\dot{X}}=\beta D_{LL}\beta^{\mathrm{T}} \tag{7-32}$$

这样，待求的系数矩阵 β 既要满足条件式(7-31)，又要使 $D_{\dot{X}\dot{X}}$ 最小。为此，按求条件极值的方法进行。将待定系数方阵 K 右乘式(7-32)，并组成函数

$$\Phi=\beta D_{LL}\beta^{\mathrm{T}}+2(\beta B-E)K$$

等号两边求迹，得

$$tr(\Phi)=tr(\beta D_{LL}\beta^{\mathrm{T}})+2tr(\beta BK)-2tr(K)$$

令 $\dfrac{\partial tr(\Phi)}{\partial \beta}=0$，得

$$\frac{\partial tr(\Phi)}{\partial \beta}=\beta(D_{LL}+D_{LL}^{\mathrm{T}})+2(BK)^{\mathrm{T}}-0=0$$

即 $2\beta D_{LL}+2K^{\mathrm{T}}B^{\mathrm{T}}=0$，所以

$$\beta=-K^{\mathrm{T}}B^{\mathrm{T}}D_{LL}^{-1} \tag{7-33}$$

将式(7-33)代入式(7-31)，得

$$-K^{\mathrm{T}}B^{\mathrm{T}}D_{LL}^{-1}B=E$$

所以

$$K^{\mathrm{T}}=-(B^{\mathrm{T}}D_{LL}^{-1}B)^{-1}$$

将上式代入式(7-33)，且顾及 $P=\sigma_0^2 D_{LL}^{-1}$，得

$$\beta=(B^{\mathrm{T}}PB)^{-1}B^{\mathrm{T}}P=N_{BB}^{-1}B^{\mathrm{T}}P \tag{7-34}$$

所以

$$\dot{X}=\beta(L-d)=N_{BB}^{-1}B^{\mathrm{T}}P(L-d)=\hat{X}$$

这就证明了估计量 $\hat{X}$ 具有方差最小性。

（4）单位权方差估值 $\hat{\sigma}_0^2$ 具有无偏性

单位权方差的无偏性是指单位权方差 σ_0^2 的估值 $\hat{\sigma}_0^2$ 是其无偏估计量，即要证明

$$E(\hat{\sigma}_0^2)=\sigma_0^2 \tag{7-35}$$

估值的计算式

$$\hat{\sigma}_0^2=\frac{V^{\mathrm{T}}PV}{n-t} \tag{7-36}$$

对于改正数向量 V，其数学期望 $E(V)$，方差阵为 D_{VV}，相应的权阵为 P（P 为对称可逆阵），根据数理统计理论，V 向量的任一二次型的数学期望可表达成下式

$$E(V^{\mathrm{T}}PV)=tr(PD_{VV})+E(V)^{\mathrm{T}}PE(V) \tag{7-37}$$

式中，$E(V)=0$，$D_{VV}=\sigma_0^2 Q_{VV}$，则式（7-37）可写为

$$E(V^{\mathrm{T}}PV)=\sigma_0^2 tr(PQ_{VV}) \tag{7-38}$$

又 $Q_{VV}=Q-BN_{BB}^{-1}B$，代入上式，得

$$\begin{aligned}
E(V^{\mathrm{T}}PV)&=\sigma_0^2 tr(PQ_{VV})=\sigma_0^2 tr[P(Q-BN_{BB}^{-1}B^{\mathrm{T}})]\\
&=\sigma_0^2 tr(PQ-PBN_{BB}^{-1}B^{\mathrm{T}})=\sigma_0^2[tr(I_n)-tr(B^{\mathrm{T}}PBN_{BB}^{-1})]\\
&=\sigma_0^2[tr(I_n)-tr(I_t)]=\sigma_0^2 \cdot (n-t)
\end{aligned} \tag{7-39}$$

上式代入式（7-36）后，根据单位权中误差的计算公式，得

$$E(\hat{\sigma}_0^2)=E\left(\frac{V^{\mathrm{T}}PV}{n-t}\right)=\frac{E(V^{\mathrm{T}}PV)}{n-t}=\frac{\sigma_0^2 \cdot (n-t)}{n-t}=\sigma_0^2 \tag{7-40}$$

从而可得，单位权方差的 σ_0^2 的估值 $\hat{\sigma}_0^2$ 是其无偏估计量。

习　题

7-1　在图 7-12 所示的单三角形中，以不等精度测得数据如下。

角度	观测值	权 P	角度	观测值	权 P
β_1	$65°43'12''$	1	β_3	$50°56'22''$	1
β_2	$63°20'16''$	2	β_4	$309°03'34''$	1

试用间接平差法求各内角的平差值。

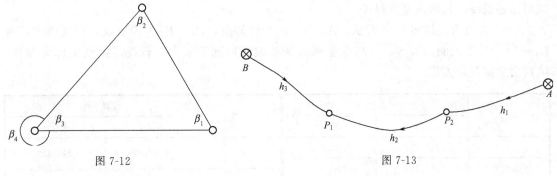

图 7-12　　　　　　　　　　　　　图 7-13

7-2　在图 7-13 所示的单一附合水准路线中，A、B 两点高程已知，设为 H_A、H_B；三

段路线长分别为 S_1、S_2、S_3，观测高差为 h_1、h_2、h_3，试用间接平差法写出误差方程。

7-3　如图 7-14 所示，在测站 O 点观测了 6 个角度，得同精度独立观测值如下表。

序号	角度	序号	角度
1	38°35′19″	4	165°40′09″
2	41°34′56″	5	80°10′09″
3	114°09′27″	6	155°44′27″

已知 A 方向方位角 $\alpha_A = 44°35′39″$，试按间接平差法求各方向方位角的平差值。

7-4　如图 7-15 所示，在一个圆形曲线 $(x-a)^2+(y-b)^2=r^2$ 上测得圆曲线上 10 个点的坐标 x_i（无误差）和 y_i $(i=1,2,\cdots,10)$，若设参数 $\hat{X} = \begin{bmatrix} \hat{a} & \hat{b} & \hat{r} \end{bmatrix}^T$，试列出该圆曲线的误差方程式。

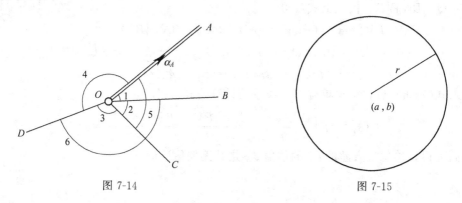

图 7-14　　　　　　　　　　　　　　　图 7-15

7-5　图 7-16 中，A、B、C 为已知点，P 为待定点，网中观测了 3 条边长 $S_1 \sim S_3$，观测数据为 $S_1 = 34.2278\text{m}$，$S_2 = 40.0851\text{m}$，$S_3 = 64.7537\text{m}$；起算数据列于下表中。

点号	坐标	
	X/m	Y/m
A	34604.4460	48035.2263
B	34580.2069	48078.7653
C	34508.7532	48059.2324

现选待定点的坐标平差值为参数，其坐标近似值为 $X_P^0 = 34570.5430\text{m}$，$Y_P^0 = 48039.8478\text{m}$，试列出各观测边长的误差方程式。

7-6　有边角网如图 7-17 所示，A、B、C 为已知点，P_1、P_2 为待定点，角度观测值为 $L_1 \sim L_7$，边长观测值为 S，已知点坐标和观测数据均列于表中，若设待定点坐标为参数，试列出全部误差方程。

点号	坐标		点号	近似坐标	
	X/m	Y/m		X^0/m	Y^0/m
A	760.274	208.722	P_1	870.180	294.430
B	619.109	318.629			
C	703.803	498.110	P_2	841.950	450.720

角号	观测值	角号	观测值
L_1	33°24′10″	L_5	34°04′45″
L_2	70°44′46″	L_6	64°30′22″
L_3	32°23′52″	L_7	31°49′18″
L_4	36°09′48″	S/m	158.883

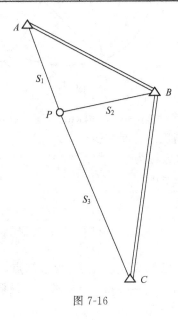

图 7-16   图 7-17

7-7　有一椭圆曲线 $\dfrac{X^2}{a^2}+\dfrac{Y^2}{b^2}=1$，为了确定其方程，观测了 10 组数据 (x_i,y_i)（$i=1$，$2,\cdots,10$），已知 x_i 无误差，试列出该椭圆的误差方程。

7-8　已知某平差问题的误差方程为：

$$V_1=\hat{x}_1+7$$
$$V_2=\hat{x}_1-\hat{x}_2-6$$
$$V_3=\hat{x}_2-4$$
$$V_4=-\hat{x}_1+6$$
$$V_5=-\hat{x}_2-5$$
$$V_6=-\hat{x}_1+\hat{x}_2+6$$

若观测值的权阵为单位对角矩阵，试根据误差方程求单位权中误差估值。

7-9　对某水准网进行独立同精度观测，计算后得出如下误差方程：

$$V=\begin{bmatrix}-2 & 0\\ 1 & 2\\ -1 & 1\end{bmatrix}\hat{x}-\begin{bmatrix}2\\ 5\\ 6\end{bmatrix}$$

试按间接平差法求：（1）未知参数 $\hat{X}$ 的协因数阵；（2）未知数函数 $\hat{\varphi}=\hat{X}_1-\hat{X}_2$ 的权。

7-10　如图 7-18 所示的水准网中，A 为已知水准点，P_1、P_2、P_3 为待定高程点，观测了 6 段高差 $h_1\sim h_6$，线路长度 $S_1=S_2=S_3=S_4=1\mathrm{km}$，$S_5=S_6=2\mathrm{km}$，如果在平差中舍去第 6 段线路的高差 h_6，问平差后 P_3 点高程的权较平差时不舍去 h_6 时所得的权缩小了百分之几？

7-11　如图 7-19 所示的水准网中，A、B 为已知点，$P_1\sim P_3$ 为待定点，独立观测了 8

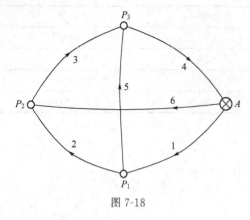

图 7-18

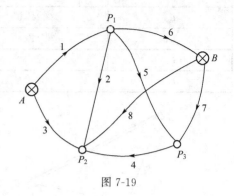

图 7-19

条路线的高差 $h_1 \sim h_8$，路线长度 $S_1 = S_2 = S_3 = S_4 = S_5 = S_6 = S_7 = 1\text{km}$、$S_8 = 2\text{km}$，试问平差后哪一点高程精度最高，相对于精度最低的点的精度之比是多少？

7-12 某一平差问题按间接平差法求解，已列出法方程为

$$4\hat{x}_1 - 3\hat{x}_2 + \hat{x}_3 - 4.92 = 0$$
$$-3\hat{x}_1 + 5\hat{x}_2 - 8.12 = 0$$
$$\hat{x}_1 + 7\hat{x}_3 + 2.92 = 0$$

试计算函数 $\hat{\varphi} = \hat{x}_1 - \hat{x}_3$ 的权。

7-13 有水准网如图 7-20 所示，A、B、C、D 为已知点，P_1、P_2 为未知点，观测高差 $h_1 \sim h_5$，路线长度为 $S_1 = S_2 = S_5 = 6\text{km}$、$S_3 = 8\text{km}$、$S_4 = 4\text{km}$，若要求网中最弱点平差后高程中误差 $\leq 5\text{mm}$，试估算该网每千米观测高差中误差应为多少。

7-14 对固定角内插点的平差问题（图 7-21），设平差后求得参数及观测量的平差值为 $\hat{X}$、$\hat{L}$，试求出 DA 边的坐标方位角的权函数式。

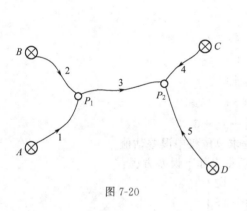

图 7-20

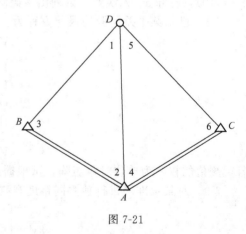

图 7-21

7-15 有水准网如图 7-22 所示，A、B 为已知点，$H_A = 21.400\text{m}$，$H_B = 23.810\text{m}$，各路线观测高差为：$h_1 = +1.058\text{m}$，$h_2 = +0.912\text{m}$，$h_3 = +0.446\text{m}$，$h_4 = -3.668\text{m}$，$h_5 = +1.250\text{m}$，$h_6 = +2.310\text{m}$，$h_7 = -3.225\text{m}$。

设观测高差为等权独立观测值，试按间接平差法求待定点 C、D、E 平差后的高程及中误差。

7-16 在图 7-23 所示的水准网中，加测了两条水准路线 8、9，$h_8 = +1.973\text{m}$，$h_9 =$

−1.354m，其余观测高差见题 7-15。

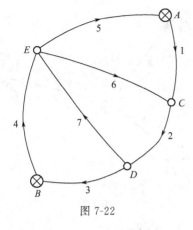

图 7-22

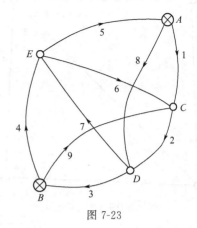

图 7-23

设观测高差的权为单位阵，

（1）增加了两条水准路线后，单位权中误差是否有所变化？

（2）增加了两条水准路线后，待定点 C、D、E 平差后高差的权，较之未增加两条水准路线时有何变化？

7-17　如图 7-24 所示，对该支水准路线进行了独立往返观测，已知高程 $H_A = 53.00$m，测得高差（设每条线路长度相等）$h_1 = +8.05$m，$h_2 = +12.57$m，$h_3 = -12.58$m，$h_4 = -8.07$m。试求 P_2 点平差后高程的权倒数。

7-18　在如图 7-25 所示的图形中，在共线的三点 A、B、C 之间独立观测，其中边长 AB 丈量了 3 次，边长 BC 丈量了 2 次，观测长度为：$L_1 = 30.525$m，$L_2 = 30.521$m，$L_3 = 30.528$m，$L_4 = 25.324$m，$L_5 = 25.327$m。试求 AC 边平差后的权（取 $C = 25$ 时）。

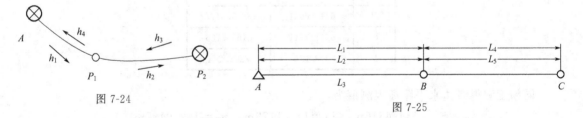

图 7-24

图 7-25

7-19　按不同的测回数观测某角，其结果如下：

观测值	测回数	观测值	测回数
78°18′05″	5	78°18′14″	7
78°18′09″	5	78°18′15″	6
78°18′08″	8	78°18′10″	3

设以 5 测回为单位权观测，试求：（1）该角的最或是值及其中误差；（2）一测回的中误差。

7-20　在图 7-26 所示的三角网中，A、B 为已知点，C、D 为待定点，已知点坐标为 $X_A = 867.156$m，$Y_A = 252.080$m；$X_B = 638.267$m，$Y_B = 446.686$m；待定点近似坐标为：$X_C^0 = 855.050$m，$Y_C^0 = 491.050$m；$X_D^0 = 634.240$m，$Y_D^0 = 222.820$m。

同精度角度观测值为：

$$L_1 = 94°15′21″, \quad L_2 = 43°22′42″, \quad L_3 = 38°26′00″,$$

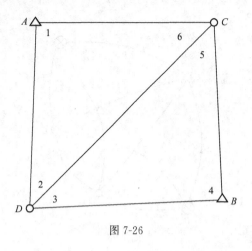

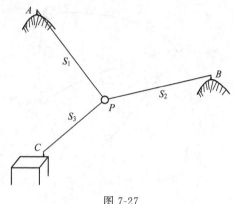

图 7-26   图 7-27

$$L_4 = 102°35'52'', \quad L_5 = 38°58'01'', \quad L_6 = 42°21'43''$$

设 C、D 点坐标平差值为参数 $\hat{X}_{41} = \begin{bmatrix} \hat{X}_C & \hat{Y}_C & \hat{X}_D & \hat{Y}_D \end{bmatrix}^T$，试按坐标平差法求：（1）$C$、$D$ 点坐标平差值及点位中误差；（2）观测值的平差值 $\hat{L}$。

7-21 在某次工程测量中，技术人员采用自由设站法进行了观测，如图 7-27 所示，A、B、C 为已知点，P 为安置全站仪的点，布设于实际地物上的已知点坐标和 P 点近似坐标为：

点	坐标	
	X/m	Y/m
A	6392.9690	8157.1752
B	6310.6631	8383.6177
C	6211.7741	8166.5706
P	6278.1352	8245.244

同精度测得各边水平距离观测值为：

$$S_1 = 144.6816m, \quad S_2 = 142.1175m, \quad S_3 = 102.9187m$$

试按坐标平差法求：（1）误差方程；（2）法方程；（3）坐标平差值及协因数阵 $Q_{\hat{X}}$；（4）观测值的改正数 V 及平差值 $\hat{S}$。

7-22 在图 7-28 所示的测边网中，A、B、C 为已知点，D、E 为待定点，观测了 7 条边长，观测精度为 $\sigma_{S_i} = \sqrt{S_i}$（cm）（$S_i$ 的单位为 m），设 100m 长度的观测精度为单位权中误差，各观测值为：

编号	边观测值/m	编号	边观测值/m
1	249.115	4	226.930
2	380.913	5	321.154
3	317.406	6	215.109

已知坐标和近似坐标为：

点号	已知坐标/m		点号	近似坐标/m	
	X	Y		X	Y
A	586.843	488.027	D	880.267	367.025
B	776.407	568.693	E	585.832	238.972
C	795.565	191.581			

设待定点坐标平差值为参数，试：（1）列出误差方程及法方程；（2）求出待定点坐标平差值及点位中误差；（3）求观测值改正数及平差值。

7-23 在图 7-29 的单一附合导线上观测了 4 个角度和 3 条边长。

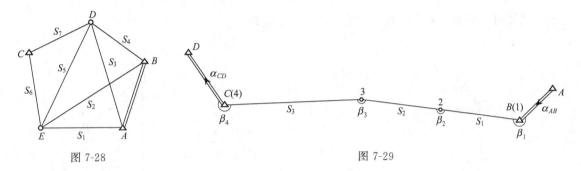

图 7-28   图 7-29

已知数据为：$X_B = 203020.348$m，$Y_B = -59049.801$m；$X_C = 203059.503$m，$Y_C = -59796.549$m；$\alpha_{AB} = 226°44'59''$，$\alpha_{CD} = 324°46'03''$。

观测值为：

点号	角度 /(° ′ ″)	边长/m
B(1)	230 32 37	204.952
2	180 00 42	200.130
3	170 39 22	345.153
C(4)	236 48 37	

已知测角中误差 $\sigma_\beta = 5''$，测边中误差 $\sigma_{S_i} = 0.5\sqrt{S_i(\text{m})}$（mm），试按间接平差法求：（1）导线点 2、3 点的坐标平差值；（2）观测值的改正数和平差值。

7-24 某一学期的数字测图实习中，某小组布设了如图 7-30 所示的闭合导线，他们观测了 4 条边长和 5 个左转折角，已知测角中误差 $\sigma_\beta = 5''$，边长中误差按 $\sigma_{S_i} = 3\text{mm} + 2 \times 10^{-6} S_i$ 计算（S_i 以 km 为单位），起算数据为：

点	X/m	Y/m
A	2272.0451	5071.3302
B	2343.8591	5140.8826

观测值如下：

角号	观测角值 β /(° ′ ″)	边号	观测边长/m
β_1	92 49 43	S_1	805.191
β_2	316 43 58	S_2	269.486
β_3	205 08 16	S_3	272.718
β_4	235 44 38	S_4	441.596
β_5	229 33 06		

试按间接平差，求导线点 2、3、4 的坐标平差值。

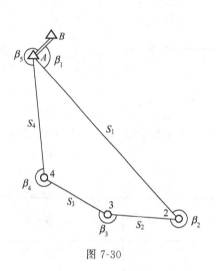

图 7-30

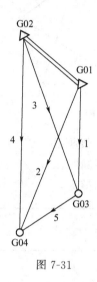

图 7-31

7-25　图 7-31 为一个 GNSS 网，G01、G02 为已知点，G03、G04 为待定点，已知点的三维坐标为：

点	X/m	Y/m	Z/m
1	−2411745.1210	−4733176.7637	3519160.3400
2	−2411356.6914	−4733839.0845	3518496.4387

待定点的三维近似坐标为：

点	X^0/m	Y^0/m	Z^0/m
3	−2416372.7665	−4731446.5765	3518275.0196
4	−2418456.5526	−4732709.8813	3515198.7678

用 GNSS 接收机测得了 5 条基线，每一条基线向量中 3 个坐标差观测值相关，各基线向量互相独立，观测数据为：

基线号	$\Delta X/\mathrm{m}$	$\Delta Y/\mathrm{m}$	$\Delta Z/\mathrm{m}$	基线方差阵		
1	-4627.5876	1730.2583	-885.4004	0.0470324707313	0.0502008806794	-0.0328144563391
				对	0.0921876881308	-0.0469678724634
					称	0.0562339822882
2	-6711.4497	466.8445	-3961.5828	0.0247314380892	0.0287685905486	-0.0150977357492
				对	0.0665508758432	-0.0285111124368
					称	0.0309438987792
3	-5016.0719	2392.4410	-221.3953	0.0407009983916	0.0441453007070	-0.0274864940544
				对	0.0847437135132	-0.0413990340052
					称	0.0488698420477
4	-7099.8788	1129.2431	-3297.7530	0.0277944383522	0.035226383688	-0.0177584958203
				对	0.0692051980483	-0.0310603246537
					称	0.034708205959
5	-2083.8123	-1263.3628	-3076.2452	0.0373160099279	0.0407449555483	-0.0245280045335
				对	0.0800162721033	-0.0380286407799
					称	0.0446940784891

设待定点坐标平差值为参数 $\hat{X}$，$\hat{X}=[\hat{X}_3 \quad \hat{Y}_3 \quad \hat{Z}_3 \quad \hat{X}_4 \quad \hat{Y}_4 \quad \hat{Z}_4]^\mathrm{T}$，试按间接平差法求：（1）误差方程及法方程；（2）参数改正数；（3）待定点坐标平差值及精度。

解析答案

7-1 【解析】本题采用"知识点四"来求解。

（1）列出函数模型和求出权阵

由题意，$n=4$，$t=2$，选 $\hat{\beta}_1$、$\hat{\beta}_2$ 为参数，记为 $\hat{X}_1$、$\hat{X}_2$，则得平差值形式的观测方程

$$\beta_1 + V_1 = \hat{X}_1$$
$$\beta_2 + V_2 = \hat{X}_2$$
$$\beta_3 + V_3 = -\hat{X}_1 - \hat{X}_2 + 180°$$
$$\beta_4 + V_4 = \hat{X}_1 + \hat{X}_2 + 180°$$

将 $\hat{X}_j = X_j^0 + \hat{x}_j$（$j=1$, 2）且令 $X_1^0 = \beta_1$，$X_2^0 = \beta_2$，并代入已知数据，整理可得如下误差方程形式

$$V_1 = \hat{x}_1$$
$$V_2 = \hat{x}_2$$
$$V_3 = -\hat{x}_1 - \hat{x}_2 - (-10'')$$
$$V_4 = \hat{x}_1 + \hat{x}_2 - 6''$$

所以相关矩阵如下

$$B = \begin{bmatrix} 1 & 0 \\ 0 & 1 \\ -1 & -1 \\ 1 & 1 \end{bmatrix}, \quad l = \begin{bmatrix} 0 \\ 0 \\ -10'' \\ 6'' \end{bmatrix}$$

又权阵 $P = \mathrm{diag}(1 \quad 2 \quad 1 \quad 1)$，则

法方程 $N_{BB}\hat{x} - W = 0$ 的系数矩阵及常数项

$$N_{BB} = B^{\mathrm{T}}PB = \begin{bmatrix} 1 & 0 \\ 0 & 1 \\ -1 & -1 \\ 1 & 1 \end{bmatrix}^{\mathrm{T}} \begin{bmatrix} 1 & & & \\ & 2 & & \\ & & 1 & \\ & & & 1 \end{bmatrix} \begin{bmatrix} 1 & 0 \\ 0 & 1 \\ -1 & -1 \\ 1 & 1 \end{bmatrix} = \begin{bmatrix} 3 & 2 \\ 2 & 4 \end{bmatrix}$$

$$W = B^{\mathrm{T}}Pl = \begin{bmatrix} 1 & 0 \\ 0 & 1 \\ -1 & -1 \\ 1 & 1 \end{bmatrix}^{\mathrm{T}} \begin{bmatrix} 1 & & & \\ & 2 & & \\ & & 1 & \\ & & & 1 \end{bmatrix} \begin{bmatrix} 0 \\ 0 \\ -10 \\ 6 \end{bmatrix} = \begin{bmatrix} 16 \\ 16 \end{bmatrix}$$

则

$$\begin{bmatrix} 3 & 2 \\ 2 & 4 \end{bmatrix} \begin{bmatrix} \hat{x}_1 \\ \hat{x}_2 \end{bmatrix} - \begin{bmatrix} 16 \\ 16 \end{bmatrix} = 0$$

（2）解算法方程

$$\begin{bmatrix} \hat{x}_1 \\ \hat{x}_2 \end{bmatrix} = \begin{bmatrix} 3 & 2 \\ 2 & 4 \end{bmatrix}^{-1} \begin{bmatrix} 16 \\ 16 \end{bmatrix} = \begin{bmatrix} 4 \\ 2 \end{bmatrix}, \quad \text{所以} \quad \hat{X} = \begin{bmatrix} \hat{X}_1 \\ \hat{X}_2 \end{bmatrix} = \begin{bmatrix} \beta_1 \\ \beta_2 \end{bmatrix} + \begin{bmatrix} \hat{x}_1 \\ \hat{x}_2 \end{bmatrix} = \begin{bmatrix} 65°43'16'' \\ 63°20'18'' \end{bmatrix}$$

（3）各内角的平差值

$$\hat{\beta}_1=65°43'16'',\quad \hat{\beta}_2=63°20'18'',\quad \hat{\beta}_3=50°56'26'',\quad \hat{\beta}_4=309°03'34''$$

（4）检核：$\hat{\beta}_1+\hat{\beta}_2+\hat{\beta}_3=180°$，$\hat{\beta}_3+\hat{\beta}_4=360°$，满足几何条件。

7-2 【解析】由题意，$n=3$，$t=2$，选 P_1、P_2 点高程的平差值为参数，记为 $\hat{X}_1$、$\hat{X}_2$，则观测方程

$$\hat{h}_1=\hat{X}_2-H_A$$
$$\hat{h}_2=\hat{X}_1-\hat{X}_2$$
$$\hat{h}_3=\hat{X}_1-H_B$$

将 $\hat{h}_i=h_i+V_i$ $(i=1,2,3)$，$\hat{X}_j=X_j^0+\hat{x}_j$ $(j=1,2)$，且令 $X_1^0=h_3+H_B$、$X_2^0=h_1+H_A$，则误差方程

$$V_1=\hat{x}_2$$
$$V_2=\hat{x}_1-\hat{x}_2-\left[h_2-(-h_1+h_3+H_B-H_A)\right]$$
$$V_3=\hat{x}_1$$

7-3 【解析】设观测角为 L_i，由题意 $n=6$，$t=3$，选 L_1、L_2、L_3 的平差值为参数，记为 $\hat{X}_1$、$\hat{X}_2$、$\hat{X}_3$，则观测方程

$$\hat{L}_1=\hat{X}_1$$
$$\hat{L}_2=\hat{X}_2$$
$$\hat{L}_3=\hat{X}_3$$
$$\hat{L}_4=-\hat{X}_1-\hat{X}_2-\hat{X}_3+360°$$
$$\hat{L}_5=\hat{X}_1+\hat{X}_2$$
$$\hat{L}_6=\hat{X}_2+\hat{X}_3$$

将 $\hat{L}_i=L_i+V_i$ $(i=1,2,\cdots,6)$，$\hat{X}_j=X_j^0+\hat{x}_j$ $(j=1,2,3)$，且令 $X_1^0=L_1$，$X_2^0=L_2$，$X_3^0=L_3$ 代入上式，并整理可得误差方程

$$V_1=\hat{x}_1$$
$$V_2=\hat{x}_2$$
$$V_3=\hat{x}_3$$
$$V_4=-\hat{x}_1-\hat{x}_2-\hat{x}_3+9$$
$$V_5=\hat{x}_1+\hat{x}_2+6$$
$$V_6=\hat{x}_2+\hat{x}_3-4$$

则相应矩阵

$$B=\begin{bmatrix}1&0&0\\0&1&0\\0&0&1\\-1&-1&-1\\1&1&0\\0&1&1\end{bmatrix},\quad l=\begin{bmatrix}0\\0\\0\\-9\\-6\\4\end{bmatrix}$$

又同精度观测，设权阵 P 为单位对角矩阵，则

$$N_{BB}=B^{\mathrm{T}}PB=\begin{bmatrix}3&2&1\\2&4&2\\1&2&3\end{bmatrix},\ W=B^{\mathrm{T}}Pl=\begin{bmatrix}3\\7\\13\end{bmatrix},\ \hat{x}=N_{BB}^{-1}W=\begin{bmatrix}-0.25''\\-0.5''\\4.75''\end{bmatrix},\ V=\begin{bmatrix}-0.25''\\-0.5''\\4.75''\\5''\\5.25''\\0.25''\end{bmatrix}$$

最后各方位角

$$\hat{\alpha}_{OB}=83°10'57.75'',\quad \hat{\alpha}_{OC}=124°45'53.25'',\quad \hat{\alpha}_{OD}=238°55'25''$$

7-4　【解析】由题意 $n=10$，$t=3$，将圆方程 $(x_i-a)^2+(y_i-b)^2=r^2$ 转化为

$$y_i=\sqrt{r^2-(x_i-a)^2}+b,\ (i=1,2,\cdots,10)$$

则观测方程

$$\hat{y}_i=\sqrt{\hat{r}^2-(x_i-\hat{a})^2}+\hat{b}$$

将 $\hat{y}_i=y_i+V_{y_i}$ 和 $\hat{a}=a^0+\delta a$、$\hat{b}=b^0+\delta b$、$\hat{r}=r^0+\delta r$，代入上式，得误差方程为

$$Vy_i=\frac{-(x_i-a^0)}{\sqrt{r^{02}-(x_i-a^0)^2}}\delta a+\delta b+\frac{r^0}{\sqrt{(r^0)^2-(x_i-a^0)^2}}\delta r-l_i$$

其中 $l_i=y_i-\left(\sqrt{(r^0)^2-(x_i-a^0)^2}+b^0\right)$。

7-5　【解析】$n=3$，$t=2$，选 P 点坐标的平差值为参数，记为 $\hat{X}_P$、$\hat{Y}_P$，则观测方程

$$\hat{S}_1=\sqrt{(\hat{X}_P-X_A)^2+(\hat{Y}_P-Y_A)^2}$$

$$\hat{S}_2=\sqrt{(\hat{X}_P-X_B)^2+(\hat{Y}_P-Y_B)^2}$$

$$\hat{S}_3=\sqrt{(\hat{X}_P-X_C)^2+(\hat{Y}_P-Y_C)^2}$$

将 $S_i=S_i+V_i(i=1,2,3)$，$\hat{X}_P=X_P^0+\hat{x}_P$，$\hat{Y}_P=Y_P^0+\hat{y}_P$，代入上式得

$$V_1=\frac{\Delta X_{AP}^0}{S_{AP}^0}\hat{x}_P+\frac{\Delta Y_{AP}^0}{S_{AP}^0}\hat{y}_P-(S_1-S_{AP}^0)$$

$$V_2=\frac{\Delta X_{BP}^0}{S_{BP}^0}\hat{x}_P+\frac{\Delta Y_{BP}^0}{S_{BP}^0}\hat{y}_P-(S_2-S_{BP}^0)$$

$$V_3=\frac{\Delta X_{CP}^0}{S_{CP}^0}\hat{x}_P+\frac{\Delta Y_{CP}^0}{S_{CP}^0}\hat{y}_P-(S_3-S_{CP}^0)$$

将 $X_P^0=34570.5430\mathrm{m}$，$Y_P^0=48039.8478\mathrm{m}$ 代入上式，则

$$V=\begin{bmatrix}-0.9908&0.1351\\-0.2410&-0.9705\\0.9541&-0.2993\end{bmatrix}\begin{bmatrix}\hat{x}_P\\\hat{y}_P\end{bmatrix}-\begin{bmatrix}1.07\\-1.43\\-0.54\end{bmatrix}\mathrm{cm}$$

7-6　【解析】$n=8$，$t=4$，选 P_1、P_2 点坐标的平差值为参数，分别记为 $\hat{X}_1$、$\hat{Y}_1$、$\hat{X}_2$、$\hat{Y}_2$，则观测方程

$$\hat{L}_1=\hat{\alpha}_{A2}-\hat{\alpha}_{A1}=\arctan\frac{\hat{Y}_2-Y_A}{\hat{X}_2-X_A}-\arctan\frac{\hat{Y}_1-Y_A}{\hat{X}_1-X_A}$$

$$\hat{L}_2 = \alpha_{AB} - \hat{a}_{A2} = \alpha_{AB} - \arctan \frac{\hat{Y}_2 - Y_A}{\hat{X}_2 - Y_A}$$

$$\hat{L}_3 = \hat{a}_{B1} - \alpha_{BA} = \arctan \frac{\hat{Y}_1 - Y_B}{\hat{X}_1 - X_B} - \alpha_{BA}$$

$$\hat{L}_4 = \hat{a}_{B2} - \hat{a}_{B1} = \arctan \frac{\hat{Y}_2 - Y_B}{\hat{X}_2 - X_B} - \arctan \frac{\hat{Y}_1 - Y_B}{\hat{X}_1 - X_B}$$

$$\hat{L}_5 = \alpha_{BC} - \hat{a}_{B2} = \alpha_{BC} - \arctan \frac{\hat{Y}_2 - Y_B}{\hat{X}_2 - X_B}$$

$$\hat{L}_6 = \hat{a}_{C1} - \alpha_{CB} = \arctan \frac{\hat{Y}_1 - Y_C}{\hat{X}_1 - X_C} - \alpha_{CB}$$

$$\hat{L}_7 = \hat{a}_{CP_2} - \hat{a}_{CP_1} = \arctan \frac{\hat{Y}_{P_2} - Y_C}{\hat{X}_{P_2} - X_C} - \arctan \frac{\hat{Y}_{P_1} - Y_C}{\hat{X}_{P_1} - X_C}$$

$$\hat{S} = \sqrt{(\hat{X}_1 - \hat{X}_2)^2 + (\hat{Y}_1 - \hat{Y}_2)^2}$$

将 $\hat{L}_i = L_i + V_i$ $(i = 1, 2, \cdots, 7)$，$\hat{X}_j = X_j^0 + \hat{x}_j$，$\hat{Y}_j = Y_j^0 + \hat{y}_j$ $(j = 1, 2)$，代入上式，线性化得

$$V_1 = \frac{\rho'' \Delta Y_{A1}^0}{(S_{A1}^0)^2} \hat{x}_1 + \left[-\frac{\rho'' \Delta X_{A1}^0}{(S_{A1}^0)^2} \right] \hat{y}_1 + \left[-\frac{\rho'' \Delta Y_{A2}^0}{(S_{A2}^0)^2} \right] \hat{x}_2 + \frac{\rho'' \Delta X_{A2}^0}{(S_{A2}^0)^2} \hat{y}_2$$
$$- \left[L_1 - \left(\arctan \frac{\Delta Y_{A2}^0}{\Delta X_{A2}^0} - \arctan \frac{\Delta Y_{A1}^0}{\Delta X_{A1}^0} \right) \right]$$

$$V_2 = \frac{\rho'' \Delta Y_{A2}^0}{(S_{A2}^0)^2} \hat{x}_2 + \left[-\frac{\rho'' \Delta X_{A2}^0}{(S_{A2}^0)^2} \right] \hat{y}_2 - \left[L_2 - \left(\alpha_{AB} - \arctan \frac{\Delta Y_{A2}^0}{\Delta X_{A2}^0} \right) \right]$$

$$V_3 = -\frac{\rho'' \Delta Y_{B1}^0}{(S_{B1}^0)^2} \hat{x}_1 + \frac{\rho'' \Delta X_{B1}^0}{(S_{B1}^0)^2} \hat{y}_1 - \left[L_3 - \left(\arctan \frac{Y_{B1}^0}{X_{B1}^0} - \alpha_{BA} \right) \right]$$

$$V_4 = \frac{\rho'' \Delta Y_{B1}^0}{(S_{B1}^0)^2} \hat{x}_1 + \left[-\frac{\rho'' \Delta X_{B1}^0}{(S_{B1}^0)^2} \right] \hat{y}_1 + \left[-\frac{\rho'' \Delta Y_{B2}^0}{(S_{B2}^0)^2} \right] \hat{x}_2 + \frac{\rho'' \Delta X_{B2}^0}{(S_{B2}^0)^2} \hat{y}_2$$
$$- \left[L_4 - \left(\arctan \frac{\Delta Y_{B2}^0}{\Delta X_{B2}^0} - \arctan \frac{\Delta Y_{B1}^0}{\Delta X_{B1}^0} \right) \right]$$

$$V_5 = \frac{\rho'' \Delta Y_{B2}^0}{(S_{B2}^0)^2} \hat{x}_2 + \left[-\frac{\rho'' \Delta X_{B2}^0}{(S_{B2}^0)^2} \right] \hat{y}_2 - \left[L_5 - \left(\alpha_{BC} - \arctan \frac{\Delta Y_{B2}^0}{\Delta X_{B2}^0} \right) \right]$$

$$V_6 = -\frac{\rho'' \Delta Y_{C1}^0}{(S_{C1}^0)^2} \hat{x}_1 + \left[\frac{\rho'' \Delta X_{C1}^0}{(S_{C1}^0)^2} \right] \hat{y}_1 - \left[L_6 - \left(\arctan \frac{\Delta Y_{C1}^0}{\Delta X_{C1}^0} - \alpha_{CB} \right) \right]$$

$$V_7 = \frac{\rho'' \Delta Y_{C1}^0}{(S_{C1}^0)^2} \hat{x}_1 + \left[-\frac{\rho'' \Delta X_{C1}^0}{(S_{C1}^0)^2} \right] \hat{y}_1 + \left[-\frac{\rho'' \Delta Y_{C2}^0}{(S_{C2}^0)^2} \right] \hat{x}_2 + \frac{\rho'' \Delta X_{C2}^0}{(S_{C2}^0)^2} \hat{y}_2$$
$$- \left[L_7 - \left(\arctan \frac{\Delta Y_{C2}^0}{\Delta X_{C2}^0} - \arctan \frac{\Delta Y_{C1}^0}{\Delta X_{C1}^0} \right) \right]$$

$$V_S = \frac{\Delta X_{21}^0}{S_{21}^0}\hat{x}_1 + \frac{\Delta Y_{21}^0}{S_{21}^0}\hat{y}_1 + \left(-\frac{\Delta X_{21}^0}{S_{21}^0}\right)\hat{x}_2 + \left(-\frac{\Delta Y_{21}^0}{S_{21}^0}\right)\hat{y}_2 - (S - S_{21}^0)$$

代入已知数据，得误差方程的系数矩阵 B 和常数项矩阵 l 如下。

系数矩阵/1000				常数项矩阵
0.910084304	−1.167029047	−0.765179457	0.258253363	3.054056714″
0	0	0.765179457	−0.258253363	−1.752681179″
0.078453805	0.8139789	0	0	−0.648376882″
−0.078453805	−0.8139789	−0.406009773	0.684949193	0.9795346″
0	0	0.406009773	−0.684949193	−4.649611601″
0.607401611	0.496158964	0	0	1.642481559″
−0.607401611	−0.496158964	0.458261248	1.33588134	−1.653888527″
0.177749435	−0.984075779	−0.177749435	0.984075779	63.92998635mm

7-7 【解析】由题意，设椭圆方程为 $\dfrac{X^2}{a^2} + \dfrac{Y^2}{b^2} = 1$；$n = 10$，$t = 2$，设独立参数 $\begin{bmatrix} \hat{X}_a & \hat{X}_b \end{bmatrix} = \begin{bmatrix} \hat{a} & \hat{b} \end{bmatrix}$，则观测方程（说明：此处选择开根号后"+"的部分！）

$$\hat{y}_i = \hat{b}(1 - x_i^2/\hat{a}^2)^{1/2}, \quad (i = 1, 2, \cdots, 10)$$

将 $\hat{y}_i = y_i + V_i$，$\hat{a} = a^0 + V_a$，$\hat{b} = b^0 + V_b$ 代入上式，由泰勒公式展开，则误差方程

$$V_i = \left[\frac{b}{a^2}x_i^2(a^2 - x_i^2)^{-1/2}\right]V_a + \{[1 - x_i^2/(a^0)^2]^{1/2}\}V_b - \{y_i - b^0[1 - x_i^2/(a^0)^2]\}$$

【说明】在测量点坐标时，点的数值都是大于零的，因此，本题中观测方程开根号时取"+"。

7-8 【解析】由题意，$n = 6$，$t = 2$，$r = n - t = 4$。

误差方程的相关矩阵如下。

系数矩阵 B		常数项矩阵 l
1	0	−7
1	−1	6
0	1	4
−1	0	−6
0	−1	5
−1	1	−6

法方程系数矩阵 N_{BB} 及其闭合差 W 如下。

法方程系数矩阵 N_{BB}		常数项矩阵 W
4	−2	11
−2	4	−13

解算法方程，则

$\hat{x}$	V	$V^{\mathrm{T}}PV$
1.5	8.5	72.25
	−2	4
	−6.5	42.25
−2.5	4.5	20.25
	−2.5	6.25
	2	4

由公式 $\hat{\sigma}_0^2 = \dfrac{V^{\mathrm{T}}PV}{n-t}$，得单位权方差 $\hat{\sigma}_0^2 = 37.25$，单位权中误差 $\hat{\sigma}_0 = 6.1032778$。

7-9 【解析】由题意，相关矩阵如下：

误差方程系数矩阵 B		法方程系数矩阵 N_{BB}		N_{BB} 的逆 Q_X	
−2	0	6	1	5/29	−1/29
1	2	1	5	−1/29	6/29
−1	1				

对于未知函数 $\hat{\varphi} = \hat{X}_1 - \hat{X}_2$，由协因数传播律可得

$$Q_{\hat{\varphi}} = \begin{bmatrix} 1 & -1 \end{bmatrix} Q_{\hat{X}\hat{X}} \begin{bmatrix} 1 \\ -1 \end{bmatrix} = \frac{13}{29}$$

从而未知函数 $\hat{\varphi}$ 的权为 $29/13$。

7-10 【解析】$n = 6$，$t = 3$，选点 P_1、P_2、P_3 平差后高程为参数，记为 $\hat{X}_1$、$\hat{X}_2$、$\hat{X}_3$，则观测方程

$$\hat{h}_1 = \hat{X}_1 - H_A$$
$$\hat{h}_2 = -\hat{X}_1 + \hat{X}_2$$
$$\hat{h}_3 = -\hat{X}_2 + \hat{X}_3$$
$$\hat{h}_4 = -\hat{X}_3 + H_A$$
$$\hat{h}_5 = -\hat{X}_1 + \hat{X}_3$$
$$\hat{h}_6 = \hat{X}_2 - H_A$$

则系数矩阵

$$B = \begin{bmatrix} 1 & 0 & 0 \\ -1 & 1 & 0 \\ 0 & -1 & 1 \\ 0 & 0 & -1 \\ -1 & 0 & 1 \\ 0 & 1 & 0 \end{bmatrix}$$

设 2km 观测高差为单位权观测，则权阵 $P = \mathrm{diag}(2\ \ 2\ \ 2\ \ 2\ \ 1\ \ 1)$，则

$$N_{BB} = B^{\mathrm{T}}PB = \begin{bmatrix} 5 & -2 & -1 \\ -2 & 5 & -2 \\ -1 & -2 & 5 \end{bmatrix}, \quad Q_{\hat{X}\hat{X}} = N_{BB}^{-1} = \begin{bmatrix} 7/24 & 1/6 & 1/8 \\ 1/6 & 1/3 & 1/6 \\ 1/8 & 1/6 & 7/24 \end{bmatrix}$$

所以 $Q_{\hat{X}_3}=7/24$，第一次平差时 P_3 点的权 $P'=24/7$。

舍去 h_6 时，$t=3$，则观测方程

$$\hat{h}_1=\hat{X}_1-H_A$$
$$\hat{h}_2=-\hat{X}_1+\hat{X}_2$$
$$\hat{h}_3=-\hat{X}_2+\hat{X}_3$$
$$\hat{h}_4=-\hat{X}_3+H_A$$
$$\hat{h}_5=-\hat{X}_1+\hat{X}_3$$

系数矩阵
$$B=\begin{bmatrix} 1 & 0 & 0 \\ -1 & 1 & 0 \\ 0 & -1 & 1 \\ 0 & 0 & -1 \\ -1 & 0 & 1 \end{bmatrix}$$

设 2km 观测高差为单位权观测值，则权阵 $P=\mathrm{diag}(2\ \ 2\ \ 2\ \ 2\ \ 1)$，则

$$N_{BB}=B^{\mathrm{T}}PB=\begin{bmatrix} 5 & -2 & -1 \\ -2 & 4 & -2 \\ -1 & -2 & 5 \end{bmatrix},\ Q_{\hat{X}\hat{X}}=N_{BB}^{-1}=\begin{bmatrix} 1/3 & 1/4 & 1/6 \\ 1/4 & 1/2 & 1/4 \\ 1/6 & 1/4 & 1/3 \end{bmatrix}$$

所以 $Q_{\hat{X}_3}=1/3$，第二次平差时 P_3 点的权 $P''=3$。

通过分别解算后，可以得出：舍弃 h_6 的结果导致 D 点的权降至原有的值的 87.5%。

7-11 【解析】由题意，$n=8$，$t=3$，选 P_1、P_2、P_3 三点高程的平差值为参数，记为

$\hat{X}=[\hat{X}_1\quad \hat{X}_2\quad \hat{X}_3]^{\mathrm{T}}$，则观测方程

$$\hat{h}_1=\hat{X}_1-H_A$$
$$\hat{h}_2=-\hat{X}_1+\hat{X}_2$$
$$\hat{h}_3=\hat{X}_2-H_A$$
$$\hat{h}_4=\hat{X}_2-\hat{X}_3$$
$$\hat{h}_5=-\hat{X}_1+\hat{X}_3$$
$$\hat{h}_6=-\hat{X}_1+H_B$$
$$\hat{h}_7=\hat{X}_3-H_B$$
$$\hat{h}_8=\hat{X}_2-H_B$$

系数矩阵
$$B=\begin{bmatrix} 1 & 0 & 0 \\ -1 & 1 & 0 \\ 0 & 1 & 0 \\ 0 & 1 & -1 \\ -1 & 0 & 1 \\ -1 & 0 & 0 \\ 0 & 0 & 1 \\ 0 & 1 & 0 \end{bmatrix}$$

以 1km 路线的观测高差为单位权观测，则权阵 $P=\text{diag}(1\ \ 1\ \ 1\ \ 1\ \ 1\ \ 1\ \ 1\ \ 0.5)$，从而法方程系数矩阵

$$N_{BB}=B^{\mathrm{T}}PB=\begin{bmatrix} 4 & -1 & -1 \\ -1 & 3.5 & -1 \\ -1 & -1 & 3 \end{bmatrix}$$

从而，参数的协因数阵为

$$Q_{\hat{X}}=\frac{1}{59}\begin{bmatrix} 19 & 8 & 9 \\ 8 & 22 & 10 \\ 9 & 10 & 26 \end{bmatrix}$$

可见，平差后 P_1 点高程精度最高，P_3 点高程精度最低，精度最高点与最低点精度之比为 $1:1.37$。

7-12 【解析】由题意，法方程的形式为

$$N_{BB}\hat{x}-W=0$$

相关矩阵如下：法方程系数矩阵 N_{BB} 为

4	−3	1
−3	5	0
1	0	7

对 N_{BB} 求逆可得参数的协因数阵 $Q_{\hat{X}\hat{X}}$ 为

35/72	7/24	−5/72
7/24	3/8	−1/24
−5/72	−1/24	11/72

则对于函数 $\hat{\varphi}=\hat{x}_1-\hat{x}_3=\begin{bmatrix} 1 & 0 & -1 \end{bmatrix}\begin{bmatrix} \hat{x}_1 \\ \hat{x}_2 \\ \hat{x}_3 \end{bmatrix}$，依据协因数传播律，则 $\hat{\varphi}$ 的协因数为 $Q_{\hat{\varphi}\hat{\varphi}}=$

$7/9$，从而可得其权为 $p_{\hat{\varphi}}=9/7$。

7-13 【解析】$n=5$，$t=2$，选 P_1、P_2 高程的平差值为参数，分别记为 $\hat{X}_1$、$\hat{X}_2$；则观测方程

$$\hat{h}_1=\hat{X}_1-H_A$$
$$\hat{h}_2=\hat{X}_1-H_B$$
$$\hat{h}_3=-\hat{X}_1+\hat{X}_2$$
$$\hat{h}_4=\hat{X}_2-H_C$$
$$\hat{h}_5=\hat{X}_2-H_D$$

系数矩阵

$$B=\begin{bmatrix} 1 & 0 \\ 1 & 0 \\ -1 & 1 \\ 0 & 1 \\ 0 & 1 \end{bmatrix}$$

设 1km 观测高差为单位权观测，则权阵 $P=\text{diag}(1/6 \quad 1/6 \quad 1/8 \quad 1/4 \quad 1/6)$，从而法方程系数矩阵

$$N_{BB}=B^{\mathrm{T}}PB=\begin{bmatrix}11/24 & -1/8 \\ -1/8 & 13/24\end{bmatrix}$$

参数的协因数阵

$$Q_{\hat{X}}=N_{BB}^{-1}=\frac{1}{67}\begin{bmatrix}156 & 36 \\ 36 & 132\end{bmatrix}$$

可知，平差后网中最弱点为 P_1 点，其协因数 $Q_{\hat{X}_1}=156/67$，从而得

$$\sigma_{\hat{H}_{P_1}}^2=\sigma_{\hat{X}_1}^2=\sigma_0^2 Q_{\hat{X}_1}<25$$

从而算得每千米观测高差中误差 σ_0 应小于 3.3mm。

【说明】该题比较容易出错的地方在于，取权阵时，最好选择"1km"水准路线的观测高差为单位权观测，不能选择别的数值，否则，计算就麻烦了。

7-14 【解析】由题意，设 D 点的坐标平差值为参数，即 $\hat{X}=[\hat{X}_D \quad \hat{Y}_D]^{\mathrm{T}}$，则 DA 边的坐标方位角为

$$\hat{\alpha}_{DA}=\arctan\frac{Y_A-\hat{Y}_D}{X_A-\hat{X}_D}$$

对上式进行全微分，可得 DA 边的坐标方位角的权函数式为

$$\delta_{\alpha_{DA}}=\frac{\rho''\Delta Y_{DA}^0}{(S_{DA}^0)^2}\hat{x}_D-\frac{\rho''\Delta X_{DA}^0}{(S_{DA}^0)^2}\hat{y}_D$$

【说明】可见，列误差方程时所用的坐标方位角改正数方程可以直接用来作为坐标方位角的权函数式；权函数式，就是将根据几何条件列出的函数式进行线性化，线性化的方式可以是全微分，也可以是泰勒级数展开。

7-15 【解析】$n=7$，$t=3$，选择 C、D、E 点高程的平差值为参数，记为 $\hat{X}_1$、$\hat{X}_2$、$\hat{X}_3$；则

$$\hat{h}_1=\hat{X}_1-H_A$$
$$\hat{h}_2=-\hat{X}_1+\hat{X}_2$$
$$\hat{h}_3=-\hat{X}_2+H_B$$
$$\hat{h}_4=\hat{X}_3-H_B$$
$$\hat{h}_5=-\hat{X}_3+H_A$$
$$\hat{h}_6=\hat{X}_1-\hat{X}_3$$
$$\hat{h}_7=-\hat{X}_2+\hat{X}_3$$

将 $\hat{h}_i=h_i+v_i(i=1,2,\cdots,7)$，$\hat{X}_j=X_j^0+\hat{x}_j(j=1,2,3)$ 且 $X_1^0=H_A+h_1=22.458\text{m}$，$X_2^0=H_B-h_3=23.364\text{m}$，$X_3^0=H_A-h_5=20.150\text{m}$，代入上式整理可得

$$v_1=\hat{x}_1$$
$$v_2=-\hat{x}_1+\hat{x}_2-0.006$$
$$v_3=-\hat{x}_2$$
$$v_4=\hat{x}_3+0.008$$

$$v_5 = -\hat{x}_3$$
$$v_6 = \hat{x}_1 - \hat{x}_3 - 0.002$$
$$v_7 = -\hat{x}_2 + \hat{x}_3 + 0.011$$

从而可得 $B = \begin{bmatrix} 1 & 0 & 0 \\ -1 & 1 & 0 \\ 0 & -1 & 0 \\ 0 & 0 & 1 \\ 0 & 0 & -1 \\ 1 & 0 & -1 \\ 0 & -1 & 1 \end{bmatrix}$, $l = \begin{bmatrix} 0 \\ 0.006 \\ 0 \\ -0.008 \\ 0 \\ 0.002 \\ -0.011 \end{bmatrix}$

又等权独立观测，则权阵 $P = \mathrm{diag}(1 \quad 1 \quad 1 \quad 1 \quad 1 \quad 1 \quad 1)$，所以

$$N_{BB} = B^{\mathrm{T}}PB = \begin{bmatrix} 3 & -1 & -1 \\ -1 & 3 & -1 \\ -1 & -1 & 4 \end{bmatrix}, \quad Q_{\hat{X}\hat{X}} = N_{BB}^{-1} = \begin{bmatrix} 0.4583 & 0.2083 & 0.1667 \\ \text{对} & 0.4583 & 0.1667 \\ & \text{称} & 0.3333 \end{bmatrix}$$

$$W = B^{\mathrm{T}}Pl = \begin{bmatrix} -0.004 \\ 0.017 \\ -0.021 \end{bmatrix}, \quad \hat{x} = \begin{bmatrix} -0.0018 \\ 0.0035 \\ -0.0048 \end{bmatrix}, \quad \text{则} \ \hat{X} = \begin{bmatrix} 22.456 \\ 23.368 \\ 20.145 \end{bmatrix}$$

即 $\hat{H}_C = 22.456\mathrm{m}$，$\hat{H}_D = 23.368\mathrm{m}$，$\hat{H}_E = 20.145\mathrm{m}$。

又 $V^{\mathrm{T}}PV = l^{\mathrm{T}}Pl - l^{\mathrm{T}}PB\hat{x} = 5.7452 \times 10^{-5}$，所以 $\hat{\sigma}_0 = \dfrac{V^{\mathrm{T}}PV}{n-t} = 0.0038$。

从而由公式 $D = \sigma_0^2 Q$，可进一步得出最后结果

$$\hat{\sigma}_{HC} = 2.6\mathrm{mm}, \quad \hat{\sigma}_{HD} = 2.6\mathrm{mm}, \quad \hat{\sigma}_{HE} = 2.2\mathrm{mm}$$

7-16 【解析】$n = 9$，$t = 3$，选择 C、D、E 点高程的平差值为参数，记为 $\hat{X}_1$、$\hat{X}_2$、$\hat{X}_3$；则

$$\hat{h}_1 = \hat{X}_1 - H_A$$
$$\hat{h}_2 = -\hat{X}_1 + \hat{X}_2$$
$$\hat{h}_3 = -\hat{X}_2 + H_B$$
$$\hat{h}_4 = \hat{X}_3 - H_B$$
$$\hat{h}_5 = -\hat{X}_3 + H_A$$
$$\hat{h}_6 = \hat{X}_1 - \hat{X}_3$$
$$\hat{h}_7 = -\hat{X}_2 + \hat{X}_3$$
$$\hat{h}_8 = \hat{X}_2 - H_A$$
$$\hat{h}_9 = \hat{X}_1 - H_B$$

将 $\hat{h}_i = h_i + v_i$ $(i = 1, 2, \cdots, 9)$，$\hat{X}_j = X_j^0 + \hat{x}_j$ $(j = 1, 2, 3)$ 且令 $X_1^0 = H_A + h_1 = 22.458\mathrm{m}$，$X_2^0 = H_B - h_3 = 23.364\mathrm{m}$，$X_3^0 = H_A - h_5 = 20.150\mathrm{m}$，代入上式整理可得

$$v_1 = \hat{x}_1$$

$$v_2 = -\hat{x}_1 + \hat{x}_2 - 0.006$$
$$v_3 = -\hat{x}_2$$
$$v_4 = \hat{x}_3 + 0.008$$
$$v_5 = -\hat{x}_3$$
$$v_6 = \hat{x}_1 - \hat{x}_3 - 0.002$$
$$v_7 = -\hat{x}_2 + \hat{x}_3 + 0.011$$
$$v_8 = \hat{x}_2 - 0.009$$
$$v_9 = \hat{x}_1 + 0.002$$

从而可得 $B = \begin{bmatrix} 1 & 0 & 0 \\ -1 & 1 & 0 \\ 0 & -1 & 0 \\ 0 & 0 & 1 \\ 0 & 0 & -1 \\ 1 & 0 & -1 \\ 0 & -1 & 1 \\ 0 & 1 & 0 \\ 1 & 0 & 0 \end{bmatrix}$, $l = \begin{bmatrix} 0 \\ 0.006 \\ 0 \\ -0.008 \\ 0 \\ 0.002 \\ -0.011 \\ 0.009 \\ -0.002 \end{bmatrix}$

又权阵 $P = \mathrm{diag}\,(1\ \ 1\ \ 1\ \ 1\ \ 1\ \ 1\ \ 1\ \ 1\ \ 1)$, 所以

$$N_{BB} = B^{\mathrm{T}}PB = \begin{bmatrix} 4 & -1 & -1 \\ -1 & 4 & -1 \\ -1 & -1 & 4 \end{bmatrix}, \quad W = B^{\mathrm{T}}Pl = \begin{bmatrix} -0.006 \\ 0.026 \\ -0.021 \end{bmatrix}, \quad \hat{x} = \begin{bmatrix} -0.0013 \\ 0.0051 \\ -0.0043 \end{bmatrix},$$

则 $\hat{X} = \begin{bmatrix} 22.457 \\ 23.369 \\ 20.146 \end{bmatrix}$, 又 $V^{\mathrm{T}}PV = l^{\mathrm{T}}Pl - l^{\mathrm{T}}PB\hat{x} = 7.9 \times 10^{-5}$, 所以 $\hat{\sigma}_0 = \sqrt{\dfrac{V^{\mathrm{T}}PV}{n-t}} = 0.0036$,

可见

(1) 增加了两条水准路线后, 单位权中误差发生了变化;

(2) 可得 $Q_{\hat{X}\hat{X}} = N_{BB}^{-1} = \begin{bmatrix} 0.3 & -0.1 & -0.1 \\ -0.1 & 0.3 & -0.1 \\ -0.1 & -0.1 & 0.3 \end{bmatrix}$, 可见, 协因数变小了, 精度得到了提

高, 权变大了。

【说明】通过该题可以看出, 增加多余观测值后, 观测结果的精度较增加前的精度高。

7-17 【解析】由题意, $n = 4$, $t = 2$, 选 P_1、P_2 点高程的平差值为参数, 记为 $\hat{X} =$
$\begin{bmatrix} \hat{X}_1 & \hat{X}_2 \end{bmatrix}^{\mathrm{T}}$, 则

$$\hat{h}_1 = \hat{X}_1 - H_A$$
$$\hat{h}_2 = -\hat{X}_1 + \hat{X}_2$$
$$\hat{h}_3 = \hat{X}_1 - \hat{X}_2$$
$$\hat{h}_4 = -\hat{X}_1 + H_A$$

则系数矩阵 B 为

1	0
−1	1
1	−1
−1	0

又同精度观测，设权阵为单位对角矩阵，则法方程系数矩阵 N_{BB} 为

4	−2
−2	2

对法方程系数矩阵求逆，进而求得参数的协因数阵为

0.5	0.5
0.5	1

从而可得 P_2 点平差后高程的权倒数为 1。

7-18 【解析】由题意，$n = 5$，$t = 2$，选 L_1 和 L_4 的平差值为参数，记为 $\hat{X} = \begin{bmatrix} \hat{X}_1 & \hat{X}_2 \end{bmatrix}^T$，则

$$\hat{L}_1 = \hat{X}_1$$
$$\hat{L}_2 = \hat{X}_1$$
$$\hat{L}_3 = \hat{X}_1$$
$$\hat{L}_4 = \hat{X}_2$$
$$\hat{L}_5 = \hat{X}_2$$

则系数矩阵 B 为

1	0
1	0
1	0
0	1
0	1

以 25m 的观测长度为单位权观测，则权阵为 $P = \mathrm{diag}\,(25/30.525 \quad 25/30.521 \quad 25/30.528 \quad 25/25.324 \quad 25/25.327)$，则法方程系数矩阵 N_{BB} 如下。

2.457029309	0
0	1.97429469

对系数矩阵求逆可得参数的协因数阵 $Q_{\hat{X}\hat{X}}$ 如下。

0.406995552	0
0	0.506509998

又 AC 长度的平差值 $\hat{L}_{AC} = \hat{X}_1 + \hat{X}_2 = \begin{bmatrix} 1 & 1 \end{bmatrix} \begin{bmatrix} \hat{X}_1 \\ \hat{X}_2 \end{bmatrix}$，由协因数传播律，得其权为 $p_{\hat{L}_{AC}} = 1.094684$（$C = 25$ 时）。

7-19 【解析】$n = 6$，$t = 1$，设各测回的角度分别为 L_i（$i = 1, 2, \cdots, 6$），选该角的平差值为参数，记为 $\hat{X}$，则

$$\hat{L}_1 = \hat{X}$$
$$\hat{L}_2 = \hat{X}$$
$$\hat{L}_3 = \hat{X}$$
$$\hat{L}_4 = \hat{X}$$
$$\hat{L}_5 = \hat{X}$$
$$\hat{L}_6 = \hat{X}$$

将 $\hat{L}_i = L_i + v_i$（$i = 1, 2, \cdots, 6$），$\hat{X} = X^0 + \hat{x}$ 且令 $X^0 = 78°18'05''$，代入上式，可得

$$v_1 = \hat{x}$$
$$v_2 = \hat{x} - 4$$
$$v_3 = \hat{x} - 3$$
$$v_4 = \hat{x} - 9$$
$$v_5 = \hat{x} - 10$$
$$v_6 = \hat{x} - 5$$

则相关矩阵

$$B = \begin{bmatrix} 1 \\ 1 \\ 1 \\ 1 \\ 1 \\ 1 \end{bmatrix}, \quad l = \begin{bmatrix} 0 \\ 4 \\ 3 \\ 9 \\ 10 \\ 5 \end{bmatrix}$$

又权阵 $P = \mathrm{diag}(1 \quad 1 \quad 8/5 \quad 7/5 \quad 6/5 \quad 3/5)$，则

$$N_{BB} = B^T P B = 6.8, \quad W = B^T P l = 36.4$$

进而，可得参数的近似值改正数和平差值

$$\hat{x} = N_{BB}^{-1} W = 5.3529418, \quad \hat{X} = 78°18'10.35''$$

又单位权方差 $\hat{\sigma}_0^2 = 16.79059$，从而参数平差值的方差和中误差分别为

$$\sigma_{\hat{X}}^2 = \sigma_0^2 Q_{\hat{X}} = \sigma_0^2 N_{BB}^{-1} = 2.469204, \quad \sigma_{\hat{X}} = 1.57137''$$

进而一测回的中误差为

$$\sqrt{5\hat{\sigma}_0^2} = 9.16''$$

7-20 【解析】该题为测角网的平差问题。

由题意，$n = 6$，$t = 4$，从而可得观测方程

$$\hat{L}_1 = \hat{\alpha}_{AD} - \hat{\alpha}_{AC} = \arctan\frac{\hat{Y}_D - Y_A}{\hat{X}_D - X_A} - \arctan\frac{\hat{Y}_C - Y_A}{\hat{X}_C - X_A}$$

$$\hat{L}_2 = \hat{\alpha}_{DC} - \hat{\alpha}_{DA} = \arctan\frac{\hat{Y}_C - \hat{Y}_D}{\hat{X}_C - \hat{X}_D} - \arctan\frac{Y_A - \hat{Y}_D}{X_A - \hat{X}_D}$$

$$\hat{L}_3 = \hat{\alpha}_{DB} - \hat{\alpha}_{DC} = \arctan\frac{Y_B - \hat{Y}_D}{X_B - \hat{X}_D} - \arctan\frac{\hat{Y}_C - \hat{Y}_D}{\hat{X}_C - \hat{X}_D}$$

$$\hat{L}_4 = \hat{\alpha}_{BC} - \hat{\alpha}_{BD} = \arctan\frac{\hat{Y}_C - Y_B}{\hat{X}_C - X_B} - \arctan\frac{\hat{Y}_D - Y_B}{\hat{X}_D - X_B}$$

$$\hat{L}_5 = \hat{\alpha}_{CD} - \hat{\alpha}_{CB} = \arctan\frac{\hat{Y}_D - \hat{Y}_C}{\hat{X}_D - \hat{X}_C} - \arctan\frac{Y_B - \hat{Y}_C}{X_B - \hat{X}_C}$$

$$\hat{L}_6 = \hat{\alpha}_{CA} - \hat{\alpha}_{CD} = \arctan\frac{Y_A - \hat{Y}_C}{X_A - \hat{X}_C} - \arctan\frac{\hat{Y}_D - \hat{Y}_C}{\hat{X}_D - \hat{X}_C}$$

将 $\hat{L}_i = L_i + v_i$ $(i=1,2,\cdots,6)$，$\hat{X} = X^0 + \hat{x}$，$\hat{Y} = Y^0 + \hat{y}$ 代入上式，并线性化，可得

$$v_1 = \frac{\rho'' \Delta Y_{AC}^0}{(S_{AC}^0)^2}\hat{x}_C + \left[-\frac{\rho'' \Delta X_{AC}^0}{(S_{AC}^0)^2}\right]\hat{y}_C + \left[-\frac{\rho'' \Delta Y_{AD}^0}{(S_{AD}^0)^2}\right]\hat{x}_D + \left[\frac{\rho'' \Delta X_{AD}^0}{(S_{AD}^0)^2}\right]\hat{y}_D$$
$$- \left[L_1 - \left(\arctan\frac{\Delta Y_{AD}^0}{\Delta X_{AD}^0} - \arctan\frac{\Delta Y_{AC}^0}{\Delta X_{AC}^0}\right)\right]$$

$$v_2 = -\frac{\rho'' \Delta Y_{DC}^0}{(S_{DC}^0)^2}\hat{x}_C + \frac{\rho'' \Delta X_{DC}^0}{(S_{DC}^0)^2}\hat{y}_C + \left[\frac{\rho'' \Delta Y_{DC}^0}{(S_{DC}^0)^2} + \frac{-\rho'' \Delta Y_{DA}^0}{(S_{DA}^0)^2}\right]\hat{x}_D + \left[\frac{-\rho'' \Delta X_{DC}^0}{(S_{DC}^0)^2} + \frac{\rho'' \Delta X_{DA}^0}{(S_{DA}^0)^2}\right]\hat{y}_D$$
$$- \left[L_2 - \left(\arctan\frac{\Delta Y_{DC}^0}{\Delta X_{DC}^0} - \arctan\frac{\Delta Y_{DA}^0}{\Delta X_{DA}^0}\right)\right]$$

$$v_3 = \frac{\rho'' \Delta Y_{DC}^0}{(S_{DC}^0)^2}\hat{x}_C + \left[\frac{-\rho'' \Delta X_{DC}^0}{(S_{DC}^0)^2}\right]\hat{y}_C + \left[\frac{\rho'' \Delta Y_{DB}^0}{(S_{DB}^0)^2} - \frac{\rho'' \Delta Y_{DC}^0}{(S_{DC}^0)^2}\right]\hat{x}_D + \left[\frac{-\rho'' \Delta X_{DB}^0}{(S_{DB}^0)^2} + \frac{\rho'' \Delta X_{DC}^0}{(S_{DC}^0)^2}\right]\hat{y}_D$$
$$- \left[L_3 - \left(\arctan\frac{\Delta Y_{DB}^0}{\Delta X_{DB}^0} - \arctan\frac{\Delta Y_{DC}^0}{\Delta X_{DC}^0}\right)\right]$$

$$v_4 = \frac{-\rho'' \Delta Y_{BC}^0}{(S_{BC}^0)^2}\hat{x}_C + \frac{\rho'' \Delta X_{BC}^0}{(S_{BC}^0)^2}\hat{y}_C + \frac{\rho'' \Delta Y_{BD}^0}{(S_{BD}^0)^2}\hat{x}_D + \left[\frac{-\rho'' \Delta X_{BD}^0}{(S_{BD}^0)^2}\right]\hat{y}_D$$
$$- \left[L_4 - \left(\arctan\frac{\Delta Y_{BC}^0}{\Delta X_{BC}^0} - \arctan\frac{\Delta Y_{BD}^0}{\Delta X_{BD}^0}\right)\right]$$

$$v_5 = \left[\frac{\rho'' \Delta Y_{CD}^0}{(S_{CD}^0)^2} - \frac{\rho'' \Delta Y_{CB}^0}{(S_{CB}^0)^2}\right]\hat{x}_C + \left[\frac{-\rho'' \Delta X_{CD}^0}{(S_{CD}^0)^2} + \frac{\rho'' \Delta X_{CB}^0}{(S_{CB}^0)^2}\right]\hat{y}_C + \left[\frac{-\rho'' \Delta Y_{CD}^0}{(S_{CD}^0)^2}\right]\hat{x}_D + \frac{\rho'' \Delta X_{CD}^0}{(S_{CD}^0)^2}\hat{y}_D$$
$$- \left[L_5 - \left(\arctan\frac{\Delta Y_{CD}^0}{\Delta X_{CD}^0} - \arctan\frac{\Delta Y_{CB}^0}{\Delta X_{CB}^0}\right)\right]$$

$$v_6 = \left[\frac{\rho'' \Delta Y_{CA}^0}{(S_{CA}^0)^2} - \frac{\rho'' \Delta Y_{CD}^0}{(S_{CD}^0)^2}\right]\hat{x}_C + \left[\frac{-\rho'' \Delta X_{CA}^0}{(S_{CA}^0)^2} + \frac{\rho'' \Delta X_{CD}^0}{(S_{CD}^0)^2}\right]\hat{y}_C + \frac{\rho'' \Delta Y_{CD}^0}{(S_{CD}^0)^2}\hat{x}_D + \left[\frac{-\rho'' \Delta X_{CD}^0}{(S_{CD}^0)^2}\right]\hat{y}_D$$

$$-\left[L_6-\left(\arctan\frac{\Delta Y_{CA}^0}{\Delta X_{CA}^0}-\arctan\frac{\Delta Y_{CD}^0}{\Delta X_{CD}^0}\right)\right]$$

将已知数据、观测值和待定点近似坐标的数据，代入上式，整理可得误差方程 $V=B\hat{x}-l$ 的相关矩阵如下。

误差方程的系数矩阵 B				误差方程的常数项矩阵 $l('')$
860.9323699	43.61404055	109.5218802	−871.8181223	−15.65802722
−458.3632907	377.3298968	348.8414105	494.4882255	0.683956492
458.3632907	−377.3298968	462.7157366	393.8986712	8.215963788
−186.8907988	913.2347859	−921.0790274	16.56877437	5.434976012
−271.4724919	−535.9048891	458.3632907	−377.3298968	−20.6509398
−402.5690791	−956.8488265	−458.3632907	377.3298968	0.974070724

又同精度观测，则权阵 $P=\mathrm{diag}(1\quad1\quad1\quad1\quad1\quad1)$，则依据公式 $N_{BB}\hat{x}-W=0$，$N_{BB}=B^{\mathrm{T}}PB$ 和 $W=B^{\mathrm{T}}Pl$ 得

法方程系数矩阵 N_{BB}				W
1432085.706	51646.40079	378717.8011	−849246.2145	−5829.822503
51646.40079	2323409.388	−686407.6561	−143771.6162	11573.34896
378717.8011	−686407.6561	1616371.612	−101891.5731	−12592.8019
−849246.2145	−143771.6162	−101891.5731	1444771.833	25475.23142

从而求得参数的近似值改正数（单位：m）

$\hat{x}_C$	0.01248477
$\hat{y}_C$	0.004045909
$\hat{x}_D$	−0.007431381
$\hat{y}_D$	0.024849852

观测值的改正数〔单位：($''$)〕

V_1	4.104577615
V_2	4.815711654
V_3	2.329660782
V_4	3.183220679
V_5	2.310581726
V_6	2.911488491

由公式 $\hat{\sigma}_0^2=\dfrac{V^{\mathrm{T}}PV}{n-t}$，得 $\hat{\sigma}_0^2=34.70720126$；又参数的协因数阵 $Q_{\hat{X}\hat{X}}=N_{BB}^{-1}$ 如下

参数的协因数阵 $Q_{\hat{X}\hat{X}}$			
1.15711×10^{-06}	-6.06006×10^{-08}	-2.55489×10^{-07}	6.56111×10^{-07}
-6.06006×10^{-08}	5.01282×10^{-07}	2.2899×10^{-07}	3.04113×10^{-08}
-2.55489×10^{-07}	2.2899×10^{-07}	7.71172×10^{-07}	-7.30043×10^{-08}
6.56111×10^{-07}	3.04113×10^{-08}	-7.30043×10^{-08}	1.07569×10^{-06}

所以,依据公式 $\sigma^2=\sigma_0^2 Q$,得各坐标分量中误差及点位中误差为

C 点		D 点	
σ_{X_C}	σ_{Y_C}	σ_{X_D}	σ_{Y_D}
0.006337209	0.004171101	0.00517351	0.006110184
点位中误差 $\sigma_C=0.00759\text{m}$		点位中误差 $\sigma_D=0.00801\text{m}$	

综上可得,两点坐标的平差值

C 点		D 点	
$\hat{X}$	$\hat{Y}$	$\hat{X}$	$\hat{Y}$
855.0624848	491.0540459	634.2325686	222.8448499

各观测值的平差值

编号	度	分	秒	编号	度	分	秒
$\hat{L}_1$	94	15	25.1	$\hat{L}_4$	102	35	55.2
$\hat{L}_2$	43	22	46.8	$\hat{L}_5$	38	57	03.3
$\hat{L}_3$	38	26	02.3	$\hat{L}_6$	42	21	45.9

检核:将最后求得的观测值的平差值代入观测方程进行检验。

【说明】做该题需要注意以下几点:①该题误差方程的系数复杂,容易出错;但是存在规律性,读者需要仔细摸索,找到它们的规律后就可以直接写出。②该题的误差方程为方位角条件,但由于只有一种观测值,因此没有将误差方程的系数进行相应转换(如除以 100 或 1000),这样参数改正数的系数就与观测值的单位相同。

7-21 【解析】该题为测边网的平差问题。

$n=3$,$t=2$,选 P 点坐标为参数,记为 $\hat{X}_P$、$\hat{Y}_P$,则

$$\hat{S}_1=\sqrt{(\hat{X}_P-X_A)^2+(\hat{Y}_P-Y_A)^2}$$

$$\hat{S}_2=\sqrt{(\hat{X}_P-X_B)^2+(\hat{Y}_P-Y_B)^2}$$

$$\hat{S}_3=\sqrt{(\hat{X}_P-X_C)^2+(\hat{Y}_P-Y_C)^2}$$

将 $\hat{S}_i=S_i+v_i(i=1,2,3)$,$\hat{X}_P=X_P^0+\hat{x}_P$,$\hat{Y}_P=Y_P^0+\hat{y}_P$,代入以上各式线性化可得

$$v_1=\frac{\Delta X_{AP}^0}{S_{AP}^0}\hat{x}_P+\frac{\Delta Y_{AP}^0}{S_{AP}^0}\hat{y}_P-(S_1-S_{AP}^0)$$

$$v_2=\frac{\Delta X_{BP}^0}{S_{BP}^0}\hat{x}_P+\frac{\Delta Y_{BP}^0}{S_{BP}^0}\hat{y}_P-(S_2-S_{BP}^0)$$

$$v_3 = \frac{\Delta X_{CP}^0}{S_{CP}^0}\hat{x}_P + \frac{\Delta Y_{CP}^0}{S_{CP}^0}\hat{y}_P - (S_3 - S_{CP}^0)$$

将 $X_P^0 = 6278.1352\text{m}$，$Y_P^0 = 8245.2440\text{m}$ 和已知观测数据代入上式，则得

误差方程 $\quad V = \begin{bmatrix} -0.79351 & 0.60856 \\ -0.22884 & -0.97347 \\ 0.64476 & 0.76439 \end{bmatrix} \begin{bmatrix} \hat{x}_P \\ \hat{y}_P \end{bmatrix} - \begin{bmatrix} -0.03507 \\ -0.02801 \\ -0.00506 \end{bmatrix}$

法方程 $\quad \begin{bmatrix} 1.09774 & 0.23271 \\ 0.23271 & 1.90226 \end{bmatrix} \begin{bmatrix} \hat{x}_P \\ \hat{y}_P \end{bmatrix} - \begin{bmatrix} 0.03098 \\ 0.00206 \end{bmatrix} = 0$

参数平差值的协因数阵及坐标平差值

$$Q_{\hat{X}} = N_{BB}^{-1} = \begin{bmatrix} 0.93522 & -0.11441 \\ -0.11441 & 0.53969 \end{bmatrix}, \quad \hat{x} = \begin{bmatrix} \hat{x}_P \\ \hat{y}_P \end{bmatrix} = \begin{bmatrix} 2.874 \\ 0.243 \end{bmatrix}\text{cm}$$

$$\hat{X}_P = 6278.1639\text{m}, \hat{Y}_P = 8245.2416\text{m}$$

观测值的改正数及平差值

$V = \begin{bmatrix} -1.079 & -2.380 & -2.172 \end{bmatrix}^{\mathrm{T}}\text{cm}$，$\hat{S} = \begin{bmatrix} 144.6924 & 142.1413 & 102.9404 \end{bmatrix}^{\mathrm{T}}\text{m}$

7-22 【解析】该题为测边网的平差问题。

$n = 7$，$t = 4$，选 D、E 两点坐标的平差值为参数，记为 $\hat{X}_D$、$\hat{Y}_D$、$\hat{X}_E$、$\hat{Y}_E$，则

$$\hat{S}_1 = \sqrt{(\hat{X}_E - X_A)^2 + (\hat{Y}_E - Y_A)^2}$$

$$\hat{S}_2 = \sqrt{(\hat{X}_E - X_B)^2 + (\hat{Y}_E - Y_B)^2}$$

$$\hat{S}_3 = \sqrt{(\hat{X}_D - X_A)^2 + (\hat{Y}_D - Y_A)^2}$$

$$\hat{S}_4 = \sqrt{(\hat{X}_D - X_B)^2 + (\hat{Y}_D - Y_B)^2}$$

$$\hat{S}_5 = \sqrt{(\hat{X}_D - \hat{X}_E)^2 + (\hat{Y}_D - \hat{Y}_E)^2}$$

$$\hat{S}_6 = \sqrt{(\hat{X}_E - X_C)^2 + (\hat{Y}_E - Y_C)^2}$$

$$\hat{S}_7 = \sqrt{(\hat{X}_D - X_C)^2 + (\hat{Y}_D - Y_C)^2}$$

将 $\hat{S}_i = S_i + v_i (i = 1, 2, \cdots, 7)$，$\hat{X}_j = X_j^0 + \hat{x}_j$，$\hat{Y}_j = Y_j^0 + \hat{y}_j (j = D, E)$ 代入以上各式，线性化可得

$$v_1 = \frac{\Delta X_{AE}^0}{S_{AE}^0}\hat{x}_E + \frac{\Delta Y_{AE}^0}{S_{AE}^0}\hat{y}_E - (S_1 - S_{AE}^0)$$

$$v_2 = \frac{\Delta X_{BE}^0}{S_{BE}^0}\hat{x}_E + \frac{\Delta Y_{BE}^0}{S_{BE}^0}\hat{y}_E - (S_2 - S_{BE}^0)$$

$$v_3 = \frac{\Delta X_{AD}^0}{S_{AD}^0}\hat{x}_D + \frac{\Delta Y_{AD}^0}{S_{AD}^0}\hat{y}_D - (S_3 - S_{AD}^0)$$

$$v_4 = \frac{\Delta X_{BD}^0}{S_{BD}^0}\hat{x}_D + \frac{\Delta Y_{BD}^0}{S_{BD}^0}\hat{y}_D - (S_4 - S_{BD}^0)$$

$$v_5 = \frac{\Delta X_{ED}^0}{S_{ED}^0}\hat{x}_D + \frac{\Delta Y_{ED}^0}{S_{ED}^0}\hat{y}_D - \frac{\Delta X_{ED}^0}{S_{ED}^0}\hat{x}_E - \frac{\Delta Y_{ED}^0}{S_{ED}^0}\hat{y}_E - (S_5 - S_{ED}^0)$$

$$v_6 = \frac{\Delta X_{CE}^0}{S_{CE}^0}\hat{x}_E + \frac{\Delta Y_{CE}^0}{S_{CE}^0}\hat{y}_E - (S_6 - S_{CE}^0)$$

$$v_7 = \frac{\Delta X_{CD}^0}{S_{CD}^0}\hat{x}_D + \frac{\Delta Y_{CD}^0}{S_{CD}^0}\hat{y}_D - (S_7 - S_{CD}^0)$$

代入已知数据，整理可得误差方程的系数矩阵 B 及其常数项矩阵 l（单位：m）

B				l
0	0	−0.004059311	−0.999991761	0.05794801
0	0	−0.500414477	−0.865785973	0.078694211
0.924477914	−0.381235606	0	0	0.011721885
0.45785355	−0.88902763	0	0	0.088906227
0.917027022	0.398825076	−0.917027022	−0.398825076	0.078401373
0	0	−0.975409081	0.220402186	0.088447099
0.434769449	0.900541796	0	0	0.024503286

又权阵 $P = \text{diag}$（100/249.115　100/380.913　100/317.406　100/226.930　100/321.154　100/215.109　100/194.845），则法方程的系数矩阵 N_{BB} 及其常数项 W 如下

N_{BB}				W
0.720501981	0.024415463	−0.261849007	−0.113880995	0.049206214
0.024415463	0.859822007	−0.113880995	−0.04952809	−0.015176785
−0.261849007	−0.113880995	0.769894296	0.129309742	−0.072925721
−0.113880995	−0.04952809	0.129309742	0.670311565	−0.04182187

参数平差值的协因数阵如下

1.603738416	0.033526949	0.521113273	0.17441267
0.033526949	1.188981542	0.177307103	0.059343346
0.521113273	0.177307103	1.535007573	−0.194483968
0.17441267	0.059343346	−0.194483968	1.563377655

参数改正数如下（单位：cm）

3.31082394	−3.180728068	−8.085679162	−4.35189471

又单位权方差 $\sigma_0^2 = V^T P V / (n-t)$ 为 0.000843517，单位权中误差 σ_0 为 0.029043358。
坐标平差值（m）及点位中误差如下

点号	X	Y	坐标中误差/cm		
1	880.3001082	366.9931927	3.68	3.17	4.86
2	585.7511432	238.9284811	3.60	3.63	5.12

观测值改正数如下（单位：cm）

| −1.41 | −0.06 | 3.10 | −4.55 | 3.08 | −1.92 | −3.88 |

观测值平差值如下（单位：m）

| 249.101 | 380.912 | 317.437 | 226.885 | 321.185 | 215.090 | 194.806 |

【说明】该题中仅有一种观测值，计算相对简单。

7-23 【解析】该题为边角网平差问题。

$n=7$，$t=4$，选点 2、3 的坐标平差值为参数，记为 $\hat{X}_2$、$\hat{Y}_2$、$\hat{X}_3$、$\hat{Y}_3$，则

$$\hat{\beta}_1=\hat{\alpha}_{12}-\alpha_{BA}=\arctan\frac{\hat{Y}_2-Y_1}{\hat{X}_2-X_1}-\alpha_{BA}$$

$$\hat{\beta}_2=\hat{\alpha}_{23}-\hat{\alpha}_{21}=\arctan\frac{\hat{Y}_3-\hat{Y}_2}{\hat{X}_3-\hat{X}_2}-\arctan\frac{Y_1-\hat{Y}_2}{X_1-\hat{X}_2}$$

$$\hat{\beta}_3=\hat{\alpha}_{34}-\hat{\alpha}_{32}=\arctan\frac{Y_4-\hat{Y}_3}{X_4-\hat{X}_3}-\arctan\frac{\hat{Y}_2-\hat{Y}_3}{\hat{X}_2-\hat{X}_3}$$

$$\hat{\beta}_4=\alpha_{CD}-\hat{\alpha}_{43}=\alpha_{CD}-\arctan\frac{\hat{Y}_3-Y_4}{\hat{X}_3-X_4}$$

$$\hat{S}_1=\sqrt{(X_1-\hat{X}_2)^2+(Y_1-\hat{Y}_2)^2}$$

$$\hat{S}_2=\sqrt{(\hat{X}_2-\hat{X}_3)^2+(\hat{Y}_2-\hat{Y}_3)^2}$$

$$\hat{S}_3=\sqrt{(\hat{X}_3-X_4)^2+(\hat{Y}_3-Y_4)^2}$$

将 $\hat{\beta}_i=\beta_i+v_{\beta_i}$（$i=1,2,3,4$），$\hat{S}_j=S_j+v_{S_j}$（$j=1,2$），$\hat{X}_k=X_k^0+\hat{x}_k$，$\hat{Y}_k=Y_k^0+\hat{y}_k$（$k=2,3$），代入上式，并线性化，则（对于坐标方位角条件，计算时，S^0、ΔX^0、ΔY^0 均以 m 为单位；而 $\hat{x}$、$\hat{y}$ 因其数值较小，采用 mm 为单位，因此，每一项系数均除以 1000）

$$v_{\beta_1}=-\frac{\rho''\Delta Y_{12}^0}{1000(S_{12}^0)^2}\hat{x}_2+\frac{\rho''\Delta X_{12}^0}{1000(S_{12}^0)^2}\hat{y}_2-\left[\beta_1-\left(\arctan\frac{\Delta Y_{12}^0}{\Delta X_{12}^0}-\alpha_{BA}\right)\right]$$

$$v_{\beta_2}=\left[\frac{\rho''\Delta Y_{23}^0}{1000(S_{23}^0)^2}-\frac{\rho''\Delta Y_{21}^0}{1000(S_{21}^0)^2}\right]\hat{x}_2+\left[-\frac{\rho''\Delta X_{23}^0}{1000(S_{23}^0)^2}+\frac{\rho''\Delta X_{21}^0}{1000(S_{21}^0)^2}\right]\hat{y}_2$$
$$+\left[-\frac{\rho''\Delta Y_{23}^0}{1000(S_{23}^0)^2}\right]\hat{x}_3+\frac{\rho''\Delta X_{23}^0}{1000(S_{23}^0)^2}\hat{y}_3-\left[\beta_2-\left(\arctan\frac{\Delta Y_{23}^0}{\Delta X_{23}^0}-\arctan\frac{\Delta Y_{21}^0}{\Delta X_{21}^0}\right)\right]$$

$$v_{\beta_3}=\frac{\rho''\Delta Y_{32}^0}{1000(S_{32}^0)^2}\hat{x}_2+\left[-\frac{\rho''\Delta X_{32}^0}{1000(S_{32}^0)^2}\right]\hat{y}_2+\left[\frac{\rho''\Delta Y_{34}^0}{1000(S_{34}^0)^2}-\frac{\rho''\Delta Y_{32}^0}{1000(S_{32}^0)^2}\right]\hat{x}_3$$
$$+\left[-\frac{\rho''\Delta X_{34}^0}{1000(S_{34}^0)^2}+\frac{\rho''\Delta X_{32}^0}{1000(S_{32}^0)^2}\right]\hat{y}_3-\left[\beta_3-\left(\arctan\frac{\Delta Y_{34}^0}{\Delta X_{34}^0}-\arctan\frac{\Delta Y_{32}^0}{\Delta X_{32}^0}\right)\right]$$

$$v_{\beta_4}=\frac{\rho''\Delta Y_{43}^0}{1000(S_{43}^0)^2}\hat{x}_3+\left[-\frac{\rho''\Delta X_{43}^0}{1000(S_{43}^0)^2}\right]\hat{y}_3-\left[\beta_4-\left(\alpha_{CD}-\arctan\frac{\Delta Y_{43}^0}{\Delta X_{43}^0}\right)\right]$$

$$v_{S_1}=\frac{-\Delta X_{21}^0}{S_{21}^0}\hat{x}_2+\frac{-\Delta Y_{21}^0}{S_{21}^0}\hat{y}_2-(S_1-S_{21}^0)$$

$$v_{S_2} = \frac{\Delta X_{32}^0}{S_{32}^0}\hat{x}_2 + \frac{\Delta Y_{32}^0}{S_{32}^0}\hat{y}_2 + \frac{-\Delta X_{32}^0}{S_{32}^0}\hat{x}_3 + \frac{-\Delta Y_{32}^0}{S_{32}^0}\hat{y}_3 - (S_2 - S_{32}^0)$$

$$v_{S_3} = \frac{\Delta X_{43}^0}{S_{43}^0}\hat{x}_3 + \frac{\Delta Y_{43}^0}{S_{43}^0}\hat{y}_3 - (S_3 - S_{43}^0)$$

算得点 2、3 的坐标近似值分别为 $X_2^0 = 203046.3665$，$Y_2^0 = -59253.0948$，$X_3^0 = 203071.8062$，$Y_3^0 = -59451.6154$，连同已知观测值、已知数据代入上式，整理可得

误差方程的系数矩阵 B	（前四行÷1000）			误差方程的常数项矩阵 l
0.998263766	0.12776248	0	0	0
−2.020488017	−0.258756908	1.022224251	0.130994428	9.169543896″
1.022224251	0.130994428	−1.619449009	−0.109692428	4.830456104″
0	0	0.597224758	−0.021301999	0
0.126949196	−0.991909221	0	0	0
−0.127107073	0.991889002	0.127107073	−0.991889002	−13.93599835mm
0	0	0.035645645	0.999364492	

以测角中误差 $\sigma_\beta = 5''$ 为单位权中误差，则权阵
$$P = \text{diag}(1 \quad 1 \quad 1 \quad 1 \quad 100/204.952 \quad 100/200.130 \quad 100/345.153)$$
则法方程系数矩阵 N_{BB} 及其常数项 W 为

法方程系数矩阵 N_{BB}				法方程常数项 W
6.139781002	0.659824672	−3.728904757	−0.313805826	−12.70403753
0.659824672	1.072096053	−0.413649277	−0.539867165	−8.646912193
−3.728904757	−0.413649277	4.03267591	0.246148716	0.665546132
−0.313805826	−0.539867165	0.246148716	0.810606554	7.5782869

参数的近似值改正数（单位：mm）和平差值（单位：m）为

$\hat{x}_2$	$\hat{y}_2$	$\hat{x}_3$	$\hat{y}_3$
−3.864682604	−4.085342365	−4.219024846	6.413089443
$\hat{X}_2$	$\hat{Y}_2$	$\hat{X}_3$	$\hat{Y}_3$
203046.3626	−59253.0988	203071.8020	−59451.6089

观测值的改正数和平差值

编号	改正数	平差值		
β_1	−4.38″	230	32	32.6
β_2	−3.78″	180	00	39.2
β_3	−3.19″	170	39	18.8
β_4	−2.66″	236	48	34.3
S_1	3.56mm	204.9556m		
S_2	3.48mm	200.1335m		
S_3	6.26mm	345.1593m		

【说明】该题的关键是：①该题中含有两种观测值，一定要注意系数的计算，根据题意，边长的中误差单位 mm，误差方程的系数矩阵应除以 1000，转化为 mm；同时，误差方程的常数项中，角度单位为″，长度单位为 mm。②对于坐标方位角条件的系数，要根据题意中给出的角度和边长中误差的单位（如秒、毫米或厘米），决定是除以 1000 还是 100（除以 1000 或 100 是通过分析等号两边使它们等价）。③对于边长条件的系数，不需要除以 1000 或 100。

7-24 【解析】$n=15$，$t=8$，选点 2、3、4 的坐标平差值为参数，记为 $\hat{X}_2$、$\hat{Y}_2$、$\hat{X}_3$、$\hat{Y}_3$、$\hat{X}_4$、$\hat{Y}_4$，则根据 α_{BA}、点 A 坐标、β_1、β_2、β_3 以及 S_1、S_2、S_3 计算点 2、3、4 的坐标近似值如下。

点	X^0	Y^0
2	1684.009186	5621.372299
3	1701.140837	5352.431393
4	1832.451231	5113.406943

根据几何条件，得观测方程

$$\hat{\beta}_1 = \hat{\alpha}_{A2} - \alpha_{AB} = \arctan \frac{\hat{Y}_2 - Y_A}{\hat{X}_2 - X_A} - \alpha_{AB}$$

$$\hat{\beta}_2 = \hat{\alpha}_{23} - \hat{\alpha}_{2A} = \arctan \frac{\hat{Y}_3 - \hat{Y}_2}{\hat{X}_3 - \hat{X}_2} - \arctan \frac{Y_A - \hat{Y}_2}{X_A - \hat{X}_2} + 360°$$

$$\hat{\beta}_3 = \hat{\alpha}_{34} - \hat{\alpha}_{32} = \arctan \frac{\hat{Y}_4 - \hat{Y}_3}{\hat{X}_4 - \hat{X}_3} - \arctan \frac{\hat{Y}_2 - \hat{Y}_3}{\hat{X}_2 - \hat{X}_3}$$

$$\hat{\beta}_4 = \hat{\alpha}_{4A} - \hat{\alpha}_{43} = \arctan \frac{Y_A - \hat{Y}_4}{X_A - \hat{X}_4} - \arctan \frac{\hat{Y}_3 - \hat{Y}_4}{\hat{X}_3 - \hat{X}_4}$$

$$\hat{\beta}_5 = \alpha_{AB} - \hat{\alpha}_{A4} = \alpha_{AB} - \arctan \frac{\hat{Y}_4 - Y_A}{\hat{X}_4 - X_A} + 360°$$

$$\hat{S}_1 = \sqrt{(\hat{X}_2 - X_A)^2 + (\hat{Y}_2 - Y_A)^2}$$

$$\hat{S}_2 = \sqrt{(\hat{X}_3 - \hat{X}_2)^2 + (\hat{Y}_3 - \hat{Y}_2)^2}$$

$$\hat{S}_3 = \sqrt{(\hat{X}_4 - \hat{X}_3)^2 + (\hat{Y}_4 - \hat{Y}_3)^2}$$

$$\hat{S}_4 = \sqrt{(X_A - \hat{X}_4)^2 + (Y_A - \hat{Y}_4)^2}$$

将 $\hat{\beta}_i = \beta_i + v_{\beta_i}$ $(i=1,2,\cdots,5)$，$\hat{S}_j = S_j + v_{S_j}$ $(j=1,2,3,4)$，$\hat{X}_k = X_k^0 + \hat{x}_k$，$\hat{Y}_k = Y_k^0 + \hat{y}_k$ $(k=2,3,4)$，代入上式，并线性化，则

$$v_{\beta_1} = \frac{-\rho'' \Delta Y_{A2}^0}{10^3 (S_{A2}^0)^2} \hat{x}_2 + \frac{\rho'' \Delta X_{A2}^0}{10^3 (S_{A2}^0)^2} \hat{y}_2 - \left[\beta_1 - \left(\arctan \frac{\Delta Y_{A2}^0}{\Delta X_{A2}^0} - \alpha_{AB} \right) \right]$$

$$v_{\beta_2} = \left[\frac{\rho'' \Delta Y_{23}^0}{10^3 (S_{23}^0)^2} - \frac{\rho'' \Delta Y_{2A}^0}{10^3 (S_{2A}^0)^2} \right] \hat{x}_2 + \left[\frac{-\rho'' \Delta X_{23}^0}{10^3 (S_{23}^0)^2} + \frac{\rho'' \Delta X_{2A}^0}{10^3 (S_{2A}^0)^2} \right] \hat{y}_2 + \frac{-\rho'' \Delta Y_{23}^0}{10^3 (S_{23}^0)^2} \hat{x}_3$$

$$+\frac{\rho''\Delta X_{23}^0}{10^3(S_{23}^0)^2}\hat{y}_3-\left[\beta_2-\left(\arctan\frac{\Delta Y_{23}^0}{\Delta X_{23}^0}-\arctan\frac{\Delta Y_{2A}^0}{\Delta X_{2A}^0}+360°\right)\right]$$

$$v_{\beta_3}=\frac{\rho''\Delta Y_{32}^0}{10^3(S_{32}^0)^2}\hat{x}_2+\frac{-\rho''\Delta X_{32}^0}{10^3(S_{32}^0)^2}\hat{y}_2+\left[\frac{\rho''\Delta Y_{34}^0}{10^3(S_{34}^0)^2}-\frac{\rho''\Delta Y_{32}^0}{10^3(S_{32}^0)^2}\right]\hat{x}_3$$

$$+\left[\frac{-\rho''\Delta X_{34}^0}{10^3(S_{34}^0)^2}+\frac{\rho''\Delta X_{32}^0}{10^3(S_{32}^0)^2}\right]\hat{y}_3+\frac{-\rho''\Delta Y_{34}^0}{10^3(S_{34}^0)^2}\hat{x}_4+\frac{\rho''\Delta X_{34}^0}{10^3(S_{34}^0)^2}\hat{y}_4$$

$$-\left[\beta_3-\left(\arctan\frac{\Delta Y_{34}^0}{\Delta X_{34}^0}-\arctan\frac{\Delta Y_{32}^0}{\Delta X_{32}^0}\right)\right]$$

$$v_{\beta_4}=\frac{\rho''\Delta Y_{43}^0}{10^3(S_{43}^0)^2}\hat{x}_3+\frac{-\rho''\Delta X_{43}^0}{10^3(S_{43}^0)^2}\hat{y}_3+\left[\frac{\rho''\Delta Y_{4A}^0}{10^3(S_{4A}^0)^2}-\frac{\rho''\Delta Y_{43}^0}{10^3(S_{43}^0)^2}\right]\hat{x}_4$$

$$+\left[\frac{-\rho''\Delta X_{4A}^0}{10^3(S_{4A}^0)^2}+\frac{\rho''\Delta X_{43}^0}{10^3(S_{43}^0)^2}\right]\hat{y}_4-\left[\beta_4-\left(\arctan\frac{\Delta Y_{4A}^0}{\Delta X_{4A}^0}-\arctan\frac{\Delta Y_{43}^0}{\Delta X_{43}^0}\right)\right]$$

$$v_{\beta_5}=\frac{-\rho''\Delta Y_{A4}^0}{10^3(S_{A4}^0)^2}\hat{x}_4+\frac{\rho''\Delta X_{A4}^0}{10^3(S_{A4}^0)^2}\hat{y}_4-\left[\beta_5-\left(\alpha_{AB}-\arctan\frac{\Delta Y_{A4}^0}{\Delta X_{A4}^0}+360°\right)\right]$$

$$v_{S_1}=\frac{\Delta X_{A2}^0}{S_{A2}^0}\hat{x}_2+\frac{\Delta Y_{A2}^0}{S_{A2}^0}\hat{y}_2-(S_1-S_{A2}^0)$$

$$v_{S_2}=-\frac{\Delta X_{23}^0}{S_{23}^0}\hat{x}_2+-\frac{\Delta Y_{23}^0}{S_{23}^0}\hat{y}_2+\frac{\Delta X_{23}^0}{S_{23}^0}\hat{x}_3+\frac{\Delta Y_{23}^0}{S_{23}^0}\hat{y}_3-(S_2-S_{23}^0)$$

$$v_{S_3}=-\frac{\Delta X_{34}^0}{S_{34}^0}\hat{x}_3+-\frac{\Delta Y_{34}^0}{S_{34}^0}\hat{y}_3+\frac{\Delta X_{34}^0}{S_{34}^0}\hat{x}_4+\frac{\Delta Y_{34}^0}{S_{34}^0}\hat{y}_4-(S_3-S_{34}^0)$$

$$v_{S_4}=\frac{-\Delta X_{4A}^0}{S_{4A}^0}\hat{x}_4+\frac{-\Delta Y_{4A}^0}{S_{4A}^0}\hat{y}_4-(S_4-S_{4A}^0)$$

将近似值、已知观测值和已知数据，代入上式，整理可得如下。

误差方程的系数矩阵 B 及其常数项矩阵 l（对于方位角条件，计算时，S^0、ΔX^0、ΔY^0 均以 m 为单位，而 $\hat{x}$、$\hat{y}$ 因其数值较小，采用 mm 为单位，因此，每一项系数均除以 1000）

误差方程的系数矩阵 B（前五行÷1000）						误差方程的常数项矩阵 l
−0.174994197	−0.187081812	0	0	0	0	0
−0.588859153	0.138424028	0.76385335	0.048657784	0	0	0
0.76385335	0.048657784	−1.426741512	−0.513615126	0.662888162	0.364164024	0
0	0	0.662888162	0.364164024	−0.707392628	−0.829121366	−21.4250419
0	0	0	0	−0.044504466	−0.464957342	2.425024048
−0.730306118	0.683120029	0	0	0	0	0
−0.063571578	0.997977282	0.063571578	−0.997977282	0	0	0
0	0	−0.481487815	0.876452785	0.481487815	−0.876452785	0
0	0	0	0	−0.995450337	0.095281829	−0.007014399

以测角中误差 $\sigma_\beta=5''$ 为单位权中误差，则权阵 $P=\text{diag}\ (1\quad1\quad1\quad1\quad1\quad5^2/4.61^2$

$5^2/3.54^2$ $5^2/3.55^2$ $5^2/3.88^2$)。

从而可得法方程的系数矩阵 N_{BB} 及其常数项矩阵 W 如下

N_{BB}						W
1.596317409	−0.725040212	−1.54768563	−0.294413193	0.506349343	0.27816791	0
−0.725040212	2.592372085	0.1628796	−2.005150407	0.032254669	0.017719414	0
−1.54768563	0.1628796	3.526436242	0.04765929	−1.874582191	−0.232044527	−14.20240663
−0.294413193	−2.005150407	0.04765929	3.909521405	0.239061808	−2.012819775	−7.802229465
0.506349343	0.032254669	−1.874582191	0.239061808	3.047263323	−0.146040414	15.05958771
0.27816791	0.017719414	−0.232044527	−2.012819775	−0.146040414	2.575162824	16.63531738

参数平差值的协因数阵如下

4.510354423	3.822554064	2.097776277	3.508565628	0.342118845	2.437314496
3.822554064	4.375414677	1.711061966	3.942800946	0.196172371	2.804093646
2.097776277	1.711061966	1.40850943	1.585146224	0.430633697	1.151961114
3.508565628	3.942800946	1.585146224	3.985684334	0.174874624	2.861952244
0.342118845	0.196172371	0.430633697	0.174874624	0.528442854	0.167153999
2.437314496	2.804093646	1.151961114	2.861952244	0.167153999	2.456016353

观测值的改正数（角度″，边长 mm）

角度/(″)	3.029207907	0.69872214	6.160084208	9.553697977	−4.747734024
边长/mm	4.6453374	−1.789472134	−2.249964367	−2.790238666	

点号	参数近似值改正数/mm		坐标平差值/m	
	$\hat{x}$	$\hat{y}$	$\hat{X}$	$\hat{Y}$
2	−11.4704369	−5.462572745	1683.997716	5621.366836
3	−6.723493571	−3.367091363	1701.134114	5352.428026
4	3.258344507	4.683653524	1832.454489	5113.411627

【说明】该题包含两种类型的观测值，因此，要注意误差方程中系数的取值。同时，该题在本书中分别采用了条件平差和间接平差两种方法，计算表明，两种平差方法的结果存在一些差异，但是在理论上应该是相等的，感兴趣的读者可以查阅相关书籍。

7-25 【解析】该题是关于 GNSS 网的基线向量解算的，GNSS 是目前占主导地位的测量手段，所以该题尤显得重要！对于 GNSS 网，其必要观测元素的个数确定方法如下：当网中具有足够的起算数据时，则必要观测个数就等于未知点个数的三倍再加上 WGS-84 坐标系向地方坐标转换选取转换参数的个数（有三参数、四参数、七参数等）；当网中没有足够的起算数据时，必要观测个数就等于总点数的三倍减去 3。

所以，该题中，由题意，$n=15$，$t=6$，则选 6 个量为独立参数，记为 $\hat{X}=[\hat{X}_3\ \ \hat{Y}_3\ \ \hat{Z}_3\ \ \hat{X}_4\ \ \hat{Y}_4\ \ \hat{Z}_4]^T$；将观测值的平差值利用所选参数表示出来，即

$$\Delta\hat{X}_1=\hat{X}_3-X_1$$

$$\Delta\hat{Y}_1 = \hat{Y}_3 - Y_1$$

$$\Delta\hat{Z}_1 = \hat{Z}_3 - Z_1$$

$$\Delta\hat{X}_2 = \hat{X}_4 - X_1$$

$$\Delta\hat{Y}_2 = \hat{Y}_4 - Y_1$$

$$\Delta\hat{Z}_2 = \hat{Z}_4 - Z_1$$

$$\Delta\hat{X}_3 = \hat{X}_3 - X_2$$

$$\Delta\hat{Y}_3 = \hat{Y}_3 - Y_2$$

$$\Delta\hat{Z}_3 = \hat{Z}_3 - Z_2$$

$$\Delta\hat{X}_4 = \hat{X}_4 - X_2$$

$$\Delta\hat{Y}_4 = \hat{Y}_4 - Y_2$$

$$\Delta\hat{Z}_4 = \hat{Z}_4 - Z_2$$

$$\Delta\hat{X}_5 = -\hat{X}_3 + \hat{X}_4$$

$$\Delta\hat{Y}_5 = -\hat{Y}_3 + \hat{Y}_4$$

$$\Delta\hat{Z}_5 = -\hat{Z}_3 + \hat{Z}_4$$

将 $\Delta\hat{X}_i = \Delta X_i + V_{\Delta X_i}$（$i=1,2,\cdots,5$）、$\hat{X}_j = X_j^0 + \hat{x}_j$、$\hat{Y}_j = Y_j^0 + \hat{y}_j$、$\hat{Z}_j = Z_j^0 + \hat{z}_j$（$j=1,2$）代入上式，则得误差方程

$$V_{\Delta X_1} = \hat{x}_3 - (X_1 + \Delta X_1 - X_3^0)$$

$$V_{\Delta Y_1} = \hat{y}_3 - (Y_1 + \Delta Y_1 - Y_3^0)$$

$$V_{\Delta Z_1} = \hat{z}_3 - (Z_1 + \Delta Z_1 - Z_3^0)$$

$$V_{\Delta X_2} = \hat{x}_4 - (X_1 + \Delta X_2 - X_4^0)$$

$$V_{\Delta Y_2} = \hat{y}_4 - (Y_1 + \Delta Y_2 - Y_4^0)$$

$$V_{\Delta Z_2} = \hat{z}_4 - (Z_1 + \Delta Z_2 - Z_4^0)$$

$$V_{\Delta X_3} = \hat{x}_3 - (X_2 + \Delta X_3 - X_3^0)$$

$$V_{\Delta Y_3} = \hat{y}_3 - (Y_2 + \Delta Y_3 - Y_3^0)$$

$$V_{\Delta Z_3} = \hat{z}_3 - (Z_2 + \Delta Z_3 - Z_3^0)$$

$$V_{\Delta X_4} = \hat{x}_4 - (X_2 + \Delta X_4 - X_4^0)$$

$$V_{\Delta Y_4} = \hat{y}_4 - (Y_2 + \Delta Y_4 - Y_4^0)$$

$$V_{\Delta Z_4} = \hat{z}_4 - (Z_2 + \Delta Z_4 - Z_4^0)$$

$$V_{\Delta X_5} = -\hat{x}_3 + \hat{x}_4 - (\Delta X_5 + X_3^0 - X_4^0)$$

$$V_{\Delta Y_5} = -\hat{y}_3 + \hat{y}_4 - (\Delta Y_5 + Y_3^0 - Y_4^0)$$

$$V_{\Delta Z_5} = -\hat{z}_3 + \hat{z}_4 - (\Delta Z_5 + Z_3^0 - Z_4^0)$$

代入相关数据，则

（1）误差方程的系数矩阵 B 及其常数项矩阵 l 如下。

系数矩阵 B						常数项矩阵 l/cm
1	0	0	0	0	0	5.79
0	1	0	0	0	0	7.11
0	0	1	0	0	0	−8.00
0	0	0	1	0	0	−1.81
0	0	0	0	1	0	−3.79
0	0	0	0	0	1	−1.06
1	0	0	0	0	0	0.32
0	1	0	0	0	0	−6.70
0	0	1	0	0	0	2.38
0	0	0	1	0	0	−1.76
0	0	0	0	1	0	3.99
0	0	0	0	0	1	−8.21
−1	0	0	1	0	0	−2.62
0	−1	0	0	1	0	−5.80
0	0	−1	0	0	1	0.66

法方程系数矩阵 N_{BB} 及其常数项 W 如下。

法方程系数矩阵 N_{BB}						法方程的常数项 W
0.1250	0.1351	−0.0848	−0.0373	−0.0407	0.0245	0.89
	0.2569	−0.1264	−0.0407	−0.0800	0.0380	1.27
		0.1498	0.0245	0.0380	−0.0447	−0.90
对			0.0898	0.1010	−0.0574	−0.27
				0.2158	−0.0976	−0.39
		称			0.1103	0.04

参数平差值的协因数阵 $Q_{\hat{X}\hat{X}} = N_{BB}^{-1}$ 如下。

22.620304	−9.484496	4.747137	8.680639	−3.386006	1.682683
	1.511957	4.388248	−3.384450	4.094469	1.779732
		3.995193	1.686844	1.788182	5.551018
对			8.065997	−10.817164	4.947777
				12.916282	5.860772
		称			18.081073

（2）参数的改正数 $\hat{x}^{\mathrm{T}}$ 如下（单位：cm）。

$\hat{x}_3$	$\hat{y}_3$	$\hat{z}_3$	$\hat{x}_4$	$\hat{y}_4$	$\hat{z}_4$
3.03	1.48	−3.77	−1.04	−1.44	−4.17

观测值的平差值如下。

	ΔX	ΔY	ΔZ
1	−4627.6152	1730.2020	−885.3581
2	−6711.4420	466.8680	−3961.6139
3	−5016.0448	2392.5228	−221.4568
4	−7099.8716	1129.1888	−3297.7126
5	−2083.8267	−1263.3340	−3076.2558

（3）坐标平差值如下（单位：m）。

点	$\hat{X}$	$\hat{Y}$	$\hat{Z}$
G03	−2416372.7362	−4731446.5617	3518274.9819
G04	−2418456.5630	−4732709.8957	3515198.7261

单位权中误差 $\hat{\sigma}_0 = 0.389$cm。

坐标中误差如下（单位：cm）

点	$\sigma_{\hat{X}}$	$\sigma_{\hat{Y}}$	$\sigma_{\hat{Z}}$
G03	1.85	1.32	2.27
G04	1.46	2.06	2.52

第8章

附有限制条件的间接平差

一、附有限制条件的间接平差的思想

依据几何模型，针对具体的平差问题，确定观测值总数 n、必要观测数 t。如果又选了 u 个量为参数（$u>t$ 且包含 t 个独立量）参加平差计算，且 u 中存在 $s=u-t$ 个限制条件式，然后根据几何模型中的几何关系，将 n 个观测值的平差值利用所选 u 个参数表示出来，列出 s 个函数式，共可列出 $n+s$ 个函数式，即为附有参数的条件平差的函数模型；然后转换为 $\left.\begin{array}{l} V=B\hat{x}-l \\ C\hat{x}+W_x=0 \end{array}\right\}$，然后按求自由极值的方法，解出使 $V^{\mathrm{T}}PV=\min$ 的 V、$\hat{x}$，最后计算出 $\hat{X}$，$\hat{L}$。

二、公式汇编

函数模型和随机模型

$$\left.\begin{array}{l} \hat{L}=B\hat{X}+d \\ \Phi(\hat{X})=0 \end{array}\right\},\ \text{转化后}\quad \left.\begin{array}{l} V=B\hat{x}-l \\ C\hat{x}+W_x=0 \end{array}\right\} \tag{8-1}$$

$$D=\sigma_0^2 Q=\sigma_0^2 P^{-1} \tag{8-2}$$

式中，$l=L-F(X^0)=L-(BX^0+d)$，$W_x=\Phi(X^0)$。 (8-3)

法方程

$$\left.\begin{array}{l} N_{BB}\hat{x}+C^{\mathrm{T}}K_s-W=0 \\ C\hat{x}+W_x=0 \end{array}\right\},\ \text{即}\ \begin{bmatrix} N_{BB} & C^{\mathrm{T}} \\ C & 0 \end{bmatrix}\begin{bmatrix} \hat{x} \\ K_s \end{bmatrix}-\begin{bmatrix} W \\ -W_x \end{bmatrix}=0 \tag{8-4}$$

式中 $N_{BB}=B^{\mathrm{T}}PB$，$W=B^{\mathrm{T}}Pl$。 (8-5)

其解

$$\hat{x}=(N_{BB}^{-1}-N_{BB}^{-1}C^{T}N_{CC}^{-1}CN_{BB}^{-1})W-N_{BB}^{-1}C^{T}N_{CC}^{-1}W_{x}=Q_{\hat{X}\hat{X}}W-N_{BB}^{-1}C^{T}N_{CC}^{-1}W_{x} \quad \text{(8-6a)}$$

式中
$$Q_{\hat{X}\hat{X}}=N_{BB}^{-1}-N_{BB}^{-1}C^{T}N_{CC}^{-1}CN_{BB}^{-1} \quad \text{(8-6b)}$$

$$K_{s}=N_{CC}^{-1}(CN_{BB}^{-1}W+W_{x}) \quad \text{(8-7)}$$

式中　　$N_{CC}=CN_{BB}^{-1}C^{T}$。　　　　　　　　　　　　　　　　　　　　　　　(8-8)

观测值和参数的平差值

$$\hat{X}=X^{0}+\hat{x},\ \hat{L}=L+V \quad \text{(8-9)}$$

单位权方差的估值

$$\hat{\sigma}_{0}^{2}=\frac{V^{T}PV}{n-u+s} \quad \text{(8-10)}$$

$V^{T}PV$ 的计算：
① $V^{T}PV=\hat{x}B^{T}PV-l^{T}PV$；② $V^{T}PV=l^{T}Pl-l^{T}PB\hat{x}$　　　(8-11)

参数平差值函数

$$\hat{\varphi}=\Phi(\hat{X}) \quad \text{(8-12)}$$

平差值函数的权函数式

$$\mathrm{d}\hat{\varphi}=F^{T}\mathrm{d}\hat{X}=F^{T}\hat{x} \quad \text{(8-13)}$$

协因数　　　　　　　　$Q_{\hat{\varphi}\hat{\varphi}}=F^{T}Q_{\hat{X}\hat{X}}F$　　　　　　　　　　　　　　(8-14)

方差　　　　　　　　　$D_{\hat{\varphi}\hat{\varphi}}=\sigma_{0}^{2}Q_{\hat{\varphi}\hat{\varphi}}$　　　　　　　　　　　　　　(8-15)

三、按附有限制条件的间接平差求平差值的计算步骤

(1) 确定 n、t，选 u（$u>t$ 且包含 t 个独立量）个量为参数参与平差；其中包括由参数表示的 $s=u-t$ 个关系式；

(2) 列出 $n+s$ 个方程，即先将 n 个观测值的平差值利用所选参数表示出来，再列出 s 个关系式：即先列出平差值形式，再转化为误差方程形式，最后矩阵形式 $\left.\begin{array}{l}V=B\hat{x}-l\\C\hat{x}+W_{x}=0\end{array}\right\}$；

(3) 确定权阵 P；

(4) 依据以下公式计算，
$$N_{BB}=B^{T}PB,\ W=B^{T}Pl,\ N_{CC}=CN_{BB}^{-1}C^{T}$$

$$\hat{x}=(N_{BB}^{-1}-N_{BB}^{-1}C^{T}N_{CC}^{-1}CN_{BB}^{-1})W-N_{BB}^{-1}C^{T}N_{CC}^{-1}W_{x},\ \hat{X}=X^{0}+\hat{x},\ \hat{L}=L+V$$

(5) 检核；

(6) 精度评定。

四、附有限制条件的间接平差的解算体系

函数模型　　$V=B\hat{x}-l$

限制条件方程　　$C\hat{x}+W_{x}=0$　$\left.\right\}$附有限制条件的间接平差的基础方程

$$\downarrow$$

$\left.\begin{array}{c}B^{T}PB\hat{x}+C^{T}K_{s}-B^{T}Pl=0\\C\hat{x}+W_{x}=0\end{array}\right\}$ 或 $\left.\begin{array}{c}N_{BB}\hat{x}+C^{T}K_{s}-W=0\\C\hat{x}+W_{x}=0\end{array}\right\}$附有限制条件的间接平差的法方程

$$\downarrow$$

$$\begin{bmatrix} N_{BB} & C^{\mathrm{T}} \\ C & 0 \end{bmatrix} \begin{bmatrix} \hat{x} \\ K_s \end{bmatrix} - \begin{bmatrix} W \\ -W_x \end{bmatrix} = 0 \qquad \text{法方程的矩阵形式}$$

$$\downarrow$$

$$\begin{bmatrix} \hat{x} \\ K_s \end{bmatrix} = \begin{bmatrix} N_{BB} & C^{\mathrm{T}} \\ C & 0 \end{bmatrix}^{-1} \begin{bmatrix} W \\ -W_x \end{bmatrix}$$

$$\downarrow$$

$$\hat{X} = X^0 + \hat{x}, \quad \hat{L} = L + V$$

五、思考下列问题

(1) 附有限制条件的间接平差中的限制条件方程与条件平差中的条件方程有何异同？

答：前者的思想是，在 n 个观测值的基础上，又引入 u 个参数，其中 u 个参数并不都是独立的，而是部分存在相关，因此其限制条件方程是由于参数之间存在相关性而列出的，它是描述参数间的关系的表达式。

后者的思想是，在 r 个条件方程的基础上，没有引入参数，或者说引入的参数个数为零；因此，它的条件方程是依据观测值的平差值列出的，是描述观测值平差值之间关系的。

(2) 采用附有限制条件的间接平差法，对参数的选取有何限制？

答：对参数的选取主要有几个限制：

① 个数 u 要求，$u > t$；

② 这 u 个参数要包含 t 个独立参数，也就是说还存在 $s = u - t$ 个独立的表达式；

③ 选取参数时既可以是观测值的平差值也可以是待求量的平差值或它们的组合。

(3) 附有参数的条件平差和附有限制条件的间接平差两种模型中的参数有何区别？

答：在附有参数的条件平差中，引入参数是为了便于列立条件方程或直接求出某些量的平差值；在附有限制条件的间接平差中，引入参数是除了便于列立观测方程外，参数之间还满足一些几何条件。

这两种平差模型的参数的个数和独立性是有区别的，在附有参数的条件平差中，参数的个数 u 满足 $0 < u < t$，且参数之间要求相互独立；而在附有限制条件的间接平差中，参数的个数 u 满足 $u > t$，且包含 t 个独立参数，也就是说只要包含 t 个独立参数，其他的随便选择。

经典例题

例 8-1 如图 8-1 所示为校园内的三个点，实验指导老师让学生用全站仪观测了四个角度，设观测数据和权如下。

角度	观测值	权 P	角度	观测值	权 P
β_1	$65°43'12''$	1	β_3	$50°56'22''$	1
β_2	$63°20'16''$	2	β_4	$309°03'34''$	1

若以 β_1、β_2 和 β_4 的平差值为参数，试用附有限制条件的间接平差法求各内角的平差值。

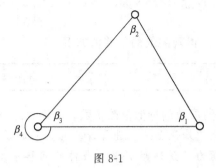

图 8-1

【分析】该题为一个单三角形的平差解算问题，严格按照解题步骤进行，请读者自行学习模仿。

【解】（1）由题意，$n=4$，$t=2$，$u=3$，则 $s=u-t=1$，即可列出 1 个限制条件。

（2）共可列出 $n+s=5$ 个方程，设 $\hat{\beta}_1$、$\hat{\beta}_2$、$\hat{\beta}_4$ 分别为 $\hat{X}_1$、$\hat{X}_2$、$\hat{X}_3$，观测方程和限制条件如下

$$\hat{\beta}_1=\hat{X}_1$$
$$\hat{\beta}_2=\hat{X}_2$$
$$\hat{\beta}_3=-\hat{X}_3+360°$$
$$\hat{\beta}_4=\hat{X}_3$$
$$\hat{X}_1+\hat{X}_2-\hat{X}_3+180°=0$$

将 $\hat{\beta}_i=\beta_i+V_i (i=1,2,3,4)$、$\hat{X}_j=X_j^0+\hat{x}_j (j=1,2,3)$ 代入上式，并令 $X_1^0=\beta_1$，$X_2^0=\beta_2$，$X_3^0=\beta_4$，并代入已知数据，整理可得

$$V_1=\hat{x}_1$$
$$V_2=\hat{x}_2$$
$$V_3=-\hat{x}_3-(-4'')$$
$$V_4=\hat{x}_3$$
$$\hat{x}_1+\hat{x}_2-\hat{x}_3-6''=0$$

从而，相应矩阵如下

$$B=\begin{bmatrix}1&0&0\\0&1&0\\0&0&-1\\0&0&1\end{bmatrix},\ l=\begin{bmatrix}0\\0\\-4\\0\end{bmatrix},\ C=[1\quad 1\quad -1],\ W_x=-6$$

（3）权阵 $P=\mathrm{diag}\ (1\quad 2\quad 1\quad 1)$。

（4）进行以下计算：

$$N_{BB}=B^{\mathrm{T}}PB=\begin{bmatrix}1&0&0\\0&2&0\\0&0&2\end{bmatrix},\ W=B^{\mathrm{T}}Pl=\begin{bmatrix}0\\0\\4\end{bmatrix},\ N_{CC}=CN_{BB}^{-1}C^{\mathrm{T}}=2$$

$$\hat{x} = (N_{BB}^{-1} - N_{BB}^{-1} C^{\mathrm{T}} N_{CC}^{-1} C N_{BB}^{-1}) W - N_{BB}^{-1} C^{\mathrm{T}} N_{CC}^{-1} W_x = \begin{bmatrix} 4 \\ 2 \\ 0 \end{bmatrix} ('') , \quad V = \begin{bmatrix} 4 & 2 & 4 & 0 \end{bmatrix}^{\mathrm{T}} ('')$$

所以，由公式 $\hat{\beta} = \beta + V$ 可得观测值的平差值如下。

$\hat{\beta_1}$	65°43′16″	$\hat{\beta_3}$	50°56′26″	$\hat{\beta_2}$	63°20′18″	$\hat{\beta_4}$	309°03′34″

（5）检核：代入所求得的参数的近似值改正数，从而 $\hat{x}_1 + \hat{x}_2 - \hat{x}_3 - 6'' = 0$ 成立。

【说明】该题是严格按照"知识点三"进行计算的。同时需要注意，该题的题目与习题7-1是一样的，在这里，该题为了讲述附有限制条件的间接平差的原理而引入了附加条件，其计算结果与习题7-1是一样的。

例 8-2　如图 8-2 所示，实验指导老师让几个学生在校园内的实习场地上严格按照直线定线的方式布设了三个点 A、B、C，然后在它们之间进行独立观测，其中边长 AB 丈量了 3 次，边长 BC 丈量了 2 次，观测长度为：

$$L_1 = 30.005\text{m}, \ L_2 = 30.001\text{m}, \ L_3 = 30.008\text{m}, \ L_4 = 25.004\text{m}, \ L_5 = 25.007\text{m}$$

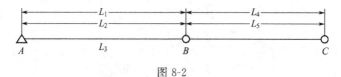

图 8-2

若以 L_1、L_2 和 L_4 的平差值为参数，试按附有限制条件的间接平差求 AC 边平差后的长度。

【解析】该题是比较典型的双观测值量距问题，同时经过直线定线之后的三点认为是共线的。

由题意，$n = 5$，$t = 2$，$u = 3$，则 $s = u - t = 1$，$n + s = 6$，可列出 6 个条件方程，设 $\hat{L}_1$、$\hat{L}_2$、$\hat{L}_4$ 分别为 $\hat{X}_1$、$\hat{X}_2$、$\hat{X}_3$，则

$$\hat{L}_1 = \hat{X}_1$$
$$\hat{L}_2 = \hat{X}_2$$
$$\hat{L}_3 = \hat{X}_2$$
$$\hat{L}_4 = \hat{X}_3$$
$$\hat{L}_5 = \hat{X}_3$$
$$\hat{X}_1 - \hat{X}_2 = 0$$

将 $\hat{L}_i = L_i + V_i (i = 1, 2, \cdots, 5)$、$\hat{X}_j = X_j^0 + \hat{x}_j (j = 1, 2, 3)$ 代入上式，并令 $X_1^0 = L_1$，$X_2^0 = L_2$，$X_3^0 = L_4$，并代入已知数据，整理可得

$$V_1 = \hat{x}_1$$
$$V_2 = \hat{x}_2$$
$$V_3 = \hat{x}_2 - 7$$

$$V_4 = \hat{x}_3$$
$$V_5 = \hat{x}_3 - 3$$
$$\hat{x}_1 - \hat{x}_2 + 4 = 0$$

从而,相应矩阵如下

$$B = \begin{bmatrix} 1 & 0 & 0 \\ 0 & 1 & 0 \\ 0 & 1 & 0 \\ 0 & 0 & 1 \\ 0 & 0 & 1 \end{bmatrix}, \ l = \begin{bmatrix} 0 \\ 0 \\ 7 \\ 0 \\ 3 \end{bmatrix}, \ C = [1 \quad -1 \quad 0], \ W_x = 4$$

设 $C = 25\text{m}$ 为单位权观测,则权阵 $P = \text{diag} \ (5/6 \quad 5/6 \quad 5/6 \quad 1 \quad 1)$。
则相关矩阵

$$N_{BB} = B^{\mathrm{T}} P B = \begin{bmatrix} 5/6 & 0 & 0 \\ 0 & 5/3 & 0 \\ 0 & 0 & 2 \end{bmatrix}, \ W = B^{\mathrm{T}} P l = \begin{bmatrix} 0 \\ 35/6 \\ 3 \end{bmatrix}$$

则依据法方程 $\begin{bmatrix} N_{BB} & C^{\mathrm{T}} \\ C & 0 \end{bmatrix} \begin{bmatrix} \hat{x} \\ K_s \end{bmatrix} - \begin{bmatrix} W \\ -W_x \end{bmatrix} = 0$,代入以上数据,解算可得

$$\begin{bmatrix} \hat{x}_1 \\ \hat{x}_2 \\ \hat{x}_3 \\ K_s \end{bmatrix} = \begin{bmatrix} -0.3 \\ 3.7 \\ 1.5 \\ 0.28 \end{bmatrix}$$

因此可得 $\hat{X}_2 = 30.0047$,$\hat{X}_3 = 25.0055$;最后可得 AC 边平差后的长度为 $\hat{X}_2 + \hat{X}_3 = 55.0102$。

【说明】该题是按照"知识点四"进行解算的。

例 8-3 在如图 8-3 所示的水准网中,已知 A、B 两点的高程为 $H_A = 1.00\text{m}$,$H_B = 10.00\text{m}$,P_1、P_2 为待定点,同精度独立观测了 5 条路线的高差:
$$h_1 = 3.58\text{m}, \ h_2 = 5.40\text{m}, \ h_3 = 4.11\text{m}, \ h_4 = 4.85\text{m}, \ h_5 = 0.50\text{m}$$

若设参数 $\hat{X} = \begin{bmatrix} \hat{X}_1 & \hat{X}_2 & \hat{X}_3 \end{bmatrix}^{\mathrm{T}} = \begin{bmatrix} \hat{h}_1 & \hat{h}_5 & \hat{h}_4 \end{bmatrix}^{\mathrm{T}}$,试按附有限制条件的间接平差求:
(1) 待定点高程的平差值;(2) 改正数 V 及其平差值 $\hat{h}$。
【解析】$n = 5$,$t = 2$,$u = 3$,$s = 1$,$c = n + s = 6$,则
观测方程

$$\hat{h}_1 = \hat{X}_1$$
$$\hat{h}_2 = -\hat{X}_1 + H_B - H_A$$
$$\hat{h}_3 = -\hat{X}_3 + H_B - H_A$$
$$\hat{h}_4 = \hat{X}_3$$
$$\hat{h}_5 = \hat{X}_2$$

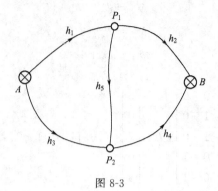

图 8-3

限制条件 $\qquad \hat{X}_1 + \hat{X}_2 + \hat{X}_3 + H_A - H_B = 0$

将 $\hat{h}_i = h_i + V_i (i = 1, 2, \cdots, 5)$，$\hat{X}_j = X_j^0 + \hat{x}_j$ $(j = 1, 2, 3)$ 且令 $X_1^0 = h_1 = 3.58$，$X_2^0 = h_5 = 0.50$，$X_3^0 = h_4 = 4.85$，则误差方程

$$V_1 = \hat{x}_1$$
$$V_2 = -\hat{x}_1 + 0.02$$
$$V_3 = -\hat{x}_3 + 0.04$$
$$V_4 = \hat{x}_3$$
$$V_5 = \hat{x}_2$$
$$\hat{x}_1 + \hat{x}_2 + \hat{x}_3 + (-0.07) = 0$$

得以下矩阵

$$B = \begin{bmatrix} 1 & 0 & 0 \\ -1 & 0 & 0 \\ 0 & 0 & -1 \\ 0 & 0 & 1 \\ 0 & 1 & 0 \end{bmatrix}, \ l = \begin{bmatrix} 0 \\ -0.02 \\ -0.04 \\ 0 \\ 0 \end{bmatrix}, \ C = (1 \quad 1 \quad 1), \ W_x = (-0.07)$$

又同精度观测，则权阵 $P = \mathrm{diag} \ (1 \quad 1 \quad 1 \quad 1 \quad 1)$，从而

$$N_{BB} = B^{\mathrm{T}} P B = \begin{bmatrix} 2 & & \\ & 1 & \\ & & 2 \end{bmatrix}, \ W = B^{\mathrm{T}} P l = \begin{bmatrix} 0.02 \\ 0 \\ 0.04 \end{bmatrix}$$

按形式 $\begin{bmatrix} N_{BB} & C^{\mathrm{T}} \\ C & 0 \end{bmatrix} \begin{bmatrix} \hat{x} \\ K_s \end{bmatrix} - \begin{bmatrix} W \\ -W_x \end{bmatrix} = 0$ 写出其法方程，代入数据，得

$$\begin{bmatrix} 2 & 0 & 0 & 1 \\ 0 & 1 & 0 & 1 \\ 0 & 0 & 2 & 1 \\ 1 & 1 & 1 & 0 \end{bmatrix} \begin{bmatrix} \hat{x}_1 \\ \hat{x}_2 \\ \hat{x}_3 \\ K_s \end{bmatrix} - \begin{bmatrix} 0.02 \\ 0 \\ 0.04 \\ 0.07 \end{bmatrix} = 0$$

求法方程，得

$$\begin{bmatrix} \hat{x}_1 \\ \hat{x}_2 \\ \hat{x}_3 \\ K_s \end{bmatrix} = \begin{bmatrix} 0.02 \\ 0.02 \\ 0.03 \\ -0.02 \end{bmatrix}$$

所以，

$$\underset{51}{V} = (0.02 \quad 0 \quad 0.01 \quad 0.03 \quad 0.02)^{\mathrm{T}} \mathrm{m}$$

$$\underset{31}{\hat{X}} = (3.60 \quad 0.52 \quad 4.88)^{\mathrm{T}} \mathrm{m}$$

$$\hat{h} = (3.60 \quad 5.40 \quad 4.12 \quad 4.88 \quad 0.52)^{\mathrm{T}} \mathrm{m}$$

$$\hat{H}_{P_1} = 4.60 \mathrm{m}, \quad \hat{H}_{P_2} = 5.12 \mathrm{m}$$

例 8-4　在煤矿测量中，经常需要进行联系测量将地面的坐标传递到井下。如图 8-4 所示，A、B、C 为已知的近井点，P 为待定点，是一根投放的钢丝的几何中心。工作人员采用了测边交会的方法观测了 3 条边长 $S_1 \sim S_3$，观测数据为

$$S_1 = 34.2278 \mathrm{m}, \quad S_2 = 40.0851 \mathrm{m}, \quad S_3 = 64.7537 \mathrm{m}$$

起算数据列于下表中，

点号	坐标	
	X/m	Y/m
A	34604.4466	48035.2263
B	34580.2069	48078.7653
C	34508.7532	48059.2324

现选待定点的坐标平差值以及 S_1 的平差值为参数，其坐标近似值为 $X_P^0 = 34570.5430 \mathrm{m}$，$Y_P^0 = 48039.8478 \mathrm{m}$，试按附有限制条件的间接平差列出误差方程式和限制条件。

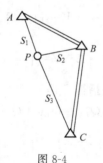

图 8-4

【解析】该题为一个测边网。由题意，$n = 3$，$t = 2$，$u = 3$，$s = u - t = 1$，选 P 点坐标的平差值和 $\hat{S}_1$ 为参数，记为 $\hat{X}_P$、$\hat{Y}_P$ 和 $\hat{X}_1$，则观测方程和限制条件为

$$\hat{S}_1 = \sqrt{(\hat{X}_P - X_A)^2 + (\hat{Y}_P - Y_A)^2}$$

$$\hat{S}_2 = \sqrt{(\hat{X}_P - X_B)^2 + (\hat{Y}_P - Y_B)^2}$$

$$\hat{S}_3 = \sqrt{(\hat{X}_P - X_C)^2 + (\hat{Y}_P - Y_C)^2}$$

$$\sqrt{(\hat{X}_P - X_A)^2 + (\hat{Y}_P - Y_A)^2} - \hat{X}_1 = 0$$

将 $L_i = L_i + V_i (i=1,2,3)$，$\hat{X}_P = X_P^0 + \hat{x}_P$，$\hat{Y}_P = Y_P^0 + \hat{y}_P$，$\hat{X}_1 = X_1^0 + \hat{x}_1$ 代入上式得误差方程

$$V_1 = \left(\frac{\Delta X_{AP}^0}{S_{AP}^0}\right)\hat{x}_P + \left(\frac{\Delta Y_{AP}^0}{S_{AP}^0}\right)\hat{y}_P - (S_1 - S_{AP}^0)$$

$$V_2 = \left(\frac{\Delta X_{BP}^0}{S_{BP}^0}\right)\hat{x}_P + \left(\frac{\Delta Y_{BP}^0}{S_{BP}^0}\right)\hat{y}_P - (S_2 - S_{BP}^0)$$

$$V_3 = \left(\frac{\Delta X_{CP}^0}{S_{CP}^0}\right)\hat{x}_P + \left(\frac{\Delta Y_{CP}^0}{S_{CP}^0}\right)\hat{y}_P - (S_3 - S_{CP}^0)$$

限制条件 $\dfrac{\Delta X_{AP}^0}{S_{AP}^0}\hat{x}_P + \dfrac{\Delta Y_{AP}^0}{S_{AP}^0}\hat{y}_P - \hat{x}_1 + (S_{AP}^0 - X_1^0) = 0$

将 $X_P^0 = 34570.5430\text{m}$，$Y_P^0 = 48039.8478\text{m}$，$X_1^0 = 34.2278\text{m}$ 代入上式，则

$$V = \begin{bmatrix} -0.9367 & 0.3502 \\ -0.1960 & -0.9806 \\ 0.9189 & -0.3945 \end{bmatrix} \begin{bmatrix} \hat{x}_P \\ \hat{y}_P \end{bmatrix} - \begin{bmatrix} 5.22 \\ 5.56 \\ 6.47 \end{bmatrix}\text{cm}$$

$$-0.9367\hat{x}_P + 0.3502\hat{y}_P - \hat{x}_1 - 5.22 = 0$$

【说明】该题的题目与"习题7-5"相同，通过将某一量设为参数，可以直接求出该量的平差值及精度。

例 8-5　试证明在附有限制条件的间接平差法中：（1）改正数向量 V 与平差值向量 $\hat{L}$ 互不相关；（2）联系数 K_s 与未知数的函数 $\hat{\varphi} = f^T\hat{x} + f_0$ 互不相关。

【分析】该题是非常典型的证明题，这类题不太多，但是很重要。

【证】（1）由以下公式

$$\hat{L} = L + V = \begin{bmatrix} 1 & 1 \end{bmatrix} \begin{bmatrix} L \\ V \end{bmatrix} \tag{8-16}$$

$$V = 0 \cdot L + V = \begin{bmatrix} 0 & 1 \end{bmatrix} \begin{bmatrix} L \\ V \end{bmatrix} \tag{8-17}$$

对式(8-16)、式(8-17)应用协因数传播律，得

$$Q_{\hat{L}V} = Q_{LV} + Q_{VV} \tag{8-18}$$

又

$$L = 0 \cdot \hat{x} + L = \begin{bmatrix} 0 & 1 \end{bmatrix} \begin{bmatrix} \hat{x} \\ L \end{bmatrix} \tag{8-19}$$

$$V = B\hat{x} - l = B\hat{x} - L + F(X^0) = \begin{bmatrix} B & -1 \end{bmatrix} \begin{bmatrix} \hat{x} \\ L \end{bmatrix} + F(X^0) \tag{8-20}$$

对式(8-18)、式(8-19)应用协因数传播律，得

$$Q_{LV} = Q_{L\hat{x}} - Q \tag{8-21}$$

又

$$V = B\hat{x} - l = B\hat{x} - L + F(X^0) \tag{8-22}$$

对式(8-22)应用协因数传播律，得

$$Q_{VV} = -(Q_{L\hat{x}} - Q) \tag{8-23}$$

联合式(8-18)、式(8-21)、式(8-23)，可得

$$Q_{\hat{L}V} = Q_{LV} + Q_{VV} = 0 \tag{8-24}$$

即改正数向量 V 与平差值向量 $\hat{L}$ 互不相关。

（2）由题意，$\hat{\varphi} = f^T \hat{x} + f_0$，要证 K_s 与 $\hat{\varphi}$ 互不相关，即是证 K_s 与 $\hat{x}$ 互不相关，即 $Q_{\hat{x}K_s} = 0$；

由

$$\hat{x} = (N_{BB}^{-1} - N_{BB}^{-1} C^T N_{CC}^{-1} C N_{BB}^{-1})W + N_{BB}^{-1} C^T N_{CC}^{-1} W_x \tag{8-25}$$

$$K_s = N_{CC}^{-1} C N_{BB}^{-1} W + N_{CC}^{-1} W_x \tag{8-26}$$

对式(8-25)、式(8-26)应用协因数传播律，得

$$\begin{aligned}
Q_{\hat{x}K_s} &= (N_{BB}^{-1} - N_{BB}^{-1} C^T N_{CC}^{-1} C N_{BB}^{-1})Q_{WW}(N_{CC}^{-1} C N_{BB}^{-1})^T \\
&= Q_{\hat{X}\hat{X}} N_{BB} N_{BB}^{-1} C^T N_{CC}^{-1} = Q_{\hat{X}\hat{X}} C^T N_{CC}^{-1} \\
&= (N_{BB}^{-1} - N_{BB}^{-1} C^T N_{CC}^{-1} C N_{BB}^{-1})C^T N_{CC}^{-1} \\
&= N_{BB}^{-1} C^T N_{CC}^{-1} - N_{BB}^{-1} C^T N_{CC}^{-1} C N_{BB}^{-1} C^T N_{CC}^{-1} \\
&= N_{BB}^{-1} C^T N_{CC}^{-1} - N_{BB}^{-1} C^T N_{CC}^{-1} N_{CC} N_{CC}^{-1} \\
&= N_{BB}^{-1} C^T N_{CC}^{-1} - N_{BB}^{-1} C^T N_{CC}^{-1} = 0
\end{aligned}$$

因此，证明可得联系数 K_s 与未知数的函数 $\hat{\varphi} = f^T \hat{x} + f_0$ 互不相关。

例 8-6 已知一条直线方程 $y = ax + b$ 经过已知点 (0.4，1.2) 处，为确定待定系数 a 和 b，量测了 $x = 1, 2, 3$ 处的函数值 y_i（y_i 为等精度观测值）：$y_1 = 1.6\text{cm}$、$y_2 = 2.0\text{cm}$、$y_3 = 2.4\text{cm}$，试求：（1）误差方程及限制条件方程；（2）直线方程 $y = \hat{a}x + \hat{b}$；（3）参数 $\hat{a}$、$\hat{b}$ 的协因数阵；（4）改正数 V 及其协因数阵。

【解析】 由题意，$n = 3$，$t = 1$，$u = 2$，$s = 1$，$c = n + s = 4$，选 $\hat{a}$、$\hat{b}$ 为参数，则

观测方程 $\hat{y}_i = \hat{a}x_i + \hat{b}(i = 1, 2, 3)$

限制条件 $x_0 \hat{a} + \hat{b} - y_0 = 0$

将 $\hat{y}_i = y_i + V_i (i = 1, 2, 3)$ 以及相关已知数据，代入上式，得

误差方程
$$V_1 = \hat{a} + \hat{b} - 1.6$$
$$V_2 = 2\hat{a} + \hat{b} - 2.0$$
$$V_3 = 3\hat{a} + \hat{b} - 2.4$$

限制条件
$$0.4\hat{a} + \hat{b} - 1.2 = 0$$

所以，相关矩阵

$$B = \begin{bmatrix} 1 & 1 \\ 2 & 1 \\ 3 & 1 \end{bmatrix}, \quad l = \begin{bmatrix} 1.6 \\ 2.0 \\ 2.4 \end{bmatrix}, \quad C = [0.4 \quad 1], \quad W_x = -1.2$$

又等精度观测，则权阵 $P = \text{diag}(1 \quad 1 \quad 1)$，则相应的法方程为

$$\begin{bmatrix} 14 & 6 & 0.4 \\ 6 & 3 & 1 \\ 0.4 & 1 & 0 \end{bmatrix} \begin{bmatrix} \hat{a} \\ \hat{b} \\ K_s \end{bmatrix} = \begin{bmatrix} 12.8 \\ 6.0 \\ 1.2 \end{bmatrix}$$

解法方程，得 $\hat{a}=0.4793$、$\hat{b}=1.0083$，进一步可得直线方程

$$y=0.4793x+1.0083$$

参数的协因数阵

$$Q_{\hat{X}} = N_{BB}^{-1} - N_{BB}^{-1}C^{\mathrm{T}}N_{CC}^{-1}CN_{BB}^{-1} = \begin{bmatrix} Q_{\hat{a}} & Q_{\widehat{ab}} \\ Q_{\widehat{ba}} & Q_{\hat{b}} \end{bmatrix} = \begin{bmatrix} 0.1033 & -0.0413 \\ -0.0413 & 0.0165 \end{bmatrix}$$

改正数

$$V = \begin{bmatrix} -0.1124 & -0.0331 & 0.0462 \end{bmatrix}$$

改正数的协因数阵

$$Q_V = Q - BQ_{\hat{X}\hat{X}}B^{\mathrm{T}} = \begin{bmatrix} 0.9628 & -0.0992 & -0.1612 \\ -0.0992 & 0.7355 & -0.4298 \\ -0.1612 & -0.4298 & 0.3016 \end{bmatrix}$$

习　题

8-1　如图 8-5 所示，在一个圆形曲线 $(x-a)^2+(y-b)^2=r^2$ 上测得圆曲线上 10 个点的坐标 x_i（无误差）和 y_i $(i=1,2,\cdots,10)$，其中（2，5.5）为圆上一点，若设参数 $\hat{X} = \begin{bmatrix} \hat{a} & \hat{b} & \hat{r} \end{bmatrix}^{\mathrm{T}}$，试列出该圆曲线的误差方程式。

8-2　在某次测量实验中，指导老师让学生用测边交会的方式求某一点的坐标，示意图如图 8-6 所示，设 A、B、C 为已经布设好的三个点，P 为待定点，同精度测得边长 $S_1=$ 187.400m，$S_2=259.780$m，$S_3=190.620$m。

已知 PB 边的坐标方位角 α_{PB} 为 $\alpha_{PB}=66°54'54.3''$，已知点 A、B、C 的坐标为：

$$X_A=603.984\text{m}, Y_A=414.420\text{m}$$
$$X_B=807.665\text{m}, Y_B=496.094\text{m}$$
$$X_C=889.339\text{m}, Y_C=308.546\text{m}$$

令 P 点坐标为未知参数，已算得其近似值为 $X_P^0=705.820$m，$Y_P^0=257.130$m。

（1）试列出各观测边的误差方程和限制条件；

（2）试求 P 点坐标的最或是值；

（3）求边长改正数向量 V 及边长平差值 $\hat{S}$。

8-3　如图 8-7 所示，为某一测角的控制网，已知 A、B、C 三点的坐标为

$$X_A=604.993\text{m}, Y_A=246.030\text{m}$$
$$X_B=606.001\text{m}, Y_B=489.036\text{m}$$
$$X_C=887.322\text{m}, Y_C=350.896\text{m}$$

同精度角度观测值为：

编号	角观测值/(° ′ ″)	编号	角观测值/(° ′ ″)
1	71 52 05.1	6	72 48 11.2
2	45 25 09.6	7	35 43 42.4
3	32 18 28.5	8	112 49 56.8
4	30 24 25.1	9	31 26 17.2
5	44 28 52.3		

已知待定点 P_1、P_2 两点间的距离 $S_{P_1P_2}=327.861$m（无误差）。设 P_1、P_2 点的坐标为未知参数，其近似值为

$$X_{P_1}^0=774.395\text{m}, Y_{P_1}^0=203.686\text{m}; X_{P_2}^0=784.470\text{m}, Y_{P_2}^0=531.382\text{m}$$

试按附有限制条件的间接平差法求：（1）误差方程和限制条件；（2）未知参数的平差值；（3）观测值的改正数及平差值。

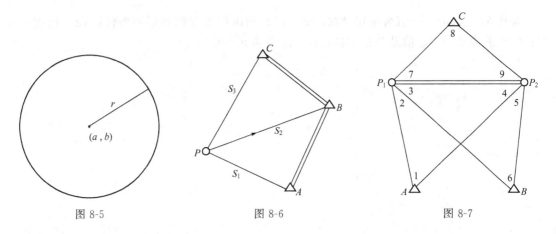

图 8-5　　　　　　　　　图 8-6　　　　　　　　　图 8-7

8-4　图 8-8 为某一三角形的地块，量测了 2 段边长，得同精度观测值 $a=8.62$m，$b=8.29$m。已知三角形的面积为 17.85m^2，若设边长 a、b 的平差值为参数 $\hat{X}=[X_1 \quad X_2]^{\mathrm{T}}$，试按附有限制条件的间接平差法求：（1）误差方程和限制条件；（2）边长 a、b 的平差值；（3）参数的协因数阵 $Q_{\hat{X}}$。

8-5　有水准网如图 8-9 所示，观测高差及路线长度见下表。

序号	观测高差/m	路线长/km
h_1	189.404	3.1
h_2	736.977	9.3
h_3	376.607	59.7
h_4	547.576	6.2
h_5	273.528	16.1
h_6	187.274	35.1
h_7	274.082	12.1
h_8	86.261	9.3

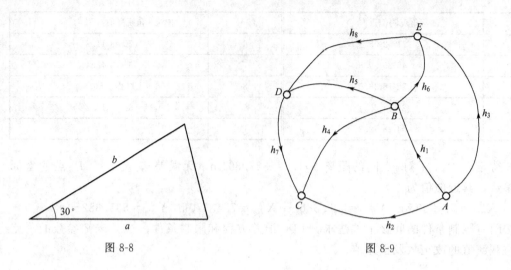

图 8-8

图 8-9

若选 $h_1 \sim h_6$ 的平差值为未知参数，试：（1）列出误差方程和限制条件；（2）组成法方程；（3）求参数的平差值及其权倒数；（4）求各高差平差值。

解析答案

8-1 【解析】由题意 $n=10$，$t=2$，$u=3$，$s=1$；将圆方程 $(x_i-a)^2+(y_i-b)^2=r^2$ 转化为

$$y_i=\sqrt{r^2-(x_i-a)^2}+b$$

则观测方程和限制条件如下

$$\hat{y}_i=\sqrt{\hat{r}^2-(x_i-\hat{a})^2}+\hat{b} \quad (i=1,2,\cdots,10)$$

$$(\hat{a}-2)^2+(\hat{b}-5.5)^2-\hat{r}^2=0$$

将 $\hat{y}_i=y_i^0+V_{\hat{y}_i}$ 和 $\hat{a}=a^0+\delta a$、$\hat{b}=b^0+\delta b$、$\hat{r}=r^0+\delta r$，代入上式，得误差方程和限制条件分别为

$$V_{y_i}=\frac{-(x_i-a^0)}{\sqrt{(r^0)^2-(x_i-a^0)^2}}\delta a+1\cdot\delta b+\frac{r^0}{\sqrt{(r^0)^2-(x_i-a^0)^2}}\delta r-l_i$$

$$(a^0-2)\delta a+(b^0-5.5)\delta b+(-r^0)\delta r-\frac{1}{2}[(a^0-2)^2+(b^0-5.5)^2-(r^0)^2]=0$$

其中 $l_i=y_i-[\sqrt{(r^0)^2-(x_i-a^0)^2}+b^0]$。

8-2 【解析】$n=3$，$t=2$，$u=2$，$s=1$，$c=n+s=4$，选 P 点坐标的平差值为参数，记为 $\hat{X}_P$、$\hat{Y}_P$，则观测方程和限制条件

$$\hat{S}_1=\sqrt{(X_A-\hat{X}_P)^2+(Y_A-\hat{Y}_P)^2}$$

$$\hat{S}_2=\sqrt{(X_B-\hat{X}_P)^2+(Y_B-\hat{Y}_P)^2}$$

$$\hat{S}_3=\sqrt{(X_C-\hat{X}_P)^2+(Y_C-\hat{Y}_P)^2}$$

$$\arctan\frac{Y_B-\hat{Y}_P}{X_B-\hat{X}_P}-\alpha_{PB}=0$$

将 $\hat{S}_i=S_i+v_i(i=1,2,3)$，$\hat{X}_P=X_P^0+\hat{x}_P$，$\hat{Y}_P=Y_P^0+\hat{y}_P$ 代入上式，通过泰勒级数展开，则

$$V_1=\frac{-\Delta X_{PA}^0}{S_{PA}^0}\hat{x}_P+\frac{-\Delta Y_{PA}^0}{S_{PA}^0}\hat{y}_P-(S_1-S_{PA}^0)$$

$$V_2=\frac{-\Delta X_{PB}^0}{S_{PB}^0}\hat{x}_P+\frac{-\Delta Y_{PB}^0}{S_{PB}^0}\hat{y}_P-(S_2-S_{PB}^0)$$

$$V_3=\frac{-\Delta X_{PC}^0}{S_{PC}^0}\hat{x}_P+\frac{-\Delta Y_{PC}^0}{S_{PC}^0}\hat{y}_P-(S_3-S_{PC}^0)$$

$$\frac{\Delta Y_{PB}^0}{(S_{PB}^0)^2}\hat{x}_P+\frac{-\Delta X_{PB}^0}{(S_{PB}^0)^2}\hat{y}_P+\left(\arctan\frac{\Delta Y_{PB}}{\Delta X_{PB}}-\alpha_{PB}\right)/\rho''=0$$

令近似值 $X_P^0=705.820\text{m}$，$Y_P^0=257.130\text{m}$，并代入已知数据，可得

误差方程

$$\begin{bmatrix} v_1 \\ v_2 \\ v_3 \end{bmatrix} = \begin{bmatrix} 0.543477408 & -0.839423794 \\ -0.392070722 & -0.919935079 \\ -0.962922211 & -0.269779197 \end{bmatrix} \begin{bmatrix} \hat{x}_P \\ \hat{y}_P \end{bmatrix} - \begin{bmatrix} 0.021466021 \\ 0.018191181 \\ 0.034511526 \end{bmatrix}$$

限制条件　　　　　　　$0.003541456\hat{x}_P - 0.001509347\hat{y}_P + 5.43''/\rho'' = 0$

又权阵 $P = \mathrm{diag}(1 \quad 1 \quad 1)$，所以

$$N_{BB} = B^T P B = \begin{bmatrix} 1.376306329 & 0.164248123 \\ 0.164248123 & 1.623693671 \end{bmatrix}, W = B^T P l = \begin{bmatrix} -0.028697846 \\ -0.044064286 \end{bmatrix}$$

然后，构造附有限制条件的间接平差的法方程，如下

$$\begin{bmatrix} 1.376306329 & 0.164248123 & 0.003541456 \\ 0.164248123 & 1.623693671 & -0.001509347 \\ -0.003541456 & -0.001509347 & 0 \end{bmatrix} \begin{bmatrix} \hat{x}_P \\ \hat{y}_P \\ K_s \end{bmatrix} - \begin{bmatrix} -0.028697846 \\ -0.044064286 \\ -2.63254E-05 \end{bmatrix} = 0$$

解算法方程，得

$$\hat{x}_P = -0.001816699\mathrm{m}, \hat{y}_P = 0.025184559\mathrm{m}$$

进而得

$$\hat{X}_P = 705.801833\mathrm{m}, \hat{Y}_P = 257.1048154\mathrm{m}$$

$$V = \begin{bmatrix} -0.010198852 \\ 0.012099723 \\ -0.010223858 \end{bmatrix}\mathrm{mm}, \hat{S} = \begin{bmatrix} 187.3898 \\ 259.7921 \\ 190.6098 \end{bmatrix}\mathrm{m}$$

【说明】检核：将所算的结果代入限制条件方程，发现仍存在微小的闭合差。原因是泰勒级数展开时舍掉了二次以上各项引起的。可以再进行第二次平差，从而得到更高精度的平差值。

8-3　【解析】该题为一测角网的平差问题，本题用 Excel 计算。

由题意，$n = 9$，$t = 3$，$u = 4$，$s = 1$，$c = n + s = 10$，即可列出 10 个方程，选 P_1、P_2 点坐标平差值为参数，记为 $\hat{X}_1$、$\hat{Y}_1$、$\hat{X}_2$、$\hat{Y}_2$，则观测方程和限制条件如下

$$\hat{L}_1 = \hat{a}_{A2} - \hat{a}_{A1} + 360° = \arctan\frac{\hat{Y}_2 - Y_A}{\hat{X}_2 - X_A} - \arctan\frac{\hat{Y}_1 - Y_A}{\hat{X}_1 - X_A} + 360°$$

$$\hat{L}_2 = \hat{\alpha}_{1A} - \hat{\alpha}_{1B} = \arctan\frac{Y_A - \hat{Y}_1}{X_A - \hat{X}_1} - \arctan\frac{Y_B - \hat{Y}_1}{X_B - \hat{X}_1}$$

$$\hat{L}_3 = \hat{\alpha}_{1B} - \hat{\alpha}_{12} = \arctan\frac{Y_B - \hat{Y}_1}{X_B - \hat{X}_1} - \arctan\frac{\hat{Y}_2 - \hat{Y}_1}{\hat{X}_2 - \hat{X}_1}$$

$$\hat{L}_4 = \hat{\alpha}_{21} - \hat{\alpha}_{2A} = \arctan\frac{\hat{Y}_1 - \hat{Y}_2}{\hat{X}_1 - \hat{X}_2} - \arctan\frac{Y_A - \hat{Y}_2}{X_A - \hat{X}_2}$$

$$\hat{L}_5 = \hat{\alpha}_{2A} - \hat{\alpha}_{2B} = \arctan\frac{Y_A - \hat{Y}_2}{X_A - \hat{X}_2} - \arctan\frac{Y_B - \hat{Y}_2}{X_B - \hat{X}_2}$$

$$\hat{L}_6 = \hat{\alpha}_{B2} - \hat{\alpha}_{B1} + 360° = \arctan\frac{\hat{Y}_2 - Y_B}{\hat{X}_2 - X_B} - \arctan\frac{\hat{Y}_1 - Y_B}{\hat{X}_1 - X_B} + 360°$$

$$\hat{L}_7 = \hat{\alpha}_{12} - \hat{\alpha}_{1C} = \arctan \frac{\hat{Y}_2 - \hat{Y}_1}{\hat{X}_2 - \hat{X}_1} - \arctan \frac{Y_C - \hat{Y}_1}{X_C - \hat{X}_1}$$

$$\hat{L}_8 = \hat{\alpha}_{C1} - \hat{\alpha}_{C2} = \arctan \frac{\hat{Y}_1 - Y_C}{\hat{X}_1 - X_C} - \arctan \frac{\hat{Y}_2 - Y_C}{\hat{X}_2 - X_C}$$

$$\hat{L}_9 = \hat{\alpha}_{2C} - \hat{\alpha}_{21} = \arctan \frac{Y_C - \hat{Y}_2}{X_C - \hat{X}_2} - \arctan \frac{\hat{Y}_1 - \hat{Y}_2}{\hat{X}_1 - \hat{X}_2}$$

$$\hat{S}_{12} - \tilde{S}_{12} = \sqrt{(\hat{X}_2 - \hat{X}_1)^2 + (\hat{Y}_2 - \hat{Y}_1)^2} - \tilde{S}_{12} = 0$$

将 $\hat{L}_i = L_i + V_i (i = 1, 2, \cdots, 9)$，$\hat{X}_j = X_j^0 + \hat{x}_j$，$\hat{Y}_j = Y_j^0 + \hat{y}_j (j = 1, 2)$，代入上式，并用泰勒级数展开，则（注意单位的换算，此处，将每个式子等号的左边都除以 ρ''，具体代入计算时再转换到右边！）

$$V_1 = \frac{\rho'' \Delta Y_{A1}^0}{(S_{A1}^0)^2} \hat{x}_1 + \frac{-\rho'' \Delta X_{A1}^0}{(S_{A1}^0)^2} \hat{y}_1 + \frac{-\rho'' \Delta Y_{A2}^0}{(S_{A2}^0)^2} \hat{x}_2 + \frac{\rho'' \Delta X_{A2}^0}{(S_{A2}^0)^2} \hat{y}_2 - [L_1 - (\alpha_{A2}^0 - \alpha_{A1}^0 + 360°)]$$

$$V_2 = \left[\frac{\rho'' \Delta Y_{1A}^0}{(S_{1A}^0)^2} + \frac{-\rho'' \Delta Y_{1B}^0}{(S_{1B}^0)^2} \right] \hat{x}_1 + \left[\frac{-\rho'' \Delta X_{1A}^0}{(S_{1A}^0)^2} + \frac{\rho'' \Delta X_{1B}^0}{(S_{1B}^0)^2} \right] \hat{y}_1 - [L_2 - (\alpha_{1A}^0 - \alpha_{1B}^0)]$$

$$V_3 = \left[\frac{\rho'' \Delta Y_{1B}^0}{(S_{1B}^0)^2} + \frac{-\rho'' \Delta Y_{12}^0}{(S_{12}^0)^2} \right] \hat{x}_1 + \left[\frac{-\rho'' \Delta X_{1B}^0}{(S_{1B}^0)^2} + \frac{\rho'' \Delta X_{12}^0}{(S_{12}^0)^2} \right] \hat{y}_1 + \frac{\rho'' \Delta Y_{12}^0}{(S_{12}^0)^2} \hat{x}_2 + \frac{-\rho'' \Delta X_{12}^0}{(S_{12}^0)^2} \hat{y}_2$$
$$- [L_3 - (\alpha_{1B}^0 - \alpha_{12}^0)]$$

$$V_4 = \frac{-\rho'' \Delta Y_{21}^0}{(S_{21}^0)^2} \hat{x}_1 + \frac{\rho'' \Delta X_{21}^0}{(S_{21}^0)^2} \hat{y}_1 + \left[\frac{\rho'' \Delta Y_{21}^0}{(S_{21}^0)^2} + \frac{-\rho'' \Delta Y_{2A}^0}{(S_{2A}^0)^2} \right] \hat{x}_2 + \left[\frac{-\rho'' \Delta X_{21}^0}{(S_{21}^0)^2} + \frac{\rho'' \Delta X_{2A}^0}{(S_{2A}^0)^2} \right] \hat{y}_2$$
$$- [L_4 - (\alpha_{21}^0 - \alpha_{2A}^0)]$$

$$V_5 = \left[\frac{\rho'' \Delta Y_{2A}^0}{(S_{2A}^0)^2} + \frac{-\rho'' \Delta Y_{2B}^0}{(S_{2B}^0)^2} \right] \hat{x}_2 + \left[\frac{-\rho'' \Delta X_{2A}^0}{(S_{2A}^0)^2} + \frac{\rho'' \Delta X_{2B}^0}{(S_{2B}^0)^2} \right] \hat{y}_2 - [L_5 - (\alpha_{2A}^0 - \alpha_{2B}^0)]$$

$$V_6 = \frac{\rho'' \Delta Y_{B1}^0}{(S_{B1}^0)^2} \hat{x}_1 + \frac{-\rho'' \Delta X_{B1}^0}{(S_{B1}^0)^2} \hat{y}_1 + \frac{-\rho'' \Delta Y_{B2}^0}{(S_{B2}^0)^2} \hat{x}_2 + \frac{\rho'' \Delta X_{B2}^0}{(S_{B2}^0)^2} \hat{y}_2$$
$$- [L_6 - (\alpha_{B2}^0 - \alpha_{B1}^0 + 360°)]$$

$$V_7 = \left[\frac{\rho'' \Delta Y_{12}^0}{(S_{12}^0)^2} + \frac{-\rho'' \Delta Y_{1C}^0}{(S_{1C}^0)^2} \right] \hat{x}_1 + \left[\frac{-\rho'' \Delta X_{12}^0}{(S_{12}^0)^2} + \frac{\rho'' \Delta X_{1C}^0}{(S_{1C}^0)^2} \right] \hat{y}_1 + \frac{-\rho'' \Delta Y_{12}^0}{(S_{12}^0)^2} \hat{x}_2 + \frac{\rho'' \Delta X_{12}^0}{(S_{12}^0)^2} \hat{y}_2$$
$$- [L_7 - (\alpha_{12}^0 - \alpha_{1C}^0)]$$

$$V_8 = \frac{\rho'' \Delta Y_{C1}^0}{(S_{C1}^0)^2} \hat{x}_1 + \frac{-\rho'' \Delta X_{C1}^0}{(S_{C1}^0)^2} \hat{y}_1 + \frac{-\rho'' \Delta Y_{C2}^0}{(S_{C2}^0)^2} \hat{x}_2 + \frac{\rho'' \Delta X_{C2}^0}{(S_{C2}^0)^2} \hat{y}_2 - [L_8 - (\alpha_{C1}^0 - \alpha_{C2}^0)]$$

$$V_9 = \frac{\rho'' \Delta Y_{21}^0}{(S_{21}^0)^2} \hat{x}_1 + \frac{-\rho'' \Delta X_{21}^0}{(S_{21}^0)^2} \hat{y}_1 + \left[\frac{\rho'' \Delta Y_{2C}^0}{(S_{2C}^0)^2} + \frac{-\rho'' \Delta Y_{21}^0}{(S_{21}^0)^2} \right] \hat{x}_2 + \left[\frac{-\rho'' \Delta X_{2C}^0}{(S_{2C}^0)^2} + \frac{\rho'' \Delta Y_{21}^0}{(S_{21}^0)^2} \right] \hat{y}_2$$
$$- [L_9 - (\alpha_{2C}^0 - \alpha_{21}^0)]$$

$$\frac{-\Delta X_{12}^0}{S_{12}^0} \hat{x}_1 + \frac{-\Delta Y_{12}^0}{S_{12}^0} \hat{y}_1 + \frac{\Delta X_{12}^0}{S_{12}^0} \hat{x}_2 + \frac{\Delta Y_{12}^0}{S_{12}^0} \hat{y}_2 + (S_{12}^0 - \tilde{S}_{12}) = 0$$

令 $X_1^0 = 774.395\text{m}$，$Y_1^0 = 203.686\text{m}$，$X_2^0 = 784.470\text{m}$，$Y_2^0 = 531.382\text{m}$；已知 $\tilde{S}_{12} = 327.861\text{m}$，代入上式，则得误差方程的系数矩阵 B（表中的数据为 $\times \rho''$ 后的结果）

−286.4568803	−1146.003411	−517.9451937	325.7704503
−249.6798923	829.6122575	0	0
−92.70890024	335.7249879	628.8456729	−19.33383427
628.8456729	−19.33383427	−110.9004792	−306.436616
0	0	−258.3327149	−768.3772727
−536.1367726	−316.3911536	−259.6124788	1094.147723
−253.2393745	657.3268419	−628.8456729	19.33383427
−882.0850473	676.6606762	−862.6819676	−491.6091316
−628.8456729	19.33383427	−233.8362947	−1120.454804

常数项 l

$l/('')$
8.813954842
−1.088737974
2.61032271
−2.035539578
−8.359710182
4.88492705
−10.47063367
6.99823495
−0.127601283

限制条件的系数矩阵 C

−0.030730438	−0.999527709	0.030730438	0.999527709

限制条件的常数项 $W_x = -0.0102$。

构造附有限制条件的间接平差的法方程，解算可得参数的近似值改正数如下（单位：m）

−0.009364714
−0.006636287
0.00413775
0.003153399

从而可得 P_1、P_2 点坐标平差值为

$\hat{X}_{P_1}$	774.385635
$\hat{Y}_{P_1}$	203.679364
$\hat{X}_{P_2}$	784.474138
$\hat{Y}_{P_2}$	531.385153

观测值的改正数 V [单位：$('')$]

0.35799662
−2.078626586
−1.42905889
−5.150311145
4.867793456
4.611576579
5.938899204
−8.348077685
1.3874587

观测值的平差值 $\hat{L}$

观测值的平差值	°	′	″
L_1平差值	71	52	5.45799662
L_2平差值	45	25	7.521373414
L_3平差值	32	18	27.07094111
L_4平差值	30	24	19.94968885
L_5平差值	44	28	57.16779346
L_6平差值	72	48	15.81157658
L_7平差值	35	43	48.3388992
L_8平差值	112	49	48.45192231
L_9平差值	31	26	18.5874587

【说明】经检核，发现仍然存在较小的闭合差！引起闭合差的主要原因是泰勒公式展开时略去了二次及以上各项；可以通过二次平差的方式将闭合差进一步消除或减小。

8-4 【解析】由题意，$n=2$，$t=1$，$u=2$，$s=1$，$c=n+s=3$，设 a、b 的平差值为参数，记为 $\hat{X}_1$、$\hat{X}_1$，则

$$\hat{a}=\hat{X}_1$$

$$\hat{b}=\hat{X}_2$$

$$\frac{1}{2}\hat{X}_1\hat{X}_2\sin30°-17.85=0$$

将 $\hat{a}=a+\delta a$，$\hat{b}=b+\delta b$，$\hat{X}=X^0+\hat{x}$，且令 $X_1^0=8.62$，$X_2^0=8.29$，代入上式得

误差方程
$$V=\begin{bmatrix}1 & 0\\ 0 & 1\end{bmatrix}\begin{bmatrix}\hat{x}_1\\ \hat{x}_2\end{bmatrix}-\begin{bmatrix}0\\ 0\end{bmatrix}$$

限制条件
$$8.29\hat{x}_1+8.62\hat{x}_2+0.0598=0$$

误差方程的系数矩阵 B 及常数项矩阵 l 为

系数矩阵 B		常数项矩阵 l
1	0	0
0	1	0

限制条件方程的系数矩阵 C 及常数项矩阵 W_x 为

系数矩阵 C		常数项矩阵 W_x
8.29	8.62	0.0598

又同精度观测，则权阵为单位对角矩阵，则由 $N_{BB}=B^{\mathrm{T}}PB$，进而可得

法方程
$$\begin{bmatrix} 1 & 0 & 8.29 \\ 0 & 1 & 8.62 \\ 8.29 & 8.62 & 0 \end{bmatrix}\begin{bmatrix} \hat{x}_1 \\ \hat{x}_2 \\ K_s \end{bmatrix}-\begin{bmatrix} 0 \\ 0 \\ -0.0598 \end{bmatrix}=0$$

解算法方程，得 $\hat{x}$ 和 K_s

$\hat{x}_1$	-0.003466036
$\hat{x}_2$	-0.003604009
K_s	0.000418098

进而，观测值的平差值

$\hat{a}$	8.286533964
$\hat{b}$	8.616395991

利用公式 $Q_{\hat{X}\hat{X}}=N_{BB}^{-1}-N_{BB}^{-1}C^{\mathrm{T}}N_{CC}^{-1}CN_{BB}^{-1}$，得 $Q_{\hat{X}\hat{X}}$ 为

0.519507651	-0.499619307
-0.499619307	0.480492349

【说明】经过检核，代入限制条件后，发现仍存在少量误差，主要原因是泰勒公式展开时舍去了二次及以上各项引起的！

8-5 【解析】$n=8$，$t=4$，$u=6$，$s=2$，选 $h_1 \sim h_6$ 的平差值为未知参数，记为 $\hat{X}=[\hat{X}_1 \text{、} \hat{X}_2 \text{、} \cdots \text{、} \hat{X}_6]^{\mathrm{T}}$，则

$$\hat{h}_k=\hat{X}_k \quad (k=1,2,\cdots,6)$$
$$\hat{h}_7=\hat{X}_4-\hat{X}_5$$
$$\hat{h}_8=\hat{X}_5-\hat{X}_6$$
$$\hat{X}_1-\hat{X}_3+\hat{X}_6=0$$
$$\hat{X}_1-\hat{X}_2+\hat{X}_4=0$$

将 $\hat{h}_i=h_i+V_i(i=1,2,\cdots,8)$、$\hat{X}_j=X_j^0+\hat{x}_j(j=1,2,\cdots,6)$ 代入上式，并令 $X_j^0=h_j$，则

误差方程
$$V_k=\hat{x}_k \quad (k=1,2,\cdots,6)$$
$$V_7=\hat{x}_4-\hat{x}_5-(-0.034)$$
$$V_8=\hat{x}_5-\hat{x}_6-(-0.007)$$

限制条件

$$\hat{x}_1 - \hat{x}_3 + \hat{x}_6 + 0.071 = 0$$
$$\hat{x}_1 - \hat{x}_2 + \hat{x}_4 + 0.003 = 0$$

从而相关矩阵如下

B						l
1	0	0	0	0	0	0
0	1	0	0	0	0	0
0	0	1	0	0	0	0
0	0	0	1	0	0	0
0	0	0	0	1	0	0
0	0	0	0	0	1	0
0	0	0	1	−1	0	0.034
0	0	0	0	1	−1	0.007
C						W_x
1	0	−1	0	0	1	0.071
1	−1	0	1	0	0	0.003

设 $C = 3.1 \mathrm{km}$ 水准路线的观测高差为单位权观测，则权阵为 $P = \mathrm{diag}$ （3.1/3.1　3.1/9.3　3.1/59.7　3.1/6.2　3.1/16.1　3.1/35.1　3.1/12.1　3.1/9.3），则得 $N_{BB} = B^\mathrm{T} P B$，$W = B^\mathrm{T} P l$ 如下

N_{BB}						W
1	0	0	0	0	0	0
0	0.333333333	0	0	0	0	0
0	0	0.051926298	0	0	0	0
0	0	0	0.756198347	−0.256198347	0	0.008710744
0	0	0	−0.256198347	0.782078264	−0.333333333	−0.00637741
0	0	0	0	−0.333333333	0.421652422	−0.002333333

则法方程 $\begin{bmatrix} N_{BB} & C^\mathrm{T} \\ C & 0 \end{bmatrix} \begin{bmatrix} \hat{x} \\ K_s \end{bmatrix} - \begin{bmatrix} W \\ -W_x \end{bmatrix} = 0$ 的系数矩阵和常数项矩阵为

法方程的系数矩阵								法方程的常数项矩阵
1	0	0	0	0	0	1	1	0
0	0.333333333	0	0	0	0	0	−1	0
0	0	0.051926298	0	0	0	−1	0	0
0	0	0	0.756198347	−0.256198347	0	0	1	0.008710744
0	0	0	−0.256198347	0.782078264	−0.333333333	0	0	−0.00637741
0	0	0	0	−0.333333333	0.421652422	1	0	−0.002333333
1	0	−1	0	0	1	0	0	−0.071
1	−1	0	1	0	0	0	0	−0.003

解算法方程，得

$\hat{x}_1$	-0.003446284
$\hat{x}_2$	0.003628434
$\hat{x}_3$	0.043076554
$\hat{x}_4$	0.004074717
$\hat{x}_5$	-0.017252146
$\hat{x}_6$	-0.024477162
K_s	0.002236806
	0.001209478

从而可得参数的平差值如下

$\hat{X}_1$	189.4005537
$\hat{X}_2$	736.9806284
$\hat{X}_3$	376.6500766
$\hat{X}_4$	547.5800747
$\hat{X}_5$	273.5107479
$\hat{X}_6$	187.2495228

利用公式 $Q_{\hat{X}\hat{X}} = N_{BB}^{-1} - N_{BB}^{-1} C^{\mathrm{T}} N_{CC}^{-1} C N_{BB}^{-1}$，得权倒数 $Q_{\hat{X}\hat{X}}$ 为

0.799696703	0.510677432	0.579234164	-0.289019271	-0.188643234	-0.22046254
0.510677432	-1.309239411	0.709598365	0.846749823	0.362166929	0.198920933
0.579234164	0.709598365	-15.65816629	0.130364202	1.308025544	2.968737762
-0.289019271	0.846749823	0.130364202	0.303715036	-0.490068671	-0.200938263
-0.188643234	0.362166929	1.308025544	-0.490068671	0.562990032	-0.667614196
-0.22046254	0.198920933	2.968737762	-0.200938263	-0.667614196	-0.208208817

进而得观测值的改正数 V 和高差平差值 $\hat{h}$ 为

改正数 V	观测值的平差值 $\hat{h}$
0.003446284	189.4005537
-0.003628434	736.9806284
-0.043076554	376.6500766
-0.004074717	547.5800747
0.017252146	273.5107479
0.024477162	187.2495228
0.012673136	274.0693269
-0.000225016	86.26122502

第9章

概括平差函数模型

知 识 点

一、附有限制条件的条件平差的思想

依据几何模型，针对具体的平差问题，确定观测值总数 n、必要观测数 t，则多余观测数 $r=n-t$。如果又选了 u 个量为参数（注意：对 u 没有要求）参加平差计算，则可列出 $r+u$ 个条件方程；若 u 中存在 $s=u-t$ 个限制条件式，则得 $c=r+u-s$；然后根据几何模型中的几何关系，可以列出 c 个一般条件方程和 s 个限制条件方程，即为附有限制条件的条件平差的函数模型；然后转换为形式 $\left.\begin{array}{l} AV+B\hat{x}+W=0 \\ C\hat{x}+W_x=0 \end{array}\right\}$，然后按求自由极值的方法，解出使 $V^{\mathrm{T}}PV=\min$ 的 V、$\hat{x}$，最后计算出 $\hat{X}$、$\hat{L}$。

二、一般条件方程和限制条件方程

从四种基本平差方法的函数模型来看，其中包括了如下几种类型的条件方程

$$F(\hat{L})=0 \tag{9-1}$$

$$F(\hat{L},\hat{X})=0 \tag{9-2}$$

$$\hat{L}=F(\hat{X}) \tag{9-3}$$

$$\varPhi(\hat{X})=0 \tag{9-4}$$

在前三种方程中都含有观测量或同时含有观测量和未知参数，在最后一种方程中则只含有未知参数而无观测量，为了便于区分起见，将前三种类型的条件方程统称为一般条件方程，特别地，式(9-3) 又称为观测方程；将式(9-4) 这种类型的条件方程称为限制条件方程。

三、参数与平差方法

从建立上述四种平差方法的函数模型来看它们都各自具有其特定的要求，具体地说，都与参数的选取有关。

(1) 条件平差：不加入任何参数的一种平差法，即 $u=0$ 的情况。当 $r=n-t$ 时，只要列出形如式(9-1)的 r 个条件方程。

(2) 附有参数的条件平差：在 r 个多余观测的基础上，再增选 $u<t$ 个独立的参数，故总共应列出 $c=r+u$ 个形如式(9-2)的一般条件方程。

(3) 间接平差：在 r 个多余观测的基础上，再增选 $u=t$ 个独立参数，故总共应列出 $c=r+u=r+t=n$ 个条件方程，c 是表示一般条件方程的个数。由于通过 t 个独立参数能唯一地确定一个几何模型，因此就有可能将每个观测量的平差值都表达成形如式(9-3)的条件方程，即观测方程，且方程个数正好等于 n。

(4) 附有限制条件的间接平差：在 r 个多余观测的基础上，再增选 $u>t$ 个参数，且要求在 u 个参数中必须含有 t 个独立的参数，故总共应列出 $r+u$ 个方程。由于在任一几何模型中最多只能选出 t 个独立参数，故一定有 $s=u-t$ 个是不独立参数，即它们相关。那么，通过几何关系就可以列出 s 个参数之间的函数关系式，即形如式(9-4)的限制条件方程。由于总共需要列出 $r+u$ 个方程，除了必须列出的 s 个限制条件方程外，还要列出 $c=r+u-s=r+(t+s)-s=r+t=n$ 个一般条件方程。

(5) 附有限制条件的条件平差（概括平差）：在 r 个多余观测的基础上，再增选 u 个参数（这 u 个参数个数没有限制且不要求是否独立），故总共应列出 $r+u$ 个方程。因此，它概括了以下几种情况：①若 $u=0$，即条件平差；②若 $0<u<t$ 且 u 个参数相互独立，即附有参数的条件平差；③若 $u=t$ 且 u 个参数相互独立，即间接平差；④若 $u>t$ 且包含 t 个独立参数，即附有限制条件的间接平差；⑤若 u 没有限制，即附有限制条件的条件平差。

在这 $r+u$ 个方程中，根据几何模型的几何关系，从 u 个参数中可以列出 s 个限制条件方程；从而有 $c=r+u-s$ 个一般条件方程，关系式 $c+s=r+u$ 个。

在利用概括平差方法进行计算时，首先可确定条件方程个数为 $r+u$ 个，利用几何关系先列出 s 个限制条件方程，再列出 $c=r+u-s$ 个一般条件方程，且这些条件方程之间是相互独立的。

四、各种平差方法的特点

(1) 条件平差法是一种不选任何参数的平差方法，通过列立观测值的平差值之间满足 r 个条件方程来建立函数模型，方程的个数为 $c=r$ 个，法方程的个数也为 r 个，通过平差可以直接求得观测值的平差值，是一种基本的平差方法。但该方法相对于间接平差而言，精度评定较为复杂，对于已知点较多的大型平面网，条件式较多而列立复杂、规律不明显。

(2) 附有参数的条件平差法需要选择 u 个参数，且 $u<t$，参数之间要求必须独立，通过列立观测值之间或观测值与参数之间满足的条件方程来建立函数模型，方程的个数为 $c=r+u$ 个。常用于下述情况：需要求个别非直接观测量的平差值和精度时，可以将这些量设为参数；当条件方程式通过直接观测量难以列立时，可以增选非观测量作为参数，以解决列立条件式的困难。

(3) 间接平差需要选择 $u=t$ 个参数，而且要求这 t 个参数必须独立，模型建立的方法是将每一个观测值表示为所选参数的函数，方程的个数为 $c=r+u=n$ 个，法方程的个数为

t 个，通过解算法方程可以直接求得参数的平差值。间接平差最大的优点是方程的列立规律性强，便于用计算机编程解算；另外精度评定非常便利；再者，所选参数往往就是平差后所需要的成果。如水准网中选待定点高程作参数，平面网中选待定点的坐标作参数。

（4）附有条件的间接平差与间接平差类似，不同的是所选参数的个数 $u>t$，但要求必须包含 t 个独立参数，不独立参数的个数为 $s=u-t$ 个，因此，模型建立时，除按间接平差法对每一个观测值列立一个方程外，还要列出参数之间满足的 s 个限制条件方程，方程的总数为 $r+u=n+s$ 个，法方程的个数为 $u+s$ 个。

（5）附有限制条件的条件平差是一种综合模型，类似于附有参数的条件平差，不同的是所选部分参数不独立，或参数满足事先给定的条件。模型建立时，除列立观测值之间或观测值与参数之间满足的条件方程外，还要列出参数之间的限制条件，方程总数为 $r+u=c+s$ 个，法方程的个数为 $c+u+s$ 个。

由此看来，各种平差方法各有特点，有些特点是其他方法难以代替的，没有哪一种方法比另一种方法更占绝对优势，因此，对于不同的平差问题，究竟采用哪一种模型，应具体问题具体分析。

五、公式汇编

（1）概括平差函数模型

$$\begin{cases} AV+B\hat{x}+W=0 & \text{(9-5)} \\ C\hat{x}+W_x=0 & \text{(9-6)} \end{cases}$$

式中
$$W=F(L,X^0), \quad W_x=\Phi(X^0) \tag{9-7}$$

（2）改正数方程

$$V=P^{-1}A^{\mathrm{T}}K=QA^{\mathrm{T}}K \tag{9-8}$$

（3）附有限制条件的条件平差的法方程

$$\begin{cases} N_{aa}K+B\hat{x}\quad +W=0 & \text{(9-9a)} \\ B^{\mathrm{T}}K+\quad +C^{\mathrm{T}}K_s=0 & \text{(9-9b)} \\ C\hat{x}\quad +W_x=0 & \text{(9-9c)} \end{cases}$$

（4）一些矩阵向量

$$K=-N_{aa}^{-1}(W+B\hat{x}) \tag{9-10}$$
$$N_{bb}=B^{\mathrm{T}}N_{aa}^{-1}B \tag{9-11}$$
$$W_e=B^{\mathrm{T}}N_{aa}^{-1}W \tag{9-12}$$
$$N_{cc}=CN_{bb}^{-1}C^{\mathrm{T}} \tag{9-13}$$
$$K_s=-N_{cc}^{-1}(W_x-CN_{bb}^{-1}W_e) \tag{9-14}$$

（5）参数改正数

$$\hat{x}=N_{bb}^{-1}(C^{\mathrm{T}}K_s-W_e) \tag{9-15}$$
$$\hat{x}=-(N_{bb}^{-1}-N_{bb}^{-1}C^{\mathrm{T}}N_{cc}^{-1}CN_{bb}^{-1})W_e-N_{bb}^{-1}C^{\mathrm{T}}N_{cc}^{-1}W_x \tag{9-16}$$

（6）平差值

$$\hat{L}=L+V \tag{9-17}$$
$$\hat{X}=X^0+\hat{x} \tag{9-18}$$

（7）单位权方差估值公式

$$\hat{\sigma}_0^2 = \frac{V^{\mathrm{T}}PV}{c - u + s} \tag{9-19}$$

（8）平差值的协因数

$$Q_{\hat{X}\hat{X}} = N_{bb}^{-1} - N_{bb}^{-1} C^{\mathrm{T}} N_{cc}^{-1} C N_{bb}^{-1} \tag{9-20}$$

$$Q_{\hat{L}\hat{L}} = Q - Q_{VV}, \ Q_{VV} = Q A^{\mathrm{T}} Q_{KK} A Q \tag{9-21}$$

$$Q_{KK} = -N_{cc}^{-1} C N_{bb}^{-1} B^{\mathrm{T}} N_{aa}^{-1} \tag{9-22}$$

六、附有限制条件的条件平差的解算体系

函数模型　$AV + B\hat{x} + W = 0$　$\left.\right\}$ 附有限制条件的条件平差的基础方程

限制条件方程　$C\hat{x} + W_x = 0$

$\downarrow$

$N_{aa}K + B\hat{x} + W = 0$

$B^{\mathrm{T}}K + C^{\mathrm{T}}K_s = 0$　$\left.\right\}$ 附有限制条件的条件平差的法方程

$C\hat{x} + W_x = 0$

$\downarrow$

$$\begin{bmatrix} N_{aa} & B & 0 \\ B^{\mathrm{T}} & 0 & C^{\mathrm{T}} \\ 0 & C & 0 \end{bmatrix} \begin{bmatrix} K \\ \hat{x} \\ K_s \end{bmatrix} + \begin{bmatrix} W \\ 0 \\ W_x \end{bmatrix} = 0 \quad \text{法方程的矩阵形式}$$

$\downarrow$

$$\begin{bmatrix} K \\ \hat{x} \\ K_s \end{bmatrix} = - \begin{bmatrix} N_{aa} & B & 0 \\ B^{\mathrm{T}} & 0 & C^{\mathrm{T}} \\ 0 & C & 0 \end{bmatrix}^{-1} \begin{bmatrix} W \\ 0 \\ W_x \end{bmatrix}$$

$\downarrow$

$$V = P^{-1} A^{\mathrm{T}} K, \ \hat{X} = X^0 + \hat{x}, \ \hat{L} = L + V$$

七、按附有限制条件的条件平差求平差值的计算步骤

（1）根据题意，确定 n，t，r；确定参数个数 u 和限制条件方程个数 s，则所列方程总数为 $r+u$ 个，且 $c+s = r+u$，其中限制条件方程个数为 s，一般条件方程个数为 $c = r+u-s$；

（2）列出 $c+s$ 个独立的条件方程，即列出 c 个由平差值表示的、形如 $A\hat{L} + B\hat{X} + A_0 = 0$ 一般条件方程，列出 s 个由参数平差值表示的限制条件方程；再转化为改正数形式，最后化为矩阵形式 $\begin{cases} AV + B\hat{x} + W = 0 \\ C\hat{x} + W_x = 0 \end{cases}$；

（3）确定权逆阵 $P^{-1} = Q$；

（4）依次计算 N_{aa}、N_{aa}^{-1}、N_{bb}、N_{bb}^{-1}、N_{cc}、N_{cc}^{-1} 和 W_e，然后依据式（9-16）算出 $\hat{x}$，由式（9-10）计算 K，再由式（9-8）计算 V；

（5）最后，计算平差值 $\hat{L} = L + V$、$\hat{X} = X^0 + \hat{x}$；

（6）检核平差值之间所满足的几何关系；

(7）精度评定。

八、附有限制条件的条件平差有哪些优点？

答：附有限制条件的条件平差也叫作概括平差，它除了包含前面所学的四种平差模型之外，还有自己的特点。前面的四种平差方法对参数的选取限制较多，而这种平差方法对参数的使用基本上是没有限制的，也就是说参数的个数 u 可以大于 0，可以等于 0，可以大于必要观测数 t，也可以小于 t，而且参数之间是否独立也没有要求，因此，解题时只要按照附有限制条件的条件平差的原理进行解题就可以。

九、关于附有限制条件的条件平差的条件方程的说明

答：① 总体思路。在利用附有限制条件的条件平差进行问题解算时，总体的判别思路是：a. 先确定条件方程的总数为 $r+u$，即在 r 的基础上多一个参数即列一个条件方程，多了 u 个参数则列 u 个条件方程；b. 确定限制条件方程的个数 s（依据几何关系列出），从而一般条件方程个数 $c=r+u-s$；c. 列出 c 个一般条件方程、s 个限制条件方程。

② 条件方程。附有限制条件的条件平差的条件方程包括两种，一种是一般条件方程，一种是限制条件方程。其中，一般条件方程的个数为 c 个，限制条件方程的个数为 s 个，而且它们彼此间都是相互独立的。

在列立条件方程时，一般条件方程的形式既可以是利用观测值的平差值表示的，也可以是观测值的平差值和参数的平差值混合表示的；而限制条件方程必须是只利用参数的平差值列出。

经典例题

例 9-1 某平差问题有 15 个同精度观测值，必要观测数等于 8，现选取 8 个参数，且参数之间有 2 个限制条件。若按附有限制条件的条件平差法进行平差，应列出多少个条件方程和限制条件方程？由其组成的法方程有几个？

【解析】本题 $n=15$，$t=8$，$r=7$，$u=8$，$s=2$，则应列出 $r+u=c+s=15$ 个条件方程，其中，2 个限制条件方程，13 个一般条件方程，组成的法方程有 $c+u+s=23$ 个。

【说明】在判断附有限制条件的条件平差的条件方程个数时，大体步骤如下：① 先确定 r，再确定 u，然后得出方程总个数是 $r+u$ 个，即在 r 的基础上再增加 u 个；② 再确定 s，由于 $r+u=c+s$，从而确定 c，即一般条件方程的个数；③ 最后，可以依据几何关系列出 c 个一般条件方程和 s 个限制条件方程。

例 9-2 在图 9-1 所示的测角网中，A、B 为已知点，P_1、P_2、P_3 为待定点；若用附有限制条件的条件平差进行解算，试（1）分析需设哪些量为参数？（2）举例列出几种情况的条件方程。

【解析】该题是一个测角网，有 4 个起算数据，该网是为了确定待定点的坐标，$n=9$，$t=6$，$r=3$。各情况分析如下。

① 若用条件平差进行解算，不需要设参数，只需列出 3 个条件方程即可。

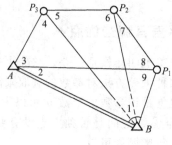

图 9-1

② 若用附有参数的条件平差计算，所设参数的个数 u 必须满足 $u<t$，只要参数个数是 1 到 5 的任何一个数且互相独立，就可以采用该平差方法。

③ 若用间接平差进行解算，所设参数的个数 u 必须满足 $u=t$ 且相互独立，这样所列参数的个数为 n 个。

④ 若用附有限制条件的间接平差进行解算，所设参数的个数 u 必须满足 $u>t$ 且包含 t 个独立参数，也就是说只要 u 满足这两个条件就行，这样 u 可以任意取值且没有限制，这样所列方程的个数为 $r+u$ 个，技术人员可以根据自己的需要，在 t 个独立参数之外可以任意设某些量为参数。

⑤ 若用附有限制条件的条件平差进行解算，所设参数的个数 u 是没有任何限制的，就是说 u 可以是 0，可以大于 0，且是否独立也不要求，这样技术人员就可以随便设某些量为参数了。

对于该题，若用附有限制条件的条件平差解算，所设的参数可以是任意个，当然就包括了①、②、③、④这四种情况，而且这四种情况只是一个特例而已。下面举几个例子。

例①，若 $u=1$，随便选取 β_8 的平差值为参数，记为 $\hat{X}$；由于 $r=3$，在此基础上再选择了 $u=1$ 个参数，则可列出 $r+u=4$ 个条件方程，分析知 $s=0$，$c=r+u-s=4$，即列出 4 个一般条件方程，没有限制条件，如下：

$$\hat{\beta}_1+\hat{\beta}_2+\hat{\beta}_9-180°=0$$

$$\hat{\beta}_3+\hat{\beta}_4+\hat{\beta}_5+\hat{\beta}_6+\hat{\beta}_7+\hat{\beta}_8-360°=0$$

$$\frac{\sin(\hat{\beta}_2+\hat{\beta}_3)\ \sin\hat{\beta}_5\sin\hat{\beta}_7\sin\hat{\beta}_9}{\sin\hat{\beta}_2\sin\hat{\beta}_4\sin\hat{\beta}_6\sin(\hat{\beta}_8+\hat{\beta}_9)}-1=0$$

$$\hat{\beta}_8-\hat{X}=0$$

例②，若 $u=4$，随便取 β_2、β_3、β_5、β_6 的平差值为参数，分别记为 $\hat{X}_1$、$\hat{X}_2$、$\hat{X}_3$、$\hat{X}_4$；由于 $r=3$，在此基础上再选择了 $u=4$ 个参数，则可列出 $r+u=7$ 个条件方程；由于这 4 个参数之间是独立的，所以 $s=0$，$c=r+u-s=7$，即列出 7 个一般条件方程，没有限制条件，如下：

$$\hat{\beta}_1+\hat{\beta}_2+\hat{\beta}_9-180°=0$$

$$\hat{\beta}_3+\hat{\beta}_4+\hat{\beta}_5+\hat{\beta}_6+\hat{\beta}_7+\hat{\beta}_8-360°=0$$

$$\frac{\sin(\hat{\beta}_2+\hat{\beta}_3)\ \sin\hat{\beta}_5\sin\hat{\beta}_7\sin\hat{\beta}_9}{\sin\hat{\beta}_2\sin\hat{\beta}_4\sin\hat{\beta}_6\sin(\hat{\beta}_8+\hat{\beta}_9)}-1=0$$

$$\hat{\beta}_2 - \hat{X}_1 = 0$$

$$\hat{\beta}_3 - \hat{X}_2 = 0$$

$$\hat{\beta}_5 - \hat{X}_3 = 0$$

$$\hat{\beta}_6 - \hat{X}_4 = 0$$

例③，若 $u=7$，随便取 β_1、β_2、β_4、β_6、β_9 以及 P_1 点坐标的平差值为参数，分别记为 $\hat{X}_1$、$\hat{X}_2$、$\hat{X}_3$、$\hat{X}_4$、$\hat{X}_5$、$\hat{X}_6$、$\hat{X}_7$；由于 $r=3$，则可列出 $r+u=10$ 个条件方程；且 u 个参数中，$s=3$，即可列出 3 个限制条件方程和 7 个一般条件方程，如下：

$$\hat{X}_1 + \hat{X}_2 + \hat{X}_5 - 180° = 0$$

坐标方位角条件：
$$\hat{X}_2 = \alpha_{AB} - \arctan\frac{\hat{X}_7 - Y_A}{\hat{X}_6 - X_A}$$

坐标方位角条件：
$$\hat{X}_1 = \arctan\frac{\hat{X}_7 - Y_B}{\hat{X}_6 - X_B} - \alpha_{BA}$$

$$\hat{\beta}_3 + \hat{\beta}_4 + \hat{\beta}_5 + \hat{\beta}_6 + \hat{\beta}_7 + \hat{\beta}_8 - 360° = 0$$

$$\frac{\sin(\hat{\beta}_2 + \hat{\beta}_3)\sin\hat{\beta}_5\sin\hat{\beta}_7\sin\hat{\beta}_9}{\sin\hat{\beta}_2\sin\hat{\beta}_4\sin\hat{\beta}_6\sin(\hat{\beta}_8 + \hat{\beta}_9)} - 1 = 0$$

$$\hat{\beta}_1 - \hat{X}_1 = 0$$

$$\hat{\beta}_2 - \hat{X}_2 = 0$$

$$\hat{\beta}_4 - \hat{X}_3 = 0$$

$$\hat{\beta}_6 - \hat{X}_4 = 0$$

$$\hat{\beta}_9 - \hat{X}_5 = 0$$

【说明】该题的综合性较强，望读者多分析，多理解；同时需要注意，所列出的所有条件方程之间必须是独立的，建议先列出限制条件方程，然后再列出一般条件方程。

例 9-3 在某次测量课的课堂实验中，指导老师让某个学生用全站仪在测站 O 上观测了 A、B、C、D 四个方向（如图 9-2 所示），等精度测得各方向间的夹角为：

$$\beta_1 = 44°03'14.5'', \quad \beta_2 = 43°14'20.0'', \quad \beta_3 = 53°33'32.0''$$
$$\beta_4 = 87°17'31.5'', \quad \beta_5 = 96°47'53.0'', \quad \beta_6 = 140°51'06.5''$$

若选参数 β_1、β_2、β_4 的平差值作为参数，记为 $\hat{X} = \begin{bmatrix} \hat{X}_1 & \hat{X}_2 & \hat{X}_3 \end{bmatrix}^{\mathrm{T}}$，设参数近似值为：$X_1^0 = \beta_1$，$X_2^0 = \beta_2$，$X_3^0 = \beta_4$；试按附有限制条件的条件平差法，求（1）条件方程和限制条件方程；（2）法方程，解出参数的平差值；（3）改正数向量及观测角的平差值。

【解析】由题意，$n=6$，$t=3$，$r=6-3=3$；$u=3$，$s=1$，则共列 $r+u=c+s=6$ 个方程，其中 $c=5$ 个一般条件方程和 $s=1$ 个限制条件方程；由题意，选参数 $\hat{X} =$

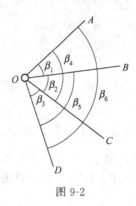

图 9-2

$\begin{bmatrix} \hat{X}_1 & \hat{X}_2 & \hat{X}_3 \end{bmatrix}^T$，则

（1）一般条件方程

$$\hat{\beta}_1 - \hat{X}_1 = 0$$

$$\hat{\beta}_2 - \hat{X}_2 = 0$$

$$\hat{\beta}_4 - \hat{X}_3 = 0$$

$$\hat{\beta}_3 - \hat{\beta}_5 + \hat{X}_2 = 0$$

$$\hat{\beta}_3 - \hat{\beta}_6 + \hat{X}_3 = 0$$

限制条件方程

$$\hat{X}_1 + \hat{X}_2 - \hat{X}_3 = 0$$

将 $\hat{\beta}_i = \beta_i + V_i (i = 1, 2, \cdots, 6)$，$\hat{X}_j = X_j^0 + \hat{x}_j (j = 1, 2, 3)$ 且令 $X_1^0 = \beta_1$，$X_2^0 = \beta_2$，$X_3^0 = \beta_4$，代入上述条件方程，整理为矩阵形式

一般条件方程

$$\begin{bmatrix} 1 & 0 & 0 & 0 & 0 & 0 \\ 0 & 1 & 0 & 0 & 0 & 0 \\ 0 & 0 & 0 & 1 & 0 & 0 \\ 0 & 0 & 1 & 0 & -1 & 0 \\ 0 & 0 & 1 & 0 & 0 & -1 \end{bmatrix} \underset{61}{V} + \begin{bmatrix} -1 & 0 & 0 \\ 0 & -1 & 0 \\ 0 & 0 & -1 \\ 0 & 1 & 0 \\ 0 & 0 & 1 \end{bmatrix} \underset{31}{\hat{x}} - \begin{bmatrix} 0 \\ 0 \\ 0 \\ 1 \\ 3 \end{bmatrix} = \underset{51}{0}$$

限制条件方程

$$\begin{bmatrix} 1 & 1 & -1 \end{bmatrix} \underset{31}{\hat{x}} + 3 = 0$$

常数项单位为（″）。

从而 $\begin{cases} AV + B\hat{x} + W = 0 \\ C\hat{x} + W_x = 0 \end{cases}$ 的相应矩阵

系数矩阵 A						系数矩阵 B			常数项 W	限制条件系数 C^T	限制条件常数 W_x
1	0	0	0	0	0	−1	0	0	0	1	3
0	1	0	0	0	0	0	−1	0	0	1	
0	0	0	1	0	0	0	0	−1	0	−1	
0	0	1	0	−1	0	0	1	0	−1		
0	0	1	0	0	−1	0	0	1	−3		

（2）法方程

法方程的整体形式 $\begin{bmatrix} N_{aa} & B & 0 \\ B^{\mathrm{T}} & 0 & C^{\mathrm{T}} \\ 0 & C & 0 \end{bmatrix} \begin{bmatrix} K_{c1} \\ \hat{x}_{u1} \\ K_{s1}^s \end{bmatrix} + \begin{bmatrix} W_{c1} \\ 0_{u1} \\ W_{s1}^x \end{bmatrix} = 0$，其中 $N_{aa} = AQA^{\mathrm{T}}$

从而代入相关数据，则法方程的系数矩阵和法方程常数项矩阵：（提示：本题为了说明，用颜色作了区分。）

法方程系数矩阵									常数项
1	0	0	0	0	−1	0	0	0	0
0	1	0	0	0	0	−1	0	0	0
0	0	1	0	0	0	0	−1	0	0
0	0	0	2	1	0	1	0	0	−1
0	0	0	1	2	0	0	1	0	−3
−1	0	0	0	0	0	0	0	1	0
0	−1	0	1	0	0	0	0	1	0
0	0	−1	0	1	0	0	0	−1	0
0	0	0	0	0	1	1	−1	0	3

所以参数： $\hat{x} = \begin{bmatrix} -1.0 \\ -0.5 \\ 1.5 \end{bmatrix} (''), \hat{X} = \begin{bmatrix} 44°03'13.5'' \\ 43°14'19.5'' \\ 87°17'33.0'' \end{bmatrix}$

（3）改正数和平差值［单位：$('')$］

$V^{\mathrm{T}} =$

−1.0	−0.5	1.0	1.5	−0.5	−0.5

平差值：

$\hat{L} = [44°03'13.5'' \quad 43°14'19.5'' \quad 53°33'33.0'' \quad 87°17'33.0'' \quad 96°47'52.5'' \quad 140°51'6.0'']^{\mathrm{T}}$

【说明】对于附有限制条件的条件平差，如果用手工计算，会非常麻烦且容易出错！因此，宜用 Excel 或者 Matlab 来进行计算。同时，本题中，对于法方程，给出了总体的形式。法方程系数矩阵可以分块（由三部分组成，用不同的颜色进行了表示），一定要看懂。

例 9-4 在图 9-3 中，在校园内布设了三个点，实验指导老师让学生用全站仪观测了四个角度，设观测数据和权如下

角度	观测值	权 P	角度	观测值	权 P
β_1	65°43'12''	1	β_3	50°56'22''	1
β_2	63°20'16''	2	β_4	309°03'34''	1

若以 β_1、β_2 和 β_4 的平差值为参数，试用附有限制条件的间接平差法求各内角的平差值。

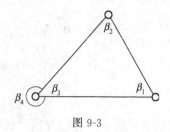

图 9-3

【分析】该题同例 8-1，是利用附有限制条件的间接平差求解的；在这里，采用附有限制条件的条件平差进行解算，请读者自行比较两者之间的差别。

【解】（1）由题意，$n=4$，$t=2$，$r=2$；$u=3$，则 $s=u-t=1$，共可列出 $r+u=5$ 个方程，即 4 个一般条件方程和 1 个限制条件。

（2）设 $\hat{\beta}_1$、$\hat{\beta}_2$、$\hat{\beta}_4$ 分别为 $\hat{X}_1$、$\hat{X}_2$、$\hat{X}_3$，一般条件方程和限制条件如下

$$\hat{\beta}_1 - \hat{X}_1 = 0$$
$$\hat{\beta}_2 - \hat{X}_2 = 0$$
$$\hat{\beta}_3 + \hat{X}_3 - 360° = 0$$
$$\hat{\beta}_4 - \hat{X}_3 = 0$$
$$\hat{X}_1 + \hat{X}_2 - \hat{X}_3 + 180° = 0$$

将 $\hat{\beta}_i = \beta_i + V_i$（$i=1$，2，3，4）、$\hat{X}_j = X_j^0 + \hat{x}_j$（$j=1$，2，3）代入上式，并令 $X_1^0 = \beta_1$，$X_2^0 = \beta_2$，$X_3^0 = \beta_4$，并代入已知数据，整理可得

$$V_1 - \hat{x}_1 = 0$$
$$V_2 - \hat{x}_2 = 0$$
$$V_3 + \hat{x}_3 - 4'' = 0$$
$$V_4 - \hat{x}_3 = 0$$
$$\hat{x}_1 + \hat{x}_2 - \hat{x}_3 - 6'' = 0$$

从而，$\begin{cases} AV + B\hat{x} + W = 0 \\ C\hat{x} + W_x = 0 \end{cases}$ 的相应矩阵如下

$$A = \begin{bmatrix} 1 & 0 & 0 & 0 \\ 0 & 1 & 0 & 0 \\ 0 & 0 & 1 & 0 \\ 0 & 0 & 0 & 1 \end{bmatrix}, \quad B = \begin{bmatrix} -1 & 0 & 0 \\ 0 & -1 & 0 \\ 0 & 0 & 1 \\ 0 & 0 & -1 \end{bmatrix}, \quad W = \begin{bmatrix} 0 \\ 0 \\ -4 \\ 0 \end{bmatrix}, \quad C = \begin{bmatrix} 1 & 1 & -1 \end{bmatrix}, W_x = -6$$

（3）权阵 $P = \text{diag}(1 \ 2 \ 1 \ 1)$。

（4）进行以下计算

$$N_{aa} = AP^{-1}A^\mathrm{T} = \begin{bmatrix} 1 & 0 & 0 & 0 \\ 0 & 0.5 & 0 & 0 \\ 0 & 0 & 1 & 0 \\ 0 & 0 & 0 & 1 \end{bmatrix}, \quad N_{bb} = B^\mathrm{T}N_{aa}^{-1}B = \begin{bmatrix} 1 & 0 & 0 \\ 0 & 2 & 0 \\ 0 & 0 & 2 \end{bmatrix}, \quad W_e = B^\mathrm{T}N_{aa}^{-1}W = \begin{bmatrix} 0 \\ 0 \\ -4 \end{bmatrix}$$

$$N_{cc} = CN_{bb}^{-1}C^\mathrm{T} = 2, \quad \hat{x} = (N_{bb}^{-1} - N_{bb}^{-1}C^\mathrm{T}N_{cc}^{-1}CN_{bb}^{-1})W - N_{bb}^{-1}C^\mathrm{T}N_{cc}^{-1}W_x = \begin{bmatrix} 4 \\ 2 \\ 0 \end{bmatrix}('')$$

$$V = -P^{-1}A^{\mathrm{T}}N_{aa}^{-1}(W+B\hat{x}) = [4 \quad 2 \quad 4 \quad 0]^{\mathrm{T}}('')$$

所以，由公式 $\hat{\beta} = \beta + V$ 可得观测值的平差值如下：

$\hat{\beta}_1$	65°43′16″	$\hat{\beta}_3$	50°56′26″
$\hat{\beta}_2$	63°20′18″	$\hat{\beta}_4$	309°03′34″

（5）检核：代入所求得的参数的近似值改正数，从而 $\hat{x}_1 + \hat{x}_2 - \hat{x}_3 - 6'' = 0$ 成立。

【说明】该题是严格按照"知识点六"进行的，从计算的过程和结果可以看出，其与例 8-1 有区别的同时也有相似之处，而且两题计算得出的结果是一样的，进一步验证了两种模型的相通性。

习 题

9-1 图 9-4 中，A、B、C 为已知点，D 为待定点，观测了 6 个角度，若选 β_2、β_4 的平差值为参数，试用附有限制条件的条件平差列出全部平差值条件方程。

9-2 有水准网如图 9-5 所示，A、B 为已知点，$H_A = 21.400\mathrm{m}$，$H_B = 23.810\mathrm{m}$，已知 D、E 之间的高差为 $-3.222\mathrm{m}$。

各观测高差及其方差列于下表中：

路线	h/m	σ_i^2/mm^2	路线	h/m	σ_i^2/mm^2
1	+1.058	4.0	4	−3.668	8.0
2	+0.912	6.0	5	+1.250	8.0
3	+0.446	6.0	6	+2.310	4.0

若选 C、D、E 点高程的平差值为参数，试：（1）列出一般条件方程和限制条件；（2）求 C、D、E 三点高程的平差值；（3）求观测值的改正数及平差值；（4）求 E 点高程平差值的中误差。

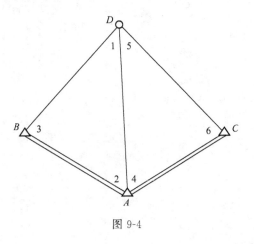

图 9-4

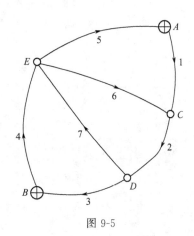

图 9-5

9-3 有一直线方程为 $y=ax+b$，式中 a、b 为待定系数，已知直线通过点 $(1.5,6)$，现测量了 X_i 处的函数 $Y_i(i=1,2,3)$，数据列于表中。

序号	X_i/cm	Y_i/cm
1	1.1	4.2
2	1.8	6.8
3	2.6	8.0

又已知 X_i 的方差阵 D_x 和 Y_i 的方差阵 D_Y，分别为：

$$D_X=\begin{bmatrix} 1 & 0 & -0.5 \\ 0 & 2 & 0 \\ -0.5 & 0 & 1 \end{bmatrix}, D_Y=\begin{bmatrix} 1 & 0 & 0 \\ 0 & 1 & 0 \\ 0 & 0 & 2 \end{bmatrix}$$

X_i 和 Y_i 互相独立，若设待定系数的平差值为参数，即 $\hat{X}=\begin{bmatrix} \hat{X}_1 & \hat{X}_2 \end{bmatrix}^T=\begin{bmatrix} \hat{a} & \hat{b} \end{bmatrix}^T$，试：（1）列出一般条件方程和限制条件方程；（2）列出法方程；（3）求平差后的直线方程。

9-4 在如图 9-6 所示的图形中，在共线的三点 A、B、C 之间独立观测，其中边长 AB 丈量了 3 次，边长 BC 丈量了 2 次，观测长度为：$L_1=30.005\mathrm{m}$，$L_2=30.001\mathrm{m}$，$L_3=30.008\mathrm{m}$，$L_4=25.004\mathrm{m}$，$L_5=25.007\mathrm{m}$。

若选边长 AC、L_1、L_5 的长度的平差值为参数，试按附有限制条件的条件平差：（1）列出一般条件方程和限制条件方程；（2）求观测值的改正数 V。

9-5 在图 9-7 所示的水准网中，A 为已知点，P_1、P_2、P_3 为待定点，观测了 5 条路线的高差 $h_1 \sim h_5$，相应的路线长度等长。若要求 P_2 点平差后高程的权，采用什么函数模型较好？并求其权。

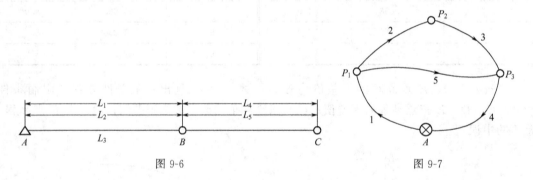

图 9-6   图 9-7

解析答案

9-1 【解析】由题意，$n=6$，$t=2$，$r=4$，$u=2$，即可列出 $r+u=6$ 个条件方程；又 $s=1$，则 $c=r+u-s=5$，即可列出 5 个一般条件方程和 1 个限制条件方程，根据几何关系可得条件方程如下：

$$\hat{\beta}_1 + \hat{\beta}_3 + \hat{X}_1 - 180° = 0$$

$$\hat{\beta}_5 + \hat{\beta}_6 + \hat{X}_2 - 180° = 0$$

$$\hat{X}_1 + \hat{X}_2 - (\alpha_{AC} - \alpha_{AB}) = 0$$

【说明】该题为一个测角网，只要明白了附有限制条件的条件平差的原理，总体比较简单。

9-2 【解析】由题意，$n=7$，$t=3$，$r=4$，$u=3$，则可列 $r+u=7$ 个条件方程，又 $s=1$，则 $c=r+u-s=6$，即 1 个限制条件方程和 6 个一般条件方程；选择 C、D、E 点高程的平差值为参数，记为 $\hat{X}_1$、$\hat{X}_2$、$\hat{X}_3$，则

$$\hat{h}_1 - \hat{X}_1 + H_A = 0$$

$$\hat{h}_2 + \hat{X}_1 - \hat{X}_2 = 0$$

$$\hat{h}_3 + \hat{X}_2 - H_B = 0$$

$$\hat{h}_4 - \hat{X}_3 + H_B = 0$$

$$\hat{h}_5 + \hat{X}_3 - H_A = 0$$

$$\hat{h}_6 - \hat{X}_1 + \hat{X}_3 = 0$$

$$\hat{X}_2 - \hat{X}_3 - 3.222 = 0$$

将 $\hat{h}_i = h_i + v_i (i=1, 2, \cdots, 6)$，$\hat{X}_j = X_j^0 + \hat{x}_j (j=1, 2, 3)$ 且 $X_1^0 = H_A + h_1 = 22.458\text{m}$，$X_2^0 = H_B - h_3 = 23.364\text{m}$，$X_3^0 = H_A - h_5 = 20.150\text{m}$，代入上式整理可得

$$v_1 - \hat{x}_1 = 0$$

$$v_2 + \hat{x}_1 - \hat{x}_2 + 0.006 = 0$$

$$v_3 + \hat{x}_2 = 0$$

$$v_4 - \hat{x}_3 - 0.008 = 0$$

$$v_5 + \hat{x}_3 = 0$$

$$v_6 - \hat{x}_1 + \hat{x}_3 + 0.002 = 0$$

$$\hat{x}_2 - \hat{x}_3 - 0.008 = 0$$

从而可得 $\begin{cases} AV + B\hat{x} + W = 0 \\ C\hat{x} + W_x = 0 \end{cases}$ 的相关矩阵如下。

A						B			W	C^T	W$_x$
1	0	0	0	0	0	−1	0	0	0	0	−0.008
0	1	0	0	0	0	1	−1	0	0.006	1	
0	0	1	0	0	0	0	1	0	0	−1	
0	0	0	1	0	0	0	0	−1	−0.008		
0	0	0	0	1	0	0	0	1	0		
0	0	0	0	0	1	−1	0	1	0.002		

设单位权方差为 12mm^2，则权阵 $P = \text{diag}(3\ 2\ 2\ 1.5\ 1.5\ 3)$，所以得 $N_{aa} = AP^{-1}A^{\text{T}}$ 如下表。

1/3	0	0	0	0	0
0	1/2	0	0	0	0
0	0	1/2	0	0	0
0	0	0	2/3	0	0
0	0	0	0	2/3	0
0	0	0	0	0	1/3

所以，由法方程 $\begin{bmatrix} N_{aa} & B & 0 \\ B^{\text{T}} & 0 & C^{\text{T}} \\ 0 & C & 0 \end{bmatrix} \begin{bmatrix} K \\ \hat{x} \\ K_s \end{bmatrix} + \begin{bmatrix} W \\ 0 \\ W_x \end{bmatrix} = 0$ 的形式，得法方程的系数矩阵和常数项矩阵如下。

法方程系数矩阵										常数项矩阵
1/3	0	0	0	0	0	−1	0	0	0	0
0	0.5	0	0	0	0	1	−1	0	0	0.006
0	0	0.5	0	0	0	0	1	0	0	0
0	0	0	2/3	0	0	0	0	−1	0	−0.008
0	0	0	0	2/3	0	0	0	1	0	0
0	0	0	0	0	2/3	−1	0	1	0	0.002
−1	1	0	0	0	−1	0	0	0	0	0
0	−1	1	0	0	0	0	0	0	1	0
0	0	0	−1	1	1	0	0	0	−1	0
0	0	0	0	0	0	0	1	−1	0	−0.008

解算法方程，可得

K	$\hat{x}$	K_s
-0.004909091	-0.001636364	0.0048
-0.001963636	0.003381818	
-0.006763636	-0.004618182	
0.005072727		
0.006927273		
0.002945455		

所以，C、D、E 三点高程的平差值为

$$\hat{H}_C = 22.4564\text{m}, \quad \hat{H}_D = 23.3674\text{m}, \quad \hat{H}_E = 20.1454\text{m}$$

观测值的改正数 V 及平差值如下。

V	$\hat{h}$
-0.001636364	1.056363636
-0.000981818	0.911018182
-0.003381818	0.442618182
0.003381818	-3.664618182
0.004618182	1.254618182
0.000981818	2.310981818

由公式 $Q_{\hat{X}\hat{X}} = N_{bb}^{-1} - N_{bb}^{-1} C^{\mathrm{T}} N_{cc}^{-1} C N_{bb}^{-1}$ 得 $Q_{\hat{X}\hat{X}}$ 如下。

0.181818182	0.090909091	0.090909091
0.090909091	0.145454545	0.145454545
0.090909091	0.145454545	0.145454545

则 E 点高程平差值的协因数为 $Q_{\hat{X}_3\hat{X}_3} = 0.145454545$。

又单位权中误差 $\hat{\sigma}_0 = \sqrt{V^{\mathrm{T}}PV/r} = 0.00460632\text{m}$，从而可得 E 点高程平差值的中误差为 $\hat{\sigma}_{\hat{X}_3} = \hat{\sigma}_0 Q_{\hat{X}_3\hat{X}_3} = 0.00067\text{m}$。

9-3 【解析】$n=6$，$t=4$，$r=n-t=2$，$u=2$，$s=1$，$c=r+u-s=3$，可以列出 3 个一般条件，1 个限制条件，则

$$\hat{y}_1 - \hat{a}\hat{x}_1 - \hat{b} = 0$$
$$\hat{y}_2 - \hat{a}\hat{x}_2 - \hat{b} = 0$$
$$\hat{y}_3 - \hat{a}\hat{x}_3 - \hat{b} = 0$$

将 $\hat{x}_i = x_i + V_{x_i}$，$\hat{y}_i = y_i + V_{y_i}$ $(i=1,2,3)$，$\hat{a} = a^0 + \delta a$，$\hat{b} = b^0 + \delta b$，令参数近似值 $a^0 = 1.8\text{cm}$，$b^0 = 3.1\text{cm}$，则

$$V_{y_1} + y_1 - (a^0 + \delta a)(V_{x_1} + x_1) - (b^0 + \delta b) = 0$$
$$V_{y_2} + y_2 - (a^0 + \delta a)(V_{x_2} + x_2) - (b^0 + \delta b) = 0$$
$$V_{y_3} + y_3 - (a^0 + \delta a)(V_{x_3} + x_3) - (b^0 + \delta b) = 0$$

（1）代入相关数据，整理，得矩阵形式

$$\begin{bmatrix} -1.8 & 0 & 0 & 1 & 0 & 0 \\ 0 & -1.8 & 0 & 0 & 1 & 0 \\ 0 & 0 & -1.8 & 0 & 0 & 1 \end{bmatrix} \begin{bmatrix} V_{x_1} \\ V_{x_2} \\ V_{x_3} \\ V_{y_1} \\ V_{y_2} \\ V_{y_3} \end{bmatrix} + \begin{bmatrix} -1.1 & -1 \\ -1.8 & -1 \\ -2.6 & -1 \end{bmatrix} \begin{bmatrix} \delta a \\ \delta b \end{bmatrix} - \begin{bmatrix} 0.88 \\ -0.46 \\ -0.22 \end{bmatrix} = 0$$

限制条件方程

$$\begin{bmatrix} 1.5 & 1 \end{bmatrix} \begin{bmatrix} \delta a \\ \delta b \end{bmatrix} - 0.2 = 0$$

（2）法方程

$$\begin{bmatrix} 5.32 & 0 & 2.16 & -1.1 & -1 & 0 \\ 0 & 2.62 & 0 & -1.8 & -1 & 0 \\ 2.16 & 0 & 4.82 & -2.6 & -1 & 0 \\ -1.1 & -1.8 & -2.6 & 0 & 0 & 1.5 \\ -1 & -1 & -1 & 0 & 0 & 1 \\ 0 & 0 & 0 & 1.5 & 1 & 0 \end{bmatrix} \begin{bmatrix} K_1 \\ K_2 \\ K_3 \\ \delta a \\ \delta b \\ K_s \end{bmatrix} - \begin{bmatrix} 0.88 \\ -0.46 \\ -0.22 \\ 0 \\ 0 \\ 0.2 \end{bmatrix} = 0$$

（3）解算法方程可得

$$\delta a = 0.55 \text{cm}, \delta b = 0.625 \text{cm}$$
$$K = \begin{bmatrix} 0.137 & -0.036 & 0.060 \end{bmatrix}^T$$

进而可得

$$\hat{a} = 2.35 \text{cm}, \hat{b} = 2.475 \text{cm}$$
$$y = 2.35x + 2.475$$

【说明】该题观测点的两个坐标分量的精度都进行了考虑，因此要注意！

9-4 【解析】由题意，$n=5$，$t=2$，$r=3$，$u=3$，则 $r+u=6$，又 $s=1$，则 $c=r+u-s=5$，则

$$\hat{L}_1 - \hat{L}_2 = 0$$
$$\hat{L}_1 - \hat{L}_3 = 0$$
$$\hat{L}_4 - \hat{L}_5 = 0$$
$$\hat{L}_1 - \hat{X}_2 = 0$$
$$\hat{L}_5 - \hat{X}_3 = 0$$
$$\hat{X}_1 - \hat{X}_2 - \hat{X}_3 = 0$$

将 $\hat{L}_i = L_i + V_i (i=1,2,\cdots,5)$、$\hat{X}_j = X_j^0 + \hat{x}_j (j=1,2,3)$ 且 $X_1^0 = L_1 + L_5 = 55.012$，$X_2^0 = L_1 = 30.005$，$X_3^0 = L_5 = 25.007$ 代入上式，并代入已知数据，整理可得

$$V_1 - V_2 + 0.004 = 0$$
$$V_1 - V_3 - 0.003 = 0$$
$$V_4 - V_5 - 0.003 = 0$$

$$V_1 - \hat{x}_2 = 0$$
$$V_5 - \hat{x}_3 = 0$$
$$\hat{x}_1 - \hat{x}_2 - \hat{x}_3 = 0$$

则 $\begin{cases} AV + B\hat{x} + W = 0 \\ C\hat{x} + W_x = 0 \end{cases}$ 的相应矩阵如下

A					B			W	C^{T}	W_x
1	−1	0	0	0	0	0	0	0.004	1	0
1	0	−1	0	0	0	0	0	−0.003	−1	
0	0	0	1	−1	0	0	0	−0.003	−1	
1	0	0	0	0	0	−1	0	0		
0	0	0	0	1	0	0	−1	0		

设 $C = 25\mathrm{m}$ 为单位权观测，则权阵 $P = \mathrm{diag}$ (5/6 5/6 5/6 1 1)，则由 $N_{aa} = AP^{-1}A^{\mathrm{T}}$ 得 N_{aa} 如下

2.4	1.2	0	1.2	0
1.2	2.4	0	1.2	0
0	0	2	0	−1
1.2	1.2	0	1.2	0
0	0	−1	0	1

所以，由法方程 $\begin{bmatrix} N_{aa} & B & 0 \\ B^{\mathrm{T}} & 0 & C^{\mathrm{T}} \\ 0 & C & 0 \end{bmatrix} \begin{bmatrix} K \\ \hat{x} \\ K_s \end{bmatrix} + \begin{bmatrix} W \\ 0 \\ W_x \end{bmatrix} = 0$ 的形式，得法方程的系数矩阵和常数项矩阵如下

法方程系数矩阵									法方程常数项矩阵
2.4	1.2	0	1.2	0	0	0	0	0	0.004
1.2	2.4	0	1.2	0	0	0	0	0	−0.003
0	0	2	0	−1	0	0	0	0	−0.003
1.2	1.2	0	1.2	0	0	−1	0	0	0
0	0	−1	0	1	0	0	−1	0	0
0	0	0	0	0	0	0	0	1	0
0	0	0	−1	0	0	0	0	−1	0
0	0	0	0	−1	0	0	0	−1	0
0	0	0	0	0	1	−1	−1	0	0

解算法方程，可得 K^{T} 如下

−0.003055556	0.002777778	0.0015	0	0

所以观测值的改正数 V^{T} 如下（单位：m）

| −0.000333333 | 0.003666667 | −0.003333333 | 0.0015 | −0.0015 |

【说明】该题的解算应用了"知识点五"。

9-5 【解析】由题意，$n=5$，$t=3$，$r=2$，选 P_2 点高程的平差值为参数。为了能直接求出 P_2 点高程平差后的权，可以选择附有参数的条件平差 $AV+B\hat{x}+W=0$，根据以下几个公式可以方便地求出结果：$N_{aa}=AQA^{\mathrm{T}}$，$N_{bb}=B^{\mathrm{T}}N_{aa}^{-1}B$，然后所求的协因数为 $Q_{\hat{X}}=N_{bb}^{-1}$，P_2 点平差后的权为 $1/2$。

第10章

误差椭圆

一、关于点位误差的说明

在测量中，点 P 的平面位置常用平面直角坐标 x_P、y_P 来确定。为了确定待定点的平面坐标，通常由已知点与待定点构成平面控制网，并对构成控制网的元素（如角度、边长等）进行一系列的观测，进而通过已知点的平面直角坐标和观测值，用一定的数学方法（平差方法）求出待定点的平面直角坐标。由于测量总是带有误差，所以根据观测值通过平差计算所获得的待定点的平面直角坐标，并不是真正的坐标值，而是待定点的真坐标值 $\tilde{x}_P$、$\tilde{y}_P$ 的估值 $\hat{x}_P$、$\hat{y}_P$。而且，对于这些估值，相对于真值来说，在不同方向上得到的点位是不一样的，精度通常也是不一样的。

二、点位方差公式

设 P 的点位方差为 σ_P^2，则

$$\sigma_P^2 = \sigma_x^2 + \sigma_y^2 \tag{10-1}$$

式中，σ_x^2、σ_y^2 分别为 x、y 轴方向的方差分量。

三、任意方向 φ 的位差公式

$$\sigma_\varphi^2 = \sigma_0^2 Q_{\varphi\varphi} = \sigma_0^2 (Q_{xx}\cos^2\varphi + Q_{yy}\sin^2\varphi + Q_{xy}\sin2\varphi) \tag{10-2}$$

其中，$Q_{\varphi\varphi}$ 是 φ 的函数，即

$$Q_{\varphi\varphi} = Q_{xx}\cos^2\varphi + Q_{yy}\sin^2\varphi + Q_{xy}\sin2\varphi \tag{10-3}$$

四、位差极大值 E 和极小值 F 的判别方法

(1) $Q_{\varphi\varphi}$ 的极值和极值方向值 φ_0 的确定

依据公式 $Q_{\varphi\varphi} = Q_{xx}\cos^2\varphi + Q_{yy}\sin^2\varphi + Q_{xy}\sin2\varphi$，当 φ 从 $0°$ 变化到 $360°$ 时，$Q_{\varphi\varphi}$ 总会有

极大值和极小值。那么如何求极值呢？可以令其一阶导数为零，即令 $\dfrac{\mathrm{d}Q_{\varphi\varphi}}{\mathrm{d}\varphi}\bigg|_{\varphi=\varphi_0}=0$，整理计算后可得

$$\tan2\varphi_0=\frac{2Q_{xy}}{Q_{xx}-Q_{yy}} \quad \text{（式中 } \varphi_0 \text{ 为极值方向）} \tag{10-4}$$

求解则得两个根，一个是 φ_0，另一个是 $\varphi_0+90°$；其中一个为极大值方向，另一个为极小值方向。

从而

$$Q_{\varphi_0\varphi_0}=Q_{xx}\cos^2\varphi_0+Q_{yy}\sin^2\varphi_0+Q_{xy}\sin2\varphi_0 \tag{10-5a}$$

或

$$Q_{\varphi_0\varphi_0}=Q_{xx}\cos^2\varphi_0+Q_{yy}\sin^2\varphi_0+Q_{xy}\frac{2\tan\varphi_0}{1+\tan^2\varphi_0} \tag{10-5b}$$

从而

$$\sigma_{\varphi_0}^2=\sigma_0^2 Q_{\varphi_0\varphi_0}=\sigma_0^2\left(Q_{xx}\cos^2\varphi_0+Q_{yy}\sin^2\varphi_0+Q_{xy}\sin2\varphi_0\right) \tag{10-6a}$$

或

$$\sigma_{\varphi_0}^2=\sigma_0^2 Q_{\varphi_0\varphi_0}=\sigma_0^2\left(Q_{xx}\cos^2\varphi_0+Q_{yy}\sin^2\varphi_0+Q_{xy}\frac{2\tan\varphi_0}{1+\tan^2\varphi_0}\right) \tag{10-6b}$$

（2）极大值方向 φ_E 和极小值方向 φ_F 的确定

先介绍部分三角公式，见表 10-1。

表 10-1

$\sin2\varphi=\dfrac{2\tan\varphi}{1+\tan^2\varphi}$ $\qquad$ $\cos2\varphi=\dfrac{1-\tan^2\varphi}{1+\tan^2\varphi}$ $\qquad$ $\tan2\varphi=\dfrac{2\tan\varphi}{1-\tan^2\varphi}$
$\sin(A\pm B)=\sin A\cos B\pm\cos A\sin B$ $\qquad$ $\cos(A\pm B)=\cos A\cos B\mp\sin A\sin B$ $\tan(A\pm B)=\dfrac{\tan A\pm\tan B}{1\mp\tan A\tan B}$ $\qquad$ $\cot(A\pm B)=\dfrac{\cot A\cot B\mp1}{\cot B\pm\cot A}$
$\cos^2\varphi=\dfrac{1+\cos2\varphi}{2}$ $\qquad$ $\sin^2\varphi=\dfrac{1-\cos2\varphi}{2}$ $\sin^2 2\varphi=\dfrac{1}{1+\cot^2 2\varphi}$ $\qquad$ $\cos^2 2\varphi=\dfrac{1}{1+\tan^2 2\varphi}$

① 下面讨论 Q_{xy} 与 $\sin2\varphi_0$ 的符号关系，以便于确定极值方向所在的象限。

在式（10-5a）中，前两项均不小于零，在第三项 $Q_{xy}\sin2\varphi_0$ 中，两者乘积有可能大于零，也有可能小于零，只需判断这个乘积的正负性即可！如表 10-2 所示。

表 10-2

φ_E 所在象限的确定	$Q_{xy}\sin2\varphi_0>0$，即 Q_{xy} 和 $\sin2\varphi_0$ 同号，分两种情况：a. $Q_{xy}>0$ 且 $\sin2\varphi_0>0$；b. $Q_{xy}<0$ 且 $\sin2\varphi_0<0$
	a. 当 $Q_{xy}>0$ 且 $\sin2\varphi_0>0$ 的情况下：$0<2\varphi_0<180°$，即 $0<\varphi_0<90°$；[因为 $\sin2\varphi_0=\sin(2\varphi_0+360°)=\sin2(\varphi_0+180°)$，所以说对于 φ_0 和 $(\varphi_0+180°)$]此时，φ_E 在第 1、3 象限
	b. 当 $Q_{xy}<0$ 且 $\sin2\varphi_0<0$ 的情况下：$180°<2\varphi_0<360°$，即 $90°<\varphi_0<180°$此时，φ_E 在第 2、4 象限
φ_F 所在象限的确定	$Q_{xy}\sin2\varphi_0<0$，即 Q_{xy} 和 $\sin2\varphi_0$ 异号，分两种情况：a. $Q_{xy}>0$ 且 $\sin2\varphi_0<0$；b. $Q_{xy}<0$ 且 $\sin2\varphi_0>0$
	a. 当 $Q_{xy}>0$ 且 $\sin2\varphi_0<0$ 的情况下：$180°<2\varphi_0<360°$，即 $90°<\varphi_0<180°$此时，φ_F 为 φ_0 或 $\varphi_0+180°$，在第 2、4 象限
	b. 当 $Q_{xy}<0$ 且 $\sin2\varphi_0>0$ 的情况下：$0<2\varphi_0<180°$，即 $0°<\varphi_0<90°$；此时，φ_F 为 φ_0 或 $\varphi_0+180°$，在第 1、3 象限。

② 下面讨论 Q_{xy} 与 $\tan\varphi_0$ 的符号关系，以便于确定极值方向所在的象限。

在式（10-6）中，前两项均不小于零，在第三项 $Q_{xy}\dfrac{2\tan\varphi_0}{1+\tan^2\varphi_0}$ 中，$1+\tan^2\varphi_0$ 是大于零的，因此只需要判断 $Q_{xy}\tan\varphi_0$ 的正负性即可。如表 10-3 所示。

表 10-3

若 $Q_{xy}>0$	当 $Q_{xy}\tan\varphi_0>0$ 时，$Q_{\varphi_0\varphi_0}$ 取极大值	φ_E 位于第 1、3 象限
	当 $Q_{xy}\tan\varphi_0<0$ 时，$Q_{\varphi_0\varphi_0}$ 取极小值	φ_F 位于第 2、4 象限
若 $Q_{xy}<0$	当 $Q_{xy}\tan\varphi_0>0$ 时，$Q_{\varphi_0\varphi_0}$ 取极大值	φ_E 位于第 2、4 象限
	当 $Q_{xy}\tan\varphi_0<0$ 时，$Q_{\varphi_0\varphi_0}$ 取极小值	φ_F 位于第 1、3 象限
若 $Q_{xy}=0$	当 $Q_{xx}>Q_{yy}$ 时，$Q_{\varphi_0\varphi_0}$ 取极大值	φ_E 取 0°或 180°（x 轴） φ_F 取 90°或 270°（y 轴）
	当 $Q_{xx}<Q_{yy}$ 时，$Q_{\varphi_0\varphi_0}$ 取极小值	φ_E 取 90°或 270°（y 轴） φ_F 取 0°或 180°（x 轴）

（3）此外，还可以导出计算位差极值的常用公式，如下：

$$\sigma_{\varphi_0}^2=\frac{1}{2}\sigma_0^2\left[(Q_{xx}+Q_{yy})\pm 2Q_{xy}\sqrt{1+\cot^2 2\varphi_0}\,\right]$$

$$=\frac{1}{2}\sigma_0^2\left[(Q_{xx}+Q_{yy})\pm 2Q_{xy}\sqrt{1+\frac{(Q_{xx}-Q_{yy})^2}{(2Q_{xy})^2}}\,\right]$$

$$=\frac{1}{2}\sigma_0^2\left[(Q_{xx}+Q_{yy})\pm\sqrt{(Q_{xx}-Q_{yy})^2+4Q_{xy}^2}\,\right] \tag{10-7}$$

令 $K=\sqrt{(Q_{xx}-Q_{yy})^2+4Q_{xy}^2}$ $\tag{10-8}$

则

$$E^2=\frac{1}{2}\sigma_0^2\left[(Q_{xx}+Q_{yy})+K\right] \tag{10-9}$$

$$F^2=\frac{1}{2}\sigma_0^2\left[(Q_{xx}+Q_{yy})-K\right] \tag{10-10}$$

$$\sigma_P^2=E^2+F^2 \tag{10-11}$$

五、用位差极值 E、F 表示任意方向 Ψ 上的位差计算公式

$$\sigma_{\Psi}^2=E^2\cos^2\Psi+F^2\sin^2\Psi \tag{10-12}$$

其中 $\varphi=\Psi+\varphi_E$。

六、点位误差椭圆

顾名思义，一种用于描述待定点位置在各方向上误差分布规律的椭圆，用一个长半轴等于 E，短半轴等于 F 的椭圆来近似表示（如图 10-1），称此椭圆为点位误差椭圆。

七、点位误差椭圆的参数

在数学上，绘制一个中心已知的平面椭圆，需要知道长半轴和短半轴，通常默认长半轴（或短半轴）的方向沿着坐标轴方向；而在测量中，误差椭圆的长半轴（或短半轴）的方向

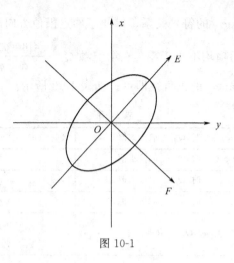

图 10-1

是需要确定的。

因此，点位误差椭圆的参数包括 3 个：位差极大值 E、位差极小值 F 和位差极大值的方向 φ_E（或位差极小值的方向 φ_F）。

八、绘制误差椭圆的方法

要绘制误差椭圆，必须要先知道误差椭圆的三参数 E、F 和 φ_E（或 φ_F）。有了这三个参数，可以手工、借助绘图软件或者编写程序绘制误差椭圆。

同时，需要注意，所绘制的误差椭圆曲线与测量点的比例尺是不一样的。

具体的绘制方法可参照"参考文献 [10]、[26]"。

九、点位误差曲线

以极大值方向与极小值方向的交点为极点，以极大值 E 为极轴，以不同的方位角 φ（由坐标北方向起算）为极角变量，相应的 σ_φ 为极径（向径）变量，或者以不同的方位角 Ψ（由 E 轴正方向起算）和位差 σ_ψ 为极坐标的点的轨迹，是一条闭合曲线，形状如图 10-2 所示。习惯上，将这条曲线称为点位误差曲线（或点位精度曲线）。

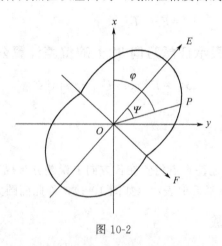

图 10-2

点位误差曲线是一种用于描述待定点位置在各方向上误差分布规律的封闭曲线，其形状与椭圆相似，但不是椭圆。在计算机普遍使用之前作图不方便，因此，常用误差椭圆来近似表示。

十、绘制点位误差曲线的方法

要绘制误差曲线，也需要先知道误差椭圆的三参数 E、F 和 φ_E（或 φ_F）。然后，利用散点法，计算旋转角按倍数增大时不同方向的位差大小，然后将各点之间连线即可。

同时，需要注意，所绘制的误差曲线与测量点的比例尺是不一样的。

具体的绘制方法可参照"参考文献［11］、［27］"。

十一、误差椭圆与误差曲线的关系与区别

(1) 误差曲线与误差椭圆不同，它不是一个典型曲线。

(2) 误差椭圆反映了点位在各方向的位差大小及分布规律，除了与坐标轴的交点位置，利用误差椭圆不能直接量出位差的具体数值。

(3) 误差曲线也反映了点位在各方向的位差大小及分布规律，利用误差曲线可以直接量出位差的具体数值。

(4) 误差椭圆是典型曲线，比较容易绘制；借助误差椭圆，利用一定的几何方法，可以绘制出误差曲线，如图 10-3 所示。P 点为误差椭圆上一点，过 P 点做切线，垂直于方向 Ψ，则 D 点为垂足，OD 即为该方向的中误差。

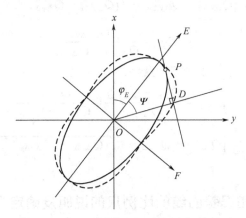

图 10-3　误差曲线与误差椭圆之间的关系

十二、误差椭圆与误差曲线的用途

(1) 误差椭圆的用途

误差椭圆可以用来衡量一个点位在不同方向上的位差大小，因此借助于误差椭圆的图形，可以直观地看出一个点位在哪个方向位差最大，哪个方向位差最小；借助于误差椭圆曲线的比例尺，利用图 10-3 所示关系图，可以计算出位差的最大值和最小值、任意方向上的位差大小。

此外，在布设控制网或控制的优化设计时，需要利用误差椭圆来分析评定各待定点的总体精度情况。

一般情况下，一个点的误差椭圆越圆越小，表示该点的精度越高；否则，精度越低。

(2) 误差曲线的用途

误差曲线也可以用来衡量一个点位在不同方向上的位差大小，因此借助于误差曲线的图

形，可以直观地看出一个点位在哪个方向位差最大，哪个方向位差最小；借助于误差曲线的比例尺，可以量出位差的最大值和最小值、任意方向上的位差大小。

在布设控制网或控制的优化设计时，一般不需要利用误差曲线分析评定各待定点的总体精度情况。

一般情况下，一个点的误差曲线越小，表示该点的精度越高；否则，精度越低。

十三、相对误差椭圆

设两个待定点为 P_i 和 P_k，这两点的相对位置可通过坐标差来表示，即

$$\Delta x_{ik} = x_k - x_i, \quad \Delta y_{ik} = y_k - y_i \tag{10-13}$$

根据协因数传播律则得

$$Q_{\Delta x \Delta x} = Q_{x_k x_k} + Q_{x_i x_i} - 2Q_{x_k x_i} \tag{10-14a}$$

$$Q_{\Delta y \Delta y} = Q_{y_k y_k} + Q_{y_i y_i} - 2Q_{y_k y_i} \tag{10-14b}$$

$$Q_{\Delta x \Delta y} = Q_{x_k y_k} - Q_{x_k y_i} - Q_{x_i y_k} + Q_{x_i y_i} \tag{10-14c}$$

得到两点间相对误差椭圆的三个参数公式

$$E^2 = \frac{1}{2} \sigma_0^2 \left[Q_{\Delta x \Delta x} + Q_{\Delta y \Delta y} + \sqrt{(Q_{\Delta x \Delta x} - Q_{\Delta y \Delta y})^2 + 4Q_{\Delta x \Delta y}^2} \right] \tag{10-15a}$$

$$F^2 = \frac{1}{2} \sigma_0^2 \left[Q_{\Delta x \Delta x} + Q_{\Delta y \Delta y} - \sqrt{(Q_{\Delta x \Delta x} - Q_{\Delta y \Delta y})^2 + 4Q_{\Delta x \Delta y}^2} \right] \tag{10-15b}$$

$$\tan 2\varphi_0 = \frac{2Q_{\Delta x \Delta y}}{Q_{\Delta x \Delta x} - Q_{\Delta y \Delta y}} \tag{10-15c}$$

在公式（10-15c）中，φ_E 或 φ_F 的判别仍然采用表 10-3。

$$\tan \varphi_E = \frac{Q_{EE} - Q_{\Delta x \Delta x}}{Q_{\Delta x \Delta y}} = \frac{Q_{\Delta x \Delta y}}{Q_{EE} - Q_{\Delta y \Delta y}} \tag{10-15d}$$

在式（10-15d）中，$Q_{EE} = \frac{1}{2} \left[Q_{\Delta x \Delta x} + Q_{\Delta y \Delta y} + \sqrt{(Q_{\Delta x \Delta x} - Q_{\Delta y \Delta y})^2 + 4Q_{\Delta x \Delta y}^2} \right] = E^2 / \sigma_0^2$

$$\tag{10-15e}$$

十四、关于误差椭圆和误差曲线的比例尺的说明及确定方法

在通常情况下，误差椭圆和误差曲线的实际尺寸是比较小的，为几个厘米或毫米；而点之间的实际距离通常为十几米或几十米以上。因此，为了将它们同时放在一张图纸上，通常误差椭圆和误差曲线的比例尺比较大，为 5∶1、10∶1、30∶1 等；而点与点的比例尺比较小，为 1∶500、1∶1000、1∶2000 等，如图 10-4 所示。

在图 10-4 中，A、B、C、P 四个点为三角点，它们之间的距离为几十米，为了能在这么小的空间里同时展示，需要它们的比例尺为 1∶500 或 1∶1000，甚至其他。而误差曲线是用来描述实际中误差大小的，尺寸非常小，仅为几个厘米或毫米，因此，为了能够看清楚它们，通常将它们的比例尺设置为 10∶1 或 20∶1，甚至其他。

那么它们的比例尺如何确定呢？下面分几步来说明。

① 在绘制误差椭圆或误差曲线时，是根据事先计算出的三要素：位差极大值 E、位差极小值 F 和极大值方向 φ_E（或极小值方向 φ_F），这些要素是有大小的。

② 绘制出图后，用精密量具丈量一下图中的极大值 E 的数值，然后与实际的大小作比值，从而可以计算出它们之间的比例尺。

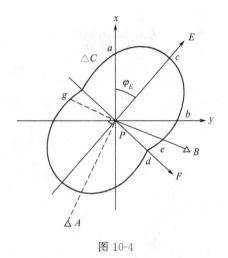

图 10-4

十五、关于误差椭圆与误差曲线的相互转换以及误差椭圆上某一点的切线的说明

我们知道,误差椭圆与误差曲线是可以相互转换的;对于误差椭圆,它的绘制方法是比较简单的,只要知道位差的极大值、位差的极小值和位差极值方向,就可以利用 AutoCAD 绘制误差椭圆;对于误差曲线,它的绘制方法稍微复杂一些,由于它与误差椭圆之间存在一定的几何关系,所以通常是利用已经绘制好的误差椭圆来绘制误差曲线,包括两种方式:

(1) 公式法

思想:先取椭圆曲线上的某点 (x_0, y_0),再确定过该点的切线的斜率,从而确定过该点的直线的方程;过椭圆中心作与该切线垂直的方向线,由此确定垂足。

从椭圆中心出发,沿任一方向绘制一条射线,作该射线的垂线,这种垂线有无数条,但是只有一条垂线与该椭圆相切,该切线在射线上的垂足即为误差曲线上的点;这样沿不同的方向绘制射线,会有许多的垂足点,这些垂足都是误差曲线上的点。

那么,这样切线如何绘制呢?对于一条直线 $(y-y_0)=k(x-x_0)$,只要确定它的斜率,就可以确定该直线的倾角方向。斜率怎么计算呢?设某椭圆 $\dfrac{x^2}{a^2}+\dfrac{y^2}{b^2}=1$ 的长短半轴分别为 a 和 b,(x_0, y_0) 为椭圆上任意一点,过该点的切线的斜率公式为 $k=-\dfrac{b^2}{a^2}\cdot\dfrac{x_0}{y_0}$(这个公式利用椭圆方程和直线方程的联立,并令判别式为 0 可以求出来),从而就可以利用 AutoCAD 在任一点上确定任一方向的射线的垂足。请读者参考文献 [27]。

当椭圆方程为 $\dfrac{y^2}{a^2}+\dfrac{x^2}{b^2}=1$ 时,相关的公式与以上有点区别,请读者自行推导。

(2) 图解法

先确定某直线与椭圆相切,不关心该切线与椭圆的交点 (x_0, y_0) 是多少,过椭圆中心作与该切线垂直的方向线,由此确定垂足,该垂足即为误差曲线上的点;依此作该椭圆的若干切线,从而确定若干垂足。这一过程可由 AutoCAD 的"切点""垂足"等相关命令来实现。

例 10-1 某同学进行点位放样，在已知点 A 上安置全站仪以确定点 P 的坐标（如图 10-5 所示），观测了角度 L，边长 S、T 为已知方向，已知 AP 边的边长为 $S=200\text{m}$，测角和测边的中误差分别为 $\sigma_L=2''$，$\sigma_S=3\text{mm}$，试求待定点 P 的点位中误差。

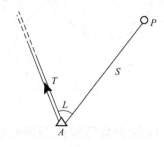

图 10-5

【解析】该题可依据公式 $\sigma_P=\sqrt{\sigma_S^2+\left(\dfrac{S}{\rho}\right)^2\sigma_L^2}$ 来计算。代入已知数据，得

$$\sigma_u=\frac{S}{\rho}\sigma_L=1.94\text{mm}，\quad \sigma_P^2=\sigma_S^2+\sigma_u^2=12.7607\text{mm}^2，\quad \sigma_p=3.57\text{mm}$$

【说明】一般情况下确定点坐标方差的公式 $\sigma_P^2=\sigma_x^2+\sigma_y^2$，然后分别求出 σ_x^2 和 σ_y^2 即可。x、y 为点所在坐标系中的坐标分量，可以利用坐标正算公式求出来。此外，点位方差还可以用纵向 s 和横向 u 来表示，由此确定点位方差公式 $\sigma_P^2=\sigma_s^2+\sigma_u^2$；那么，如何求 s 和 u 方向上的方差呢？s 方向的方差由测距引起；u 方向的方差是由测角引起，角度误差随距离变化而变化。它们的大小可以从后面的推导中计算出来。

例 10-2 如图 10-5 所示，坐标方位角 $T=345°18'$，为了确定 P 点的位置，某位同学作了如下观测：$L=89°15'12''\pm4''$，$S=600.150\text{m}\pm10\text{mm}$，试确定 P 点位差的极大值及其方向。

【解析】由 P 点的坐标差计算 φ_E 及 E。列函数式

$$X_P=X_A+S\cos(T+L)$$
$$Y_P=Y_A+S\sin(T+L)$$

求全微分 $\text{d}X_P$、$\text{d}Y_P$，且 $\text{d}L$ 以 mm 为单位，$T_{AP}=T+L=74°33'12''$ 为 AP 的坐标方位角，得

$$
\begin{bmatrix} \text{d}X_P \\ \text{d}Y_P \end{bmatrix}=
\begin{bmatrix} \cos T_{AP} & -\dfrac{1000}{\rho''}S\sin T_{AP} \\ \sin T_{AP} & \dfrac{1000}{\rho''}S\cos T_{AP} \end{bmatrix}
\begin{bmatrix} \text{d}S \\ \text{d}L \end{bmatrix}=
\begin{bmatrix} 0.2663 & -2.0845 \\ 0.9639 & 0.7749 \end{bmatrix}
\begin{bmatrix} \text{d}S \\ \text{d}L \end{bmatrix}
$$

对上式应用协方差传播律，得

$$
\begin{bmatrix} \sigma_x^2 & \sigma_{xy} \\ \sigma_{yx} & \sigma_y^2 \end{bmatrix}=
\begin{bmatrix} 0.2663 & -2.0845 \\ 0.9639 & 0.7749 \end{bmatrix}
\begin{bmatrix} 100 & 0 \\ 0 & 16 \end{bmatrix}
\begin{bmatrix} 0.2663 & -2.0845 \\ 0.9639 & 0.7749 \end{bmatrix}^{\text{T}}
$$

$$= \begin{bmatrix} 76.613813 & -0.175808 \\ -0.175808 & 102.51784 \end{bmatrix}$$

由式（10-4）得

$$\tan 2\varphi_0 = \frac{2Q_{xy}}{Q_{xx} - Q_{yy}} = \frac{2\sigma_{xy}}{\sigma_x^2 - \sigma_y^2} = \frac{2 \times (-0.175808)}{76.613813 - 102.51784} = 0.013573797$$

解得　　$2\varphi_0 = 0.777673512°$ 或 $180.777673512°$，$\varphi_0 = 0.388836756°$ 或 $90.388836756°$

由于 $\sigma_{xy} = -0.175808 < 0$，依据表 10-3，当 $\tan\varphi_0 < 0$ 时位差取极大值，判别可得极大值方向为

$$\varphi_E = 90.388836756° \text{或} 270.388836756°$$

从而极大值为

$$E = \sqrt{\sigma_x^2 \cos^2 \varphi_E + \sigma_y^2 \sin^2 \varphi_E + \sigma_{xy} \sin 2\varphi_E} = 10.125 \text{mm}$$

【说明】要求点的误差椭圆参数，步骤：①先求该点平差值的协因数阵（或协方差阵）；②利用协因数、互协因数计算极值方向；③利用所求得的极值方向，求位差极值。

例 10-3　某一测角网经平差后，得出待定点 P 的坐标平差值 $\hat{X} = \begin{bmatrix} \hat{X}_P & \hat{Y}_P \end{bmatrix}^T$ 的协因数阵为

$$Q_{\hat{X}} = \begin{bmatrix} 5 & -1.2 \\ -1.2 & 4 \end{bmatrix} (\text{dm}/'')^2$$

单位权中误差为 $\hat{\sigma}_0 = 0.81''$，试求 $\varphi = 50°$ 方向上的位差。

【分析】该题是非常典型的求某方向上位差值的题，直接依据公式，代入数据求解即可。

【解】由公式 $Q_{\varphi\varphi} = Q_{xx} \cos^2 \varphi + Q_{yy} \sin^2 \varphi + Q_{xy} \sin 2\varphi$，代入相关数据，可得

$$Q_{\varphi\varphi} = 3.231$$

所以，由公式 $\hat{\sigma}_\varphi = \hat{\sigma}_0 \sqrt{Q_{\varphi\varphi}}$，可得

$$\hat{\sigma}_\varphi = 1.456 \text{dm}$$

例 10-4　某一测边网经平差后，得出待定点 P_1 的坐标平差值 $\hat{X} = [X_1 \quad Y_1]^T$ 的协因数阵为 $Q_{XX} = \begin{bmatrix} 2.5 & -0.75 \\ -0.75 & 1.5 \end{bmatrix}$，且单位权方差 $\hat{\sigma}_0^2 = 5.4 \text{cm}^2$。

（1）计算 P_1 点纵、横坐标中误差和点位中误差；

（2）计算 P_1 点误差椭圆三要素 φ_E、E、F；

（3）计算 P_1 点在方位角为 120° 方向上的位差。

【解析】参考"知识点八""知识点九""知识点十"。

（1）由题意，$Q_{X_1} = 2.5$，$Q_{Y_1} = 1.5$，则纵、横坐标的中误差分别为

$$\hat{\sigma}_{X_1}^2 = \hat{\sigma}_0^2 Q_{X_1} = \frac{27}{2}, \quad \hat{\sigma}_{Y_1}^2 = \hat{\sigma}_0^2 Q_{Y_1} = \frac{81}{10}$$

所以 $\hat{\sigma}_P = \sqrt{\hat{\sigma}_{X_1}^2 + \hat{\sigma}_{Y_1}^2} = 12\sqrt{15} \text{cm}$。

（2）由公式 $\tan 2\varphi_0 = \frac{2Q_{X_1 Y_1}}{Q_{X_1 X_1} - Q_{Y_1 Y_1}} = -1.5$，得 $2\varphi_0 = 303.6900675°$ 或 $123.6900675°$，则 $\varphi_0 = 151.8450338°$ 或 $61.8450338°$。

由于 $Q_{X_1Y_1} < 0$，所以对于 $Q_{X_1Y_1} \sin 2\varphi_0$ 来说，当 $Q_{X_1Y_1} \sin 2\varphi_0 > 0$ 时，位差取极大值，即 $\sin 2\varphi_0 < 0$，选择 $2\varphi_0 = 303.6900675°$（正弦函数在三、四象限 < 0），此时 $\varphi_0 = 151.8450338°$，即 $\varphi_E = 151.8450338°$ 或 $331.8450338°$。

此时，$E = \sqrt{\sigma_0^2 \left(Q_{X_1X_1} \cos^2\varphi_E + Q_{Y_1Y_1} \sin^2\varphi_E + Q_{X_1Y_1} \sin 2\varphi_E \right)} = 3.958 \text{cm}$。

同理，$F = 2.436 \text{cm}$。

（3）由 $\sigma_{\varphi=120°}^2 = \sigma_0^2 \left[Q_{X_1X_1} \cos^2 120° + Q_{Y_1Y_1} \sin^2 120° + Q_{X_1Y_1} \sin (2 \times 120°) \right]$，得 $\sigma_{\varphi=120°} = 3.600 \text{cm}$。

【说明】该题考查的内容比较全，同时本题可以采用 MatLab 来计算，以减小计算量。

例 10-5 经过前方交会之后，得到待定点 P 的坐标平差值的协因数阵为

$$Q_{\hat{P}} = \begin{bmatrix} 5.68 & 2.25 \\ 2.25 & 5.68 \end{bmatrix} (\text{dm}/'')^2$$

单位权中误差为 $\hat{\sigma}_0 = 1''$，试求该点误差椭圆的三个参数，并说明该误差椭圆的形状特点。

【解析】由题意，根据公式 $\tan 2\varphi_0 = \dfrac{2Q_{xy}}{Q_{xx} - Q_{yy}}$，当代入数据时可得 $\tan 2\varphi_0$ 没有意义；当角度 $2\varphi_0$ 取 90° 或 270° 时正切无意义，即角度极值 $\varphi_0 = 45°$ 或 135°。

由于 $Q_{xy} = 2.25 > 0$，所以对于 $Q_{xy} \sin 2\varphi_0$ 来说，当 $Q_{xy} \sin 2\varphi_0 > 0$ 时取极大值，此时 $\varphi_0 = 45°$，即 $\varphi_E = 45°$ 或 225°。

从而依据公式 $E = \sqrt{\sigma_0^2 \left(Q_{xx} \cos^2\varphi_E + Q_{yy} \sin^2\varphi_E + Q_{xy} \sin 2\varphi_E \right)}$，可得 $E = 2.816 \text{cm}$；同理，$F = 1.852 \text{cm}$；而且 $\hat{\sigma}_x = \hat{\sigma}_y$。

所以可得，该误差椭圆是关于一、三象限的对角线对称的误差椭圆。

例 10-6 某高校的同学在数字测图实习中，求得了某一个待定点 P 的误差椭圆参数为：$\varphi_E = 157°30'$，$E = 1.57 \text{dm}$ 和 $F = 1.02 \text{dm}$，已知 PA 边坐标方位角 $\alpha_{PA} = 217°30'$，$S_{PA} = 5 \text{km}$，A 为已知点，试求 PA 边坐标方位角中误差 $\hat{\sigma}_{\alpha_{PA}}$ 和边长相对中误差 $\dfrac{\hat{\sigma}_{S_{PA}}}{S_{PA}}$。

【解析】有两种方法。

（1）公式法

由题意，$\Psi = \alpha_{PA} - \varphi_E = 60°$，采用公式 $\sigma_\Psi^2 = E^2 \cos^2\Psi + F^2 \sin^2\Psi$ 计算，代入已知数据，从而可得

$$\hat{\sigma}_{S_{PA}} = \sigma_\Psi = \sqrt{1.57^2 \cos^2 60° + 1.02^2 \sin^2 60°} = \sqrt{1.396525}\,\text{dm} = 1.181747 \text{dm}$$

从而可得边长相对中误差 $\dfrac{\hat{\sigma}_{S_{PA}}}{S_{PA}} = \dfrac{1.181747}{50000} = \dfrac{1}{42310}$。

又根据任意两垂直方向的方差之和相等，即由 $\sigma_\Psi^2 + \sigma_{\Psi+90°}^2 = E^2 + F^2$，代入数据可得 $\sigma_{\Psi+90°} = 1.452162 \text{dm}$，即 PA 垂直方向的中误差，从而可得 PA 边坐标方位角中误差

$$\hat{\sigma}''_{\alpha_{PA}} = \rho'' \frac{\sigma_{\Psi+90°}}{S_{PA}} = 5.99''。$$

（2）图解法

作图，依据图10-6，求得结果

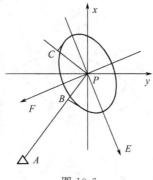

图 10-6

由图10-6中，可以量出 $PC=1.452\text{dm}$，$\hat{\sigma}''_{\alpha_{PA}}=\rho''\dfrac{PC}{S_{PA}}=5.99''$；量出 $PB=1.182\text{dm}$，

所以边长相对中误差 $\dfrac{\hat{\sigma}_{S_{PA}}}{S_{PA}}=\dfrac{1.182}{50000}=\dfrac{1}{42301}$。

【说明】该题中误差椭圆的比例尺可以依据 E 或 F 的实际大小以及图上的大小确定出来。

例 10-7　在某次前方交会测量中，求得待定点 P 的坐标平差值的参数为 $\hat{X}=\begin{bmatrix}\hat{x}_p & \hat{y}_p\end{bmatrix}^T$，其中 $\hat{\sigma}_0^2=1\ ('')^2$，$Q_{\hat{X}\hat{X}}=\begin{bmatrix}2 & 0.5\\ 0.5 & 2\end{bmatrix}\ \left[\text{dm}^2/('')^2\right]$；试

（1）计算 P 点误差椭圆参数 φ_E、E、F 及点位方差 σ_P^2；

（2）计算 $\varphi=30°$ 时的位差及相应的 ψ 值；

（3）设 $\varphi=30°$ 时的方向为 PC，且已知边长 $S_{PC}=3.120\text{km}$，试求 PC 边的边长相对中误差 $\hat{\sigma}_{PC}/S_{PC}$ 及方位角中误差。

【解析】（1）由题意，根据公式 $\tan2\varphi_0=\dfrac{2Q_{xy}}{Q_{xx}-Q_{yy}}$，代入相关数据，则得

$$\tan2\varphi_0=\dfrac{2Q_{xy}}{Q_{xx}-Q_{yy}}=\dfrac{2\times0.5}{2-2}\text{，无意义}$$

从而可得 $2\varphi_0=90°$ 或 $270°$，所以角度极值为 $\varphi_0=45°$ 或 $135°$。

依据表 10-3，当 $Q_{xy}>0$ 时，$Q_{xy}\tan\varphi_0>0$ 时，$Q_{\varphi_0\varphi_0}$ 取极大值，此时 $\varphi_E=45°$ 或 $225°$。

又依据公式 $E=\sqrt{\sigma_0^2\ (Q_{xx}\cos^2\varphi_E+Q_{yy}\sin^2\varphi_E+Q_{xy}\sin2\varphi_E)}$，代入已知数据，得 $E=\sqrt{2.5}\text{dm}$；同理可得，$F=\sqrt{1.5}\text{dm}$；$\sigma_P^2=E^2+F^2=4\text{dm}^2$。

所以，求得 $\varphi_E=45°$ 或 $225°$，$E=\sqrt{2.5}\,\text{dm}$，$F=\sqrt{1.5}\,\text{dm}$；$\sigma_P^2=4\text{dm}^2$。

（2）依据公式 $\sigma_\varphi=\sqrt{\sigma_0^2\ (Q_{xx}\cos^2\varphi+Q_{yy}\sin^2\varphi+Q_{xy}\sin2\varphi)}$，将 $\varphi=30°$ 代入上式，则得 $\sigma_{\varphi=30°}=1.56\text{dm}$；进一步代入数据并考虑 Ψ 位于 $0°\sim360°$ 之间，得 $\Psi=-15°+360°=345°$，所以，求得 $\sigma_{\varphi=30°}=1.56\text{dm}$，$\Psi=345°$。

（3）可以有两种方法：

第一种：图解法

作图如图 10-7 所示。

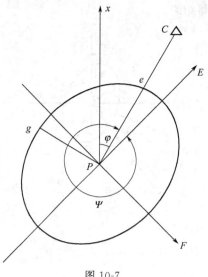

图 10-7

依据公式 $\sigma_{S_{PC}} = Pe$ 和 $\hat{\sigma}''_{\alpha_{PC}} = \rho'' \dfrac{Pg}{S_{PC}}$，通过丈量距离 $Pg = 1.241\text{dm}$，$Pe = 1.547\text{dm}$，得

$$\frac{\sigma_{S_{PC}}}{S_{PC}} = \frac{1.547\text{dm}}{31200\text{dm}} = \frac{1}{20168}, \quad \sigma_{\alpha_{PC}} = 206265 \times 1.241/31200 = 8.204''$$

第二种：公式法

依据方位角中误差公式 $\hat{\sigma}''_{\alpha_{PC}} = \rho'' \dfrac{Pg}{S_{PC}} = \rho'' \dfrac{\alpha_{PC} \pm 90°}{S_{PC}}$，设与 PC 垂直方向的坐标方位角为 $\alpha_{PC} + 90° = 120°$，该方向的位差大小

$$\sigma_{\varphi=120°} = \sigma_0 \sqrt{Q_{xx}\cos^2 120° + Q_{yy}\sin^2 120° + Q_{xy}\sin(2\times120°)} = 1.252\text{dm}$$

又 $\sigma_{\varphi=30°} = \sigma_0 \sqrt{Q_{xx}\cos^2 30° + Q_{yy}\sin^2 30° + Q_{xy}\sin(2\times30°)} = 1.560\text{dm}$，所以

$$\frac{\sigma_{S_{PC}}}{S_{PC}} = \frac{1.560\text{dm}}{31200\text{dm}} = \frac{1}{20000}, \quad \sigma_{\alpha_{PC}} = 206265 \times 1.252/31200 = 8.277''$$

【说明】需要知道以下几点：①该题的图是用 AutoCAD 做的，可借助其测距功能来量距；②误差椭圆的比例尺可以根据 E 或 F 的大小来确定，从而量出图中所需要的长度值；③Pg（PC 的垂直方向）的大小可以按照公式求出来；由于 Pg 与 PC 垂直，所以可以求出 Pg 的坐标方位角；④从严谨的角度，该题用公式法是比较好的。

例 10-8 某桥梁控制网如图 10-8 所示，A、B 为已知点（无误差），$\alpha_{B3} = 90°$，平差

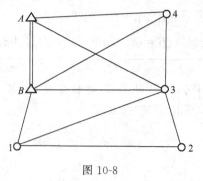

图 10-8

后得 3 号点误差椭圆的 3 个参数分别为：$\varphi_E=30°$，$E=2\sqrt{7}\ \text{mm}$，$F=2\sqrt{3}\ \text{mm}$，$\hat{S}_{B3}=$ 1201.640m，设计要求 $B3$ 边边长相对中误差不低于 $\dfrac{1}{300000}$，问平差后 $\hat{S}_{B3}$ 的精度能否满足要求？

【解析】有两种方法。

第一种：图解法

依据题意，画出误差椭圆（图 10-9，该题是利用 AutoCAD 绘图）。

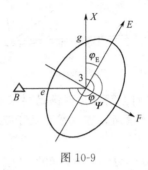

图 10-9

依据公式 $\sigma_{S_{B3}}=Pe=3.741\text{mm}$，则

$$\frac{\hat{\sigma}_{S_{B3}}}{\hat{S}_{B3}}=\frac{3.741}{1201640}=\frac{1}{321222}<\frac{1}{300000}$$

可以满足。

第二种：公式法

由题意，$\alpha_{3B}=270°$，从而 $\Psi=\varphi-\varphi_E=240°$；

又由公式 $\sigma_{\alpha_{3B}}^2=E^2\cos^2\Psi+F^2\sin^2\Psi$，代入已知数据，得 $\sigma_{\alpha_{3B}}=4\text{mm}$，进而

$$\frac{\hat{\sigma}_{S_{B3}}}{\hat{S}_{B3}}=\frac{4}{1201640}=\frac{1}{300410}<\frac{1}{300000}$$

可以满足。

【说明】该题的关键在于掌握并理解相关公式，同时还要对误差椭圆的应用理解透彻。同时，用图解法和公式法都可以，但公式法更加精确。

例 10-9　如图 10-10 所示，P_1 及 P_2 是待定点，且 P_1、P_2 两点间为一山头，某条铁路专用线在此经过，要在两点间开掘隧道，要求在贯通方向和贯通重要方向上的误差不超过 $\pm0.5\text{m}$ 和 $\pm0.25\text{m}$。根据实地勘察，在地形图上设计了专用贯通测量控制网，已知点 A、B、C 及 D，同精度观测了 9 条边长，设 P_1、P_2 点坐标为未知数 $[x_1\ \ y_1\ \ x_2\ \ y_2]^{\mathrm{T}}$，经间接平差算得参数的协因数阵为

$$Q=\begin{bmatrix} 0.3449 & -0.0009 & 0.0597 & -0.0807 \\ & 0.5739 & -0.0798 & 0.1074 \\ \text{对} & & 0.3459 & 0.0221 \\ & \text{称} & & 0.5804 \end{bmatrix}$$

并算得坐标方位角 $\hat{\alpha}_{P_1P_2}=100°$，单位权中误差 $\hat{\sigma}_0=0.53\text{dm}$，试（1）计算 P_1 点的误差椭圆 3 参数；（2）计算 P_2 点的误差椭圆 3 参数；（3）计算 P_1 与 P_2 点间相对误差椭圆 3 参数；

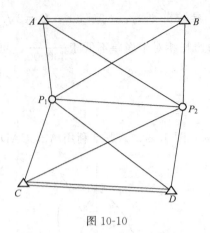

图 10-10

(4) 判断在贯通方向和贯通重要方向上精度是否满足要求？并绘出它们的误差椭圆。

【分析】该题具有典型性，通过该题，可以掌握关于误差椭圆的这类问题。

【解】根据题意，有

$$Q_{x_1x_1}=0.3449, \quad Q_{x_1y_1}=-0.0009, \quad Q_{x_1x_2}=0.0597, \quad Q_{x_1y_2}=-0.0807, \quad Q_{y_1y_1}=0.5739,$$

$$Q_{x_2y_1}=-0.0798, \quad Q_{y_1y_2}=0.1074, \quad Q_{x_2x_2}=0.3459, \quad Q_{x_2y_2}=0.0221, \quad Q_{y_2y_2}=0.5804$$

依据公式(10-14)，代入以上数据，得

$$Q_{\Delta x\Delta x}=Q_{x_1x_1}+Q_{x_2x_2}-2Q_{x_1x_2}=0.5714$$

$$Q_{\Delta y\Delta y}=Q_{y_1y_1}+Q_{y_2y_2}-2Q_{y_1y_2}=0.9395,$$

$$Q_{\Delta x\Delta y}=Q_{y_1y_1}-Q_{x_1y_2}-Q_{x_2y_1}+Q_{x_2x_2}=0.1817$$

(1) 计算 P_1 点误差椭圆 3 参数

$$\tan2\varphi_{01}=\frac{2Q_{x_1y_1}}{Q_{x_1x_1}-Q_{y_1y_1}}=0.007860262, \quad 2\varphi_{01}=0.450350564° 或 180.450350564°，从而$$

$\varphi_{01}=0.225175282°$ 和 $90.225175282°$；由于 $Q_{x_1y_1}=-0.0009<0$，当 $Q_{x_1y_1}\tan\varphi_{01}>0$ 时，取极大值，从而 $\varphi_{E_1}=90.225175282°$ 或 $270.225175282°$，$\varphi_{F_1}=0.225175282°$ 或 $180.225175282°$；进而

$$E_1=\sqrt{\sigma_0^2(Q_{x_1x_1}\cos^2\varphi_{E_1}+Q_{y_1y_1}\sin^2\varphi_{E_1}+Q_{x_1y_1}\sin2\varphi_{E_1})}=0.402\text{dm}$$

$$F_1=\sqrt{\sigma_0^2(Q_{x_1x_1}\cos^2\varphi_{F_1}+Q_{y_1y_1}\sin^2\varphi_{F_1}+Q_{x_1y_1}\sin2\varphi_{F_1})}=0.311\text{dm}$$

(2) 计算 P_2 点误差椭圆 3 参数

依据 $\tan2\varphi_{02}=\dfrac{2Q_{x_2y_2}}{Q_{x_2x_2}-Q_{y_2y_2}}=-0.188486141$，得 $2\varphi_{02}=-10.67422829°+180°$ 或 $-10.67422829°+360°$，从而 $\varphi_{02}=84.66288586°$ 和 $174.66288586°$；由于 $Q_{x_2y_2}=0.0221>0$，当 $Q_{x_1y_1}\tan\varphi_{01}>0$ 时，取极大值，从而 $\varphi_{E_2}=84.66288586°$ 或 $264.66288586°$，$\varphi_{F_2}=174.66288586°$ 或 $354.66288586°$；进而

$$E_2=\sqrt{\sigma_0^2(Q_{x_2x_2}\cos^2\varphi_{E_2}+Q_{y_2y_2}\sin^2\varphi_{E_2}+Q_{x_2y_2}\sin2\varphi_{E_2})}=0.401\text{dm}$$

$$F_2=\sqrt{\sigma_0^2(Q_{x_2x_2}\cos^2\varphi_{F_2}+Q_{y_2y_2}\sin^2\varphi_{F_2}+Q_{x_2y_2}\sin2\varphi_{F_2})}=0.314\text{dm}$$

(3) 计算 P_1、P_2 两点间相对误差椭圆 3 参数

根据公式 (10-15)，代入以上数据，得

$$E^2=\frac{1}{2}\sigma_0^2\left[Q_{\Delta x\Delta x}+Q_{\Delta y\Delta y}+\sqrt{(Q_{\Delta x\Delta x}-Q_{\Delta y\Delta y})^2+4Q_{\Delta x\Delta y}^2}\right]=0.284854972,$$

$$Q_{EE} = E^2 / \sigma_0^2 = 1.014079644, \quad E = 0.534\text{dm}$$

$$F^2 = \frac{1}{2}\sigma_0^2 \left[Q_{\Delta x \Delta x} + Q_{\Delta y \Delta y} - \sqrt{(Q_{\Delta x \Delta x} - Q_{\Delta y \Delta y})^2 + 4Q_{\Delta x \Delta y}^2} \right] = 0.139556838,$$

$$Q_{FF} = 0.496820356, \quad F = 0.374\text{dm}$$

$$\tan\varphi_{E12} = \frac{Q_{EE} - Q_{\Delta x \Delta x}}{Q_{\Delta x \Delta y}} = 2.436321651, \quad \varphi_E = 67.68406459° \text{ 或 } 247.68406459°$$

（4）判断、绘制误差椭圆

在 P_1、P_2 连线的方向即为贯通方向，连线的垂直方向即为贯通重要方向。由 $\hat{\alpha}_{P_1P_2} = 100°$，依据相对误差椭圆的 3 参数，从而算得 $\psi_{P_1P_2} = 32.31593541°$，进而计算出在 P_1、P_2 连线垂直方向的方位角为

$$\psi_{P_1P_2+90°} = 122.31593241°$$

所以，在 P_1、P_2 连线的垂直方向的位差

$$\hat{\sigma}_{\psi+90°} = \sqrt{E^2 \cos^2(\psi_{P_1P_2+90°}) + F^2 \sin^2(\psi_{P_1P_2+90°})} = 0.426\text{dm} > 0.25\text{dm}$$

在 P_1、P_2 连线的方向的位差

$$\hat{\sigma}_{\psi+90°} = \sqrt{E^2 \cos^2(\psi_{P_1P_2}) + F^2 \sin^2(\psi_{P_1P_2})} = 0.493\text{dm} < 0.5\text{dm}$$

可知，在贯通方向满足要求，在贯通重要方向不满足要求；因此需要对网形进行改正。

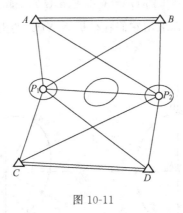

图 10-11

【说明】注意误差椭圆与相对误差椭圆之间的区别；该题中的误差椭圆（图 10-11）是依据 AutoCAD 绘出的。

另外，判断在贯通方向和贯通重要方向的位差大小时，可以在相对误差椭圆上量取长度。

例 10-10 如图 10-12 所示，已知三角网中控制点坐标数据（单位 cm）：A（734820，52380），B（1642420，258380），C（1177910，748300）；待定点 P 的坐标平差值：P（1185469.3，386349.8）；位差极大值 $E = 5.99\text{cm}$，位差极小值 $F = 4.42\text{cm}$，$T = 147°51'00''$。

试依据 Excel 绘制待定点 P 的误差椭圆。

【解析】该题为了展示利用 Excel 绘制误差椭圆的过程，力求详细。

1. 基本思路

利用 Excel 绘制误差椭圆时，基本思路如下。

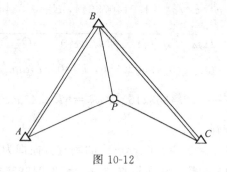

图 10-12

（1）已知数据

三角点坐标、位差极大值 E、极小值 F、极大值方向 T 或 φ_E、误差椭圆的中心点（即待定点）$P(X_P，Y_P)$。

（2）如图 10-13 所示，以极值方向为坐标轴建立直角坐标系 EPF，从 E 轴正方向开始，每隔 30°在椭圆上取特征点，依次记为 0，1，…，11；仍以 P 点为坐标原点建立坐标系 XPY，则 E 轴在坐标系 XPY 中的坐标方位角为 φ_E，特征点 0，1，…，11 在新坐标系中的坐标也发生了变化，然后依据坐标转换公式 $\begin{cases} X_P(i)=x_0+E\cos(i\cdot t)\cos T-F\sin(i\cdot t)\sin T \\ Y_P(i)=y_0+E\cos(i\cdot t)\sin T+F\sin(i\cdot t)\cos T \end{cases}$ ［式中：$i=0，1，…，n-1，t=(360/n)°$］，求出它们在坐标系 XPY 的坐标，然后依次连接即得待定点的点位误差椭圆。

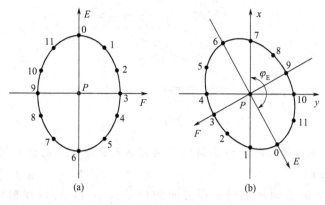

图 10-13

2. 用 Excel 绘制误差椭圆的步骤

（1）打开 Excel 软件，在其中输入已知数据，如图 10-14 所示。

（2）将度分秒转化为度，在单元格 D15 中输入语句 "＝D11＋F11/60＋H11/3600"，回车后即可完成将度分秒形式表示的角值化为度，即 $147°51'00'=147.85°$，如图 10-14 所示。

（3）将三角网中控制点间的比例尺转换为原来的 1/100000，在 C19 中输入语句 "＝C4/100000"，回车，随后激活 C19，将鼠标移到其右下角 "自动填充柄" 黑 "＋" 处，向下拖动鼠标至 C22 复制 C19 语句，即可生成其他点转换后的坐标 x 数据；同样在 D19 中输入语句 "＝D4/100000"，回车，然后利用 "自动填充柄" 也可生成其他点转换后的坐标 y 数据，如图 10-14 所示。

（4）计算误差椭圆上特征点的坐标及格式的设置。在 K5：K17 中输入点号"0，1，…，11，0"，然后在 L5 中输入语句"＝3.863498＋5.99＊COS(PI()＊K5＊30/180)＊SIN(PI()＊147.85/180)＋4.42＊SIN(PI()＊K5＊30/180)＊COS(PI()＊147.85/180)"，回车，然后向下拖动鼠标至 L17 即可得到所有特征点的坐标 y 值；同样在 M5 中输入语句"＝11.854693＋5.99＊COS(PI()＊K5＊30/180)＊COS(PI()＊147.85/180)－4.42＊SIN(PI()＊K5＊30/180)＊SIN(PI()＊147.85/180)"，回车后通过拖动鼠标向下至 M17 也可得到所有特征点的坐标 x 数据。

之后，再在表格区域 L19：M23 和 P5：Q18 中输入相关坐标数据，格式要求每两对坐标之间要隔一行，如图 10-14 所示。

	A	B	C	D	E	F	G	H	I	J	K	L	M	N	O	P	Q
1																	
2		1.已知数据：									4.椭圆上点的坐标及其格式						
3		点名	x	y		单位											
4		A	734820	52380		cm					点号	y坐标	x坐标		点号	y坐标	x坐标
5		B	1642420	258380		cm					0	7.051002406	6.783212382		A'	0.5238	7.3482
6		C	1177910	748300		cm					1	4.752843906	6.286637787		B'	2.5838	16.4242
7		P	1185469.3	386349.8		cm					2	2.216385889	7.282019089				
8											3	0.121270232	9.502644674		B'	2.5838	16.4242
9		位差极大值	E=	5.99		cm					4	-0.971118517	12.35349971		C'	7.483	11.7791
10		位差极小值	F=	4.42		cm					5	-0.768075675	15.07069989				
11		极大值方向	T=	147		°51'0"		误差椭圆上的			6	0.675993594	16.92617362		A'	0.5238	7.3482
12								特征点			7	2.974152094	17.42274821	三角网中	P'	3.863498	11.854693
13		2.化度分秒为度：									8	5.510610111	16.42736691	的控制点			
14		147°51'00"	=	147.85		°					9	7.605725768	14.20674133		B'	2.5838	16.4242
15											10	8.698114517	11.35588629		P'	3.863498	11.854693
16		3.将三角网中控制点间的比例尺变为原来的1/10万									11	8.495071675	8.638686113				
17		点名	x	y		单位					0	7.051002406	6.783212382		C'	7.483	11.7791
18		A'	7.3482	0.5238		cm									P'	3.863498	11.854693
19		B'	16.4242	2.5838		cm					0	7.051002406	6.783212382				
20		C'	11.7791	7.483		cm		坐标轴E			6	0.675993594	16.92617362				
21		P'	11.854693	3.863498		cm		、F上的									
22								点			3	0.121270232	9.502644674				
23											9	7.605725768	14.20674133				

图 10-14

（5）绘制误差椭圆

如图 10-14 所示，步骤如下。

① 先选中表格区域 L5：M17 中的数据，选择菜单"插入""图表"，进入"图表向导-4 步骤之 1"窗口，在"标准类型"中选择"XY 散点图"，在"子图表类型"中选择"无数据点平滑线散点图"，设置完毕。

② 点击"下一步"按钮，进入"图表向导-4 步骤之 2"窗口，选择"系列"选项进入该界面，点击"添加"按钮，再添加系列 2 和系列 3，随后修改系列 1、2、3 的名称以及 X 值和 Y 值。系列 1 的名称改为"误差椭圆"；系列 2 的名称改为"三角点"，其 X 值的范围用鼠标选中表格区域 P5：P18，其 Y 值的范围用鼠标选中表格区域 Q5：Q18；系列 3 的名称改为"误差椭圆长短轴"，其 X 值的范围用鼠标选中表格区域 L19：L23，其 Y 值的范围用鼠标选中表格区域 M19：M23，设置完毕。

③ 点击"下一步"按钮，进入"图表向导-4 步骤之 3"窗口；在"标题"选项中，填写图表标题内容为"绘制误差椭圆"，数值（X）轴的内容为 Y，数值（Y）轴的内容为 X；在"网格线"选项中选中所有主要格网线和次要格网线，设置完毕。

④ 点击"下一步"按钮，进入"图表向导-4 步骤之 4"窗口，点击"完成"，此时即生

成了误差椭圆图；如图 10-15 所示。

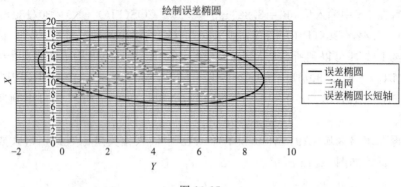

图 10-15

图 10-15 由绘图区和图表区两部分组成，里面是绘图区，外面部分为图表区。从图中可以看到，坐标纵轴与坐标横轴比例尺不同，有碍误差椭圆的直观性和美观性，可以通过如下设置改变：①在 Excel 中，用鼠标单击图表区任意空白部分，图表区边界上出现黑色小方块，将鼠标箭头放到右下角黑色小方块上此时出现斜向左上方的双箭头，按住鼠标左键拖动，改变绘图区的形状，直到坐标轴 E 和 F 垂直即可；②通过设置坐标轴格式，将 x 轴与 y 轴的交点移至 P' 点，再通过设置 E 与 F 轴、主要坐标格网线、次要坐标格网线、误差椭圆、三角网等的格式，将它们分别用不同的图案表示，设置后的误差椭圆如图 10-16 所示。在图上，借助于格网线以及刻度，可以形象而全面地图解出待定点在任意方向的位差分布情况。

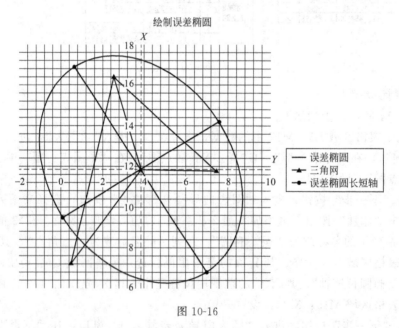

图 10-16

【说明】关于利用 Excel 绘制误差椭圆的步骤，本题给出了详细的过程，读者可以参考。同时，对于误差曲线的绘制，请读者参考文献 [11]、[27]；对于利用 Auto CAD 绘制误差椭圆，请读者参考文献 [26]。

习 题

10-1 在某次测角前方交会测量后，算得待定点 P 的坐标平差值 $\hat{X} = \begin{bmatrix} \hat{X}_P & \hat{Y}_P \end{bmatrix}^{\mathrm{T}}$ 的协因数阵为：

$$Q_{\hat{X}} = \begin{bmatrix} 5 & 0 \\ 0 & 8 \end{bmatrix} (\mathrm{dm}/{''})^2$$

单位权中误差为 $\hat{\sigma}_0 = 2''$，试求该点的点位中误差。

10-2 在某测边网中，算得待定点 P_1 的坐标平差值参数为 $\hat{X} = \begin{bmatrix} \hat{X}_1 & \hat{Y}_1 \end{bmatrix}^{\mathrm{T}}$，其中协因数阵为 $Q_{\hat{X}\hat{X}} = \begin{bmatrix} 2.25 & -0.81 \\ -0.81 & 6.25 \end{bmatrix}$，单位权中误差 $\hat{\sigma}_0 = \sqrt{0.8}\,\mathrm{cm}$；试（1）计算 P_1 点误差椭圆三要素 φ_E、E、F；（2）计算 P_1 点在方位角为 $45°$ 方向上的位差。

10-3 已知某点 P 的坐标平差值的协因数阵为

$$Q_{\hat{P}} = \begin{bmatrix} 6.25 & 0 \\ 0 & 6.25 \end{bmatrix} \mathrm{cm}^2/({''})^2$$

单位权中误差为 $\hat{\sigma}_0 = 1''$，试求该点误差椭圆的 3 个参数，并说明该误差椭圆的形状特点。

10-4 设某平面控制网中已知点 A 与待定点 P 连线的坐标方位角为 $T_{PA} = 75°$，边长 $S_{PA} = 648.12\mathrm{m}$，经平差后算得 P 点误差椭圆参数为 $\varphi_E = 45°$，$E = 4\mathrm{cm}$，$F = 2\mathrm{cm}$，试求边长相对中误差 $\dfrac{\hat{\sigma}_{S_{PA}}}{S_{PA}}$。

10-5 已知某平面控制网中两待定点 P_1 与 P_2 间的边长 $S_{P_1P_2} = 5\mathrm{km}$，已算得两点间横向位差 $\hat{\sigma}_{u_{P_1P_2}} = 0.645\mathrm{dm}$。试求 P_1P_2 方向的坐标方位角中误差 $\hat{\sigma}_{T_{P_1P_2}}$。

10-6 如图 10-17 所示，已知待定点 P_1 和 P_2 之间的距离 $S_{12} = 1031.325\mathrm{m}$，图中 $OD = 1.8\mathrm{cm}$，试求方位角 $\alpha_{P_1P_2}$ 的中误差 $\hat{\sigma}_{\alpha_{P_1P_2}}$。

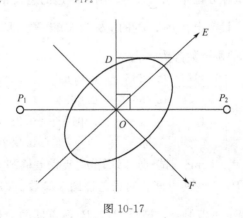

图 10-17

10-7 某一控制网经过间接平差计算后，算得 C、D 两点间的坐标差的协因数阵为

$$\begin{bmatrix} Q_{\Delta\hat{X}\Delta\hat{X}} & Q_{\Delta\hat{X}\Delta\hat{Y}} \\ Q_{\Delta\hat{Y}\Delta\hat{X}} & Q_{\Delta\hat{Y}\Delta\hat{Y}} \end{bmatrix} = \begin{bmatrix} 1.200 & 0.433 \\ 0.433 & 0.700 \end{bmatrix} dm^2/('')^2$$

设单位权中误差 $\hat{\sigma}_0 = 1''$，试（1）求 C、D 两点间的相对误差椭圆参数 $\varphi_{E_{12}}$、E_{12}、F_{12}；（2）若已知 C、D 方向的坐标方位角为 $T_{CD} = 60°$，$S_{CD} = 3.32$km，求 CD 边的边长相对中误差和方位角中误差。

10-8　某一控制网有两个待定点 P_1、P_2，设它们的坐标为未知数，进行间接平差，算得两点坐标平差值的协因数阵为

$$Q_{\hat{X}} = \begin{bmatrix} 1.6 & 0.2 & 1.0 & -0.5 \\ 0.2 & 0.24 & 0.6 & 0.8 \\ 1.0 & 0.6 & 2.1 & -0.3 \\ -0.5 & 0.8 & -0.3 & 2.7 \end{bmatrix}$$

设单位权中误差为 $\hat{\sigma}_0 = \sqrt{2}$ mm 试（1）求 P_1、P_2 两点间相对误差椭圆 3 参数；（2）已知平差后 P_1P_2 边的方位角为 $60°$，计算 P_1P_2 边的纵向误差和横向误差。

10-9　在某测边网中，A、B 是已知点，C、D 是待定点，经间接平差求得 C、D 点坐标的协因数阵为

$$Q_{\hat{X}} = \begin{bmatrix} 0.350 & 0.015 & -0.005 & 0 \\ 0.015 & 0.250 & 0 & 0.020 \\ -0.005 & 0 & 0.200 & 0.010 \\ 0 & 0.020 & 0.010 & 0.300 \end{bmatrix}$$

设单位权中误差 $\hat{\sigma}_0 = 2$cm，试（1）求 C、D 点相对误差椭圆 3 参数；（2）已知方位角 $T_{CD} = 142.5°$，求 C、D 两点的边长中误差 $\hat{\sigma}_{S_{CD}}$。

10-10　某控制网经间接平差后算得 P 点坐标的协因数阵为

$$Q_{\hat{X}} = \begin{bmatrix} 2.10 & -0.25 \\ -0.25 & 1.60 \end{bmatrix} (cm/'')^2$$

单位权方差估值为 $\hat{\sigma}_0^2 = 1.0\,('')^2$，试求：（1）位差的极值方向 φ_E 和 φ_F；（2）位差的极大值 E 和极小值 F；（3）P 点的点位方差；（4）$\psi = 30°$ 方向上的位差；（5）若待定点 P 到已知点 A 的距离为 9.55km，坐标方位角为 $217.5°$，则 AP 边的边长相对中误差为多少？

10-11　在某测边网中，设待定点 P_1、P_2 的坐标为未知参数，即 $\hat{X} = [\hat{x}_1 \quad \hat{y}_1 \quad \hat{x}_2 \quad \hat{y}_2]^T$，采用间接平差法，算得 $\hat{X}$ 的协因数阵为

$$Q_{\hat{X}} = \begin{bmatrix} 0.2677 & 0.1267 & -0.0561 & -0.0806 \\ & 0.7569 & -0.0684 & 0.1626 \\ 对 & & 0.4914 & 0.2106 \\ & 称 & & 0.8624 \end{bmatrix}$$

且单位权方差的估值为 $\hat{\sigma}_0^2 = 4.5$cm^2，试（1）计算 P_1 点误差椭圆 3 参数；（2）计算 P_2 点误差椭圆 3 参数；（3）计算 P_1、P_2 两点间相对误差椭圆 3 参数；（4）已知平差后 P_1P_2 边的方位角为 $\hat{\sigma}_{12} = 90°$，边长 $\hat{S}_{12} = 2.4$km，试求 P_1、P_2 两点间的边长相对中误差和坐标方位角中误差。

10-12 在某次测量中，需要对某控制网进行加密，因此由 A、B、C 三点向待定点 D 点进行了同精度观测，设 D 点坐标 $\hat{X} = \begin{bmatrix} \hat{X}_P & \hat{X}_P \end{bmatrix}^T$（如图 10-18 所示），观测了 6 个角度，观测精度为 σ_β。平差后得到 $\hat{X}$ 的协因数阵为 $Q_{\hat{X}\hat{X}} = \begin{bmatrix} 1.5 & 0 \\ 0 & 2.0 \end{bmatrix} \text{cm}^2/('')^2$，且单位权中误差 $\hat{\sigma}_0 = 1.0 \text{cm}$。已知 BD 边边长约为 300m，AD 边边长约为 220m，方位角 $\alpha_{AB} = 90°$，平差后角度 $L_1 = 30°00'00''$，试求测角中误差 σ_β。

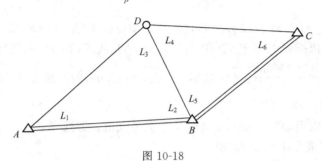

图 10-18

解析答案

10-1 【解析】由题意，得

$$Q_{\hat{X}_P}=5, Q_{\hat{Y}_P}=8$$

则由公式 $\hat{\sigma}^2=\hat{\sigma}_0^2 Q$、$\hat{\sigma}_P^2=\hat{\sigma}_{X_P}^2+\hat{\sigma}_{Y_P}^2$ 可得，$\hat{\sigma}_P=\hat{\sigma}_0\sqrt{Q_{\hat{X}_P}+Q_{\hat{Y}_P}}=2\times\sqrt{5+8}=7.211\text{dm}$。

10-2 【解析】依据表 10-3 和式(10-4)、式(10-5) 或式(10-6) 来进行计算。

由公式 $\tan2\varphi_0=\dfrac{-2\times0.81}{-4}=0.405$，得 $2\varphi_0=22.047946°$ 或 $202.047946°$，所以 $\varphi_0=11.02397373°$ 或 $101.02397373°$。

由于 $Q_{\hat{X}_1\hat{Y}_1}<0$，所以当 $Q_{\hat{X}_1\hat{Y}_1}\tan\varphi_0>0$ 时位差取极大值，即选择 $\varphi_0=101.02397373°$，所以 $\varphi_E=101.02397373°$ 或 $281.02397373°$。

依据公式 $E=\sqrt{\sigma_0^2\ (Q_{xx}\cos^2\varphi_E+Q_{yy}\sin^2\varphi_E+Q_{xy}\sin2\varphi_E)}$，得 $E=2.264\text{dm}$；同理，$F=1.294\text{dm}$。

进而得 $\sigma_{\varphi=45°}=\sqrt{\sigma_0^2\ (Q_{xx}\cos^2\varphi_E+Q_{yy}\sin^2\varphi_E+Q_{xy}\sin2\varphi_E)}=1.659\text{dm}$，即在 $45°$ 方向上的位差。

10-3 【解析】由题意，根据公式

$$Q_\varphi=Q_{xx}\cos^2\varphi+Q_{yy}\sin^2\varphi+Q_{xy}\sin2\varphi$$

得 $Q_\varphi=12.5\ (\text{cm}/'')^2$，为常数。

由于 φ 的取值范围为 $0°\sim360°$，但在该题中 Q_φ 的取值与 φ 无关，从而 $\varphi_E=0°\sim360°$；进而可得 $E=F=3.5355\text{cm}$，误差椭圆为圆形。

10-4 【解析】由题意，$\Psi=T_{PA}-\varphi_E=30°$，采用公式 $\sigma_\Psi^2=E^2\cos^2\Psi+F^2\sin^2\Psi$ 计算，代入已知数据，从而可得

$$\hat{\sigma}_{S_{PA}}=\sigma_\Psi=\sqrt{E^2\cos^2\Psi+F^2\sin^2\Psi}=\sqrt{13}\text{cm}=3.60555\text{cm}$$

从而可得，边长相对中误差 $\dfrac{\hat{\sigma}_{S_{PA}}}{S_{PA}}=\dfrac{3.60555\text{cm}}{64812\text{cm}}=\dfrac{1}{17976}$

10-5 【解析】要明白：横向位差是指与 P_1、P_2 连线方向垂直的方向的位差。根据坐标方位角中误差公式 $\sigma_{T_{P_1P_2}}=\rho''\dfrac{Pg}{S_{P_1P_2}}=\rho''\dfrac{\sigma_{u_{P_1P_2}}}{S_{P_1P_2}}$，代入已知数据，可得

$$\hat{\sigma}_{T_{P_1P_2}}=2.66''$$

10-6 【解析】根据坐标方位角中误差公式 $\sigma_{\alpha_{P_1P_2}}=\rho''\dfrac{OD}{S_{12}}$，代入已知数据，可得

$$\hat{\sigma}_{\alpha_{P_1P_2}}=3.6''$$

10-7 【解析】(1) 由题意，依据公式 (10-15)，代入已知数据，计算可得

$$E_{12}^2=\frac{1}{2}\sigma_0^2\left[Q_{\Delta\hat{x}\Delta\hat{x}}+Q_{\Delta\hat{y}\Delta\hat{y}}+\sqrt{(Q_{\Delta\hat{x}\Delta\hat{x}}-Q_{\Delta\hat{y}\Delta\hat{y}})^2+4Q_{\Delta\hat{x}\Delta\hat{y}}^2}\right]=2.900$$

$$F_{12}^2=\frac{1}{2}\sigma_0^2\left[Q_{\Delta\hat{x}\Delta\hat{x}}+Q_{\Delta\hat{y}\Delta\hat{y}}-\sqrt{(Q_{\Delta\hat{x}\Delta\hat{x}}-Q_{\Delta\hat{y}\Delta\hat{y}})^2+4Q_{\Delta\hat{x}\Delta\hat{y}}^2}\right]=0.900$$

$$\tan 2\varphi_{012} = \frac{2Q_{\Delta\hat{x}\Delta\hat{y}}}{Q_{\Delta\hat{x}\Delta\hat{x}} - Q_{\Delta\hat{y}\Delta\hat{y}}} = 1.732, 2\varphi_{012} = 60°\text{或}240°, \varphi_{012} = 30°\text{或}120°$$

由于 $Q_{\Delta\hat{x}\Delta\hat{y}} = 0.433 > 0$，依据表 10-3，当 $Q_{\Delta\hat{x}\Delta\hat{y}}\tan\varphi_{012} > 0$ 时位差取极大值，则 φ_{012} 位于一、三象限，即 $\varphi_{012} = 30°$ 或 $210°$，从而有

$$\varphi_{E_{12}} = 30°\text{或}210°, E_{12} = 1.70\text{dm}, F_{12} = 0.95\text{dm}$$

（2）已知 $T_{CD} = 60°$，则 $\psi_{CD} = 30°$，则

由公式 $\sigma_{S_{CD}}^2 = \sigma_{\psi_{CD}}^2 = E_{12}^2 \cos^2\psi_{CD} + F_{12}^2 \sin^2\psi_{CD}$，代入已知数据 $\sigma_{S_{CD}}^2 = 2.4$，进而

$$\frac{\sigma_{S_{CD}}}{S_{CD}} = \frac{1.54919}{3.32 \times 10000} = \frac{1}{21430}$$

易得 CD 垂直方向的角为 $\psi_{CD+90°} = 120°$，则该方向的位差

$$\sigma_{\psi=120°}^2 = E_{12}^2 \cos^2\psi_{120°} + F_{12}^2 \sin^2\psi_{120°} = 1.4$$

进而 $\sigma_{\alpha_{CD}} = \rho'' \dfrac{\sigma_{\psi=120°}}{S_{CD}} = 206265 \times \dfrac{1.1832}{3.32 \times 10000} = 7.35''$。

10-8 【解析】根据题意，有

$$Q_{x_1 x_1} = 1.6, \quad Q_{x_1 y_1} = 0.2, \quad Q_{x_1 x_2} = 1.0, \quad Q_{x_1 y_2} = -0.5, \quad Q_{y_1 y_1} = 2.4$$
$$Q_{x_2 y_1} = 0.6, \quad Q_{y_1 y_2} = 0.8, \quad Q_{x_2 x_2} = 2.1, \quad Q_{x_2 y_2} = -0.3, \quad Q_{y_2 y_2} = 2.7$$

依据公式（10-14），代入以上数据，得

$$Q_{\Delta x \Delta x} = Q_{x_1 x_1} + Q_{x_2 x_2} - 2Q_{x_1 x_2} = 1.7$$
$$Q_{\Delta y \Delta y} = Q_{y_1 y_1} + Q_{y_2 y_2} - 2Q_{y_1 y_2} = 3.5$$
$$Q_{\Delta x \Delta y} = Q_{x_1 y_1} - Q_{x_1 y_2} - Q_{x_2 y_1} + Q_{x_2 y_2} = -0.2$$

（1）计算 P_1、P_2 两点间相对误差椭圆 3 参数

由以下公式，代入数据得

$$E_{12}^2 = \frac{1}{2}\sigma_0^2 \left[Q_{\Delta x \Delta x} + Q_{\Delta y \Delta y} + \sqrt{(Q_{\Delta x \Delta x} - Q_{\Delta y \Delta y})^2 + 4Q_{\Delta x \Delta y}^2} \right] = 7.04391$$

$$F_{12}^2 = \frac{1}{2}\sigma_0^2 \left[Q_{\Delta x \Delta x} + Q_{\Delta y \Delta y} - \sqrt{(Q_{\Delta x \Delta x} - Q_{\Delta y \Delta y})^2 + 4Q_{\Delta x \Delta y}^2} \right] = 3.35609$$

$$\tan 2\varphi_{012} = \frac{2Q_{\Delta x \Delta y}}{Q_{\Delta x \Delta x} - Q_{\Delta y \Delta y}} = 0.22222, \quad \varphi_{012} = 6.2644°$$

依据表 10-3，$Q_{\Delta x \Delta y} = -0.2 < 0$，当 $Q_{\Delta x \Delta y}\tan\varphi_{012} > 0$ 时位差取极大值，则 φ_{012} 在第二、四象限取值，进而可得

$$\varphi_{E_{12}} = 96.2644°\text{或}276.2644°, E = 2.654\text{mm}, F = 1.832\text{mm}$$

（2）由题意，平差后 P_1P_2 边的方位角为 $60°$，其垂直方向与其相差 $90°$，设为 $150°$，则由 $\psi_{12} = \varphi_{12} - \varphi_{E_{12}}$，$\psi_{12}$ 位于 $0° \sim 360°$，则其纵向取值应为 $\psi_S = 323.7356°$，横向取值为 $\psi_u = 53.7356°$；由公式 $\sigma_{\psi_{12}}^2 = E_{12}^2 \cos^2\psi_{12} + F_{12}^2 \sin^2\psi_{12}$，代入数据得

$$\sigma_S = 2.399\text{mm}, \ \sigma_u = 2.156\text{mm}$$

10-9 【解析】（1）设 C、D 两点坐标平差值分别为 $(\hat{x}_C, \hat{y}_C)$、$(\hat{x}_D, \hat{y}_D)$，则根据题意，有

$$Q_{\hat{x}_C \hat{x}_C} = 0.350, \quad Q_{\hat{x}_C \hat{y}_C} = 0.015, \quad Q_{\hat{x}_C \hat{x}_D} = -0.005, \quad Q_{\hat{x}_C \hat{y}_D} = 0, \quad Q_{\hat{y}_C \hat{y}_C} = 0.250$$
$$Q_{\hat{y}_C \hat{x}_D} = 0, \quad Q_{\hat{y}_C \hat{y}_D} = 0.020, \quad Q_{\hat{x}_D \hat{x}_D} = 0.200, \quad Q_{\hat{x}_D \hat{y}_D} = 0.010, \quad Q_{\hat{y}_D \hat{y}_D} = 0.300$$

依据公式（10-14），代入以上数据，得

$$Q_{\Delta x \Delta x} = Q_{\hat{x}_C \hat{x}_C} + Q_{\hat{x}_D \hat{x}_D} - 2Q_{\hat{x}_C \hat{x}_D} = 0.56$$

$$Q_{\Delta y\Delta y}=Q_{\hat{y}_C\hat{y}_C}+Q_{\hat{y}_D\hat{y}_D}-2Q_{\hat{y}_C\hat{y}_D}=0.59$$

$$Q_{\Delta x\Delta y}=Q_{\hat{x}_C\hat{y}_C}-Q_{\hat{x}_C\hat{y}_D}-Q_{\hat{x}_D\hat{y}_C}+Q_{\hat{x}_D\hat{y}_D}=0.025$$

从而，利用以下公式，并代入数据得

$$E_{CD}^2=\frac{1}{2}\sigma_0^2\left[Q_{\Delta x\Delta x}+Q_{\Delta y\Delta y}+\sqrt{(Q_{\Delta x\Delta x}-Q_{\Delta y\Delta y})^2+4Q_{\Delta x\Delta y}^2}\right]=2.41662$$

$$F_{CD}^2=\frac{1}{2}\sigma_0^2\left[Q_{\Delta x\Delta x}+Q_{\Delta y\Delta y}-\sqrt{(Q_{\Delta x\Delta x}-Q_{\Delta y\Delta y})^2+4Q_{\Delta x\Delta y}^2}\right]=2.18338$$

$$Q_{EE}=E_{CD}^2/\sigma_0^2=0.60415,\quad \tan\varphi_{E_{CD}}=\frac{Q_{\Delta x\Delta y}}{Q_{EE}-Q_{\Delta y\Delta y}}=1.76678$$

因此 $\varphi_{E_{CD}}=60.49°$ 或 $240.49°$，$E_{CD}=1.55\text{cm}$，$F_{CD}=1.48\text{cm}$；

（2）已知 $T_{CD}=142.5°$，$\varphi_{E_{CD}}=60.49°$，从而 $\psi_{CD}=142.5°-60.49°=82.01°$，因此，依据公式 $\sigma_{S_{CD}}^2=E_{CD}^2\cos^2\Psi_{CD}+F_{CD}^2\sin^2\Psi_{CD}$，代入数据得

$$\hat{\sigma}_{S_{CD}}=1.48\text{cm}$$

10-10 【解析】（1）设 P 点坐标平差值为（$\hat{x}$，$\hat{y}$），则

$$Q_{\hat{x}\hat{x}}=2.10,\quad Q_{\hat{y}\hat{y}}=1.60,\quad Q_{\hat{x}\hat{y}}=-0.25$$

从而，由公式（10-4），得 $\tan 2\varphi_0=-1$，$2\varphi_0=135°$ 或 $315°$，$\varphi_0=67.5°$ 或 $157.5°$；已知 $Q_{\hat{x}\hat{y}}=-0.25<0$，当 $Q_{\hat{x}\hat{y}}\tan\varphi_0>0$ 时，位差取极大值，此时 φ_0 位于二、四象限，从而 $\varphi_E=157.5°$ 或 $337.5°$，$\varphi_F=67.5°$ 或 $247.5°$。

（2）利用相应公式，代入数据则得 $E=1.48\text{cm}$，$F=1.22\text{cm}$。

（3）知 $\varphi_x=0°$，$\varphi_y=90°$；利用式（10-2）和式（10-5），代入相应数据，则得 $\sigma_x=1.45\text{cm}$，$\sigma_y=1.26\text{cm}$，从而 $\hat{\sigma}_P=1.92\text{cm}$。

（4）利用公式 $\sigma_\psi^2=E^2\cos^2\psi+F^2\sin^2\psi$，并代入相应数据，则得 $\hat{\sigma}_{\varphi=30°}=1.42\text{cm}$。

（5）已知坐标方位角 $\alpha_{PA}=217.5°$，$\psi_{PA}=217.5°-157.5°=60°$，因此，依据公式 $\sigma_{S_{PA}}^2=E^2\cos^2\Psi_{PA}+F^2\sin^2\Psi_{PA}$，代入数据得 $\sigma_{S_{PA}}=1.2899\text{cm}$；则

$$\frac{\hat{\sigma}_{S_{PA}}}{S_{PA}}=\frac{1.2899}{9.55\times100000}=\frac{1}{740367}$$

10-11 【解析】根据题意，有

$$Q_{x_1x_1}=0.2677, Q_{x_1y_1}=0.1267, Q_{x_1x_2}=-0.0561, Q_{x_2x_2}=0.4914, Q_{x_2y_1}=-0.0684$$

$$Q_{y_1y_1}=0.7569, Q_{y_2y_2}=0.8624, Q_{y_1y_2}=0.1626, Q_{x_1y_2}=-0.0806, Q_{x_2y_2}=0.2106$$

依据公式（10-14），代入以上数据，得

$$Q_{\Delta x\Delta x}=Q_{x_1x_1}+Q_{x_2x_2}-2Q_{x_1x_2}=0.5905$$

$$Q_{\Delta y\Delta y}=Q_{y_1y_1}+Q_{y_2y_2}-2Q_{y_1y_2}=1.2941$$

$$Q_{\Delta x\Delta y}=Q_{x_1y_1}-Q_{x_1y_2}-Q_{x_2y_1}+Q_{x_2y_2}=0.4863$$

（1）计算 P_1 点误差椭圆 3 参数

$$\tan 2\varphi_{01}=\frac{2Q_{x_1y_1}}{Q_{x_1x_1}-Q_{y_1y_1}}=-0.517988552,\quad 2\varphi_{01}=-28°40'34''$$

由于 φ_{01} 位于 $0°\sim360°$ 之间，所以 $2\varphi_{01}=331°19'26''$ 和 $151°19'26''$，从而 $\varphi_{01}=165°39'43''$ 和 $75°39'43''$；由于 $Q_{x_1y_1}=0.1267>0$，当 $Q_{x_1y_1}\tan\varphi_{01}>0$ 时，取极大值，从而 $\varphi_{E_1}=75°39'43''$ 或 $255°39'43''$，$\varphi_{F_1}=165°39'43''$ 或 $345°39'43''$；进而

$$E_1 = \sqrt{\sigma_0^2 \left(Q_{x_1 x_1} \cos^2 \varphi_{E_1} + Q_{y_1 y_1} \sin^2 \varphi_{E_1} + Q_{x_1 y_1} \sin 2\varphi_{E_1} \right)} = 1.88\,\text{cm},$$

$$F_1 = \sqrt{\sigma_0^2 \left(Q_{x_1 x_1} \cos^2 \varphi_{F_1} + Q_{y_1 y_1} \sin^2 \varphi_{F_1} + Q_{x_1 y_1} \sin 2\varphi_{F_1} \right)} = 1.03\,\text{cm};$$

（2）计算 P_2 点误差椭圆 3 参数

$$\tan 2\varphi_{02} = \frac{2 Q_{x_2 y_2}}{Q_{x_2 x_2} - Q_{y_2 y_2}} = -1.135309973, \quad 2\varphi_{02} = -50°55'15''$$

从而 $\varphi_{02} = 64°32'22''$ 和 $154°32'22''$；由于 $Q_{x_2 y_2} = 0.2106 > 0$，当 $Q_{x_1 y_1} \tan \varphi_{01} > 0$ 时，取极大值，从而 $\varphi_{E_2} = 64°32'22''$ 或 $244°32'22''$，$\varphi_{F_2} = 154°32'22''$ 或 $334°32'22''$；进而

$$E_2 = \sqrt{\sigma_0^2 \left(Q_{x_2 x_2} \cos^2 \varphi_{E_2} + Q_{y_2 y_2} \sin^2 \varphi_{E_2} + Q_{x_2 y_2} \sin 2\varphi_{E_2} \right)} = 2.08\,\text{cm}$$

$$F_2 = \sqrt{\sigma_0^2 \left(Q_{x_2 x_2} \cos^2 \varphi_{F_2} + Q_{y_2 y_2} \sin^2 \varphi_{F_2} + Q_{x_2 y_2} \sin 2\varphi_{F_2} \right)} = 1.34\,\text{cm}$$

（3）计算 P_1、P_2 两点间相对误差椭圆 3 参数

根据公式（10-15），代入以上数据，得

$$E^2 = \frac{1}{2}\sigma_0^2 \left[Q_{\Delta x \Delta x} + Q_{\Delta y \Delta y} + \sqrt{(Q_{\Delta x \Delta x} - Q_{\Delta y \Delta y})^2 + 4 Q_{\Delta x \Delta y}^2} \right] = 6.94129, \quad Q_{EE} = 1.5425,$$

$E = 2.635\,\text{cm}$

$$F^2 = \frac{1}{2}\sigma_0^2 \left[Q_{\Delta x \Delta x} + Q_{\Delta y \Delta y} - \sqrt{(Q_{\Delta x \Delta x} - Q_{\Delta y \Delta y})^2 + 4 Q_{\Delta x \Delta y}^2} \right] = 0.68418, \quad Q_{FF} =$$

0.342091，$F = 1.241\,\text{cm}$

$$\tan \varphi_{E_{12}} = \frac{Q_{EE} - Q_{\Delta x \Delta x}}{Q_{\Delta x \Delta y}} = 1.957639317, \quad \varphi_E = 65°54'43'' \text{ 或 } 245°54'43''$$

（4）采用图解法

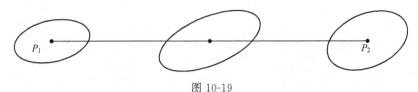

图 10-19

如图 10-19 所示，中间的椭圆为相对误差椭圆。通过图解法量出边长相对中误差 $\hat{\sigma}_{S_{12}} = 2.094\,\text{cm}$，其垂直方向位差 $1.331\,\text{cm}$，从而得

$$\frac{\hat{\sigma}_{S_{12}}}{S_{12}} = \frac{2.094}{240000} = \frac{1}{114613}, \quad \hat{\sigma}_{T_{12}} = \rho'' \frac{Pg}{S_{12}} = 206265'' \times \frac{1.331}{240000} = 1.144''$$

10-12 【解析】该题综合性比较强。要求测角中误差，由于所有的角度精度相同，也就是求 L_1 的中误差，怎么求呢？根据题意，依据误差椭圆可以求得 DA 的坐标方位角中误差，由于 AB 是已知的，所以 DA 的坐标方位角中误差就是 L_1 的中误差，从而问题转化为求 DA 坐标方位角中误差。

由题意，可知

$$\tan 2\varphi_0 = \frac{2 Q_{xy}}{Q_{xx} - Q_{yy}} = 0$$

所以 $2\varphi_0 = 0°$ 或 $180°$，$\varphi_0 = 0°$ 或 $90°$；又 $Q_{xx} < Q_{yy}$，根据表 10-3，得 $\varphi_E = 90°$ 或 $270°$。
进而依据公式（10-5），代入相应数据，得

$$Q_{\varphi_E} = Q_{xx} \cos^2 \varphi_E + Q_{yy} \sin^2 \varphi_E + Q_{xy} \sin 2\varphi_E = 2.0$$

已知 $\hat{\sigma}_0 = 1.0\text{cm}$，进而可得

$$E^2 = 2.0\text{cm}^2, \quad F^2 = 1.5\text{cm}^2$$

又 DA 的坐标方位角 $\alpha_{DA} = \alpha_{AB} - L_1 + 180° = 240°$，由协方差传播律得

$$\sigma_{\alpha_{DA}} = \sigma_{L_1}$$

设 DA 垂直方向的坐标方位角为 $\alpha_{DA} + 90° = 330°$，再由公式 $\sigma''_{\alpha_{DA}} = \rho'' \dfrac{Pg}{S_{DA}} = \rho'' \dfrac{\sigma_{\alpha_{PA}+90°}}{S_{DA}}$，得

$$Q_{\varphi=330°} = Q_{xx}\cos^2 330° + Q_{yy}\sin^2 330° + Q_{xy}\sin(2 \times 330°) = 1.625, \quad \sigma^2_{\varphi=330°} = 1.625$$

所以

$$\sigma''_{\alpha_{DA}} = \rho'' \frac{\sigma_{\alpha_{DA}+90°}}{S_{DA}} = 206265 \times \frac{\sqrt{1.625}}{22000} = 11.95''$$

即测角中误差为

$$\sigma_{\beta} = \sigma_{L_1} = \sigma_{\alpha_{DA}} = 11.95''$$

附录 1　必要观测数 t 的确定方法

在一个平差问题中，必要观测数 t 的确定是非常重要的，无论采用哪一种平差方法，都需要首先确定必要观测数。必要观测数取决于该平差问题本身的性质，与观测值的总数没有关系。下面将就不同形式的几何模型分别介绍如下：水准网（包括三角高程网），三角网（测角网、测边网和边角网），导线网，测站平差，GNSS 网，以坐标为观测值的平差。

一、水准网（包括三角高程网）

水准网（包括三角高程网，下同）平差的目的主要是确定网中各待定点的高程（包括相对高程、绝对高程）平差值。

水准网包括两种：一种是具有已知点的水准网，一种是不具有已知点的水准网。

如图 f-1 所示的水准网，有 4 个已知水准点，2 个待定点，观测了 6 段高差。从图中可以看出，要确定 E 和 F 点高程，必须观测两个观测值，如 h_1 和 h_5，或 h_4 和 h_3 等。可见，在具有已知点的水准网中，必要观测数 t 就等于待定点的个数。

所以图 f-1 中，必要观测数 $t=2$，而条件方程个数 $r=n-t=6-2=4$ 个。

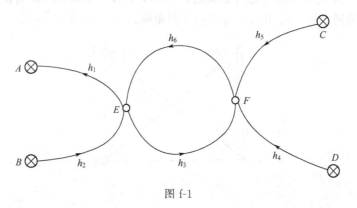

图 f-1

如果水准网中没有已知点，即每个点都是待定点，这时，只能确定网中各点之间的高差（或相对高程）。如图 f-2 的水准网，网中没有已知水准点，这时通过平差计算，只能确定各点的高差，这样，只要观测三个观测值就行了，如 h_1、h_2 和 h_4，或 h_4、h_5 和 h_6。可见，在没有已知点的水准网中，必要观测数等于网中待定点的个数减去 1。

所以图 f-2 中，必要观测数 $t=4-1=3$，而条件方程个数 $r=6-3=3$。

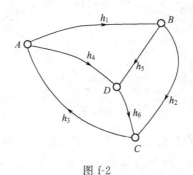

图 f-2

二、三角网（测角、测边和边角同测三角网）

建立三角网的目的是要求网中各待定点在统一坐标系或某一局部坐标系中的坐标。

根据观测量的不同，三角网分为测角三角网、测边三角网和边角同测三角网。测角三角网中观测量为角度，测边三角网中观测量为边长，而边角同测三角网中的观测量既有边长也有角度。

下面分别讨论各种三角网必要观测数 t 和多余观测数 r 的确定方法。

1. 测角三角网

在测角三角网中，如果只有角度（如观测了网中所有角度），则只能确定网的形状。为了确定其大小和在坐标系中的位置，则需要四个起算数据，其中最少应有一个已知点的坐标，另外两个可以是另一个已知点的坐标，或者是一个已知边长和已知方位角。这四个起算数据称为测角三角网的必要起算数据。

在测角网中，如果已知起算数据的个数≥4时，则该网就能确定待定点的坐标；当已知起算数据的个数<4时，只能确定其形状（这里规定形状和大小都能确定时也归为该种情况，大小确定的网只是形状的一种状态）。

当网中仅有或少于上述 4 个必要起算数据时，称为独立测角网或自由测角网。除了必要起算数据之外，网中还有多余的起算数据时，则称为非独立测角网或附合测角网。如图 f-3、图 f-4 为独立测角网，图 f-5、图 f-6 为非独立测角网。

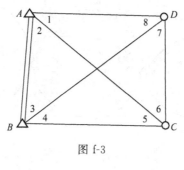

图 f-3

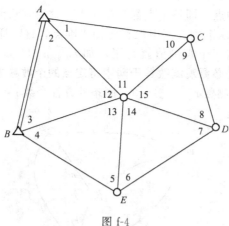

图 f-4

在图 f-4 中，有 A、B 两点相邻接的一个已知点组，其中共有 6 个起算数据，即 A、B 两点的坐标（x_A，y_A；x_B，y_B）和边长 S_{AB}、方位角 T_{AB}，但这 6 个元素之间存在着两个确定的函数关系。例如，B 点的坐标可以由 A 点的坐标和 S_{AB}、T_{AB} 推算而得，或者说

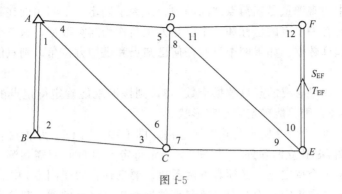

图 f-5

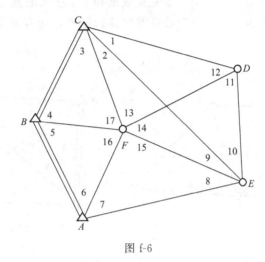

图 f-6

S_{AB} 和 T_{AB} 可以由 AB 两点的坐标反算而得。因此在这 6 个起算数据中，只有 4 个是独立的起算数据。它们可以是①A、B 两点的坐标，②A 或 B 点的坐标以及 AB 的边长和方位角。所以，要记住：对于图 f-4 中 A、B 两点确定的已知点组，在测角网中规定其为 4 个必要起算数据。

同样图 f-6 中，有 A、B、C 相连的一个已知点组，其中共有 10 个起算数据，即三个点的 6 个坐标值及边长和方位角各 2 个。但其中只有 6 个独立的起算数据，它们是①三个点的坐标；②任意两点的坐标（例如，A、B 两点的坐标）以及 BC 的边长和方位角；③任意一个点的坐标（例如，A 点的坐标）以及 AB、BC 边的边长和方位角。

现在讨论测角网中必要观测数 t 的确定。

设网中点的总个数为 p，网中除了 4 个必要的起算数据外，还有 q 个多余的独立起算数据，则必要观测数 t 为

$$t=2(p-2)-q=2p-q-4$$

可得：

图 f-3 中，$n=8$，$p=4$，$q=0$，故 $t=4$，则 $r=4$；

图 f-4 中，$n=15$，$p=6$，$q=0$，则 $t=8$，$r=7$；

图 f-5 中，$n=12$，$p=6$，$q=2$，则 $t=6$，$r=6$；

图 f-6 中，$n=17$，$p=6$，$q=2$，则 $t=6$，$r=11$。

2. 测边三角网

测边三角网中的观测量是三角点之间的边长。为了确定一个测边网在某一坐标系中的位置和方向，至少要有一个点的坐标和一个已知方位角作为起算数据，这三个起算数据称为测边三角网的必要起算数据。如果网中没有任何已知点和已知方位角，则只能由观测边长确定网的大小和形状。

在测边网中，如果必要的起算数据个数≥3，则该网就能确定待定点的坐标；如果必要的起算数据个数<3，则只能确定大小和形状。

如图 f-7、图 f-8、图 f-9 所示为独立测边网，图 f-10、图 f-11 为非独立测边网。对于独立测边网而言（图 f-8 独立网除外），如图 f-9 确定待定点 B 时，只需观测一条边。确定其余待定点时，每确定一个待定点，必须观测两条边。要记住：对于图 f-8 中 A、B 两点确定的已知点组，在测边网中规定其为 3 个必要起算数据和 1 个多余的独立起算数据。

设网中点的总个数为 p，除了三个必要的起算数据外，还有 q 个多余的独立起算数据，则必要观测个数为

$$t = 2p - q - 3$$

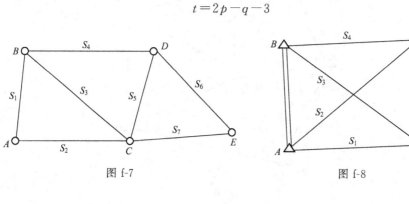

图 f-7   图 f-8

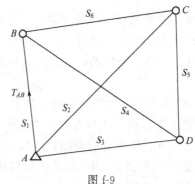

图 f-9

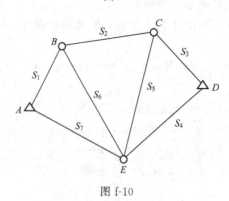

图 f-10

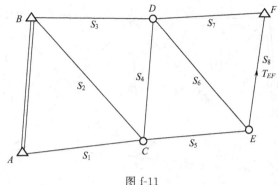

图 f-11

在图 f-8 中，A、B 两个相邻已知点间的已知边长 S_{AB}，在计算其必要观测数时，既可以看成是观测边，也可以将其看成是多余的起算数据，但两者仅选其一，所以，该网中 $t = 2 \times 4 - 1 - 3 = 4$。

可得：

图 f-7 中，$n=7$，$p=5$，$q=0$，故 $t=7$，则 $r=0$；

图 f-8 中，$n=5$，$p=4$，$q=1$，故 $t=4$，则 $r=1$；

图 f-9 中，$n=6$，$p=4$，$q=0$，故 $t=5$，则 $r=1$；

图 f-10 中，$n=7$，$p=5$，$q=1$，故 $t=6$，则 $r=1$；

图 f-11 中，$n=8$，$p=6$，$q=4$，故 $t=5$，则 $r=3$。

3. 边角三角网

边角三角网是在网中既有角度观测值又有边长观测值的三角网。它和测边网一样，必要起算数据是一个点的坐标和一条边的方位角。当网中仅有或少于必要起算数据时，称为独立边角网；当网中有多余的起算数据时，则称为非独立边角网。如图 f-12、图 f-13 为独立边角网，图 f-14 为非独立边角网。在图 f-12 中，观测了全部角度和边长，图 f-13 中观测了全部边长和部分角度，图 f-14 中观测了全部角度和部分边长。

边角网的必要观测数 t，仍可用式 $t = 2p - q - 3$ 来确定。

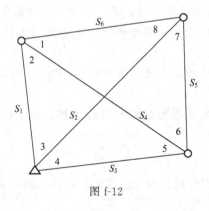

图 f-12

可得：

图 f-12 中，$n=14$，$p=4$，$q=0$，故 $t=5$，$r=9$；

图 f-13 中，$n=16$，$p=6$，$q=1$，则 $t=8$，$r=8$；

图 f-14 中，$n=18$，$p=6$，$q=2$，则 $t=7$，$r=11$。

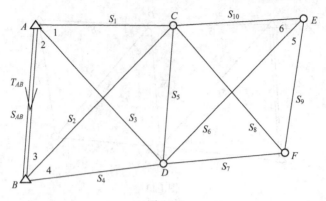

图 f-13

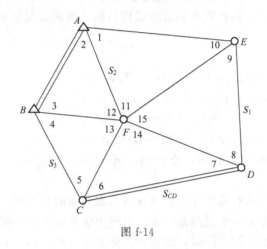

图 f-14

三、导线网

导线测量平差计算的主要目的，是要确定各待定导线点在平面坐标系中的坐标平差值。

在图 f-15 中的单一附合导线中，M、A、B 和 N 是已知点，C、D、E、F、G、H 和 I 是待定点，为了确定一个待定点的坐标，必须观测一个转折角和一条边长，即有两个必要观测。例如，为了求得 C 点的坐标，需要观测角 β_1 和丈量边长 S_1，所以在导线测量中，必要观测数为待定点个数的 2 倍。

可得，如图 f-15 所示的导线，必要观测个数 $t=2 \times 7=14$，而多余观测的个数 $r=17-14=3$。

不难看出，对于图 f-15 所示类型的**单一导线**而言，**无论待定点个数有多少，其条件方程的个数总是等于 3。**

四、测站平差

在一个测站上，水平角观测后，做测站平差的主要目的，是确定各未知方向的最或然方向值。

例如，在图 f-16 中，AB 和 CD 为已知坐标方位角的固定方向，为了确定未知方向 BD，只要进行一个观测就行了，以后每增加一个未知方向就要增加一个观测，所以**在有已知方向的测站上，必要观测的个数就等于未知方向的个数。**

可得，图 f-16 中必要观测个数 $t=2$，所以条件方程个数 $r=5-2=3$。

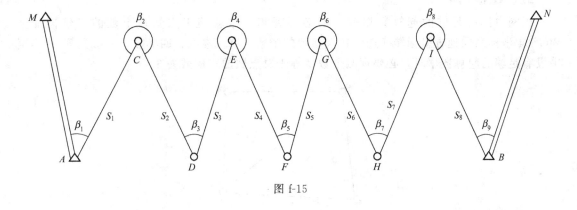

图 f-15

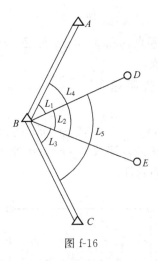

图 f-16

如测站上都是待定方向时,通过测站平差只能确定各方向之间的相对关系。为了确定图 f-17 中 4 个未知方向的相对关系,只要观测三个角度就够了,例如观测 L_1,L_2 或 L_3,或 L_1,L_5 和 L_6 等,就可以把这 4 个方向联系起来了。所以**在没有已知方向的测站上,必要观测的个数等于全部未知方向数减去 1**。

可得图 f-17 中的必要观测个数 $t = 4 - 1 = 3$,而条件方程个数 $r = 6 - 3 = 3$。

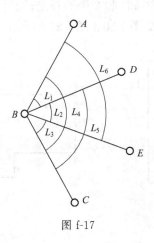

图 f-17

五、GNSS 网

当网中具有足够的起算数据时，则必要观测个数就等于未知点个数的三倍再加上 WGS84 坐标系向地方坐标转换选取转换参数的个数（有三参数、四参数、七参数等）；当网中没有足够的起算数据时，必要观测个数就等于总点数的三倍减去 3。

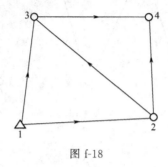

图 f-18

可得，图 f-18 中，点 1 为已知点，点 2、3、4 待定。观测值总数 $n=5\times3=15$，$t=3\times3=9$，$r=6$，需列出 6 个条件方程。

六、以坐标为观测值的条件平差

1. 折角均为 $90°$ 的 N 边形

如图 f-19 所示，观测值 (x_i, y_i) $(i=1,2,\cdots,n)$ 为 N 个顶点的坐标，其观测总数为 $n=2N$，必要观测数 $t=N+1$，多余观测数 $r=n-t=N-1$。条件方程的类型可以是直角条件、平行条件、垂直条件或距离条件。

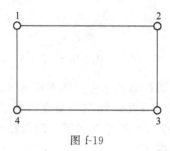

图 f-19

对于图 f-19 中所示的矩形，有 $n=2N=8$，$t=N+1=5$，$r=n-t=N-1=3$。条件方程可以是 3 个直角条件或 1 个直角条件和 2 个平行条件。

此外，N 边形还有以下情况如图 f-20、图 f-21 所示。

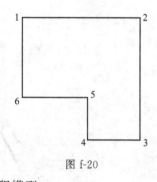

图 f-20

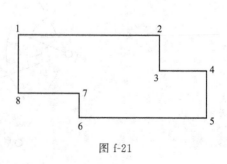

图 f-21

2. 面积模型

在 GIS 的地图综合问题中，经常要将多边形的区域从一个比例尺转换成另一个比例尺，要求综合前后的多边形面积保持不变。设某一多边形综合前的面积为 $S_前$，综合后的面积为 $S_后$，设图 f-20 为综合后的一个多边形，其顶点的坐标观测值为 (X_i, Y_i)（$i=1,2,\cdots,6$），则其面积公式

$$S_后 = \frac{1}{2} \sum_{i=1}^{6} Y_i (X_{i+1} - X_{i-1})$$

式中，当 $i-1=0$ 时，$X_0=X_n$；当 $i+1=n+1$ 时，$X_{n+1}=X_1$。

面积公式也可以表示成

$$S_后 = \frac{1}{2} \sum_{i=1}^{6} X_i (Y_{i+1} - Y_{i-1})$$

式中，当 $i-1=0$ 时，$Y_0=Y_n$；当 $i+1=n+1$ 时，$Y_{n+1}=Y_1$。

附录 2　测量平差中关于起算数据确定的一些见解

　　下面的内容，主要讨论了关于起算数据确定的问题。通过以水准网、测角网、测边网、边角网的几种情况为例，分析了起算数据确定的方法，并给出了一些见解。

　　众所周知，测量的目的就是为了确定点的三维坐标，为了确定坐标，需要进行观测。由于观测总是存在误差，因此需要平差。为了确定平面坐标，需要布设平面控制网；为了确定高程坐标，需要布设高程网（水准网）。此外，几何模型分为具有已知数据的和不具有已知数据这两种情况。有些几何模型是为了确定待定点的坐标（包括平面和高程），有些是为了确定其形状。通常将那些对确定几何模型起作用的已知数据称为起算数据。如果起算数据确定不正确，那么必要观测数就不能正确确定，因此，该文的工作具有重要的意义。

　　下面分几种几何模型来进行讨论。

一、水准网

　　如图 f-22 所示的几何模型是一个具有已知点的水准网，由分析可知，其目的是为了确定 B、C 两点的绝对高程。为了确定绝对高程，A 点的高程在该模型中起作用，因此是起算数据。若假设 A 的平面坐标也是已知的，但是该网是为了确定待定点高程，此时 A 点的平面坐标不是起算数据。

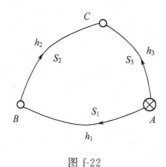

图 f-22

二、三角网

　　三角网是平面控制网，是为了确定待定点的平面坐标而布设的。根据观测数据的不同，可分为测角网、测边网和边角网。要想确定待定点的坐标，必须有足够的起算数据，但是起算数据的个数是多少呢？对于测角网和测边网以及边角网，起算数据的个数是不一样的，文献［4］中给出测角网需要 4 个必要的起算数据，测边网和边角网需要 3 个必要的起算数据。那么什么是起算数据，在一个几何模型中如何来判别呢？为此，本文基于一些典型的几何模型进行了详细的讨论，并给出了一些见解。

　　在探讨问题之前，再说明一下图 f-23 所示几何模型表示的意思。

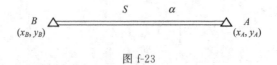

图 f-23

　　图 f-23 为两已知点 A、B 和它们之间的一条边，其蕴含的内容是已知 A、B 两点的坐

标分量 x_A、y_A，x_B、y_B，边长 S 以及该边的坐标方位角 α，一共包含 6 个元素。在这 6 个元素中，只有 4 个是必要的，其余 2 个可以用这 4 个必要元素表示。因此，本文规定，当见到图 f-23 所示的几何模型时，可以将它视为 4 个必要元素，即 A、B 两点的 4 个坐标分量或者两点之一和 S、α。

1. 测角网

在测角网中，依据文献［4］必要观测数 $t=2p-q-4$，其中 p 为网中所有点的个数、q 为多余的独立起算数据个数。p 比较容易确定，但是 q 的确定是比较难的，因此结合以下实例进行分析。

图 f-24 给出了（a）～（f）六种测角网的几何模型。

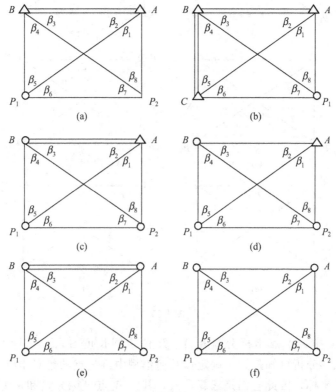

图 f-24

图 f-24 的（a）中，A、B 两点为已知数据，观测值为角度，分析可知就是为了确定该几何模型中待定点的绝对坐标，因此它们是起算数据。

图 f-24 的（b）中，A、B、C 三点为已知数据，观测值为角度，分析可知就是为了确定该几何模型待定点的绝对坐标，因此它们是起算数据。

图 f-24 的（c）中，A 点和 A、B 两点之间的边长 S_{AB} 为已知数据，观测值为角度，分析可知就是为了确定该几何模型的形状，而不能确定待定点的绝对坐标（如果要想确定坐标，还要知道 AB 的方位角）。为了确定形状，已知数据在此不起作用，因此它们不是起算数据。

图 f-24 的（d）中，A 点为已知数据，观测值为角度，分析可知就是为了确定该几何模型的形状。为了确定形状，已知数据在此不起作用，因此它们不是起算数据。

图 f-24 的（e）中，A、B 的长度 S_{AB} 为已知数据，观测值为角度，分析可知就是为了确定该几何模型的形状。为了确定形状，已知数据在此不起作用，因此它们不是起算数据。

图 f-24 的（f）中，没有已知数据，观测值为角度，可知是为了确定该几何模型的形状。

2. 测边网

在测边网中，依据文献［4］必要观测数 $t = 2p - q - 3$。同样，q 的确定是比较困难的，因此结合以下实例进行分析。

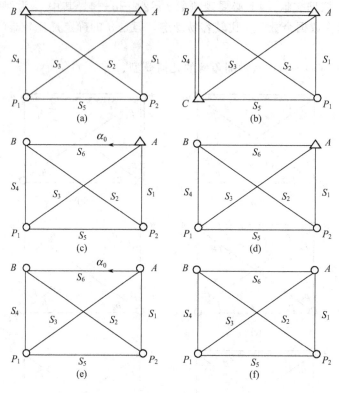

图 f-25

图 f-25 的（a）中，A 点坐标分量和 A、B 两点间长度 S_{AB}、坐标方位角 α 为已知数据，观测值为边长，分析可知是为了确定该几何模型中待定点的绝对坐标，由这些已知数据可以算出待定点的坐标，因此它们是起算数据，其中 A 点坐标分量和 α 为必要的起算数据，S_{AB} 为多余的独立起算数据。

图 f-25 的（b）中，A、B、C 三点为已知数据，观测值为边长，分析可知就是为了确定该几何模型待定点的绝对坐标，因此它们是起算数据，其中 A 点坐标分量和 α 为必要的起算数据，S_{AB} 和 C 点坐标为多余的独立起算数据。

图 f-25 的（c）中，A 点和 A、B 两点的坐标方位角为已知数据，观测值为边长，分析可知就是为了确定该几何模型待定点的绝对坐标。因此它们都是必要的起算数据。

图 f-25 的（d）中，A 点为已知数据，观测值为边长，分析可知就是为了确定该几何模型的形状和大小（在这里也统称为形状，因为大小固定的三角网，是形状不变化时的一个特例；下同）。为了确定形状，已知数据在此不起作用，因此它们不是起算数据。

图 f-25 的（e）中，A、B 的坐标方位角为已知数据，观测值为边长，分析可知就是为了确定该几何模型的形状。为了确定形状，已知数据在此不起作用，因此它不是起算数据。

图 f-25 的（f）中，没有已知数据，观测值为边长，可知是为了确定该几何模型的形状。

3. 边角网

在边角网中，依据文献 [4] 必要观测数 $t=2p-q-3$，同样，q 的确定是比较困难的，因此结合以下实例进行分析。

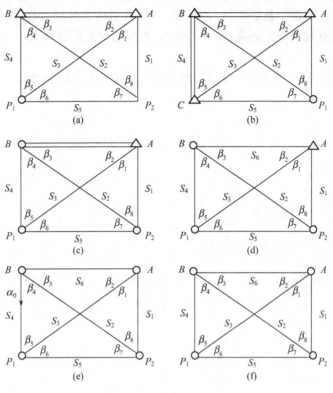

图 f-26

图 f-26 的 （a） 中，A、B 两点为已知数据，观测值为角度和边长，分析可知就是为了确定该几何模型待定点的绝对坐标，因此它们是必要起算数据。

图 f-26 的 （b） 中，A、B、C 三点为已知数据，观测值为角度和边长，分析可知就是为了确定该几何模型待定点的绝对坐标，因此它们是起算数据。其中 A 点的坐标分量和 α 是必要起算数据，S_{AB} 和 C 点坐标是多余起算数据。

图 f-26 的 （c） 中，A 点的坐标和 S_{AB} 是已知数据，观测值为角度和边长，分析可知就是为了确定该几何模型的形状。确定形状时，A 点坐标数据不起作用，因此不是起算数据。

图 f-26 的 （d） 中，A 点坐标是已知数据，观测值为角度和边长，分析可知就是为了确定该几何模型的形状，而不能确定待定点的坐标。为了确定形状，A 点的坐标不起作用，因此不是起算数据。

图 f-26 的 （e） 中，点 B 与点 P_1 的坐标方位角是已知数据，观测值为角度和边长，分析可知就是为了确定该几何模型的形状，而不能确定待定点的坐标。为了确定形状，坐标方位角不起作用，因此不是起算数据。

图 f-26 的 （f） 中，没有已知数据，分析可知就是为了确定该几何模型的形状。

4. 其他

在图 f-24～图 f-26 的各图中，若各已知点的高程已知，由于这些几何模型是为了确定待定点的绝对坐标或形状，已知的高程数据是不起作用的，因此不是起算数据。

三、结论

通过以上的分析，大体了解了水准网和三角网的起算数据的确定问题。但是需要明白以下几点：对于平面网，其目的主要是确定待定点的绝对坐标和形状。若要确定待定点的绝对坐标，测角网中起算数据个数必须≥4；若<4，则只能确定形状（有时是形状和大小）。测边网和边角网中起算数据个数必须≥3；若<3，则只能确定形状和大小（这种情况也统称为形状）。

对于导线网的情况，判别方式与边角网相似，请读者们仔细研究总结。

参 考 文 献

[1]　武汉大学测绘学院测量平差学科组．误差理论与测量平差基础［M］．武汉：武汉大学出版社，2009.

[2]　武汉大学测绘学院测量平差学科组．误差理论与测量平差基础习题集［M］．武汉：武汉大学出版社，2005.

[3]　高士纯．测量平差基础通用习题集［M］．武汉：武汉测绘科技大学出版社，1999.

[4]　於宗俦，鲁林成．测量平差基础［M］．第二版．北京：测绘出版社，1983.

[5]　游祖吉，樊功瑜．测量平差教程［M］．北京：测绘出版社，1991.

[6]　孔祥元，郭际明．控制测量学（上下册）．第3版．［M］．武汉：武汉大学出版社，2006.

[7]　张书毕．测量平差．第1版．［M］．徐州：中国矿业大学出版社，2008.

[8]　王勇智．测量平差习题集．第1版．［M］．北京：中国电力出版社，2007.

[9]　徐文平．五点定椭圆的尺规作图方法［J］．数学学习与研究，2016.

[10]　王永，泥立丽，钟来星．利用Excel绘制误差椭圆的方法［J］．矿山测量，2008-12.

[11]　泥立丽等．基于Excel的误差曲线的绘制方法［J］．矿山测量，2010-6.

[12]　王永，张纯连，杨青霞．误差理论与测量平差基础中5种平差方法的综合解算模块［J］．科教文汇，2013-1.

[13]　赵俊光，刘继权．基于两种模型的测量中圆形地物位置及大小的确定［J］．山西建筑，2017（01）.

[14]　桑志伟．测量中圆形地物的位置和大小的平差计算及精度评定［J］．丝路视野，2016（27）.

[15]　宁伟，欧吉坤，宁亚飞．测量平差中必要观测数确定的新方法［J］．测绘通报，2010-8.

[16]　宁伟．测量平差中必要观测数确定的再探讨［J］．测绘通报，2010-10.

[17]　王振．基于误差椭圆的导线点坐标精度的分析［J］．山西建筑，2016-11.

[18]　王永．Excel应用于《误差理论与测量平差基础》辅助教学［J］．中国科技信息，2012-8.

[19]　李玉芝，崔振才．关于《测量平差》课程模式适用性的探讨—以高职高专教学为例［J］．矿山测量，2007-12.

[20]　赵梦．测量中两待定点间相对误差椭圆的生成［J］．科技展望，2017-8.

[21]　赵梦．测量中椭圆形地物的位置和大小的平差计算及精度评定［J］．山西建筑，2017.

[22]　赵梦．地籍测量中直角型房屋界址点坐标的平差计算［J］．山西建筑，2018.

[23]　王振．地籍测量中多边形地块的边长和面积的平差计算［J］．科技展望，2017-1.

[24]　刘洪晓，张国君．基于Excel的间接平差坐标转换与实现［J］．科技视界，2014-11.

[25]　李洋．Excel函数、图表与数据分析应用实例（第1版）［M］．北京：清华大学出版社，2007-8.

[26]　魏荣宝．AutoCAD在误差椭圆中的应用［J］．山西建筑，2017-10.

[27]　李军亮．基于AutoCAD的绘制误差曲线的方法［J］．山西建筑，2018.

[28]　姚宜斌，邱卫宁．测量平差问题中必要观测数的确定［J］．测绘通报，2007（03）：14-15＋18.

[29]　武汉大学测量平差学科组．误差理论与测量平差基础．第3版．［M］．武汉：武汉大学出版社，2017.